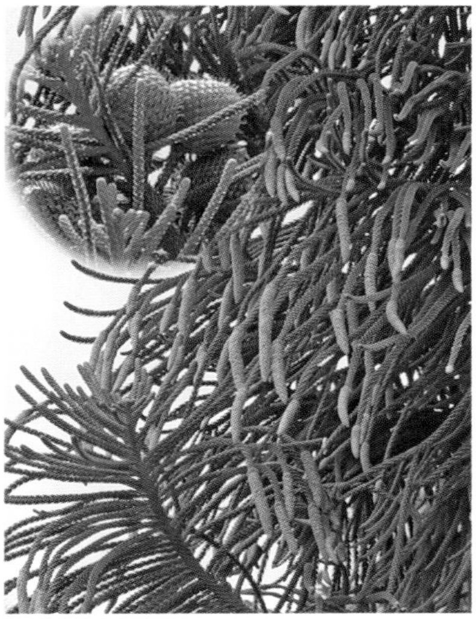
1 南洋杉

2 银杉

3 雪松

4 云南油杉

5 云杉

6 白皮松

7 云南松

8 圆柏

9 昆明柏

10 罗汉松

11 红豆杉

12 广玉兰

13 红花木莲

14 云南樟

15 香叶树

16 印度榕

17 杨梅

18 金花茶

19 山杜英

20 球花石楠

21 红花羊蹄甲

22 清香木

23 金桂

24 金钱松

25 水杉

26 池杉

27 玉兰与二乔玉兰

28 滇朴

29 榉树

30 构树

31 木棉

32 美丽异木棉

33 山桐子

34 柿树

35 山楂

36 凤凰木

37 鸡冠刺桐

38 珙桐

39 喜树

40 复羽叶栾树

41 三角枫

42 黄连木

43 毛泡桐

44 蓝花楹

45 云南含笑

46 阔叶十大功劳

47 南天竹

48 扶桑

49 映山红

50 白牛筋

51 红叶石楠

52 现代月季

53 大花黄槐

54 红千层

55 杂交倒挂金钟

56 枸骨

57 变叶木

58 假连翘

59 紫玉兰

60 腊梅

61 红花檵木

62 羊踯躅

63 重瓣榆叶梅

64 垂丝海棠

65 紫叶李

66 玫瑰

67 紫荆

68 紫薇

69 石榴

70 红瑞木

71 火炬树

72 连翘

73 金银木

74 锦带花

75 杂交 铁线莲

76 光叶叶子花

77 西番莲

78 多花蔷薇

79 紫藤

80 粉香藤

81 云南黄馨

82 炮仗花

83 凌霄

84 黄金间碧玉竹

85 菲黄竹

86 紫竹

87 金竹

88 翠菊

89 醉蝶花

90 波斯菊

91 千日红

92 凤仙花

93 新几内亚凤仙

94 非洲凤仙

95 万寿菊

96 孔雀草

97 百日草

98 羽衣甘蓝

99 金盏菊

100 五色草

101 藿香蓟

102 鸡冠花

103 矮牵牛

104 一串红

105 美女樱

106 雏菊

107 紫罗兰

108 冰岛虞美人

109 瓜叶菊

110 大花三色堇

111 杂交耧斗菜

112 菊花

113 毛地黄

114 萱草

115 鸢尾

116 多叶羽扇豆

117 紫茉莉

118 芍药

119 桔梗

120 加拿大一枝黄花

121 蜀葵

122 大花君子兰

123 大花金鸡菊

124 香石竹

125 须苞石竹

126 非洲菊

127 地涌金莲

128 天竺葵

129 银叶菊

130 鹤望兰

131 红花文殊兰

132 杂交朱顶红

133 风信子

134 石蒜

135 葡萄风信子

136 喇叭水仙

137 韭兰

138 百子莲

139 球根海棠

140 仙客来

141 杂种大岩桐

142 紫叶美人蕉

143 大丽花

144 蛇鞭菊

145 花毛茛

146 千屈菜

147 梭鱼草

148 再力花

149 香蒲

150 萍蓬莲

151 荇菜

152 红掌

153 火鹤花

154 黄金葛

155 萼距花

156 西洋杜鹃

157 马缨丹

158 板凳果

159 吊竹梅

160 血草

161 生石花

162 猪笼草

163 瓶子草

164 捕蝇草

普通高等教育“十三五”规划建设教材

云南省普通高等学校“十二五”规划教材

观赏植物学

刘 敏 主编

中国农业大学出版社

· 北京 ·

内容简介

本书较全面系统地介绍了观赏植物的基本知识，全书共分上下两篇，上篇主要介绍观赏植物的内涵与功能、观赏植物分类及识别基础知识、影响观赏植物生长的主要生态因子并通过翔实的案例介绍观赏植物在景观设计中的应用；下篇从观赏植物的学习和使用方面出发分为五大部分（观赏木本植物、观赏草本花卉、室内装饰植物、观赏地被植物、奇花异卉），全书共收录了 138 科 373 属 913 种观赏植物（含变种、变型及品种），对它们做了详尽的介绍，具有鲜明的实用性。

本书内容丰富，图文并茂，具有较强的实用性和先进性，突出了知识应用和技能培养。本书可供高等院校园林、园艺、环境艺术、城市规划、建筑学、生态学、旅游等专业使用，也可供其他相关人员参考。

图书在版编目（CIP）数据

观赏植物学/刘敏主编. —北京：中国农业大学出版社，2016.8（2021.9 重印）
ISBN 978-7-5655-1645-0

Ⅰ.①观…　Ⅱ.①刘…　Ⅲ.①观赏植物-植物学　Ⅳ.①S68

中国版本图书馆 CIP 数据核字（2016）第 163082 号

书　　名　观赏植物学
作　　者　刘　敏　主编

策划编辑　梁爱荣　　**责任编辑**　梁爱荣
封面设计　郑　川
出版发行　中国农业大学出版社
社　　址　北京市海淀区圆明园西路 2 号　　**邮政编码**　100193
电　　话　发行部 010-62731190，2620　　读者服务部 010-62732336
编辑部 010-62732617，2618　　出　版　部 010-62733440
网　　址　http://www.cau.edu.cn/caup　　**e-mail** cbsszs @ cau.edu.cn
经　　销　新华书店
印　　刷　涿州市星河印刷有限公司
版　　次　2016 年 8 月第 1 版　2021 年 9 月第 3 次印刷
规　　格　889×1194　16 开本　21 印张　610 千字　彩插 8
定　　价　65.00 元

编 委 会

主　　编　刘　敏

副主编　谭秀梅　万珠珠

编写人员　（按姓氏拼音排序）

陈东博　云南财经大学
贾　军　东北林业大学
刘　敏　云南师范大学文理学院
牟凤娟　西南林业大学
庞　磊　云南师范大学文理学院
秦秀英　中国科学院西双版纳热带植物园
孙　惠　北京东方园林生态股份有限公司
谭秀梅　云南师范大学文理学院
万珠珠　云南师范大学文理学院
王平元　中国科学院西双版纳热带植物园
吴　亮　云南师范大学文理学院
徐　蕾　赣南师范大学
杨智瑾　云南师范大学文理学院

顾　　问　苏雪痕　北京林业大学

审　　校　赖尔聪　西南林业大学

前　言

随着“生态重建”概念的深入，当前常提及的“生态环境”、“生物多样性”、“生态建设”等概念，在实际实施中，基本上都要通过植物景观的应用来实现，因此，观赏植物便是构成这一景观应用的要素。观赏植物学作为一门综合性很强的专业课程，它与植物学、园林树木学、花卉学、园林植物景观设计、园林植物栽培养护等课程有着密切的联系，是园林、园艺、环境艺术、城乡规划、旅游、生态学、建筑学等多专业的理论基础课程。

《观赏植物学》教材本着“强化学生专业基础知识，突出综合应用技能”的原则，融汇传统的普通植物学、树木学、花卉学三大课程知识内容，从中提取植物分类基础知识，强化植物分类基本概念，融合植物景观设计基本理念，突出区域特征及景观文化应用特征，有效提高学生植物应用的专业能力。本教材具有以下特点：

一、图文并茂，内容丰富。本教材所选观赏植物种类大多配有相应的植物图片，图片识别特征典型、观赏性强、文字描述简练，通俗易懂，不仅有利于教师的授课和学生的自主学习，同时也是同行人员学习、工作的参考资料。

二、特色突出，功能多样。云南是植物王国，多样的植物资源为观赏植物景观应用提供了丰富的素材。本教材具有突出的大区域特色，为不同地区、不同环境、不同气候的观赏植物景观应用提供了一定的参考价值。

三、综合性强，实用性广。本教材综合性强，文字描述简明，观赏植物景观应用方法直观，重点突出、可操作性强、插图绘制精美，能够帮助学生快速地认识植物种类、迅速掌握观赏植物学的知识及应用技能。

本教材共收录了 138 科 373 属 913 种观赏植物（含变种、变型及品种），其中木本植物中裸子植物采用郑万钧系统编排，被子植物采用克朗奎斯特系统编排，草本植物采用人为分类法编排。

本书由主编刘敏拟定编写大纲，并负责对各位编者的书稿进行全面修改，直至最后定稿。编写分工如下：第 1.1 节，第 2 章，第 3 章，第 6 章、索引，刘敏（云南师范大学文理学院）；第 1.2 节，吴亮（云南师范大学文理学院）；第 1.3 节，第 4 章，附录二，贾军（东北林业大学）；第 5 章，孙惠（北京东方园林生态股份有限公司）；第 7 章，第 8 章，谭秀梅（云南师范大学文理学院）；第 9 章、第 10 章，王平元（中国科学院西双版纳热带植物园）；第 11～16 章，万珠珠（云南师范大学文理学院）；第 17～21 章，陈东博（云南财经大学）；附录一，牟凤娟（西南林业大学）；云南师范大学文理学院庞磊、中国科学院西双版纳热带植物园秦秀英负责图片编辑、整理；赣南师范大学徐蕾负责第 1、5 章插图绘制，云南师范大学文理学院杨智瑾负责第 3、15、16 章插图绘制。

感谢导师北京林业大学苏雪痕教授为本教材的结构框架提出的许多宝贵建议，感谢良师西南林业大学赖尔聪教授为本教材的悉心审校付出的大量艰辛、细致和创造性的劳动以及无私提供的大量珍贵图片资料；对二位专家教授的严谨治学、敬业精神和专业水平，编者由衷敬佩，感怀于心。感谢徐菲、向世超、杨丹辉、张帅、陈彦均、胡晓广、黄雪梅、苏雨新等一线园林设计师为本教材提供的精美图片资料。编写过程中得到了所在高校的领导、教师的关心和支持，在此一并表示诚挚的谢意。

本书是云南省“十二五”规划教材、云南省质量工程教学改革“观赏植物学”课程体系改革建设项目成果之一。另外，本教材在编写过程中参考了大量文献，引用了相关的资料，在此一并向作者表示诚挚的敬意与感谢！

限于编者的学识，教材中难免有疏漏之处，尚需在教学实践中进一步完善，敬请各位专家和同行提出宝贵意见。

编　者

2016 年 5 月

目　　录

上篇　总　论

下篇　各　论

上篇　总　论

第1章 绪 论

1.1 观赏植物的内涵

1.1.1 概念

观赏植物通常是指人工栽培的，具有一定观赏价值和生态效应，用以点缀、美化、改善环境，增加景色以供观赏的装饰性植物。

观赏植物种类繁多，就其形态及习性而言，有高大的乔木，矮小的灌木，有草本、藤本及盆景植物等，其中木本常称为观赏树木或园林树木，草本常称为花卉。

1.1.2 我国观赏植物资源与利用现状

我国是世界上植物资源最为丰富的国家之一，有3万多种植物，仅次于植物最丰富的马来西亚和巴西，居世界第三位。其中苔藓植物106科，占世界科数的70%；蕨类植物52科，占世界科数的80%；木本植物8000种，其中乔木约2000种。全世界裸子植物共12科71属750种，中国就有11科34属240多种；被子植物占世界总科的54%。中国还是世界上许多重要观赏植物的分布中心，如槭属、山茶属、百合属、石蒜属、含笑属、蔷薇属、木犀属、丁香属、报春属、竹类植物、兰科植物等。各地植物工作者经过近30年的调查和研究，统计出原产我国的观赏植物1万～2万种，常用的约2000种。昆明植物研究所统计云南观赏植物共2040种，其中蕨类植物174种，裸子植物计66种，双子叶植物1504种，单子叶植物296种，其中以杜鹃花科、兰科、报春花科、龙胆科最多，均超过100种以上。

从16世纪开始，西方国家就到中国采集植物标本，1839—1938年西方国家从中国引走了数千种植物。1929年，威尔逊在美国出版了他在中国的植物采集和考察记事《China，Mother of Gardens》(《中国·园林的母亲》)。他在书中热情洋溢地写道："中国的确是园林的母亲，因为一些国家中我们的花园深深受益于她所具有的优质品位的植物，从早春开花的连翘、玉兰，到夏季绽放的牡丹、蔷薇，再到秋天傲霜的菊花；从现代月季的亲本、温室杜鹃、樱草，到吃的桃子、橘子、柚子和柠檬等，都是中国贡献给世界园林的丰富资料。事实上，美国或欧洲的园林中无不具备中国的代表植物，而且这些植物都是乔木、灌木、草本、藤本行列中最好的……"据1930年统计，英国丘园引种成功的中国园林植物为例，发现原产华东地区及日本的树种共1377种，占该园引自全球的4113种树木的33.5%。英国爱丁堡皇家植物园拥有大量的活植物，据北京林业大学苏雪痕教授1984年夏统计，其中引自中国的活植物就有1527种和变种。大量的中国植物装点着英国园林，并以其为亲本，培育出许多杂种。在英国花园中常展示中国稀有、珍贵的树种，建立了诸如墙园、杜鹃园、蔷薇园、槭树园、岩石园、牡丹园等专类园，增添了公园中四季景观和色彩。丘园的墙园植物中有近50%的种来自中国，如紫藤、迎春、木香、火棘、连翘、蜡梅、木通、凌霄、绞股蓝等。槭树园中近50种来自中国，如血皮槭、青榨槭、茶条槭、红槭、鸡爪槭等，构成园中优美的秋色景观。英国公园的春景是由大量的中国杜鹃、报春和玉兰属植物组成，同时多年前英国的苗圃便可提供14种原产中国的木兰属苗木。

我国植物资源极为丰富,但是大量可供观赏的种类尚未被充分地开发利用,仍处于野生状态,具有悠久历史的植物以及传统的栽培技艺没有得到应有的保护、利用与发展,造成了园林植物种类贫乏,园艺栽培品种不足及退化,贫乏的园林植物种类,使得园林植物景观单调,缺乏生气;再者,园林植物资源的栽培及育种水平还亟待提高;另外,由于忽略了保护,使自然资源遭到了破坏。目前,首要的任务是进一步开展资源考察,摸清家底,加强和完善自然保护区工作;对观赏植物种质资源的保存应就地保存和转地保存相结合;积极引种,开展种质资源研究和选育良种工作;在植物资源开发利用的过程中,选择科学合理的手段,以循环可持续为依据,采用轮流开发利用的方式,切勿只针对一种植物资源进行开发利用,避免资源的快速下降,要始终维持生态的平衡,统筹兼顾经济效益、社会效益和生态效益三方面的关系。

当前,观赏植物在城乡环境建设、生态环境保护、丰富人民生活和发挥经济效益等方面的作用已得到了社会的全面认可,发展观赏植物种质资源是促进园林事业发展的物质基础。

1.2 观赏植物的功能

1.2.1 植物对城市生态的调节与修复功能

城市的出现加速了全球生态系统的进化进程,极大地改变了自然世界的原有景观。城市景观以高度集中的建筑物、产业经济和人居社区为特点,分割甚至完全取代了以往覆盖的自然及半自然植被和水体景观。在全世界城市化进程的迅猛发展中,出现了很多城市特有的生态问题,如城市热岛、城市干岛、城市雨岛及城市暗岛效应等。大量研究表明,城市中的植物、水体和湿地对减缓城市环境压力、减轻城市各类岛效应(热岛、干岛、雨岛及城市暗岛)、修复环境污染具有明显的作用,它们是实现城市生态系统良性循环的重要组分。

1. 调节温度和空气湿度

城市热岛和干岛主要都是由城市下垫面迅速的土地利用变化引起的,随着城市发展,城市热岛已从一般的气象问题成为城市环境的显著特征。北京的热岛强度达到9℃,上海6.9℃,广州7.2℃。城市热岛对居民健康、能量流动和环境质量都有极大的潜在危害,而植物则可以从根本上缓解热岛效应。首先,由于植物材料本身的性质,它对容易产生热力作用的红外线反射率高,有助于热量平衡;其次,植物尤其是高大的乔木树冠可以有效遮阳,并且在进行新陈代谢的过程中吸收热量,从而对环境温度起到调适作用。据测定,绿色植物在夏季能吸收60%～80%日光能、90%辐射能,使树荫下的气温比裸露地气温低3℃左右;草坪表面温度比土地面低6～7℃,比沥青路面低8～20℃;有垂直绿化的墙面比没有绿化的墙面低5℃左右。冬季,树木可以阻挡寒风袭击和延缓散热,还能稍稍提高局部温度。

城市干岛是近年来城市环境中又一生态问题,主要指城市区域全年平均相对湿度偏低,空气比较干燥。由于城市下垫面多为硬质地面,大大减少了雨水下渗,造成地下水水位逐年降低,雨水多通过地表径流被收集,蒸散量降低,破坏了陆地环境内水体循环,从而使空气湿度偏低。植物缓解干岛效应的原理有二,第一,植物具有蒸腾作用,土壤中的水分通过植物根系吸收经过茎干叶的传输回到大气中,增加空气湿度;第二,城市植物生长的土壤环境可以减少径流,使得降水或其他水体均匀分布,蒸散量升高,增加空气湿度。据计算,树木在生长过程中,所蒸腾的水分,要比它本身重量大300～400倍。1亩(1亩＝663.7 m^2)阔叶林在一个生长季节能蒸腾160 t水,比同一纬度上相同面积的海洋蒸发的水分还多50%。因此,植被覆盖地区上空的湿度比无植被覆盖地区上空要高,在通常情况下高10%～20%。

杨士弘通过实际测量发现在广州气温约30℃时，1 m^2 郁闭度较好的细叶榕树能使周围10 m^2、厚100 m的大气层降温1～2℃，湿度增加约3%。区域尺度上更有大量研究呈现类似结果：植物覆盖与城市地表面温度呈显著相关关系，植被覆盖越高，城市地表温度相对越低。植物具有明显的降温增湿功能，对城市热岛、干岛有明显缓解作用。

2. 防风固沙，水土保持

我国水土流失面积367万 km^2，占国土面积的38.2%，其中水蚀面积179万 km^2、风蚀面积188万 km^2，年土壤侵蚀量高达50亿t以上。树木成林，可以降低风速涵养水土，发挥防风固沙、水土保持的作用。一般而言，树木组成防风林带，结构以半透风者效果为好，用以固沙为主要目的的防沙林带，则紧密结构者为有效。林带背后树高20～30倍的范围内，有显著的防护效能，风速可降低30%～50%，同时削弱风的携沙能力；另外，树木有庞大的根系，可以紧固沙粒，使流沙变为固沙。植物降低风速的程度，主要决定于植物体形的大小和树叶的茂盛程度。乔木防风能力比灌木强，灌木又大于草木，阔叶树比针叶树强，常绿阔叶树又比落叶阔叶树强。

大面积种植绿化植物，对保持水土、涵养水源有很大的作用。植物根系盘根错节，有固土、固石的能力，还有利于水分渗入土壤下层，枝叶可遮拦降雨的雨量，树木的落叶可形成松软的腐殖层，能截阻地表径流，使之渗入地下，从而减少暴雨所造成的水土流失。

3. 降尘滞埃，吸收有毒气体

随着工业的发展，工厂排放的"三废"日益增多，对大气、水体、土壤产生污染，不仅影响农、林、牧、渔各业的发展，而且还严重影响人类的健康和生命。任春艳等对西北地区5大城市多年来的气候环境分析发现，城市存在"暗岛效应"，即市区的日照时间小于郊区。城市暗岛主要是由于城市空气污染特别是粉尘量增加使得大气透明度降低，加之城市雨岛共同造成日照时间减少的现象。改善城市的空气质量及"暗岛效应"一方面靠技术改进，如改进人工燃烧技术措施；另一方面使用生物防治，植物对大气污染物尤其是化学性污染物具有明显的修复功能，这种修复过程包括直接修复和间接修复。直接修复是指植物通过茎叶表面和叶片气孔对大气污染物同化和吸收过程，间接修复指通过植物根系及根系微生物的协同作用清除进入土壤或水体的干湿降尘过程。研究表明，1 hm^2 柳杉林每月可以吸收60 kg二氧化硫，1 hm^2 垂柳在生长季节每月可吸收10 kg二氧化硫，氟化氢通过一条宽约20 m的杂木林带后（林带的树种有臭椿、榆树、乌桕、麻栎、梓树、女贞等），浓度的降低要比通过空旷地快40%以上。

同时，树叶有的表面粗糙，有的长有绒毛，有的分泌黏液，能吸附空气中的灰尘和粉尘，蒙尘的植物，经过雨水冲洗，又能恢复吸尘作用，城市森林在环境保护上发挥着重要作用。McDonald等通过模型估算出城市乔木覆盖增加10%时，PM10浓度会降低10%，这相当于每年转化并降低110 t的PM10。滞尘力强的植物有桧柏、龙柏、毛白杨、银杏、刺楸、国槐、臭椿、构树、榆树、朴树、悬铃木、广玉兰、梧桐、丁香等。

4. 杀菌抑菌，清新空气

由于绿化地区空气中灰尘减少，从而减少了细菌，再者许多植物能分泌杀菌素，如松树分泌的杀菌素，挥发到空气中，可杀死白喉、痢疾和结核菌，1 hm^2 桧柏林每天能分泌出30 kg杀菌素。研究表明，在城市百货商店空气中含菌量高达400万个/m^3，林荫道为58万个/m^3，公园内为1000个/m^3，而林区只有55个/m^3，林区与百货商店相差70000倍。各类林地和草地都有一定的抑菌作用，其中松树林、柏树林与樟树林抑菌能力较强，这与它们的叶子能散发某种挥发性物质有关。

城市中的异味可以通过群植植物消除，起到清新空气的作用。如香花类的观赏植物有白兰花、山玉兰、含笑、白玉兰、广玉兰、厚朴、九里香、台湾相思、合欢、刺槐、蜡梅、多花蔷薇、金缕梅、紫丁香、茉莉、桂花、瑞香、结香、络石、栀子花等；招鸟类观赏植物有罗汉松、矮紫杉、龟甲冬青、香樟、杨梅、苦楝、华南珊瑚树、厚皮香、梅、荚蒾、四照花等；引蝶类的观赏植物有大叶醉鱼草、黄连木、芸香科柑橘属植物等。

5. 固碳释氧

固碳，也叫碳封存，指以捕获碳并安全封存的方式来取代直接向大气中排放二氧化碳的过程；释氧，指某物质经过复杂的化学变化释放氧气的过程。绿色植物的固碳释氧是在可见光的照射下，利用叶绿素等光和色素，将二氧化碳和水转化为能够储存的有机物，并释放出氧气，维持空气中的碳氧平衡的生化过程。城市土壤植被系统是城市生态系统中的主要碳库，20 世纪末城市碳库研究已较为广泛深入，Nowak 利用美国林务局开发的 UFORE 模型分别估算巴尔迪摩、纽约、亚特兰大等城市植物的固碳量，结果发现全美的城市植被每年可固碳约 22.8 Mt，各城市的植被每年固碳 14000～42100 t。在生长季节，1 hm^2 阔叶林每天能吸收 1 t 二氧化碳，放出 0.73 t 氧气，如果以成年人每天呼吸消耗 0.75 kg 氧气计算，每人有 10 m^2 的树木覆盖面积就可以满足呼吸作用所需要的氧气。

6. 环境修复功能

植物的环境修复功能主要指植物能够调动自身及其周边微生物与环境之间的相互作用，清除、分解、吸收或吸附环境污染物质，使得自然环境重新得到恢复。这些污染物不仅包括重金属等无机污染物，还包括在工业环境中所产生的有机污染物。植物对重金属污染的修复功能主要表现为存在一些重金属超积累植物，即这些植物物种对重金属具有特别的吸收能力，而本身又不受毒害。在实际应用中最关键的环节在于选对有针对性的超积累植物，如镍(Ni)超积累植物常发现于十字花科、大风子科、大戟科、堇菜科以及油柑属、白巴豆属、黄杨属等植物种属内；印度芥菜在锌(Zn)污染土壤修复中具存极大的潜力。植物对有机污染物的环境修复功能原理类似于植物对重金属污染物的修复功能，研究发现，杂交杨树可从土壤中吸收著名的环境危险物 TNT(三硝基甲苯)，其中约 75%可以固定于根系，10%被转移至叶部；柳对苯达松的耐受性和吸收代谢效果均极好；人工沼泽内的芦苇和香蒲对无机和有机污染物的清除效果好；冰草可以促进土壤中五氯苯酚等有机污染物的矿化。

1.2.2　植物的建造功能

植物自身就是一个三维实体，以其特有的点(图 1-1)、线、面、体形式以及个体与群体组合，形成有生命活力的复杂流动性空间，利用植物可形成开敞、半开敞、全封闭、覆盖、垂直等空间形式。此外，利用植物还可创造一定的视线条件来增强空间感、提高视觉和空间序列感(图 1-2)，常用的艺术手法有障景、漏景、框景、隔景、夹景等，这正是人们利用植物构筑空间的目的(图 1-3)。

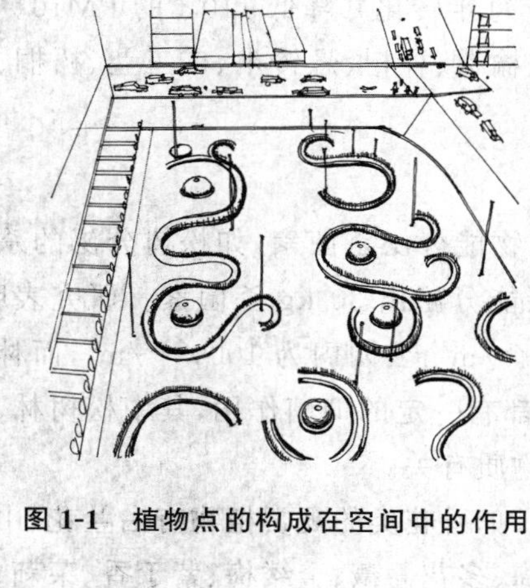

图 1-1　植物点的构成在空间中的作用

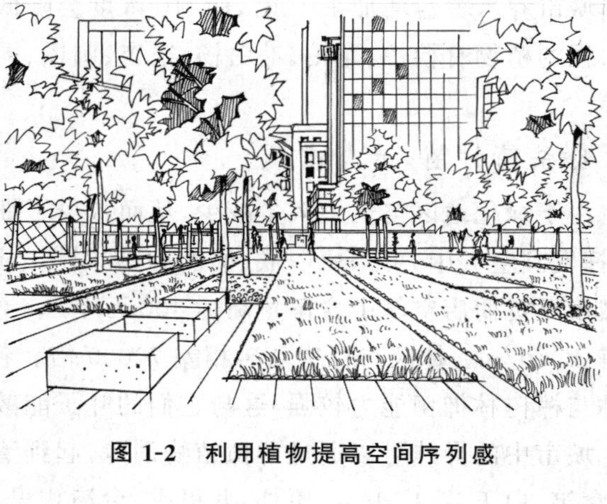

图 1-2　利用植物提高空间序列感

图 1-3 利用植物形成夹景

1.2.3 植物的观赏功能

1. 多样的树形

多样的树形(表 1-1、表 1-2、表 1-3)是构景的基本因素之一,不同树形的植物配植对园林境界的创作起着重要作用。

表 1-1 常绿乔木树形特征(吴亮制)

树形特征	风致型	塔状圆锥型	倒卵型	扁圆球型	圆球型	广圆锥型
树形图				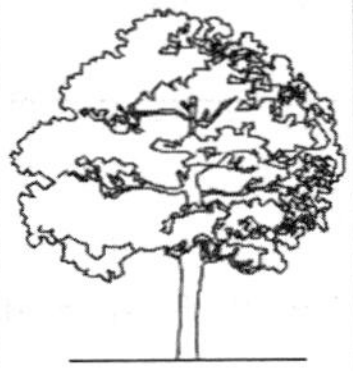		
代表树种	老年油松、黄山松、马尾松	雪松	白皮松、紫楠	桧柏、杜松、广玉兰、榕树、香樟	侧柏、枇杷	云杉、柳杉、柏木

表 1-2 落叶乔木树形特征(吴亮制)

树形特征	长卵圆型	圆柱型	倒卵型	伞状扁球型	圆球型	广圆锥型
树形图						
代表树种	毛白杨、枫香	新疆杨、钻天杨	枫杨、旱柳	合欢、凤凰木、臭椿	榔榆、珊瑚朴、元宝枫、国槐、栾树、圆冠榆	水杉、金钱松、落羽杉

续表 1-2

树形特征	卵圆型	垂枝型	广卵圆型	长圆球型	半球型	长圆球型
树形图		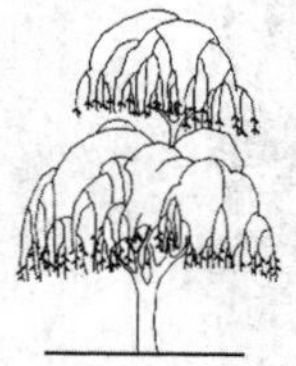				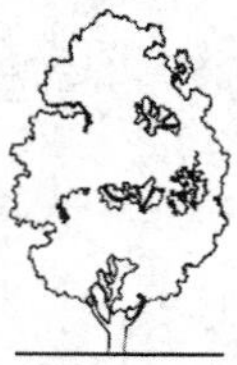
代表树种	白玉兰、无患子、悬铃木	垂柳、白桦、绦柳	老年银杏、白榆、鸡爪槭、七叶树	鹅掌楸、刺槐、小叶白蜡	馒头柳、楝树、梓树、龙爪槐、千头椿	西府海棠、紫叶李、丝棉木

表 1-3　灌木树形特征(吴亮制)

树形特征	圆球型	长圆型	垂枝半球型	半球型	倒卵圆型	圆锥型	匍匐型
树形图	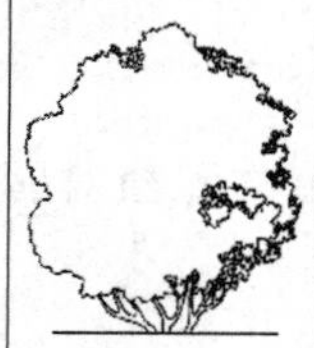			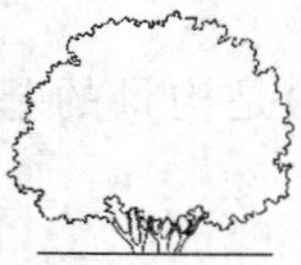			
代表树种	溲疏、太平花、榆叶梅、珍珠梅、棣棠、丁香	枸橘、石榴、蜡梅、紫薇、木槿	紫穗槐、连翘、迎春、锦带花	紫叶小檗、牡丹、贴梗海棠、玫瑰、木芙蓉	十大功劳、南天竹、大叶黄杨、黄杨	珊瑚树	铺地柏、云南黄馨

2. 叶的观赏特性

(1)叶的形状与大小　树叶的形状和大小在千差万别之中带来了多样的观赏感受。从观赏特性和植物分类学的角度，将叶形归纳为单叶和复叶，单叶形态多样，有针形、条形、披针形、椭圆形、卵形、圆形、掌状形、三角形以及奇异形；复叶又有羽状复叶和掌状复叶之分。

(2)叶的质地　叶的质地不同，产生不同的质感，观赏效果也就大为不同。革质的叶片，具有较强的反光能力，由于叶片较厚、颜色较浓暗，故有光影闪烁的效果，如龟甲冬青、龟背竹、喜林芋、橡皮榕。纸质、膜质叶片，常呈半透明状，常给人以恬静之感。粗糙多毛的叶片，则富于野趣，如毛地黄、虎耳草等。

(3)叶色与季相变化　将不同绿色的树木搭配在一起，因其间有嫩绿、浅绿、鲜绿、浓绿、黄绿、赤绿、褐绿、蓝绿、墨绿、亮绿、暗绿，故能形成美妙的色感，如在暗绿色针叶树丛前配植黄绿色树冠，会形成满树黄花的效果。叶色呈深浓绿色的有油松、圆柏、雪松、山茶、女贞、桂花等；叶色呈浅淡绿色的有水杉、金钱松、七叶树、鹅掌楸、玉兰等。

春季新发生的嫩叶有显著不同叶色的，如臭椿、五角枫的春叶呈红色，黄连木春叶呈紫红色；在南方暖热气候地区，有许多常绿树的新叶不限于在春季发生，而是不论季节只要发出新叶就会具有美丽色彩而有宛若开花的效果，如铁力木，这就是春色叶类和新叶有色类植物的观色特点。此类植物如种植在浅灰色建筑物或浓绿色树丛前，能产生类似开花的观赏效果。

深秋，我国北方观赏黄栌红叶，而南方则以枫香、乌桕的红叶著称，在欧美此时以红槲、桦类最为夺目，日本则以槭树景观最为普遍，凡在秋季叶子有显著变化，颜色鲜艳美丽且持续时间较长的树种可谓之“秋色叶景观树种”。如鸡爪槭、枫香、地锦、黄连木等秋季树冠呈红色或紫红色，十分艳丽夺目；银杏、白蜡、鹅掌楸、槐、无患子等秋季树冠呈黄色或黄褐色，尤为温暖可爱。

有些树的变种或变型，其叶常年均成异色，而不必待秋季来临，称为常色叶树。全年树冠呈紫色的有紫叶小檗、紫叶欧洲槲、紫叶李、紫叶桃等；全年呈金黄色的有金叶鸡爪槭、金叶雪松、金叶圆柏等；全年斑驳彩纹的有金心黄杨、银边黄杨、变叶木、洒金珊瑚等。此外，双色叶植物的叶背和叶表颜色显著不同，在微风中形成特殊的闪烁变化的效果，如银白杨、胡颓子、栓皮栎等。

3. 花的观赏特性

观花无外乎对花形、花色、花香、花相的综合欣赏。花色主要分红色系、黄色系、蓝色系和白色系；花香大致有清香如茉莉、甜香如桂花、浓香如白兰花、淡香如玉兰、幽香如树兰；目前花相理论将花或花序着生在树冠上的整体表现形貌分为独生花相如苏铁类、线条花相如连翘、星散花相如珍珠梅、团簇花相如玉兰、覆被花相如栾树、密满花相如榆叶梅、干生花相如鱼尾葵。

4. 果实的观赏特性

果形和果色是观果的两个主要方面，一般果实的形状以奇、巨、丰为准，果色则有红、黄、蓝紫、黑色和白色。如铜钱树的果实形似铜币、象耳豆的荚果弯曲两端浑圆相接犹如象耳、紫珠的果实宛若许多晶莹剔透的紫色小珍珠、果色鲜艳果穗较大的接骨木等。

5. 枝干的观赏特性

树的干皮形态众多，有光滑的、生满横纹的、片裂的、丝裂的、纵裂的、纵沟的、长方裂纹的、粗糙的、疣突树皮。干皮的颜色呈现的颜色有暗紫色、红褐色、黄色、灰褐色、绿色、斑驳色彩、白或灰色。深秋叶落后，枝干因颜色醒目而带来观赏趣味，如红色枝条的红瑞木、杏等；古铜色枝的山桃、桦木等；青翠碧绿色的梧桐、棣棠、青榨槭等。

干皮的形态和颜色也常成为观赏点，如紫薇（又称痒痒树）树干光滑呈灰白色，在庭院、寺庙、道路景观中常用，孩子们对其摇头晃脑的枝干感兴趣，光滑的树干给人清爽通透感；白桦树孤植或丛植于庭园和公园的草坪、池畔、湖滨，或列植于道旁，或成林均颇美观，随四季更替白桦的干皮与叶色交替上演着经典的白绿配、白黄配，处处可入画。

6. 根的观赏特性

中国人民自古以来对植物根部有很高的鉴赏水平，并久已运用根的观赏特性于园林景观及桩景盆景的培养。树木老年期后，均可或多或少表现出露根美，如松、榆、朴、梅、楸、山茶、银杏等。亚热带、热带地区的木棉、高山榕都可生出巨大的板根。气生根可以形成密生如林、绵延如索的景象，更为壮观，位于云南西双版纳州打洛镇边境贸易区内的曼掌寨子旁的“独树成林”，就是拥有 900 多年树龄的古榕树共有 32 个气生根立于地面，树高 70 m 以上，树幅面积 120 m^2，枝叶既像一道篱笆，又像一道绿色的屏障，成为热带雨林中的一大奇观，打破了“单丝不成线，独树不成林”的俗语。

1.2.4　创作与劳作的载体功能

植物的种植方式可带来不同的景观。除了传统的田园景观外，还可将田间植物作为景观要素进行艺术化种植和复层模式种植。如将植物进行水培、立柱式、墙壁式、牵引式等多种种植方法，或者将果树中的乔化果树、矮化果树、藤本果树等结合形成丰富的景观层次，再配以少量观赏花木点缀其间，如紫藤、紫薇、牡丹、芍药等，提升休闲农业的景观，裸露的地面则可用草本植物和耐荫药用植物南星、半夏、甘草等美化。由植物形成的优美景观可引申出绘画、摄影等艺术活动，使人们从休闲农业的植物中获得创作灵感。

世界上植物种类繁多，形态各异，许多建筑师常常从中得到启迪。在世界著名建筑中，有许多仿照植物外形建造的独特建筑，成为令人瞩目的新奇景观。意大利的“巴齐礼拜堂”，其外形是一朵含苞待放的荷花，漂浮在水面上，松开的花朵及半开花瓣间的缝隙是本建筑自然采光的入口，建筑色彩由白色与绿色组成，格外新奇；根据玉米排列模式，芝加哥的建筑师设计了两幢高耸入云的“玉米智能塔”，成为芝加哥一景；坐落在上海浦东的“东方艺术中心”，其顶平面造型是一朵美丽的蝴蝶兰，轻盈活泼，夜晚在灯光的装扮下，像一只翩翩起舞的蝴蝶，异常醒目。源于植物对光能利用的启示，德国建筑学家设计制造成功一种向日葵式的旋转房屋。它装有如同雷达一样的红外线跟踪器，只要天一亮，房屋上的马达就开始启动，使房屋迎着太阳缓慢转动，始终与太阳保持最佳角度，使阳光最大限度地照进屋内。夜间，房屋又在不知不觉中慢慢复位。

1.2.5 观赏植物的负效应

植物具备诸多正向服务功能的同时兼具了一些负效应，如存在生物入侵的潜在危害、易引起花粉过敏症、毒性植物的误用、挥发物质的客观存在等。观赏植物的应用需要扬长避短，最大化正效应且尽量避免或最小化负效应。比如生态安全上，需避免盲目引入入侵种；环境安全上，城市中的植物与城市居民存在许多接触机会，因此避免在闹市区或室内栽种过多易引起花粉致敏的植物，避免在中小校园、庭院内及儿童密集区栽种有毒植物或有刺植物。明确并总结植物的负效应特征是有效避免安全问题发生的基础工作。

1. 植物入侵

入侵植物的危害机理主要有两点：第一，从物种角度讲，外来种进入新环境后由于没有天敌、本地病害等原因会大量繁殖，占据土著种的原有生态位，形成优势种群，危及本地植物的物种多样性。第二，从基因角度讲，外来物种会在新环境中与本地种发生杂交，侵蚀原有植物种群的遗传基因，降低基因多样性。此外，当入侵植物的危害对象经济地位十分重要时还会直接造成巨大的经济损失。我国在引进外来物种时仍不乏一定的盲目性，徐海根等统计发现，我国50%的入侵植物是作为牧草或饲料、观赏植物引进，25%则是用于养殖、生物防治引种。入侵植物在生态学上危害意义重大，因此选择城市植物时，要充分考虑这一因素，避免盲目引种而造成不必要的损失。

2. 植物有毒

有毒植物主要包括甙类植物、生物碱类植物、毒蛋白类植物、酚类植物和其他毒性植物。常见含甙类植物有夹竹桃、洋地黄等，这类物质对人体神经系统会造成危害。如误将水仙认为韭菜、蒜薹食用发生中毒事件、误食曼陀罗果品中毒等。有些植物本身含有有毒的蛋白质，如相思豆的毒性会导致人体凝血功能异常。植物自身的化学成分十分复杂，其中有很多是有毒物质，误食或不当的接触都会引发威胁人体健康的事故，严重时甚至引起死亡，故植物毒性在观赏植物选种中需规避和控制。

3. 植物致敏

容易引起花粉过敏的植物主要有楝属、白蜡属、大麻黄属、臭椿属的植物。徐丽丽等对南京居住区绿化中致敏植物应用状况研究表明，悬铃木、枫杨、构树、柳树、榆树、桑树、柏树为南京市春季花粉病症常见致敏原。避免花粉致敏的观赏植物在人流集中地的大面积应用，在绿地植物的选择与配置上作出控制，是避免城市植物负效应的重要内容。

4. 释放挥发性有机物

部分植物会排放挥发性有机物，是空气中挥发性有机化合物的主要自然来源。植物释放的挥发性有机物种类主要包括异戊二烯和单萜烯，而异戊二烯有麻醉和刺激作用。郭霞对云南省典型乔木植物挥发性有机物释放规律研究发现，圆柏、雪松和桉树挥发性有机物的释放量较大，且以释放 a-蒎烯和异戊二烯为主。植物所释放的浓度远远小于试验受害的浓度，然而植物在城市中的存在是稳定长久的，居民与周围绿地的接触是长期的，这使得这类挥发性有机物对人体的潜在危害增大，因此避免大面积高密度的栽植排放挥发性有机物速率较高的植物是种植设计中应考虑的内容之一。通过了解和掌握各地区挥发性有机物主要天然源及其排放特征，不但可以为全球气候变化和大气环境质量预报提供科学的参考数据，而且对于绿化树种的合理选择和配置及其保健效果的评价也具有重要意义。

1.2.6　观赏植物的经济功能

观赏植物的经济效益分为直接效益和间接效益。观赏植物经济效益应从目前的第三产业收入向着开发园林植物自身资源方面转化；植物作为建筑、绿化、食品、化工等的主要原材料，产生了巨大的直接经济效益；植物的间接经济效益远远大于其带来的直接经济效益，保护环境，改善气候，释放氧气，提供动物栖息场地，防止水土流失等。当然片面地强调经济效益也是不可取的，观赏植物景观的创造应该是满足生态、观赏等各方面需要的基础上，尽量提高其经济效益。

1.3　观赏植物的审美特征

观赏植物进入人类的生产生活，其主要的价值便体现在观赏性上，形形色色的观赏植物以其不同的观赏特性服务于人们的视觉审美，令人赏心悦目，心旷神怡，因而被人青睐，被人重视，于是才有了从野生状态到家庭莳养的驯化过程，开始了从原始景观的自然群落向人文景观的人工群落的转化。园林植物造景和园艺植物栽培便是专门利用和开发植物观赏特性的工作，是主要通过植物的观赏特性为人民大众服务的职业，因此作为园林、园艺、旅游，以及相关专业的学生，不但要学习植物的生理、生态特性，更要认识和把握植物的观赏特性，即审美特征。也就是说，既然我们是以利用美、开发美、创造美为专业，那么最关键的问题就是要明确“美”在哪里，而对于我们的主体素材——观赏植物的美的认识就显得尤为重要了。

但是这一问题在以往的教学中并未得到足够的重视。一方面是由于观赏植物的“美”具有较强的直观性，令人觉得其认知是普遍的、直接的，无需引导和展开。另一方面则是由于我们对观赏植物的“美”的认识普遍停留在较为浅显的感官认知的形式美的层面。其实“美”本身是一个复杂的范畴，它关系着美的形式(关系)、美感的生成和美感的性质(怎样的美感)。比如我们欣赏娇艳的花朵和岩壁上的裸根，这两者的客观呈现(即审美客体)，前者即为美的形式，后者即为美的关系，而我们之所以感觉到“美”，仅有这些客观呈现还不够，还需要我们(即审美主体——人)具有对其的认知能力，以及主客体之间的相互作用，才能生成美感，也就是说，同样是看到这两者的我们也并非都会形成美感体验，而即便这两者都引发了我们的美感体验，其性质也不尽相同。通常看到娇艳的花朵会令我们心情愉悦，这种美感是优美带给我们的和谐舒适，而岩壁上的裸根往往会令我们肃然起敬，这种美感则是壮美带给我们的激荡爽快。虽然美感的生成更多地取决于审美主体的审美能力，主观性较强，是我们所不能把控的，但是美感的性质往往取决于美的形式(关系)，客观性较强，是我们可以把握的，并且应是我们把握的重点。因此，我们对观赏植物“美”的认识和利用不应仅止于外在的形式，而更应了解和掌握其形式美究竟能够带给我们怎样的美感。所以我们这里特意避开常被用以指代观赏植物外在形式美的“观赏特征”一词，取而代之为“审美特征”，即是强调其可以引发或导向的“美感”层面。

对于观赏植物个体而言，其审美特征主要反映在视觉所能把握的形、色、性，以及其特有的意象性征上。

1.3.1　形

观赏植物的形体美、姿态美体现在冠形、干形、枝形、叶形、花形、果形、根形，以及表皮层的状貌上。

冠形有正常的华盖形(龙爪槐)、椭球形(球桧)、圆锥形(杜松)、塔形(雪松)、柱形(铅笔柏)等和异常的旗形（黄山松），完整饱满的冠形给人以健康、强壮、端正、庄重之美感，偏斜松散的冠形则给人灵动、活泼、轻盈、婆娑之美感。

干形有笔直的（大青杨）势若擎天，给人以强劲、崇高、神圣之美感；有蟠曲的（紫藤）状如抱怀，给人以游动、幻化、曼妙之美感；有匍匐的（铺地柏）态似覆草，给人以平静、亲切、祥和之美感；有斜逸的如临水听波（岸边树），给人以轻松、闲适、恬淡之美感；倒曳的如蛟龙探海（崖边树），给人以之苍劲、古朴、卓然之美感；变态的如酒瓶（酒瓶兰）、棍棒（棍棒椰子）、佛肚（大佛肚竹）、珊瑚（麒麟掌）、星球（金琥）、球拍（仙人掌）、笔杆（量天尺）等，给人以夸张、奇巧、谐趣之美感。

枝形有平若层云（合欢），给人以宁静、端庄、和谐之美感；有蔓若碎波（龙须柳），给人以精致、乖巧、优雅之美感；有举若利剑（钻天杨），给人以刚直、矫健、蓬勃之美感；有垂若帷幔（垂柳），给人以柔和、温婉、飘逸之美感；有凝锥成刺者（山皂荚），给人以严厉、坚贞、敬畏之美感；有圆硕成指者（光棍树），给人以圆润、平易、可爱之美感。对于落叶树而言，还有荣华繁茂之美和枯落孤素之美的交替变换。

叶形、花形和果形一直是人们欣赏植物的重点对象，通常简单、普遍的造型给人以朴素大方、谦和低调之美感，如卵形叶（榆树）、单瓣花（波斯菊）和球形果（刺玫）等；复杂、特殊的造型则给人以华丽隆重、别具一格之美感，如异形叶（猪笼草）、重瓣花（牡丹皇冠型花）、钉头果（唐棉）等。体量大的造型通常给人以盛大开阔、饱满丰盈之美感，如蒲葵、荷花、葫芦等；体量小的造型则给人以小巧精致、细腻隽永之美感，如翠云草、萼距花、樱桃等。

根形美体现在气根伫立如林（榕树）之雄美、静垂如帘（锦屏藤）之柔美，板根耸峙（四树木）之壮美，以及盘根错节之沧桑美。而表皮状貌虽然经常被忽视，但是当见到悬铃木斑驳的拼图、马尾松龟裂的甲胄、白千层诡异的撕裂、木棉圆顿的刺钉和白桦神奇的眼睛，我们都会被这造物的魅力所折服，获得奇趣神异、欣然钦佩的美感体验。

1.3.2 色

观赏植物的色彩美体现在肤色（枝干表皮的颜色）、叶色、花色和果色上。

肤色有单色、复色之分，单色给人以单纯、明快之美感，复色给人以丰富、变化之美感。单色以灰、褐为普通肤色，一般不作为审美对象，而以白、黄、绿、红、紫为可赏肤色。白的肤色明亮、洁净，往往给人以纯粹、脱俗之美感，如白桦、白千层等；黄的肤色朴素、亲切，往往给人以沧桑、古雅之美感，如风桦、胡杨等；绿的肤色青翠、亮丽，往往给人以清新、俊秀之美感，如方竹、青桐等；红的肤色艳丽、夺目，往往给人以喜庆、欢乐之美感，如红瑞木等；紫的肤色黝深、高贵，往往给人以神秘、玄妙之美感，如紫竹等。

叶色虽以绿色见长，但就绿色本身来讲，也有浓淡深浅之分，从而可表现出不同的观赏效果，而彩叶与花叶，常色与变色的分别，更加使叶色变化缤纷。绿叶所呈现的色彩是大自然的本色，能够缓解视疲劳，使人感到舒适，长久以来被作为自然、生命、健康、环保、生机、青春、和平等的美好象征，因此最能给人以安宁、和谐的美感，可以令人放松双眼，舒缓神经，修养身心。所以在植物景观设计时，通常以绿叶植物为主体或背景。彩叶所呈现的色彩是叶色的变化，能够给人以新鲜感和趣味性。某些与季相关联的色彩还会给人以季节的联想，如白色的银叶菊、银瀑马蹄金等有雪的意象，能够令人想到冬季，红色的红叶鸡爪槭和黄色的金叶榆等有秋的意象，能够令人想到秋季。可见，通过叶色给人的季节美感体验，就能够营造季节性的主题景观。

花色最是炫目多彩，以红、粉、橙、黄等暖色为常见，其中红色热情奔放、娇美艳丽，给人以蒸蒸日上、积极进取、浓情蜜意之美感，因此红色的花代表了成功、忠诚、深情；粉色稚嫩香甜、温馨柔和，给人以亲切可爱、温柔优雅、含情脉脉之美感，因此粉色的花代表了少女、娇美、纯情；橙色醒目诱人、光辉灿烂，给人以温暖亲近、健康茁壮、朝气蓬勃之美感，因此橙色的花代表了问候、自信、热情；黄色柔软明媚、前进跳跃，给人以大地回春、欢乐喜悦、真诚温纯之美感，因此黄色的花代表了吉庆、感恩、温情。蓝色、紫色、绿色的花相对少见，显得比较可贵，其中蓝色清爽冷峻、宁静致远，给人以安宁平和、疏旷恬淡、睿智冷静之美感，因此蓝色的花代表了理性、男士、长者；紫色变化多端、神秘幽远，给人以高贵典雅、华丽脱俗、庄重崇高之美感，因此紫色的花代表了淑女、贵人、敬意；花色的绿虽往往比较浅淡，但也颇为稀有，实属难得，因此结合绿色的美感体验，绿色的花代表了青春、康泰、美德。除了各种有彩色的花之外，属于无彩色的白色在花色中也十分常见，白色花作为彩色花的对照群系，显得分外清雅不凡、玉洁冰清，给人以洁身自好之美感，因此白色的花代表了圣洁、坚贞、君子。花色之繁复不仅在于色彩种类的丰富，还在于色彩变化与组合的多彩多姿，即便是较为纯粹的单一花色也有深浅纯浊之分，跃动的双色搭配更是灵活多样，不但有色彩的多种组合，还有镶边（香石竹）、点心（黑心菊）、嵌入（福禄考）和交错（牵牛花）等多种的配合形式，然而复色花色更为梦幻玄妙，有辐射层叠若万花筒的缤纷（耧斗菜），有铺陈奇巧似鬼脸假面的怪异（三色堇），也有精勾细绘若蛾翼蝶翅的灿烂（蛾蝶花），这些奇幻的图案式花色生动可爱、神秘美妙，最能引发人们的奇思妙想，给人以天真谐趣之美感。

果色虽没有花色那么丰富多彩，但是却往往能够给人以味觉上的联想，引发人们味觉的审美体验。未成熟的果实多呈现青黄之色，因此这种果色往往给人以青涩之感；成熟的果实多呈现色彩纯度较高且具有一定光泽的红、橙、黄、紫等色，因此这些果色往往给人以酸甜味美之感，能够引发人们的食欲和幸福感，具有收获、圆满、心想事成、吉祥如意等的美好象征。

1.3.3 性

这里所说的“性”，即观赏植物的习性，包括生活习性和生态习性两个方面。观赏植物的习性美在于开花季节、开花时间、开花次数，及其所处的生态环境等，带给人们的生命智慧、人生启示和品格彪炳。

开花季节方面，如早春的迎春花有“带雪冲寒折嫩黄”的凌寒而放之美，体现了生命勃发的锐气；晚秋的菊花有“我花开后百花杀”的肃杀之美，体现了生命的顽强；盛夏的荷花有“映日荷花别样红”的灿烂之美，体现了生命的辉煌；冬日的水仙有“芳心尘外洁，道韵雪中香”的冷逸之美，体现了生命的坚贞；而四季徜徉的秋海棠则有“平生不借春光力，几度开来斗晚风”的个性美，体现了生命的无限可能。

开花时间方面，如昼开夜合的合欢有“夜合枝头别有春，坐含风露入清晨，任他明月能想照，敛尽芳心不向人。”的韵致美，给人以羞赧的亲密感，象征着夫妇和谐；夜开昼合的月见草有“香熏夜色意高标，透剔晶莹影更娇。夜里大都花睡去，欣她俏放涌灵潮。”的奇异美，给人以梦幻的神秘感，象征着别种风情；而花开延月之长的香石竹则有令人欣慰的朴素美，象征着情义绵长，默默守候；花开未更之短的昙花有令人期许的神性美，象征着辉煌短暂，瞬间永恒。

开花次数方面，如一年一次开花的牡丹有“谷雨三朝看牡丹”的时令感，代表了“坚贞”、“操守”、“守节”；一年多次开花的月季有“花落花开无间断，春来春去不相关”的吉利感，代表了“月月红”、“好日子”、“红红火火”。

生态环境方面，如泥沼中的荷花有“出淤泥而不染，濯清涟而不妖，……只可远观，不可亵玩焉”的圣洁之美，象征了品性的高贵、纯良；驾于云海的巍巍山松有“风声一何盛，松枝一何劲”的阳刚之美，象征了品性的刚正、端直；大漠的胡杨有“千年不死，死了千年不倒，倒了千年不朽”之壮美，象征了生命的顽强不屈和精神的永垂不朽。

另外，素有“花中四君子”之称的梅、兰、竹、菊，皆是因为它们所具有的美德和品性，才被人视为君子。如梅的“零落成泥辗作尘，只有香如故”是君子的遗风，兰的“不以无人而不芳”是君子的操守，竹的“未出土时便有节，及凌云处尚虚心”是君子的德性，菊的“宁可抱香枝头老，不随黄叶舞秋风”是君子的气节。

1.3.4 意象

意象，即象征性，这里特指来源于人文因素的影响，而非植物自然属性（形、色、性等）的象征性。观赏植物的意象美主要反映在谐音文化、宗教信仰、名人轶事、神话传说、文艺创作等使植物所具有的文化内涵或气质特征。

谐音文化方面，如“桂”与“贵”谐音，故而有荣华富贵之意；“竹”与“祝”谐音，故而有美好祝福之意；“菊”与“聚”谐音，故而有家人团聚、朋友欢聚之意；“柳”与“留”谐音，故而有临别相惜、恋恋不舍之意；百合即“百合”，有百年好合之意，又“百”与“白”谐音，“合”即“共同”，故而又有白头偕老之意等。同时谐音文化也带来了一些避忌，在礼仪鲜花中尤为突出，如看望病人或老年人忌讳吊钟花（吊终）、粤语地区看望病人忌讳剑兰（见难），商人忌讳梅花（霉）、茉莉（没利），日本人不喜欢仙客来，因为它的名字与“死”谐音等。

宗教信仰方面，如佛祖释迦牟尼的家乡盛产荷花，因此佛教以莲花为其专用花，常以莲花自喻，佛国称“莲界”，佛经称“莲经”，佛座称“莲座”或“莲台”，佛寺称“莲宇”等；荷花与道教也颇有联系，相传道教创始人老子一出世就能行走，一步生出一朵莲花，共有九朵，而为道教所奉祀的八仙之一的何仙姑手中所持的宝物就是荷花，所以荷花被普遍视为超凡脱俗的象征，用作“圣物”和“神器”，具有浓郁的宗教气质。在基督教中，百合受到了最大的尊崇与赞美，被视为“圣母之花”和“天堂之花”，同时白百合还象征着耶稣重生后的神圣与纯洁。

名人轶事方面，如陶渊明对菊花的偏爱，使得菊花也得了他的造化，一句“采菊东篱下，悠然见南山”便成就了菊花隐逸出世的气质，后世许多具有遁世倾向的文人雅士往往以菊花自喻，周敦颐还曾明确指出“予谓菊，花之隐逸者也”，故而菊花在中国传统文化中成为“隐士”、“隐者”的符号。再如崔护的寻春偶遇，不但成就了“人面桃花”的一段佳话，也使得“桃花”成为浪漫爱情的象征，后来孔尚任的《桃花扇》即是借助桃花的这一意象，并且加深了桃花的浪漫色彩。

神话传说方面，如牡丹不畏女皇武则天的号令，未在冬日开放，而遭贬谪的传说，使得牡丹具有了“傲骨”，体现了“君子”风范。在希腊神话中，水仙是男神纳喀索斯因爱上自己在水中的倒影而溺水身亡的化身，因此水仙在西方文化中传递的信息是“自我陶醉”；而向日葵是对太阳神阿波罗一往情深的水泽仙女克丽泰的化身，因此向日葵所传递的信息是“沉默的爱”与“凝视你”。

文艺创作方面，最为典型的例子就是“桃林”，它经由《桃花源记》的避世之所——世外桃源、《三国演义》的结义之地——桃园、《射雕英雄传》的浪漫小岛——桃花岛，已经成为人们心中自由、狭义、柔情之所在的理想家园，再加上唐寅的精彩绝唱“桃花坞里桃花庵，桃花庵下桃花仙。桃花仙人种桃树，又摘桃花卖酒钱”，令人每每见到成片的桃树、桃花，心情便得以舒展，精神便能够愉悦，成就一番逍遥快活的审美体验！

第2章　观赏植物学基础

2.1　植物分类基本知识

地球上现存植物有50多万种，其种类繁多，形态、结构、生活习性等繁杂，人们为了认识植物，就需对它们进行分类。植物分类学是在人类认识和利用植物的社会实践中发展起来的一门古老学科。在此仅简单介绍植物分类的基本知识。

2.1.1　植物分类方法

植物分类的方法是人们对植物的形态、构造、生活史和生活习性进行观察、研究、比较，从而对植物进行分类的方法。依据不同的使用目的有两大分类方法，即自然分类法与人为分类法。

自然分类法(又称系统发育分类法)，是以植物的亲缘关系为依据进行分类。

人为分类法是按人的意图进行分类，强调的是人的使用目的。明代李时珍的《本草纲目》将植物分为草部、谷部、菜部、果部和木部，每部又分成若干类；《花镜》把植物分为花木和藤蔓两大类；《增辑群芳谱》将植物分为花、果、木、竹 四谱；而现代的人为分类则有所侧重，按植物的生物学特性、生态学特性、观赏特性、园林绿化用途、经济用途等不同的使用目的进行分类。

2.1.2　植物分类等级单位

在自然分类法中各级分类单位按照高低和从属关系顺序排列，具体可分为：界、门、纲、目、科、属、种，有的还加设亚级，即亚门、亚纲、亚目、亚科、亚属、亚种等以资细分。种是最基本的分类单位，集相近的种成属，相近的属并为科，由科并为目，由目集成纲，由纲而成门，由门合为界。每种植物都可在各级分类单位中找到其位置和从属关系。

以桃为例：

界……植物界 Regnum plantae

门……种子植物门 Spermatophyta

亚门……被子植物亚门 Angiospermae

纲……双子叶植物纲 Dicotyledoneae

亚纲……离瓣花亚纲 Archichlarmydeae

目……蔷薇目 Rosales

科……蔷薇科 Rosaceae

亚科……李亚科 Prunoideae

属……梅(李)属 *Prunus*

种……桃 *Prunus persica*(L.)Batsch

种是分类的基本单位，是在自然界中具有一定的形态和生理特征，具有一定的自然分布范围，最主要的是具有“生殖隔离”现象的客观存在的一种类群。所谓“生殖隔离”现象，是指异种之间不能产生后代，即使产生后代亦不能具有正常的生殖能力。种内某些个体之间具有显著差异时，可视差异大小分为亚种 Subspecies（Sub sp. 或 ssp.）、变种 Varietas（var.）、品种 Cultivar（cv.）、亚变种 Subvarietas（suv.）、变型 forma（fom. 或 f.），杂种则在两个亲本种名之间加×表示。

亚种（ssp.）这个类型除了在形态构造上有显著的变化特点外，在地理分布上也有较大范围的地带性分布区域。

变种（var.）种内的变异类型，它与原种在形态特征上有较小的差异，多指自然变异，这些特征是种内个体在不同环境条件影响下所产生的可遗传变异。

变型（f.）是指在形态特征上与原种有差异的个体类型，但变异更小，不稳定，也不遗传，如花色不同，重瓣与单瓣，叶面上有无色斑等。

品种（cv.）是园艺栽培植物的种内变异类型，经过人工选育而出现的变异，常指色、香、味、植株大小、产量高低等的变异。如萱草的品种：“芝加哥之火”萱草（‘Chicargo Fire’）、“圣诞岛”萱草（‘Chrismas Is’）、“珊瑚红”萱草（‘Coral Mist’）等。

2.1.3 观赏植物的分类

观赏植物的分类多采用人为分类法进行分类，亦有按自然分类法进行分类。

2.1.3.1 按植物亲缘关系分类

达尔文认为物种起源于变异与自然选择，从而得知复杂的物种大致是同源的。依据物种表面上相似程度的差别，能显示它们血统上的亲缘关系。因而，有了根据植物的亲缘关系作为分类标准建立的分类系统，称为自然分类系统。

在我国常用的分类系统主要有以下几种：蕨类植物多用秦仁昌系统、裸子植物多用郑万钧系统、被子植物多用恩格勒系统、哈钦松系统、克朗奎斯特系统等。今天，植物分类也吸收了解剖学、化学、生态学、细胞学、生物化学、遗传学以及分子生物学等学科的研究方法，与传统的分类方法相结合形成了新的化学分类学、染色体分类学、实验分类学、数值分类学等新领域，可有更多的论据进一步研究物种形成和种系发生。

2.1.3.2 按观赏特性分类

根据植物的观赏特性，可将观赏植物分为观叶、观花、观果、观枝（干）、观芽和观姿态等。

（1）观叶植物　这类植物有的是叶形奇特，有的是叶色美丽并具有明显的季相变化，有的终年具有鲜亮的颜色，如苏铁、散尾葵、黄栌、枫香、花叶垂榕等。

（2）观花植物　以花朵为主要的观赏部位的植物。如牡丹、山茶、垂丝海棠等。

（3）观果植物　主要指果实或色泽艳丽、经久不落，或果形奇特，色形俱佳。如火棘、佛手、球花石楠等。

（4）观枝（干）植物　植物枝干具有独特的风格或干皮呈现不同的色彩，特别是在深秋树叶凋落后，干枝形态色彩更引人注目。如佛肚竹、红瑞木、白皮松、紫薇、青桐、木棉、龙爪柳等。

（5）观芽植物　以肥大而美丽的叶芽或花芽为观赏对象者。如银芽柳的花芽、石楠的红色顶芽、白玉兰的花芽。

（6）观姿态植物　树姿优美，或枝干虬曲似游龙，像伞盖。如雪松、南洋杉、龙柏、金钱松、龙爪槐等。

2.1.3.3 按原产地气候类型分类

大自然中的植物资源非常丰富，它们分布在世界各地，但又不是均匀分布，气候、土壤等自然条件决定了它们的分布。我们所栽培的观赏植物，都是从世界各地原生的植物种经人工培育而成。了解植物的原产地和生态习性对栽培有很大的帮助，从不同地方培育出的各种观赏植物，如果它们原产地的气候相同，则它们的生活习性也大体相似，便可以采用相似的栽培方法。另外，在人工栽培中还可以采用设施栽培创造类似于原产地的条件，使植物可以不受地域和季节的限制而广泛栽培。值得注意的是，植物原产地并不一定是该种的最适宜分布区，只有它是原产地的优势种，才可能是适宜分布区。

根据 Miller 和日本塚本氏的分类，将全球分为 7 个气候区。每个气候区所属地区内形成了野生花卉的自然分布中心。

(1)大陆东岸气候型(中国气候型)　属于这一区域的气候特点是东寒夏热，年温差大；夏季降雨较多。在地理上包括中国大部分省份，还有日本、北美洲东部、巴西南部、大洋洲东部、非洲东南部。该区是喜欢温暖的球根花卉和不耐寒的宿根花卉分布中心，如中国石竹、石蒜、荷包牡丹、翠菊、荷兰菊、芍药、百合类等。

(2)大陆西岸气候型(欧洲气候型)　属于这一区域的气候特点是冬季温暖，夏季气温不高，年温差小；降雨不多，但四季都有，里海西海岸地区雨量较小。在地理上包括欧洲大部分地区、北美洲西海岸中部、南美洲西南部、新西兰南部。该区是一些喜凉爽二年生花卉和部分球根花卉的分布中心，如羽衣甘蓝、雏菊、铃兰等。

(3)地中海气候型　属于这一区域的气候特点是冬季温暖，从秋季到次年春末为降雨期，夏季极少降雨，为干燥期。在地理上包括地中海沿岸、南非好望角附近、大洋洲东南和西南、南美洲智利中部、北美洲西南部。该区是世界上多种球根花卉的分布中心，如郁金香、风信子、仙客来等。

(4)墨西哥气候型(热带高原气候型)　属于这一区域的气候特点是周年气温在 14～17℃，温差小；降雨量依地区不同，有周年雨量充沛的，也有集中在夏季的。在地理上包括墨西哥高原、南美安第斯山脉、非洲中部高山地区、中国西南部山岳地带(昆明)。该区是一些春植球根的分布中心，如大丽花、晚香玉等。

(5)热带气候型　属于这一区域的气候特点是周年高温，温差小，离赤道渐远，温差加大；雨量大，有旱季和雨季之分，也有全年雨水充沛区。在地理上包括中、南美洲热带和亚洲、非洲和大洋洲三洲热带(旧热带)两个区。该区是不耐寒一年生花卉及观赏花木的分布中心，如鸡冠花、长春花、猪笼草、竹芋、火鹤、文心兰等。

(6)寒带气候型　属于这一区域的气候特点是冬季漫长而寒冷，夏季凉爽而短暂，植物生长季只有 2～3 个月；年雨量少，但在生长季有足够的湿气。在地理上包括阿拉斯加、西伯利亚、斯堪的纳维亚等寒带地区。主要产高山植物，如绿绒蒿属、龙胆属、雪莲等植物。

(7)沙漠气候型　属于这一区域的气候特点是周年降雨小，气候干燥，植物常呈垫状。在地理上主要指一些沙漠地区。该区是仙人掌和多浆植物的分布中心。

2.1.3.4　按园林用途分类

按园林植物在园林景观中的应用可分为庭荫树、行道树、花灌木、绿篱植物、垂直绿化植物、花坛植物、地被植物、室内装饰植物等。

(1)庭荫树　可孤植或丛植于庭园和风景园林中，以绿荫为主要目的的树种，有的还兼有以赏树形和姿态，如梧桐、银杏、槐树、七叶树、橡皮榕、南洋杉、雪松等。

(2)行道树　植于道路两侧，给行人和车辆遮阳，并构成街景的树种。有落叶，也有常绿，但必须具备抗性强、耐修剪、主干直、分枝点高等特点，如悬铃木、银杏、樟树等。

(3)花灌木　以观花为主要目的的灌木，如榆叶梅、紫薇、木槿等。

(4)绿篱植物　主要作用是分隔空间，屏障视线，或作雕塑、喷泉的背景，能成行密植代替栏杆或其装饰作用。要求树种耐修剪，多分枝，生长缓慢，适于密植，多为常绿。绿篱的种类很多，有花篱、果篱、刺篱、绿篱等，按高度来分，有高篱、中篱和矮篱。

(5)垂直绿化植物　利用缠绕或攀缘植物来绿化建筑、篱笆、园门、亭廊、棚架等。常用植物如紫藤、葡萄、爬山虎、木香、叶子花、茑萝等。

(6)地被植物　包括覆盖在裸露地面上的各种草本植物,高度在 50 cm 以内,可防止尘土飞扬、水土流失,还可装点园林景观,如葱兰、三叶草、马蹄金、结缕草、羊茅类、鸢尾类、石蒜类、玉簪类、红花酢浆草、麦冬类等。

(7)室内装饰植物　在室内栽植的,供室内装饰应用的盆栽观赏植物,如蕨类植物、凤梨类植物以及部分天南星科植物等。

2.1.3.5　其他类型分类

观赏植物还可按经济用途,将植物分为果树类、油料植物类、药用植物类、香料植物类、纤维植物类、饲料植物类、薪材植物类、观赏植物类、其他经济用途类等。此外,还可按照生活型分类,植物生活型外貌特征包括植物体的大小、形状、分枝形态,以及植物寿命的长短,通常分为乔木、灌木、木质攀援植物、一二年生植物和多年生植物等。

2.2　观赏植物的命名

2.2.1　植物命名的方法

由于人类语言种类繁多,植物的同物异名,同名异物现象普遍存在,这极大地阻碍着人们对植物的认识及开发利用,给植物起个全世界公认的学名成了植物学工作者的迫切愿望,伟大的瑞典博物学家林奈(Carl von Linne 或 Linnaeus,1707—1778)于 1753 年创制了植物命名的双名法得到国际公认,随后国际生物命名法规(国际植物命名法规、国际动物命名法规、国际细菌命名法规、国际栽培植物命名法规等)相继建立、修改和完善。

1. *双名法*

用两个字(拉丁语或拉丁化的希腊语或外来语)来命名植物种名的方法。前一字为属名,第一个字母要大写;后一字为种名(又叫种加词),根据这个字可把它与本属其他的种相区分。属名和种名书写时应为斜体。完整的植物学名,在种名后还须附命名者的姓氏,用正体,第一个字母大写(知名人士则缩写成 1～2 个字母),如 Linne 的缩写为 L.。必要时还附发表日期,如柏木 *Cupressus funebris* Endl.(1847)。

双名法的基本公式:学名＝ 属名 ＋ 种名＋命名人

如:银杏 *Ginkgo biloba* L.

2. *三名法*

就是用三个字来命名植物种以下分类单位名称的方法,是对双名法的补充。在本种名的后面附上一定的指示性缩写字之一[亚种(ssp.)、变种(var.)、栽培变种(cv.)、变型(f.)],其后再附上相应阶层的加词,如:

Catalpa fargesii f. *duclouxii* 滇楸(川楸的变型)

Citrus aurantium var. *sinensis* 中国柑橘(酸橙的变种)

Sabina chinensis cv. *kaizuca* 龙柏(圆柏的栽培变种)

植物学名具有全球唯一性,在植物学名中绝对不允许属名、种名相同,一种植物仅有一个学名。同物异名,异物同名必须被废弃或被替代,被废弃的同名,不能再作其他种的名称。

2.2.2　植物拉丁文语音基础

2.2.2.1　字母及发音

现代拉丁文有 26 个字母，其书写方式与英语相同，但发音多数不同，详见表 2-1。

表 2-1　拉丁字母发音表

字母		发音	
大写	小写	国际音标	汉语拼音
A	a	[a:]	a
B	b	[b]	b
C	c	[k][ts]	k. c
D	d	[d]	d
E	e	[e]	ai
F	f	[f]	f
G	g	[g][j]	g
H	h	[h]	h
I	i	[i]	i
J	j	[j] [i]	y
K	k	[k]	k
L	l	[l]	l
M	m	[m]	m
N	n	[n]	n
O	o	[o]	o
P	p	[p]	p
Q	q	[q]	k
R	r	[r]	r 舌震动
S	s	[s]	s
T	t	[t]	t
U	u	[u]	u
V	v	[v]	v
X	x	[ks]	ks
Y	y	[i]	i
Z	z	[z]	z

1. 元音

拉丁字母中有六个单元音(a,o,u,e,i,y),其中 y 为半元音、半辅音,在辅音字母之后作元音,如 stylus(花柱);在元音字母之前作辅音,如 Hoya 球兰属,均发[i]。此外,还有四个双元音(ae,oe,au,eu),发音时读一个音,连续发音,前者稍长。单元音字母中,a,o,u 是硬元音;e,i,y 是软元音,双元音中只有 au 是硬元音,其他三个均是软元音。

2. 辅音

拉丁字母共有 20 个单辅音,四个双辅音(ch,th,ph,rh)。双辅音划分音节时不分开,发音时读一个音,即 ch=c,th=t,rh=r,ph=f。

3. 音变

拉丁字母中,有的辅音字母在与硬元音或软元音相连时,发音不同,称为音变现象。如:

(1)c 在软元音(e,i,y)前读[ts],如:chinensis(中国的)。

(2)g 在软元音前读[j],如:genus(属),magister(教师)。

另外,字母 j,a 在单词的不同位置发音不同。

(1)j 在词头发 [j],如 japonica;在词中或词尾发[i],major(较大的)。

(2)a 在词尾单独成为一个音节时,发音软化,读“呀”。如 Pi-ce-a。

2.2.2.2　音节

音节是拉丁单词的基本发音单位,以元音为主划分。一个单词中有几个元音,就有几个音节,双元音、双辅音在划分音节时不能分开,元音(单元音或双元音)亦可单独成为一个音节。如:a-bi-es 冷杉。

音节划分规则:

(1)元-辅元

ro-sa　玫瑰　va-gi-na　叶鞘

(2)元辅-辅元

dis-cus　花盘　fruc-tus　果

(3)元辅辅-辅元

func-ti-o 机能　ab-sorp-ti-o 吸收

(4)双元音、双辅音不能分开

au-ran-ti-um　橙　an-tho-pho-rurn　花冠柄

(5)辅音 b,p,d,t,c,g,f,后面有辅音 r 或 l 时,在划分音节时不能分开。

a-la-bas-trum　花芽　ex-cre-ti-o　分泌

(6)qu 在划分音节时不能分开,当一个辅音看待。

a-qua　水　qua-ter　四次

2.2.2.3　音量及重音

1. 重音规则

拼读拉丁单词首先应确定重音,重音确定规则如下:

(1)一个拉丁单词只有一个重音,重音永远不在最后一个音节上(除单音节词外)。

(2)重音总不超过倒数第三音节,即不在倒数第二音节,便在倒数第三音节上。

(3)确定倒数第二音节元音发音的长短,是确定重音的关键。如果倒数第二音节元音发长音,重音就在这个音节上,如果发短音,重音就移在倒数第三音节上。长元音是在元音上标注长音符号“—”,并注重音符号“ˊ”;短元音在元音上标短音符号“ˇ”,重音向前移 1 位。

(4)若倒数第二个音节不符合长音规则,也不符合短音规则,就将此单词作新词看待,重音放在倒数

第 2 音节上。

2. 音量划分规则（即倒数第二音节的元音发音长、短的规则）

1）长音规则

（1）双元音为自然长音

Chlo-ro-lēū́-cus　绿白色的

（2）两个或三个辅音前的元音为地位长音

pla-cḗn-ta　胎座

rho-dā́n-thus　蔷薇色花的

chi-nḗn-sis　中国的

（3）x，z 前的元音为地位长音

ce-pha-lo-tā́-xus　三尖杉属

（4）nf，ns，nc 前的元音发长音

（5）具长音词尾（详见表 2-2）

2）短音规则

（1）元音前的元音是地位短音

ca-mél-lî-a　山茶属

rhom-bo-í-dê-us　菱形的（-eus 为形容词词尾，在此 eu 不是双元音）

（2）h 前的元音发短音

（3）b，c，d，f，g，p，t 与 l 或 r 相连时前面的元音发短音。

é-phâ-dra　麻黄

éf-râ-grans　芳香的

（4）双辅音及 qu 前的元音发短音

cá-tê-chu　槟榔　ré-lî-quus　其余的

（5）nt，nd 前的元音发短音

ás-cên-dens 上升的

（6）具短音词尾（详见表 2-3）

表 2-2　长音词尾表

-anus，-ana，-anum	-alis，-ale
-atus，-ata，-atum	-aris，-are
-egus，-ega，-egum	-itis，-ite
-inus，-ina，-inum	-oris，-ore
-ivus，-iva，-ivum	-acer
-odus，-oda，-odum	-erens
-omus，-oma，-omum	-yces
-onus，-ona，-onum	
-osus，-osa，-osum	
-orus，-ora，-orum	

表 2-3　短音词尾表

-alus，-ala，-alum	-eris，-ere
-ebus，-eba，-ebum	-ilis，-ile
-erus，-era，-erum	-icis，-ice
-elus，-ela，-elum	-ifer，-ife
-eger，-ega，egum	-iger，-ige
-idus，-ida，-idum	-ide
-iter，-ita，-itum	- idis
-ilus，-ila，-ilum	
-imus，-ima，-imum	
-olus，-ola，-olum	
-orus，-ora，-orum	
-ulus，-ula，-ulum	

2.2.3　植物拉丁学名书写国际规范

植物拉丁名的应用具有严谨的规范要求：

(1)植物种的完整学名由属名、种加词及命名人名三部分构成，属名第一个字母大写，种加词小写，属名和种加词书写时斜体；命名人姓名第一个字母大写，正体。

如：山玉兰 *Magnolia delavayi* Franch.

(2)若命名人为知名人士，则用1～2字母加缩写符号"·"表示。

如：银杏 *Ginkgo biloba* L.

(3)若命名人为二人以上，人名中加连接词 et 或 ex，连接词小写，正体。

如：银杉 *Cathaya argyrophylla* Chun et Kuang

白皮松 *Pinus bungeana* Zucc. ex Endl.

(4)种以下分类单位的学名，是由种名加上一个指示性缩写字(var.—变种、f.—变型、cv.—品种、ssp.—亚种)再加上一个相应的加词构成，指示性缩写字小写正体，相应的加词仍用斜体。

如：红花山玉兰 *Magnolia delavayi* var. *rubra*

(5)园艺品种的学名中，可不用加 cv.，品种加词用单引号，第一个字母大写，正体表示。

如：白荷花 *Nelum bonucifera* 'Alba'

(6)品种群用 Group 表示，第一个字母大写，正体。

如：牡丹品种群 *Paeonia suffruticosa* Group

(7)某属植物中一未知种，用 sp.(种的缩写字)，正体。

如：一种松树 *Pinus* sp.

(8)某属植物中多种植物，用 spp.(种的复数缩写字)，正体。

如：多种月季 *Rosa* spp.

(9)对于物种的属名，通常情况下，应将其写全，如欧洲赤松 *Pinus sylvestris* L.，如果在此处还有同属的多种物种出现，则其他种的属名可缩写，如：

Pinus sylvestris L.(欧洲赤松)

P. massoniana Lamb.(马尾松)

P. yunnanensis Franch.(云南松)

P. armandii Franch.(华山松)

物种的种加词，一定要写全，不能缩写。

(10)在书写种名时，若需移行，应按音节进行并加注移行符号"—"。如：

金缕梅科檵木属的落叶灌木中的红檵木(红花檵木)*Loropetalum chinen-*

se var. *rubrum*

知识扩展

1. 植物分类检索表

植物分类检索表是鉴定植物种类的重要工具之一，通过查阅检索表可以帮助我们确定植物的科、属、种名。植物志、植物手册等书籍中均有植物的分科，分属及分种检索表。

编制植物检索表是采用对比的方法，将特征不同的植物逐步排列、分类，直到得出植物的科、属或种的学名。

使用检索表时，首先应全面观察植物，然后才进行查阅，当查阅到某一分类等级名称时，必须将标本特征与该分类等级的特征进行全面的核对，若两者相符合，则表示所查阅的结果是正确的。

常见的植物分类检索表有定距式、平行式两种。

◆ 定距式(级次式)检索表:把相对立的特征用同一编码表示,排列对齐,其下隶属的特征用下一级编码表示,排列上较上一级编码退后一格,这样逐层向下排列,直到区别检索对象。编码数的确定 $X=N-1$(其中 X 为编码数,N 为检索项目数)。如:

木兰科植物分属检索表(部分)

1. 叶不分裂;聚合蓇葖果
  2. 花顶生
    3. 每心皮具 4~14 胚珠,聚合果常球形 ……………………………… 1. 木莲属 *Manglietia*
    3. 每心皮具 2 胚珠,聚合果常长圆柱形 ……………………………… 2. 木兰属 *Magnolia*
  2. 花腋生 ………………………………………………………………… 3. 含笑属 *Michelia*
1. 叶常 4~6 裂;聚合翅果 ……………………………………………… 4. 鹅掌楸属 *Liriodendron*

◆ 平行式检索表:把每一相对立的特征编以同样的编码,并紧接并列,在每一行的末尾,根据特征描述的情况,可以是下一级的编码,也可以是学名,若是编码则还需再进一步列出相对立的特征,直到检索表中植物能全部分开。平行式检索表中,每一级编码书写不退格。如:

木兰科植物分属检索表(部分)

1. 叶不分裂;聚合蓇葖果 ………………………………………………………………… 2
1. 叶常 4~6 裂;聚合小坚果具翅 ………………………………… 鹅掌楸属 *Liriodendron*
2. 花顶生 ……………………………………………………………………………… 3
2. 花腋生 …………………………………………………………………… 含笑属 *Michelia*
3. 每心皮具 4~14 胚珠,聚合果常球形 ……………………………… 木莲属 *Manglietia*
3. 每心皮具 2 胚珠,聚合果常长圆柱形 ……………………………… 木兰属 *Magnolia*

2. 植物拉丁学名中的相关规定

1)常见缩写字

sp. =species 种(单数)
spp. =species pl. 种(复数)
ssp. =subspecies 亚种
n. ssp. =Nov. ssp. =Nova subspecies 新亚种
var. =varietas 变种
cv. =cultivar 栽培变种(品种)
f. =forma 变型
hybh. =hybrida 杂种
gen. =genum 属

2)植物学名中的并列连接词 et 及从属连接词(前置词)ex

并列连接词 et(和、及、与),在学名中用作连接两个命名人的姓名。如:

水杉 *Metasequoia glyptostroboides* Hu et Cheng 是胡先啸先生和郑万钧先生命名的。

从属连接词(前置词)ex(从、出自、由于、依照),在学名中表示该植物种虽为前学者所命名,但未正式发表,后者为合法发表者,以示对前者的尊重。如:

白皮松 *Pinus bungeana* Zucc. ex Endl. Zucc. 命名了白皮松,但 Endl. 是白皮松的合法发表者。

3)植物学名的圆括号()

当一个种的学名被修订时,原定名人的姓氏加圆括号,如:

杉木 *Cunninghamia lanceolata*（Lamb.）Hook.

Lamb. 将原将杉木命为：*Pinus lanceolata* 置于松属 *Pinus* 中，后 Hooker 改移入杉木属 *cunninghamia* 之中，原种名 *lanceolata*（披针形的）仍保留，原定名人姓名 Lamb. 放入圆括号内。

甲属移至乙属时，在新的学名中仍保留原种名，原命名者的姓名加圆括号后放在新命名者姓名之前。再如：

滇楸 *Catalpa fargesii* Bar. f. *duclouxii*（Dode）Gilmour

圆括号中的 Dode 将滇楸定名为 *Catalpa dulcouxii* Dode，后 Gilmour 认为滇楸是 Bar. 订名的川楸 *Catalpa fargesii* Bar. 的变型，故修订后重修订名，并将原订名人姓氏加圆括号。

4）异名

根据国际植物命名法规规定，一种植物只能有一个合法的通用学名。但由于历史和其他原因，有的植物往往有几个学名，除符合命名法规的合法学名外的名称称为异名，即同物异名，可用 Syn.、括号（）或"="等方式表示，仍应逐步清理淘汰。如：

蜡梅：

①*Chimonanthus praecox*（L.）Link. Syn. *Chimonanthus fragrans* Lindle

②*Chimonanthus praecox*（L.）Link.（*Chimonanthus fragrans* Lindle）

③*Chimonanthus praecox*（L.）Link. = *Chimonanthus fragrans* Lindle

3. 观赏植物属名的来源（表 2-4）

表 2-4 观赏植物属名的来源

1）神话名称（多来自希腊神话传说）		
Adonis	侧金盏花属	来自爱神 Venus（维纳斯）所爱的美少年 Adonis（安东尼斯）
Arachnis	蜘蛛兰属	来自向艺术女神挑战而被变成蜘蛛的擅长编制的小亚细亚女郎 Arachne 之名
Asclepias	马利筋属	来自医药之神 Asklepio
Daphne	瑞香属	来自河神 Peneus 的女儿名
Hyacinthus	风信子属	来自传说中斯巴达少年 Hyacinthos
Juglans	胡桃属	来自罗马主神 Jupiter（丘比特），传说这是他喜爱的食物
Narcissus	水仙属	来自一顾影自怜的美少年 Narcissus
Nymphaea	睡莲属	来自河海草地森林的女神 Nympha 之名
Nyssa	紫树属	来自酒神巴考斯的奶娘名
2）地理名称（原产地、分布区或采集地）		
Araucaria	南洋杉属	来自印地安一部落名称，表示原产地
Citrus	柑橘属	来自巴勒斯坦一镇名 Citron，表示原产地
Fokienia	福建柏属	来自中国福建省 Fokien
Ligustrum	女贞属	来自意大利北部 Ligura
Taiwania	台湾杉属	来自中国台湾省 Taiwan
3）古代人名		
Aristotelia	柯子属	纪念古希腊哲学家、自然史之父

续表 2-4

4)现代人名(用人名构成属名无论是纪念男性或女性,均在已经拉丁化的姓氏词尾上再加阴性词尾形式-a),这种方式是对科学家的尊重,不应滥用		
Bauhinia	羊蹄甲属	纪念一对尊贵的兄弟 Bauhin
Cinchona	金鸡纳属	纪念秘鲁西班牙总督钦琼伯爵的妻子 Countes Cinchona,因她而导致了 Quinine(奎宁)的发现,对治疗秘鲁当时的疟疾有特效
Davidia	珙桐属	纪念曾多年在中国采集植物标本的法国天主教神父 Armand David(大卫)
Euphoria	龙眼属	纪念著名希腊医生 Euphori
Kerria	棣棠属	纪念英国植物学家 Willarm Kerr
Robinia	刺槐属	纪念法国国王的草药医生 J. V. Robin,是他把这种植物传播出来的
5)古希腊词		
Helianthus	向日葵属	向着太阳的花,来自太阳神 Helios 之名＋花 antus
Olea	木犀榄属	齐墩果,来自希腊词 Elaia
Rosa	蔷薇属	玫瑰花,来自古希腊词 Rhodon 玫瑰花,高深的艺术
6) 土名		
Bambusa	簕竹属	印尼语
Coffea	咖啡属	阿拉伯的一种饮料名
Thea	茶属	中国汕头土名
7) 表示习性、形状及某些特性		
Chrysanthemus	菊属	金色的花(颜色)
Cinnamomum	樟属	叶子卷曲后有芳香味(特性)
Ormosia	红豆属	项链(种子的形态)
Trifolium	三叶草属	三小叶(叶的类型)
8) 加前缀于一个老属名前构成新属名(派生属名)		
前缀	老属名	新属名
Pseudo(假…,拟…,伪…)	*Larix*(落叶松属)	*Pseudolarix*(金钱松属)
Neo(新的)	*Cinnamomum*(樟属)	*Neocinnamomum*(新樟属)
Notho(伪的)	*Panax*(人参属)	*Nothopanax*(梁王茶属)
Ptero(有翅)	*Carya*(山核桃属)	*Pterocarya*(枫杨属)
9) 加后缀于一个老属名后构成新属名		
老属名	后缀	新属名
Castanea 板栗属	-opsis	*Castanopsis* 栲属
Taxus	-odium	*Taxodium* 落羽松属
10) 地质名称 多用于化石,如加 Eo-,Mio-或 Cimo-以表示为始新世、中新世及白垩纪的生物的化石属。		

4.观赏植物种名的来源(表 2-5)

用作种名的词叫做种加词,表示植物种的形状、特征、特性、生境、习性、产地、采集地,以及纪念有关的人名等,按国际植物命名法规第二十三条规定:种加词可以取自任何来源,甚至可以任意构成,但不可重复属名。

表 2-5 观赏植物种名的来源

中名	拉丁名		种名的来源及意义
	属名	种名	
1) 国家一级重点保护树种			
桫椤	*Alsophila*	*spinulosa*	棘刺的(叶柄、叶轴上)
金花茶	*Camellia*	*chrysantha*	金色花的(颜色)
银杉	*Cathaya*	*argyrophylla*	银叶的(颜色)
珙桐	*Davidia*	*involucrata*	有总苞的(形似鸽子)
水杉	*Metasequoia*	*glyptostroboides*	像水松的(外形)
望天树	*Parashorea*	*chinensis*	地名(中国的)
秃杉	*Taiwania*	*flousiana*	人名
2) 世界著名五大庭院观赏树			
南洋杉	*Araucaria*	*heterophylla*	异形叶
雪松	*Cedrus*	*deodara*	无气味的(木材)
金钱松	*Pseudolarix*	*amabilis*	可爱的(树形)
金松	*Sciadopitys*	*verticillata*	轮生的(大枝着生)
北美红杉	*Sequoia*	*sempervirens*	常绿的(习性)
3) 观赏植物			
竹节海棠	*Begonia*	*maculata*	满是斑点的(叶)
香樟	*Cinnamomum*	*camphora*	樟脑(植物气味)
美丽芙蓉	*Hibiscus*	*indicus*	印度的(地名)
扶桑	*Hibiscus*	*rosea-sinensis*	中国的玫瑰
北美鹅掌楸	*Liriodendron*	*tulipifera*	具郁金香的(花形)
金银花	*Lonicera*	*japonica*	日本的(地名)
广玉兰	*Magnolia*	*grandiflora*	大花的(花形)
白玉兰	*Magnolia*	*denudata*	裸露的(先花后叶)
紫玉兰	*Magnolia*	*liliflora*	百合花的(花形)
白兰花	*Michelia*	*alba*	白色的(花色)
牡丹	*Paeonia*	*suffruticosa*	半灌木(习性)
芍药	*Paeonia*	*lactiflora*	宽阔的花(花形)
桂花	*Osmanthus*	*fragrans*	芳香的(花气味)

思考题

1. 简述植物分类的意义和方法。
2. 举例说明植物命名的方法。
3. 拼读练习。（表 2-6、表 2-7、表 2-8）

表 2-6　一辅音一元音拼音发音表

辅音	元音				
	a	e	i	o	u
b	ba	be	bi	bo	bu
c	ca	ce	ci	co	cu
d	da	de	di	do	du
f	fa	fe	fi	fo	fu
g	ga	ge	gi	go	gu
h	ha	he	hi	ho	hu
j	ja	je	ji	jo	ju
k	ka	ke	ki	ko	ku
l	la	le	li	lo	lu
m	ma	me	mi	mo	mu
n	na	ne	ni	no	nu
p	pa	pe	pi	po	pu
q	qua	que	qui	quo	quu
r	ra	re	ri	ro	ru
s	sa	se	si	so	su
t	ta	te	ti	to	tu
v	va	ve	vi	vo	vu
x	xa	xe	xi	xo	xu
z	za	ze	zi	zo	zu

表 2-7　一元音一辅音的读音发音表

元音	辅音											
	b	c	d	f	g	l	m	n	p	r	s	t
a	ab	ac	ad	af	ag	al	am	an	ap	ar	as	at
e	eb	ec	ed	ef	eg	el	em	en	ep	er	es	et
i	ib	ic	id	if	ig	il	im	in	ip	ir	is	It
o	ob	oc	od	of	og	ol	om	on	op	or	os	ot
u	ub	uc	ud	uf	ug	ul	um	un	up	ur	us	ut

表 2-8 两个辅音一个元音的读音发音表

辅音	元音				
	a	e	i	o	u
bl	bla	ble	bli	blo	blu
br	bra	bre	bri	bro	Bru
cl	cla	cle	cli	clo	clu
cr	cra	cre	cri	cro	cru
dr	dra	dre	dri	dro	dru
fl	fla	fle	fli	flo	flu
fr	fra	fre	fri	fro	fru
gl	gla	gle	gli	glo	glu
gr	gra	gre	gri	gro	gru
pl	pla	ple	pli	plo	plu
pr	pra	pre	pri	pro	pru
tr	tra	tre	tri	tro	tru

4. 划分以下常见拉丁名的音节并标出长短音。(表 2-9)

表 2-9 常见植物拉丁名

中文名	属名	种名
1 金花茶	*Camellia*	*chrysantha*
2 三尖杉	*Cephalotaxus*	*fortunei*
3 水杉	*Metasequoia*	*glyptostroboides*
4 北美红杉	*Sequoia*	*sempervirens*
5 银杉	*Cathaya*	*argyrophylla*
6 珙桐	*Davidia*	*involucrata*

第3章　观赏植物形态学基础

随着现代植物学的发展，植物鉴定已在传统植物鉴定法——形态学识别法的基础上有了一些新技术，如：细胞学标记技术、生化标记技术、蛋白质指纹标记等，这些新技术为进一步鉴定形态学差异越来越小的植物品种带来了积极的意义，而这些方法的取样基础仍然是以形态学特征为依据。形态识别法依旧是最简单直观、快捷的方法，这是其他方法不可比拟和取代的。

形态学识别法主要通过观察植物叶、花、果的基本形态来鉴定植物。描述植物的根、茎、叶、花、果实和种子的专用词语称为植物的形态术语。掌握植物这种通俗而简练的基本形态术语，是识别和鉴定植物的关键。

3.1　植物的根

3.1.1　根的基本形态

根所处的环境条件基本稳定，外形变化小，大多呈圆柱状。依据根的发生时间和部位，可分为定根和不定根。

(1)定根　定根是指生于特定位置的主根和侧根。主根形成较早，又可称为初生根，主根长到一定的长度，就在特定部位产生分支，形成侧根，侧根上还可产生新的分支。从主根上长出的侧根为一级侧根，一级侧根上长出的侧根为二级侧根，侧根发生形成的时间比主根晚，故又称为次生根。

(2)不定根　除定根外，植物还能从茎、叶、老根和胚轴上产生根，这些根的位置不固定，统称为不定根，不定根也能产生侧根。侧根、不定根的产生扩大了根的吸收面积，增强了根的固着能力。

3.1.2　根系

一株植物根的总体称为根系，是植物的主根和侧根的总称。

(1)直根系　主根粗长，垂直向下，其旁分生侧根，如麻栎、马尾松(图3-1)。

(2)须根系　主根不发达或早期死亡，而由茎的基部发生许多长短粗细相似的不定根，如棕榈、蒲葵等大多数单子叶植物的根系(图3-2)。

根系在土壤中所占的空间常常超过地上茎叶所占的空间。按照根系在土壤中的分布状况，可分为深根系和浅根系。一般具有直根系的植物，由于它的主根发达，根能分布在较深的土层中，常形成深根系；有些植物的主根不发达、侧根或不定根向四方发展，根多分布在土壤表层，便形成了浅根系。但也有些植物，其根系同时向深层与水平两个方向发展，此种根系与土壤接触面大，吸收效力强，如玉米、向日葵具有这种根系。在植物种植设计中，用作防风林带的树种，一般选深根性树种；营造水土保持林，一般宜选用侧根发达、固土能力强的树种；营造混交林时，除考虑地上部分的相互关系外，还要注重选择深根性与浅根性树种的合理配置，以利于不同土层深度水分和养分的充分吸收与利用。

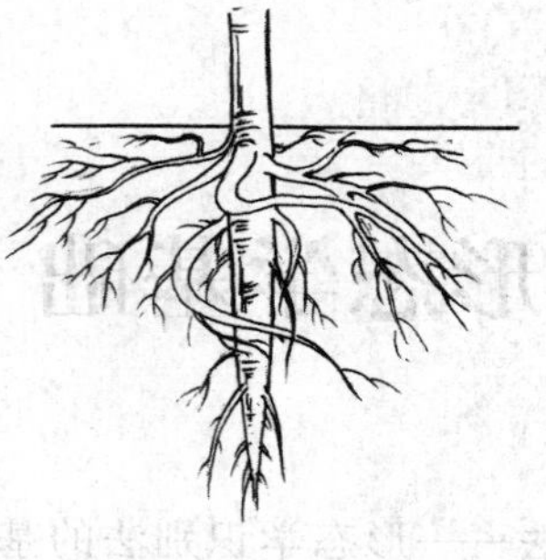

图 3-1　直根系

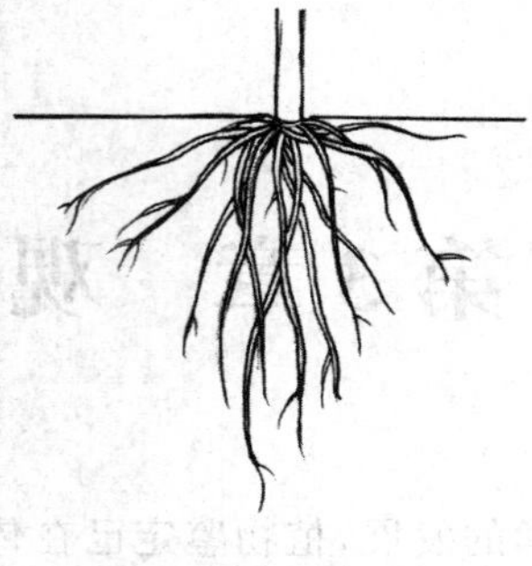

图 3-2　须根系

3.1.3　根的变态

有些植物的营养器官为了行使特殊功能，其形态结构发生显著变异，表现出异常的生长和结构，这种现象称为植物的变态，该器官称为变态器官。

(1)板根　热带树木在干基与根颈之间形成板壁状凸起的根，以加强树木的稳固性，支持巨大的树冠，如四数木。

(2)攀援根　一些攀援植物从茎上生出许多不定根，用于攀援物体表面，如络石、凌霄、爬山虎，其中爬山虎的攀援根顶端会特化为吸盘状。

(3)气生根　凡暴露于地面，生长在空气中的根，如榕树从大枝上发生多数向下垂直的根，当达到一定的营养条件，它们可以伸入土壤，产生侧根，成为支柱根；石斛和其他热带兰的根，其根较肥厚，有利于吸收和贮存空气中的水分，也有附着作用，有的还含有叶绿素，可制造有机物。

(4)寄生根　寄生植物从寄主体内吸收水分和养分的不定根变态的器官，如桑寄生、槲寄生和菟丝子等。

(5)呼吸根　一些生长在沿海或沼泽地带的植物产生伸出地面或浮在水面用以呼吸的根，有利于输送和贮存空气，如红树、水松、落羽杉的膝状呼吸根。

(6)贮藏根　贮藏养料，肥厚多汁，形状多样，常见于二年生或多年生草本植物。有的是主根肥厚粗大，如萝卜的肉质直根；有的是由植物的侧根或不定根膨大而成，外形上比较不规则，如大丽花、番薯的块根。

3.2　植物的茎

茎是介于根和叶之间起连接和支持作用的轴状结构营养器官，是着生叶、花、果等器官的轴，又称为枝。在茎或枝上着生叶的部位叫节，相邻两节之间的无叶部分称为节间。不同植物的节间有长有短，有的极度缩短使植物呈莲座状，如金盏菊、车前草。同一种植物上节间较长的称为长枝，节间较短的称为短枝，如银杏具有长短枝。叶与其着生的茎所成的夹角叫叶腋，叶腋生有芽，再由芽生出茎的分枝，即枝条和小枝条。叶片在枝条上脱落后留下的痕迹叫叶痕(图 3-3)。

3.2.1　茎的基本形态及特征

1. 芽

植物体上所有的枝条和花(花序)都是由芽发育而来，因此，芽是枝条或花(花序)的原始体。依据芽

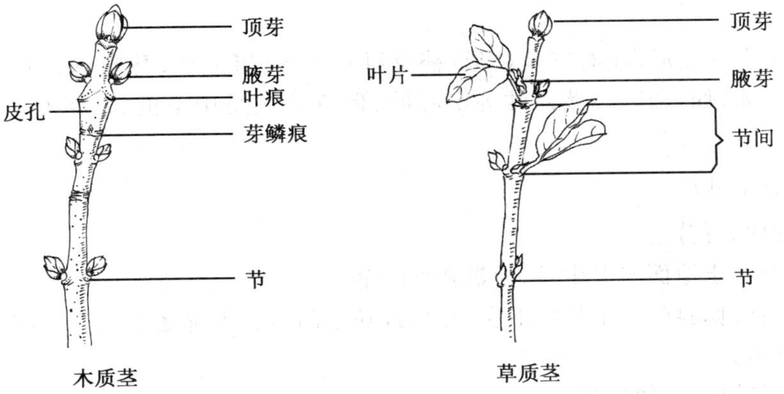

图 3-3　植物的茎

生长的位置，可分为定芽（顶芽和腋芽）、不定芽；依据芽发育后所形成的器官不同，可分为叶芽、花芽和混合芽；依据芽有无保护结构，可分为鳞芽和裸芽等。顶芽是生于枝条顶端的芽，通常由叶变态而成。腋芽是生于叶腋内的芽，形体一般较顶芽小，又叫侧芽。不定芽不是从叶腋或枝顶发出，而是从叶子发出的芽，如秋海棠、落地生根；或从根上发出，如刺槐、甘薯；或从树干发出，如柳树、桑树。叶芽发育形成营养枝、发生叶子。花芽发育形成花或花序。混合芽同时发育为枝、叶和花（或花序）。鳞芽大多数生长在温带的多年生木本植物上，芽外的幼叶常形成鳞片（芽鳞），包被在芽的外面保护幼芽越冬。裸芽是没有芽鳞覆盖的芽，如草本植物和生长在热带潮湿气候的木本植物多为裸芽。

2. 茎的性质

依据植物茎木质化程度的高低，将茎分为木本茎和草本茎，具有木本茎的植物称为木本植物，其木质化程度高，一般比较坚硬，且寿命较长；具有草本茎的植物称为草本植物，其木质化程度低，质地较柔软。

根据植物茎的大小、生存期的长短和生长状态，木本植物分为：乔木、灌木、半灌木；草本植物分为一年生草本、二年生草本、多年生草本。

1）木本植物

（1）乔木　植株高大，主干粗大而明显，高达 5 m 以上且分枝部位距地面较高的植物，如广玉兰、雪松、毛白杨等。

（2）灌木　植物比较矮小，主干不明显，常由基部分枝，如小叶女贞、黄杨等。

（3）半灌木　又称为亚灌木，即在木本植物与草本植物之间没有明显的区别，较灌木矮小，高常不及 1 m，仅茎基部木质化，多年生，上部茎草质，于开花后枯死，如八仙花。

以上木本植物，叶在冬季或旱季脱落者叫落叶乔木、落叶灌木；反之，在冬季或旱季不落叶者叫常绿乔木、常绿灌木。

2）草本植物

（1）一年生草本　当年萌发，当年开花结实后，整个植株枯死，即生活周期在本年内完成。

（2）二年生草本　当年萌发，次年开花结实后，整个植株枯死，即生活周期在两个年份内完成。

（3）多年生草本　连续生存三年或更长的时间，开花结实后，地上部分枯死，地下部分继续生存。如果地上部分保存其绿叶越冬者，称为多年生常绿草本。

当然，环境常可改变植物的生活周期，如蓖麻在北方为一年生植物，在华南、西南地区则可为多年生植物。

3. 茎的外形

大部分植物的茎为圆柱形，还有三角柱形（莎草科）、方形（唇形科、马鞭草科）、多角柱状（仙人掌科），偶有球形或扁平体（仙人掌）。茎经常为实心的，但有的茎是中空的（葫芦科、蓼科、连翘属的一些植物）。

4. 茎的种类（图 3-4）

依其茎的生长方向，可分为：

（1）直立茎　茎垂直于地面向上生长，为最常见的茎。

（2）斜升茎　茎幼时偏斜向上生长且不横卧地面，随茎的生长上部逐渐呈直立状，植株下部呈弧曲状，如酢浆草、山黄麻等。

（3）平卧茎　茎平卧地上，如地锦。

（4）匍匐茎　茎平卧地上，但节上生根，如草莓、旱金莲、狗牙根等。

（5）攀援茎　用卷须、小根、吸盘或其他特有的卷附器官攀附于他物上，如葡萄。

（6）缠绕茎　茎螺旋状缠绕于他物上，如紫藤、北五味子。

凡是具有攀援茎或缠绕茎的植物只能倚附其他植物或有他物支持向上攀升的称为藤本植物，依其木质化程度可分为：木质藤本（木本藤）、草质藤本（草本藤）。

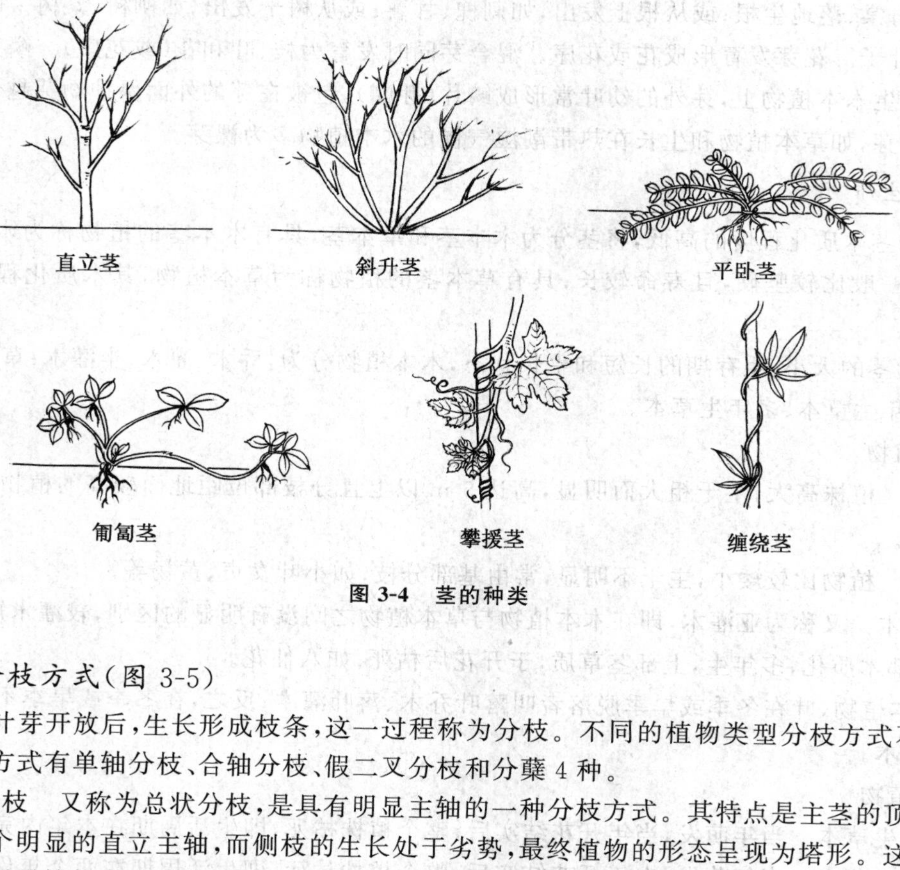

图 3-4　茎的种类

5. 茎的分枝方式（图 3-5）

茎顶端的叶芽开放后，生长形成枝条，这一过程称为分枝。不同的植物类型分枝方式不同，种子植物常见的分枝方式有单轴分枝、合轴分枝、假二叉分枝和分蘖 4 种。

（1）单轴分枝　又称为总状分枝，是具有明显主轴的一种分枝方式。其特点是主茎的顶芽始终占优势并生长成一个明显的直立主轴，而侧枝的生长处于劣势，最终植物的形态呈现为塔形。这种分枝方式在蕨类植物和裸子植物中占优势，常见于松、杉和柏科等植物。

（2）合轴分枝　是主轴不明显的一种分枝方式。其特点是主茎的顶芽生长到一定时期，停止生长或分化为花芽，继而由靠近顶芽的腋芽代替顶芽生长并发展为新枝，取代主茎的位置。不久新枝的顶芽又停止生长，再由旁边的腋芽代替，依此类推。结果主干是由各级侧枝连续发育而成。有些植物幼年期主要为单轴分枝，到生殖阶段才出现合轴分枝，如茶树。有的植物上有单轴分枝的营养枝，也有合轴分枝

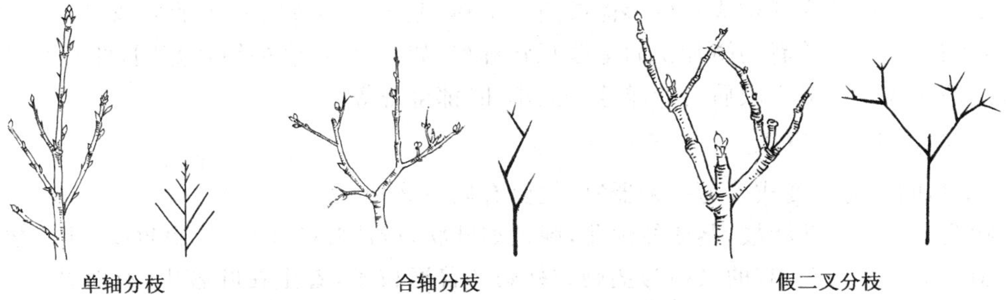

图 3-5　茎的分枝方式

的花果枝，如棉花。

(3)假二叉分枝　这种分枝方式是具有对生叶的植物，在顶芽停止生长或分化为花芽后，由顶芽下两个对生的腋芽同时生长，形成叉状侧枝，如丁香、泡桐、梓树。假二叉分枝实际上是一种合轴分枝方式的变化。

(4)分蘖　这是禾本科植物特有的一种分枝方式。禾本科植物在生长初期，茎的节间很短、很密集，而且集中在基部，每个节上都有一片幼叶和一个腋芽，当幼苗出现 4、5 片幼叶的时候，有些腋芽即开始活动形成新枝并在节位上产生不定根，这种方式称为分蘖。

相对来说，合轴分枝和假二叉分枝是较为进化的，使树枝具有更大的开展性，保证了植物枝繁叶茂，光合作用面积大。尤其在园艺方面，合轴分枝有多生花芽的特性，有利于植物丰产，而在林木用材方面，单轴分枝可以获得粗壮而挺直的用材。同属植物总状分枝的种，果少而成熟迟，合轴分枝的种则果多而成熟早，如果在一株植物上，同时具有总状分枝与合轴分枝，则总状分枝的枝条为不结实的营养枝，合轴分枝则多为结果枝。在景观应用中，可以根据景观的要求来进行选择植物的形式。

3.2.2　茎的变态

1. 地下部分(图 3-6)

植物的地下茎是变态茎，外表上与地上茎显然不同，且常与根混淆，主要有以下 4 种：

(1)根状茎　延长直立或匍匐的多年生地下茎，有的极细长，有节和节间，并有鳞片叶，如一些多年生禾草类和蕨类植物；根状茎也有粗肥而肉质的，如莲藕、姜。

(2)块茎　根状茎的顶部膨大而形成短而肥厚的块状或球状，如马铃薯(土豆)。某些兰科植物的假鳞茎，也是块茎的一种。

(3)球茎　短而肥厚、肉质的地下茎，下部有无数的根，外面有干膜质的鳞片，芽即藏于鳞片内，如荸荠、唐菖蒲等。

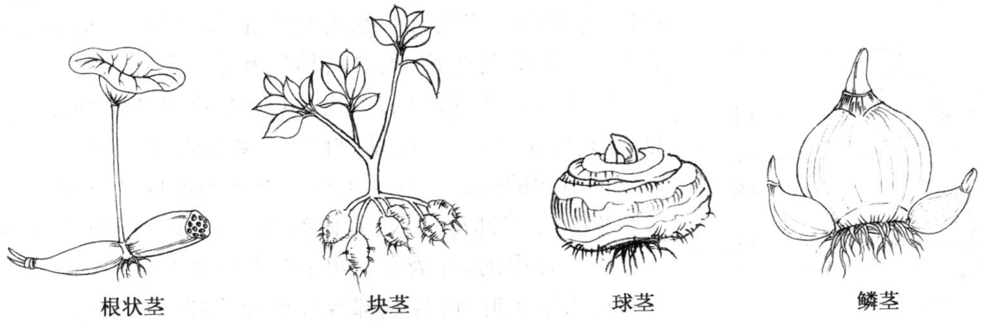

图 3-6　茎的变态(地下部分)

(4)鳞茎　由肥厚的鳞片构成一球形体或扁球形体,基部的中央有一小的底盘,即退化的茎。可分为无被鳞茎和有被鳞茎,前者的鳞片狭而呈覆瓦状排列,如百合;后者的鳞片宽阔,外面的鳞片完全包卷内面的鳞片(外面鳞片常成干膜质),如洋葱、蒜、水仙、郁金香等。

2. 地上部分(图 3-7)

有一些植物的茎完全变成了另一种器官,主要有以下 3 种:

(1)叶状茎　又称为叶状枝,茎或枝扁化,绿色如叶状,行使叶的作用,如扁竹蓼、仙人掌、天门冬等。

(2)枝刺　茎转变为刺,有的又称为茎刺。枝刺像普通枝条,着生在叶腋中,有时枝刺上带有叶,而且可以有分枝,这些证明了枝刺是变态的茎。如火棘、皂荚。而蔷薇茎上的刺是皮刺,由表皮形成的,与内部结构没有联系。

(3)卷须　是卷曲的纤长结构,卷须具有敏感的触觉和支持植物的攀附作用。形态学上有叶卷须和茎卷须。茎卷须存在于节上叶腋内,并且卷须是分叉的。如五叶地锦的卷须与它所附着的表面相接触时,会在卷须端变成扁平的吸盘。

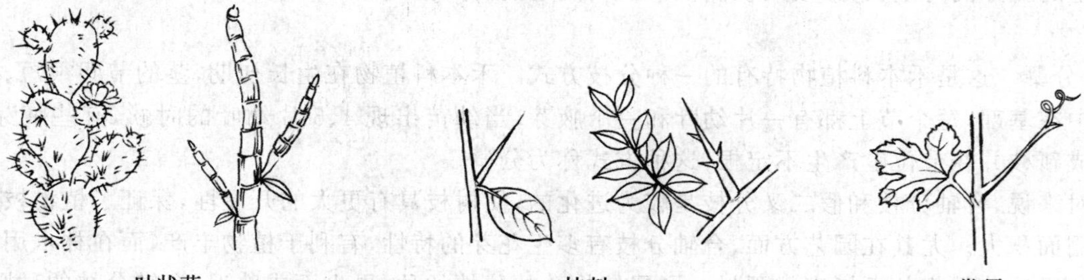

图 3-7　茎的变态(地上部分)

3.3　植物的叶

3.3.1　叶的形态及特征

植物的叶根据其组成,分为完全叶和不完全叶两类。一枚完全叶是由叶片、叶柄和一对托叶组成(图 3-8)。不具有这三部分中任何一部分或两部分的叶为不完全叶。叶缺乏叶柄的,称为叶无柄;缺乏托叶的,称为叶无托叶;缺乏叶片而其叶柄扁化成叶片状的,称为叶状柄,如相思树。判断一枚叶是不是完全叶,要通过观察幼叶的组成才能确定。因为许多植物的托叶容易脱落,只在幼叶时存在,而有的托叶较大且抱茎,当幼叶一展开时便脱落,同时在成熟的叶柄基部的节上留下环状托叶痕,如桑科榕属和木兰科的植物。

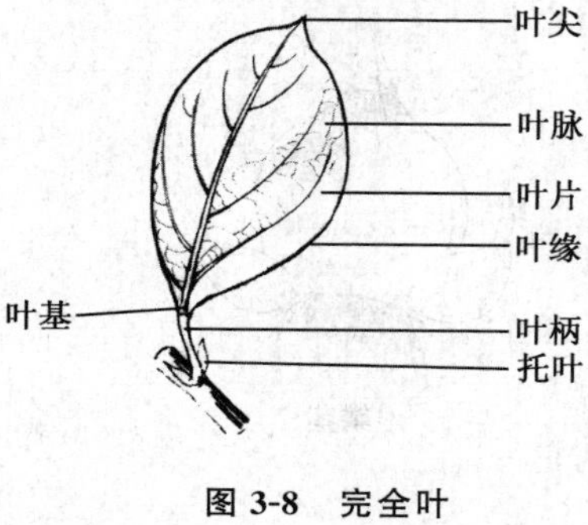

图 3-8　完全叶

叶片是叶的扁阔的部分。叶片有背面和腹面之分。每种叶片的叶形、叶尖、叶缘和叶基(叶的一端接近于茎或枝的方向)形态具有各种不同的特征。叶片上分布有粗细不同的叶脉,其分布方式叫做脉序。叶基部深凹入,其两侧裂片相合生而包围着茎部,好像茎贯穿在叶片中的,称为穿茎叶;叶片基部下延于茎上而成棱状或翼状的称为下延叶;叶片基部或叶柄形成圆筒状而包围茎的部分称为叶鞘。

叶柄是叶着生于茎(或枝)上的连接部分。叶柄不着生在叶片基底边缘而是生在叶片背面时，称为叶盾状；没有叶柄的叶，倘基部抱茎的，称为抱茎叶。植物的茎极度缩短后，茎极不明显，其叶恰如从根上生出，称为基生叶；基生叶集中生成一莲花状，则称为叶莲花状丛生，这个叶丛称为莲花状叶丛。

托叶是叶柄基部两侧的附属物，一般成对而生，通常细小、早落。托叶的有无，以及形状和大小，因种而异。如：樱花的托叶为线形；贴根海棠托叶大，呈叶状，绿色，宿存；玉兰的托叶呈芽鳞状，大而早落，留下托叶痕；蓼科植物的托叶抱茎，形成宿存的筒状托叶鞘；刺槐托叶变成刺。

叶的形态是植物分类学上重要的参考依据之一，在种及种以下分类中占有重要的地位。

1. 叶序

叶在枝上着生的方式称为叶序(图 3-9)。

(1)互生　每节着生一叶，节间有距离，如杨、柳。

(2)二列互生　互生叶在各节上各向左右展开成一个平面，如榆树。

(3)螺旋状着生　每节着生一叶，成螺旋状排成，如杉木、云杉、冷杉。

(4)对生　每节相对两面各生一叶，如桂花、女贞。

(5)交互对生　对生叶，并且上一节叶和下一节叶互相垂直，以便更好地获得阳光。如薄荷。

(6)轮生　每节有规则地着生三枚以上的叶片，如夹竹桃。

(7)簇生　多枚叶以互生叶序密集着生于枝条的顶端，如海桐；或着生于极度缩短的短枝上，如银杏、落叶松、雪松。

(8)基生　多枚叶以互生或对生叶序密集着生于茎基部或近地表的短茎上，如蒲公英、石蒜。

(9)套折　互生叶着生的茎的各节间极不发达，而使叶集生在茎的基部且各叶基依次套抱，如鸢尾。

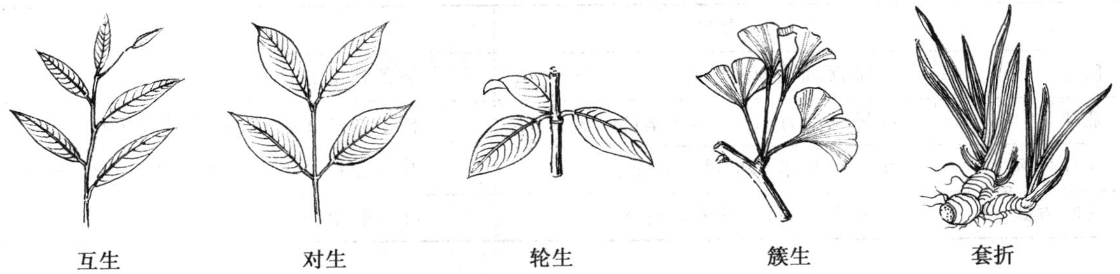

图 3-9　叶序

无论哪种叶序，植物为了获得更多的阳光资源，上下相邻的两节上的叶片不会完全重叠，总是错开一定的角度。植物通过选择叶柄的着生位置、控制叶柄长度、调整叶柄扭曲和叶片伸展方向，使得叶片之间交互排列，实现最大限度利用阳光，植物的这种特性称为叶镶嵌。

2. 叶的类型

根据叶柄的上端与叶片之间是否有关节存在，可将叶分为单叶和复叶两大类型。

(1)单叶　叶柄具一个叶片的叶，叶片与叶柄间不具关节。如：桃、李、柳。

(2)复叶　总叶柄具两片以上分离的叶片，叶片与叶柄间具关节。如：月季、南天竹(图 3-10)。

(3)总叶柄　复叶的叶柄，或指着生小叶以下的部分。

(4)叶轴　总叶柄以上着生小叶的部分。

(5)小叶　复叶中的每个小叶。其各部分分别叫小叶片、小叶柄及小托叶等。小叶的叶腋不具腋芽。

有时，复叶与小枝会比较相似难以区分，其各自特点详见表 3-1。

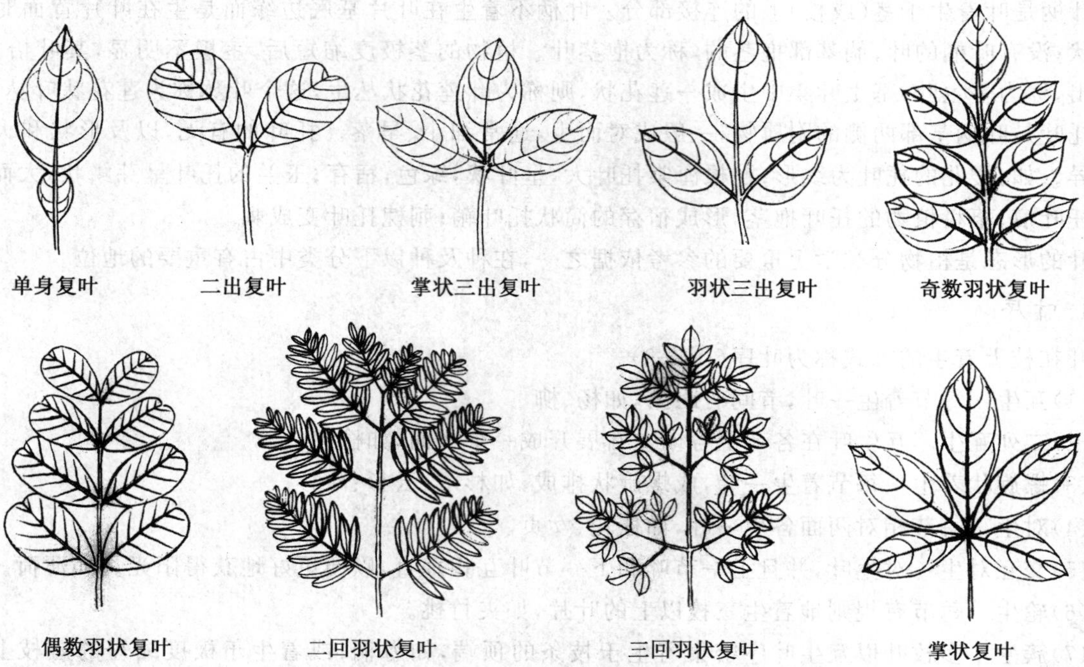

图 3-10 复叶的种类

表 3-1 复叶和小枝的区分特征

特征	复叶	小枝
顶芽	叶轴顶端无顶芽	枝条顶端有顶芽
腋芽	叶轴基部有腋芽;小叶基部无腋芽	枝条基部无腋芽;叶片基部有腋芽
叶片排列	所有小叶排列在同一平面上	叶片在枝条上呈多方位排列,相互嵌合
落叶方式	小叶先脱落,叶轴最后脱落	叶片脱落,枝条一般不脱落

复叶的种类包括以下几种：

(1)单身复叶　外形似单叶,但小叶片与叶柄间具关节,又叫单小叶复叶。如柑橘、柚子等。

(2)二出复叶　总叶柄上仅具 2 个小叶,又叫两小叶复叶。

(3)三出复叶　总叶柄上具 3 个小叶。

(4)掌状三出复叶　3 个小叶都着生在总叶柄顶端的一点上,小叶柄近等长,如橡胶树。

(5)羽状三出复叶　顶生小叶着生在总叶轴的顶端,其顶端小叶柄较 2 个侧生小叶的小叶柄长,如胡枝子、重阳木。

(6)羽状复叶　复叶的小叶排列成羽状,生于总叶轴的两侧。

(7)奇数羽状复叶　羽状复叶的顶端有一个小叶,小叶的总数为单数,如槐树。

(8)偶数羽状复叶　羽状复叶的顶端有两个小叶,小叶的总数为双数,如皂荚。

(9)二回羽状复叶　总叶柄有一次分枝,小叶长在分枝上,如合欢。

(10)三回羽状复叶　二回羽状复叶的叶柄再分枝长出小叶,如南天竺。

(11)掌状复叶　几个小叶着生在总叶柄顶端,如鹅掌柴、七叶树等。

3. 叶形

叶形是指叶片的形状,是区别植物种类的重要根据之一。下列的术语也同样适用于萼片、花瓣等扁平器官(图 3-11)。

(1)鳞形　叶细小呈鳞片状,如侧柏、柽柳。

(2)锥形　又称为钻形,叶短而先端尖,基部略宽。如柳杉。

(3)针形　细长而先端尖如针状,如马尾松、云南松。

(4)条形　又称为线形,叶扁平狭长,两侧边缘近平行。如冷杉,银杉。

(5)刺形　扁平狭长,先端锐尖或渐尖,如刺柏。

(6)披针形　叶窄长,最宽处在中部或中部以下,先端渐长尖,长为宽的 4～5 倍,如柳、桃。

(7)长圆形　又称为矩圆形,长方状椭圆形,长约为宽的 3 倍,两侧边缘近平行。如火棘。

(8)椭圆形　近于长圆形,但中部最宽,边缘自中部起向上下两端渐窄,长为宽的 1.5～2 倍。如杜仲。

(9)圆形　状如圆形,如黄栌。

(10)卵形　状如鸡蛋,中部以下最宽,长为宽的 1.5～2 倍。如女贞。

(11)匙形　状如汤匙,全形窄长,先端宽而圆,向下渐窄。如翠菊、紫叶小檗。

(12)扇形　顶端宽圆,向下渐狭。如银杏。

(13)镰形　狭长形并且弯曲如镰刀。如蓝桉的老叶。

(14)肾形　状如肾形,先端宽钝,基部凹陷,横径较长。如肾叶细辛。

(15)提琴形　叶子的半段显然较另一半段为宽阔,而从宽阔的部分转变到较狭的半段时,其“腰部”紧束,使叶片强烈地分成上下两部分。如琴叶榕。

(16)菱形　近斜方形,如小叶杨、乌桕。

(17)三角形　状如三角形,如加杨。

(18)心形　状如心脏,先端尖或渐尖,基部内凹具二圆形浅裂及一弯缺,如紫荆。

在上述这些基本形状前还可加上“广”、“狭”、“倒”、“深”、“浅”等字以便于更准确地进行描述,如倒披针形、倒卵形等。

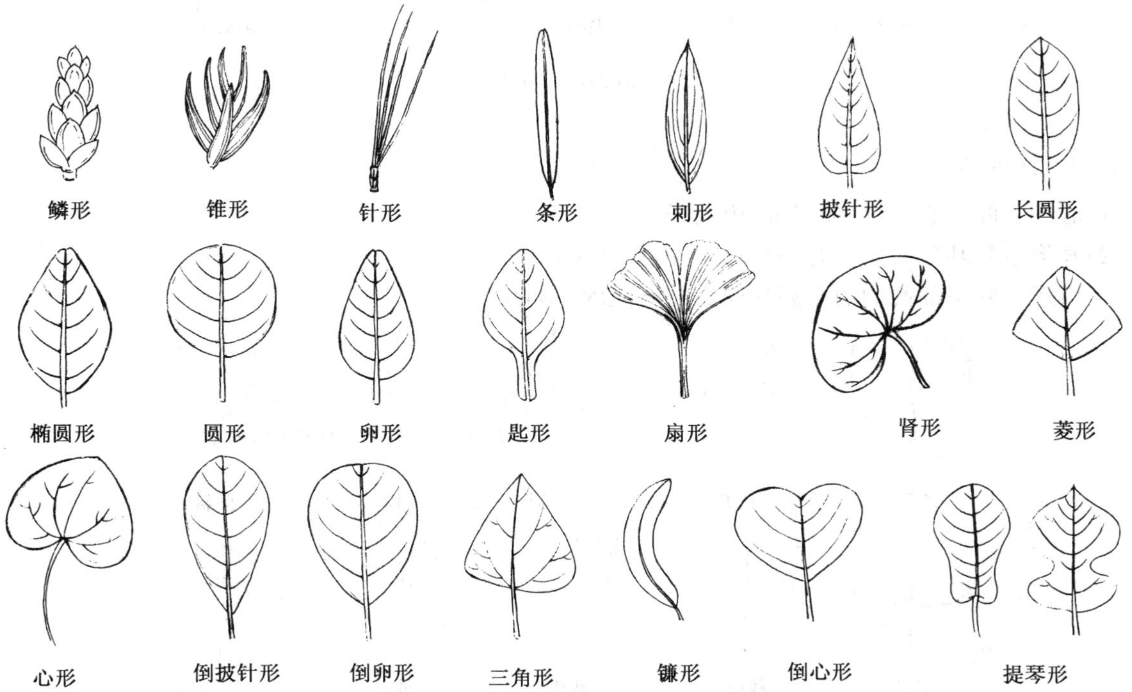

图 3-11　叶形

4. 叶尖(图 3-12)

(1)卷须状　先端拳卷或弯曲成钩状,如黄精。

(2)尾尖　先端有尾状延长的附属物,如菩提树。

(3)渐尖　尖头延长,但有内弯的边,如夹竹桃。

(4)锐尖　尖头成一锐角形而有直边,如女贞。

(5)凸尖　由中脉延伸于外而成一短锐尖。

(6)骤凸　先端有一利尖头。

(7)钝形　先端钝或近圆形。如厚朴。

(8)微凸　中脉的顶端略伸出于外面。

(9)微凹　先端圆,顶端中间稍凹,如黄檀。

(10)凹缺　先端凹缺稍深,又名微缺。如黄杨。

(11)倒心形　颠倒的心脏形,或一倒卵形而先端深凹入。如酢浆草。

(12)刺凸　先端有一刺。

(13)钩状凸　先端有一钩状刺。

(14)截形　先端如横切成平边状。如鹅掌楸。

(15)二裂　先端具二浅裂,如银杏。

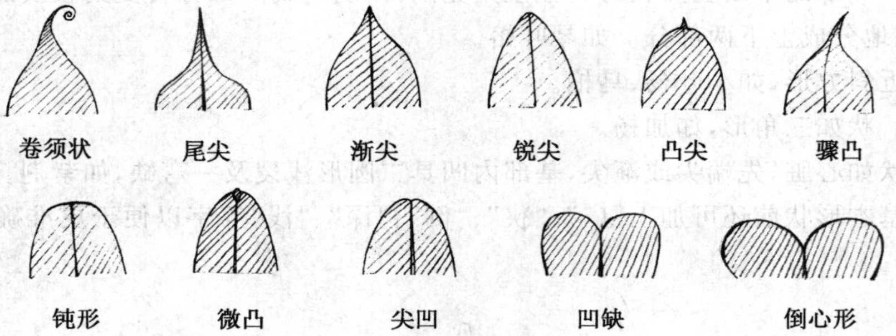

图 3-12　叶尖

5. 叶基(图 3-13)

(1)心形　叶基心脏形,如紫荆、山桐子。

(2)耳形　叶基部两侧各有一耳形裂片,如辽东栎。

(3)箭形　叶基部两侧的小裂片向后并略向内。如慈姑。

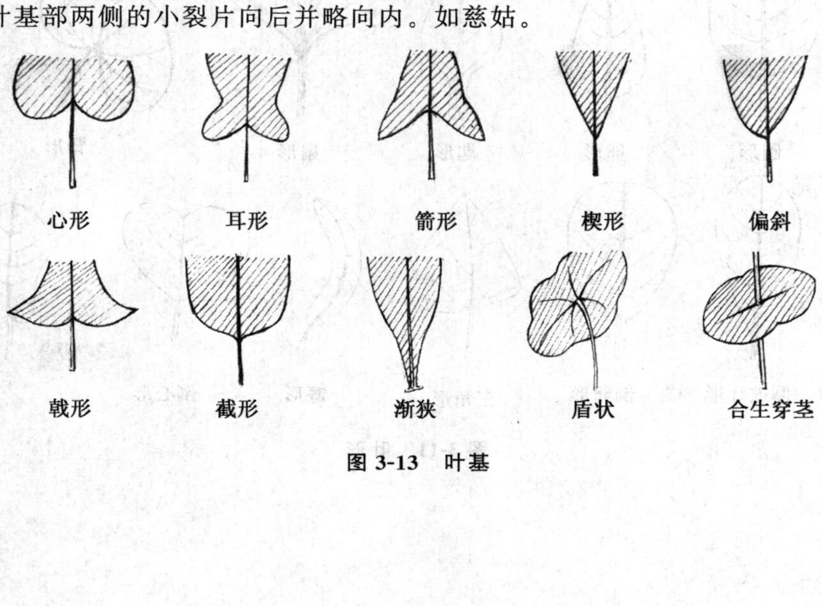

图 3-13　叶基

(4)楔形　叶下部两侧渐狭呈楔子形，如八角、银合欢。
(5)偏斜　叶基部两侧不对称，如椴树、滇朴。
(6)戟形　叶基部两侧的小裂片向两侧外指。如菠菜。
(7)截形　叶基部平截，如元宝枫。
(8)渐狭　叶基两侧向内渐缩形成具翅状叶柄的叶基。
(9)盾状　叶柄着生于叶背部的一点，如旱金莲、荷叶、芡实。
(10)合生穿茎　两个对生无柄叶的基部合生成一体，茎贯穿叶片中。如盘叶忍冬。
(11)下延　叶基自着生处起，贴生于枝上，如杉木、柳杉。
(12)鞘状　叶基部伸展形成鞘状，如沙拐枣。
(13)圆形　叶基部渐圆。如乌桕。

6. 叶缘(图 3-14)

(1)全缘　叶缘不具任何锯齿和缺裂，如丁香。
(2)波状　边缘波浪状起伏，如昆士兰伞木。
(3)浅波状　边缘波状较浅，如白栎。
(4)深波状　边缘波状较深，如蒙古栎。
(5)皱波状　边缘波状皱曲，如北京杨壮枝之叶。
(6)钝齿状　边缘具钝头的齿，如长寿花、朱砂根。
(7)锯齿状　边缘有尖锐的锯齿，齿端向前，如白榆、油茶。
(8)细锯齿状　边缘锯齿细密，如垂柳。
(9)重锯齿状　锯齿的边缘又具锯齿。如樱花。
(10)牙齿状　边缘具尖锐的齿，齿端外向，齿的两边近相等。如苎麻。
(11)小牙齿状　具较小的牙齿。如荚蒾。
(12)有睫毛　边缘有细毛，似眼睫毛。如木犀科蓝丁香。
(13)缺刻　边缘具不整齐较深的裂片。如荠菜。

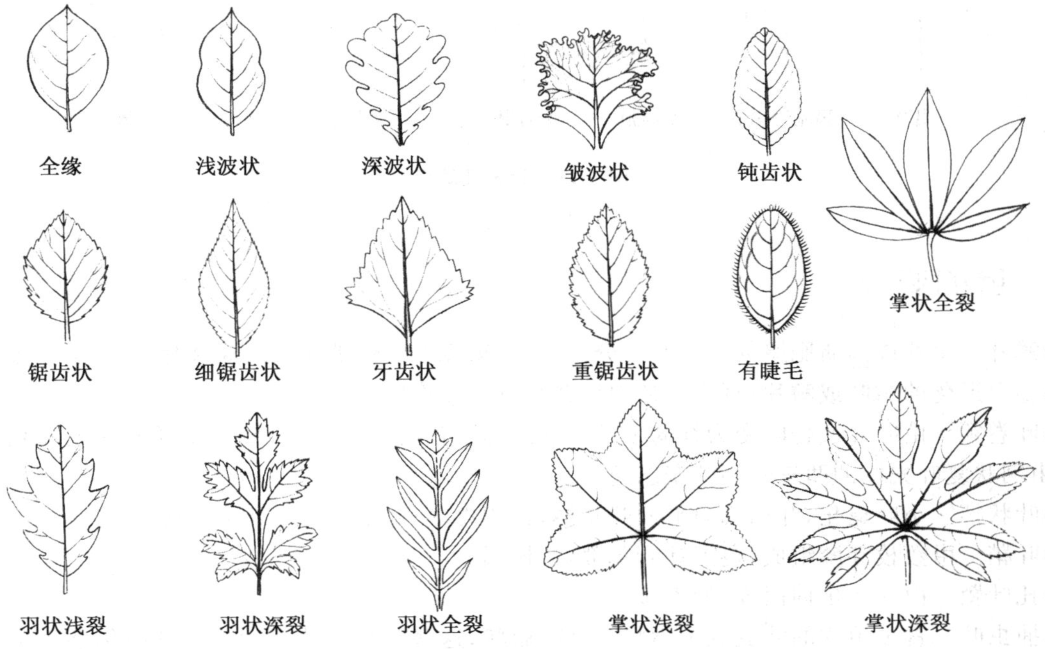

图 3-14　叶缘

(14)条裂　边缘分裂为狭条。

(15)浅裂　边缘浅裂至中脉约 1/3 左右,如辽东栎。

(16)深裂　叶片深裂至离中脉或叶基部不远处,如鸡爪槭。

(17)全裂　叶片分裂深至中脉或叶柄顶端,裂片彼此完全分开,如银桦。

(18)羽状分裂　裂片排列成羽状,并具羽状脉。因分裂深浅程度不同,又可分为羽状浅裂、羽状深裂、羽状全裂等。

(19)掌状分裂　裂片排列成掌状,并具掌状脉,因分裂深浅程度不同,又可分为掌状浅裂、掌状全裂、掌状浅裂、掌状深裂等。

7. 叶脉及脉序(图 3-15)

(1)叶脉　生长在叶片中的维管组织,具有疏导和支持叶肉的作用。

(2)脉序　叶脉在叶片上排列的方式。

(3)主脉　叶片中部较粗的叶脉,又叫中肋或中脉。

(4)侧脉　由主脉向两侧分出的次级脉。

(5)细脉　由侧脉分出,并连接各侧脉的细小脉,又名小脉。

(6)网状脉　指叶脉数回分枝变细,并互相连接为网状的脉序。

(7)羽状脉　具一条主脉,侧脉排列成羽状,如榆树。

(8)三出脉　由叶基伸出 3 条主脉,如肉桂、枣树。

(9)离基三出脉　羽状脉中最下一对较粗的侧脉出自离开叶基稍上之处,如檫树、香樟。

(10)掌状脉　几条近等粗的主脉由叶柄顶端生出,如葡萄。

(11)平行脉　为多数次脉紧密平行排列的叶脉,如竹类、百合。

(12)叉状脉　叶脉作二叉分枝,如银杏。叉状脉是比较原始的叶脉,在蕨类植物中较普遍。

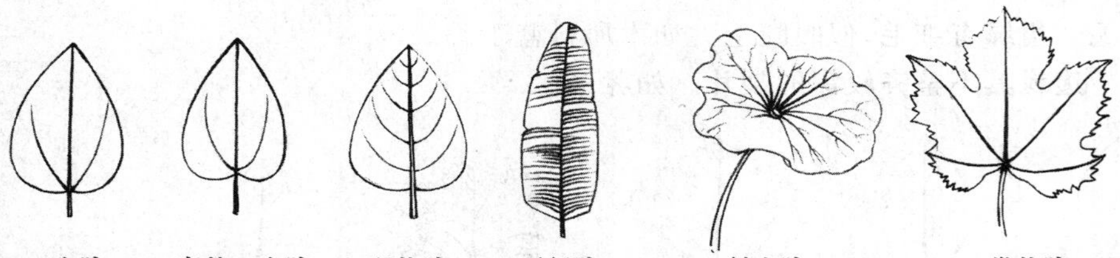

图 3-15　叶脉及脉序

3.3.2　叶的变态

(1)鳞叶　鳞片或肉质肥厚的变态叶。分为 3 类:鳞芽外具保护作用的芽鳞片;变态器官如根状茎、球茎、块茎上退化的鳞叶或鳞片;百合上的肉质并具有储藏作用的鳞叶。

(2)叶卷须　由叶片或托叶变为纤弱细长的卷须,具有攀援作用。如菝葜由托叶变成卷须;豌豆的卷须是由羽状复叶先端的两三对小叶变态而成。

(3)叶状柄　小叶退化,叶柄成扁平的叶状体,如相思树,这是对干旱环境的适应。

(4)叶鞘　由数枚芽鳞组成,包围针叶基部,如松属。

(5)托叶鞘　由托叶延伸而成,如木蓼。

(6)捕虫叶　食虫植物的叶变成了囊状、盘状、瓶状,这些叶在未获得动物食料时仍能正常生存,但当捕食后则能结出更多的果实和种子。如猪笼草、捕蝇草。

(7)叶刺与托叶刺　由叶或托叶变成的刺。前者如小檗,后者如刺槐、枣树。

3.4 植物的花

花是由花芽发育而成的,花芽在很多地方与叶芽相似。营养器官生长到一定程度,生理上达到成熟:枝条相应地转变为生殖枝;叶分别演变为苞片、花萼、花冠、雄蕊和雌蕊;茎演变为花托和花柄并支持以上各部器官有规则地排列成为花。花被认为是修饰过的带有生殖叶(雌、雄蕊)的枝条,或花是节间极短而不分枝的、适应于生殖的变态枝,花中的各组成部分为变态叶。花的各部分之间还可以相互转化,如睡莲的雄蕊是由花瓣转化而来,而重瓣的桃花则是由雄蕊转化为花瓣。花是被子植物分类最主要的依据,在科、属的分类上具有重要的意义。

3.4.1 花的形态及特征

1. 花的组成与结构

一朵典型的花包括花梗、花托、花萼、花冠、雄蕊(群)和雌蕊(群)等部分,由外至内依次着生于花柄顶端的花托(花梗顶端膨大的部分,花的各部着生处)上(图 3-16)。

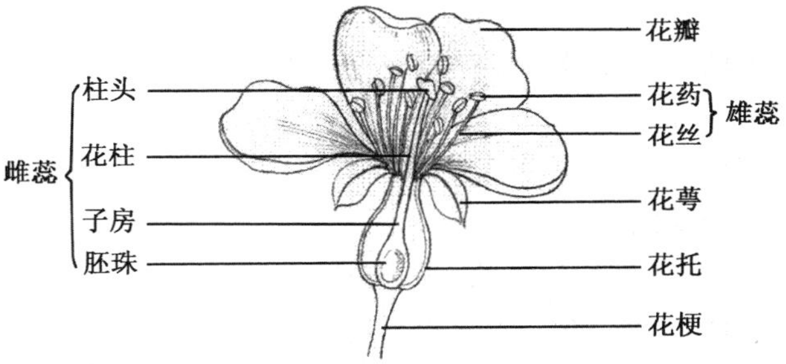

图 3-16　花的基本组成部分

(1)完全花　指一朵花中花萼、花冠、雄蕊和雌蕊 4 部分均有的花,如桃、山茶。

(2)不完全花　指一朵花中花萼、花冠、雄蕊和雌蕊 4 部分缺少 1～3 部分的,如杨、柳、桑。

(3)整齐花　通过花的中心,可作出任何对称面的为整齐花,又名辐射对称花,如桃、李。

(4)不整齐花　通过花的中心,只能作出一个对称面的为不整齐花,又叫左右对称花,如泡桐、刺槐;通过花的中心,不能作出任何对称面的,也是不整齐花,又叫不对称花,如美人蕉。

2. 花的性别

(1)两性花　兼有雄蕊和雌蕊的花。

(2)单性花　仅有雄蕊或雌蕊的花。

(3)雄花　只有雄蕊没有雌蕊或雌蕊退化的花。

(4)雌花　只有雌蕊没有雄蕊或雄蕊退化的花。

(5)雌雄同株　雄花和雌花生于同一植株上。

(6)雌雄异株　雄花和雌花不生于同一植株上。

(7)杂性花　一株树上兼有单性花和两性花。单性和两性花生于同一植株的,叫杂性同株;分别生于同种不同植株上的,叫杂性异株。

(8)无性花　又称为中性花,指雌、雄蕊均缺的为无性花,如绣球花周围的花。

3.承托花和花序的器官

(1)苞片 生于花序或花序每一分枝下,以及花梗下的变态叶。如叶子花。

(2)总苞 紧托花序或一花,而聚集成轮的数枚或多数苞片,花后发育为果苞,如桦木、壳斗科。

(3)佛焰苞 为肉穗花序中包围一花束的一枚大苞片。如花烛红色佛焰苞、马蹄莲白色佛焰苞。

4.花被

(1)花被 是花萼与花冠的总称。

(2)双被花 花萼和花冠都具备的花。若花萼和花冠相似,叫同被花,如一串红。花被的各片叫花被片,如白玉兰、樟树。

(3)单被花 仅有花萼而无花冠的花,如白榆、板栗。

(4)无被花 不具花萼和花冠的花为无被花,如白蜡、青冈。

(5)重瓣花 一些栽培植物中花瓣的层数有多层的花称为重瓣花。

另外,依据花被的离合状况,可分为:

(1)离瓣花 花萼、花冠俱全,花瓣分离开,甚至于一一分离的为离瓣花,如蔷薇。

(2)合瓣花 双被花的花瓣在边缘上彼此连和形成管状或漏斗状的称为合瓣花,如杜鹃、牵牛。其管状部分称为花冠筒,顶端分离部分称为花冠裂片。

5.花萼

(1)花萼 花最外或最下的一轮花被,通常绿色,亦有不为绿色的。

(2)萼片 花萼中分离的各片。

(3)萼筒 花萼的合生部分。

(4)萼裂片 萼筒的上部分离的裂片。

(5)副萼 花萼排列为二轮,其最外的一轮。如锦葵、草莓。

(6)距 有些植物的萼筒伸长成一细小的管状突起,称为距。如凤仙花、旱金莲。

6.花冠(图 3-17)

花冠是由生在花托上花萼内侧的叶状物组成,因内部含有不同的色彩而通常具有不同的颜色。花冠的每个叶状物叫花瓣。

(1)蔷薇形 花冠由 5 个分离的花瓣排成五星辐射状,如梅、樱花。

(2)十字形 花冠由 4 个分离的花瓣排成十字形,这是十字花科的特征之一,如油菜、萝卜。

(3)唇形 花冠稍呈二唇形,上面两裂片多少合生为上唇,下面三裂片为下唇,如唇形科植物。

(4)漏斗状 花冠下部筒状,向上渐渐扩大成漏斗状,如鸡蛋花、黄蝉等。

(5)钟状 花冠筒宽而稍短,上部扩大成一钟形,如吊钟花。

(6)高脚碟状 花冠下部窄筒形,上部花冠裂片突向水平开展,如迎春花、蝴蝶藤。

(7)舌状 花冠基部成一短筒,上面向一边张开而呈扁平舌状,如菊科秋菊、万寿菊等的头状花序的边缘花。

(8)筒状 花冠大部分合成一管状或圆筒状,又名管状,这是菊科植物所特有的形状。如醉鱼草、丁香、向日葵花序中央的花。

(9)坛状 花冠筒膨大为卵形或球形,上部收缩成短颈,花冠裂片微外曲,如柿树的花。

(10)蝶形 花瓣五片离生,排列成蝶形。中间一瓣最大,为旗瓣,排列在最外面。其内方两侧各有一瓣,较小,为翼瓣。翼瓣内方为两瓣合生的龙骨瓣,如花生、槐树。旗瓣、翼瓣非常缩小,而旗瓣在最内方,龙骨瓣在最外方的为假蝶形花冠,如紫荆。

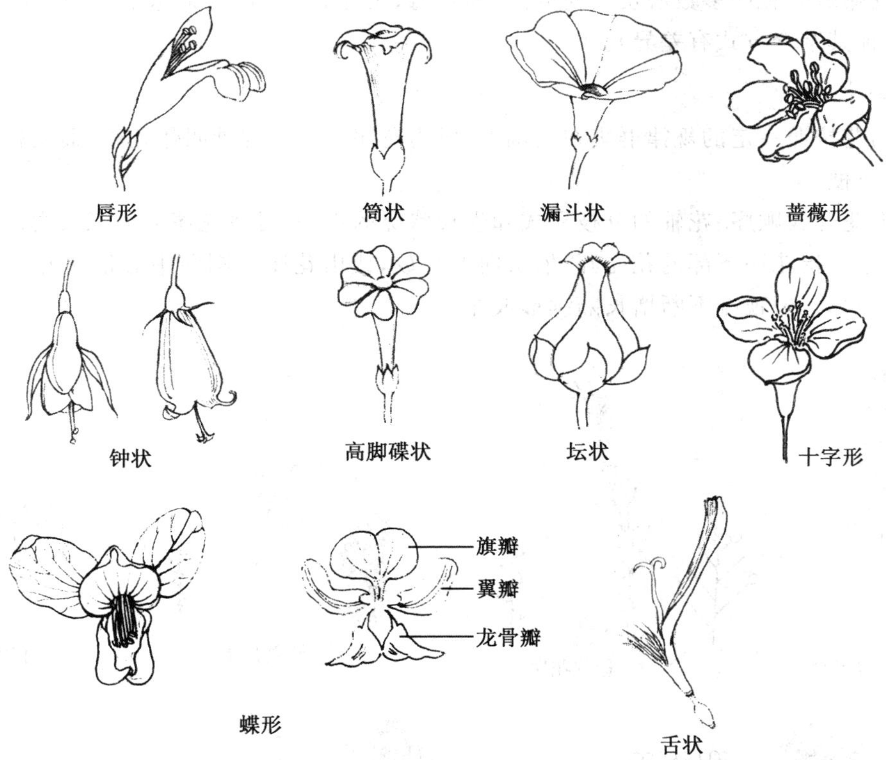

图 3-17　花冠形状

7. 雄蕊群

在花被内方，着生在花托上的许多顶端稍膨大的丝状体，称为雄蕊群。雄蕊群由雄蕊组成。雄蕊由花丝和花药构成。

根据花丝的离合状况，可将雄蕊分为离生雄蕊与合生雄蕊。

(1)离生雄蕊　花中所有雄蕊彼此分离，如毛茛、小麦。

(2)合生雄蕊　花丝、花药彼此连合，依其连合方式的不同又可分为单体雄蕊、两体雄蕊、多体雄蕊、聚药雄蕊。

①单体雄蕊　花丝合生为一束，如扶桑。

②两体雄蕊　花丝成二束，如刺槐有 10 个雄蕊，其中 9 个连和、1 个分离。

③多体雄蕊　花丝连合成多束，如金丝桃。

④聚药雄蕊　花药合生而花丝分离，如菊科植物。

花丝起支持花药的作用，不同植物花丝长短不等，但一般植物花中的花丝是等长的。也有些植物其一朵花中的雄蕊花丝长短不等，如唇形科和玄参科的植物每朵花有雄蕊 4 个，2 长 2 短，被称为二强雄蕊；十字花科的植物，每花具有雄蕊 6 个，外轮 2 个较短，内轮 4 个较长，被称为四强雄蕊。

8. 雌蕊群

雄蕊以内，花的中央，具有一个或数个绿色的瓶状物，便是雌蕊。一朵花内所有的雌蕊连合成为雌蕊群。每个雌蕊由三部分组成：底下膨大的部分是子房；子房上部的长颈是花柱；花柱顶端稍微膨大的部分是柱头。雌蕊是由一个或多个变型叶(心皮)连合而成。由一个心皮构成的雌蕊称为单雌蕊；由两个以上心皮构成的雌蕊称为复雌蕊。大多数被子植物都是复雌蕊，复雌蕊有离生心皮雌蕊和合生心皮雌蕊。离生心皮雌蕊是花中多数心皮彼此分离，如草莓、玉兰；合生心皮雌蕊是多个心皮相互连接为一雌蕊(不同的物种其结合方式有差异)。

9. 花序(图 3-18)

许多单个的花按照一定的规律群集在花轴上，成为花序。花序的轴叫作花轴，而支持这群花的柄叫总花柄，又叫总花梗。

依据花轴上花开放顺序、花轴的分枝形式和生长状况的不同，可将花序分为三大类。

(1)无限花序　指花序下部的花先开，依次向上开放，或由花序外围向中心依次开放。花轴顶端可以保持生长一段时间，即顶端不断增长陆续形成花。

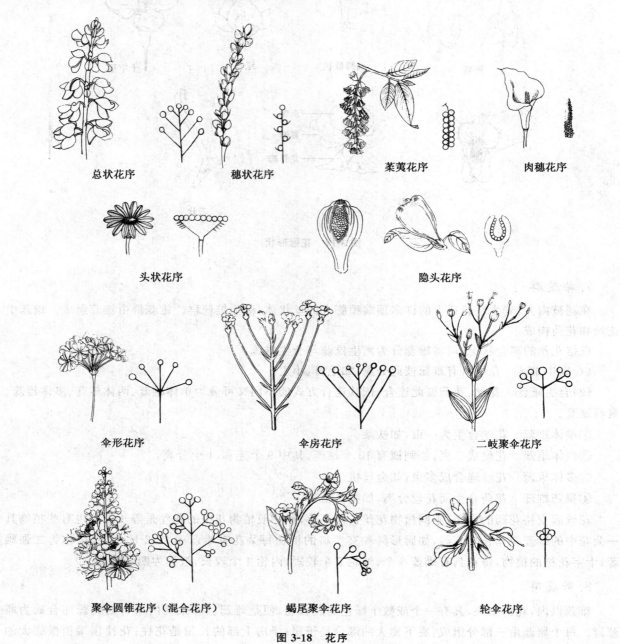

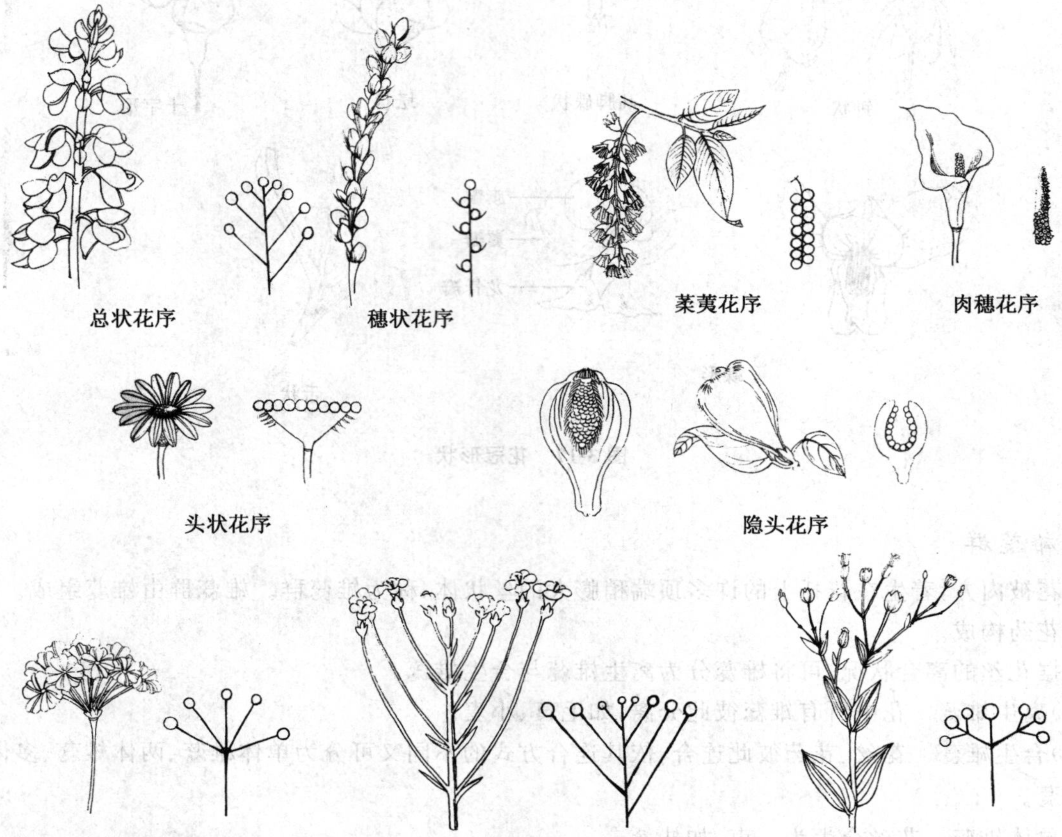

图 3-18　花序

①总状花序　花互生排列在不分枝的花轴上，花柄近等长，如刺槐、银桦以及十字花科的植物的花序。

②穗状花序　花的排列与总状花序相似，但无花柄或近无柄，如马鞭草。

③葇荑花序　由单性花组成的穗状花序，通常花轴细软下垂，如杨柳科植物的花序。

④肉穗花序　与穗状花序相似，总轴肉质肥厚，分枝或不分枝，且为一佛焰苞所包被，天南星科植物通常属该类花序。

⑤头状花序　花轴短缩顶端膨大成头状或扁平状，下簇生苞片，轴上面着生许多无梗花，如菊花、悬铃木。

⑥隐头花序　花轴顶端膨大，中间凹下，花着生在囊状体的内壁上，如无花果、榕树。

⑦伞房花序　与总状花序相似，但花梗不等长，最下的花梗最长，渐上递短，使整个花序顶呈一平头状，如梨、苹果。

⑧伞形花序　花集生于花轴的顶端，花梗近等长，如八角金盘、葱、绣线菊。

以上是无限花序中不分枝的简单花序，还有可以分枝的花序，每一分枝相当于上述的一种花序，称为复花序，如复总状花序、复伞形花序。

①圆锥花序　花轴上每一个分枝是一个总状花序，又叫复总状花序；有时花轴分枝，分枝上着生二花以上，外形呈圆锥状的花丛，如荔枝、槐树也属该类花序。

②复穗状花序　主轴上重复排列着无轴的单穗状花序，如小麦。

③复伞形花序　多个伞形花序集生于主轴顶端，如茴香。

④复伞房花序　花轴分枝成为伞房花序的排列，同时每一个分枝即为一伞房花序，如粉花绣线菊。

(2)有限花序　又称聚伞花序，指花序最顶点或最中心的花先开，外侧或下部的花后开，花轴很快停止生长。

①单岐聚伞花序　花轴顶端的顶芽发育成花后，其下仅发育着一个侧枝，且侧枝经常长过主枝顶端，各侧枝顶端有一花。如果侧枝是左右间隔形成，便是蝎尾聚伞花序，如唐菖蒲、香雪兰；如果所有侧枝都向同一方向生长，叫作螺状聚伞花序，如勿忘我。

②二岐聚伞花序　花轴顶端发育为一花后，停止生长，然后在下面同时生出连个等长的侧枝，每个侧枝顶端各发育出一花，然后再以同样方式产生侧枝，即为二岐聚伞花序，如大叶黄杨、石竹等。

③多岐聚伞花序　花轴顶端发育为一花后，就长出几个侧枝，侧枝长度超过主轴时，其顶端又形成一花后，又以同样方式分枝，这种花序就叫作多岐聚伞花序，如大戟。

④轮伞花序　聚伞花序着生在对生叶的叶腋，花序轴及花梗极短呈轮状排列。如薄荷、益母草。

(3)混合花序　有限花序和无限花序混生的花，即主轴可无限延长，而侧枝为有限花序时或相反。如泡桐、滇楸的花序是由聚伞花序排成圆锥花序状；云南山楂的花序是由聚伞花序排成伞房花序状。

3.5 植物的果

植物开花受精后，子房壁发生细胞分裂和分化，形成果皮，果皮内包被着的胚珠发育成种子，由此合称果实。依据子房的变化可将果实分为真果、假果、聚合果和聚花果。由子房膨大而形成的果实，称为真果，果实中真果最多；除子房壁外，还杂有花托或花的其他部分参与果皮的形成，称为假果。

根据果实的形态结构还可分为三大类，即单果、聚花果和聚合果(图3-19)。

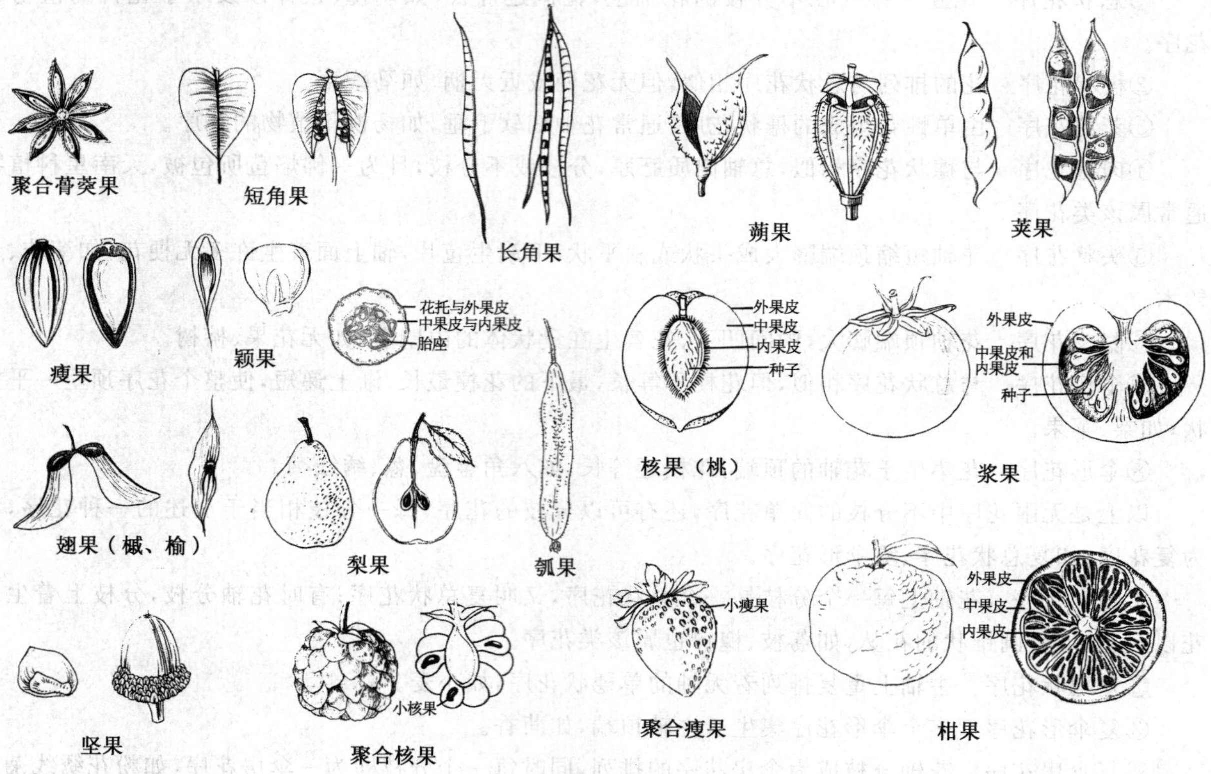

图 3-19　果实类型

3.5.1　果实的类型

1)单果　单果是由一朵花中的单雌蕊或复雌蕊参与形成的果实。根据果熟时，果皮的性质不同，分为干果和肉果两大类。

(1)干果　果实成熟时果皮干燥，根据果皮开裂与否可分为裂果和闭果。

①裂果类

A. 蓇葖果　由单雌蕊(一心皮)的子房发育而成，即单室多子，成熟时心皮沿背缝线或腹缝线开裂，如牡丹、飞燕草等。

B. 荚果　由单雌蕊的子房发育而成，即一心皮一室，成熟时通常沿背、腹两缝线开裂，如蝶形花科，含羞草科中的大部分植物。有少数的植物不裂，如槐树、黄檀。

C. 蒴果　由复雌蕊构成的果实，是多心皮而又多种子。成熟时以多种方式开裂(如背裂、腹裂、孔裂、瓣裂、齿裂等)，如木槿、罂粟、曼陀罗、鸢尾、七叶树。

D. 角果　由两个心皮的复雌蕊子房发育而成，具有假隔膜，成熟后果皮由上而下两边开裂，即 2 心皮、假 2 室、多子、果皮假膜开裂为 2 瓣。如十字花科植物的果实。

②闭果类

A. 瘦果　由单雌蕊或 2～3 个心皮合生的复雌蕊构成一室，果皮革质，贴近种子，只含有一粒种子，果皮种皮分开。如向日葵。

B. 颖果　与瘦果相似，但果皮和种皮愈合，不易分离，有时还包有颖片，如多数竹类、玉米。

C. 翅果　坚果的一种，果皮沿一侧、两侧或周围延伸成翅状，如榆树、三角枫。

D. 坚果　具有一颗种子的干果，果皮坚硬，果皮与种皮分离，如板栗、榛子，并常有总苞包围。

(2)肉果　果实成熟时，果皮或其他组成果实的部分，肉质肥厚多汁。

①浆果　由复雌蕊发育而成，外果皮薄，中果皮和内果皮肉质，含浆汁，如葡萄、柿子、番茄。

②柑果　由多心皮复雌蕊发育而成，外果皮和中果皮无明显分界，或中果皮较疏软，并有很多维管束，中间隔成瓣的是内果皮，向内生有许多肉质多浆的肉囊，是食用的主要部分。如柑橘类。

③核果　由单雌蕊或复雌蕊子房发育而成。外果皮薄，中果皮肉质或纤维质，内果皮坚硬，称为果核，包在种子的外面。如桃、李、杏、梅。

④瓠果　由下位子房的复雌蕊形成，花托与果皮愈合，无明显的外、中、内果皮之分，果皮和胎座肉质化，如西瓜、黄瓜等。

⑤梨果　由下位子房的复雌蕊形成，是花托强烈膨大和肉质化并与果皮愈合，内有数室，外果皮、中果皮肉质化而无明显界线，内果皮软骨质，如梨、苹果。

2)聚合果　聚合果是由一朵花中的许多单雌蕊聚集在花托上，并与花托共同发育成果实。由于小果类型不同，可分为聚合蓇葖，如八角属及木兰属；聚合核果，如悬钩子；聚合浆果，如五味子；聚合瘦果，如铁线莲。

3)聚花果　亦称“复果”，由许多花的子房及其他花器官连合形成的果实。如桑葚、无花果等的果实。

3.6　裸子植物常用形态术语

裸子植物是种子植物中较原始的一类，裸子植物都是木本植物，没有真正的花(flora)和果实(catapa)，而是具有球花、球果，有专门的术语进行描述。

(1)球花

①球花　是裸子植物的有性生殖器官。

②雄球花　由多数雄蕊着生于中轴上所形成的花球，又称小孢子叶球，雄蕊又称小孢子叶。花药(即花粉囊)又称小孢子囊。小孢子叶球着生于新枝的基部或近顶部，中央为纵轴，小孢子叶螺旋状排列。

③雌球花　由多数着生胚珠的鳞片组成的花球，又称大孢子叶球。大孢子叶球着生于新枝的近顶部，大孢子叶也螺旋状排列。大孢子叶由两部分组成，下面为苞鳞，上面为珠鳞，每一珠鳞的基部着生胚珠。

④珠鳞　松、杉、柏等科树木的雌球花上着生胚珠的鳞片称珠鳞。当胚珠发育成种子后称种鳞。

⑤珠托　红豆杉科树木的雌球花顶部着生胚珠的鳞片，通常呈盘状或漏斗状。

⑥套被　罗汉松属树木的雌球花顶部着生胚珠的鳞片，通常呈囊状或杯状。

(2)球果(图 3-20)　松、杉、柏科树木的成熟雌球花，由多数着生种子的鳞片(即种鳞)组成。

①种鳞(果鳞)　球果上着生种子的鳞片。

②苞鳞　承托种鳞的苞片，亦是承托珠鳞的鳞片。

③鳞盾　松属树种球果上种鳞外露的部分。

④鳞脐　鳞盾顶端或中央凸起或凹下部分叫鳞脐。鳞脐位于鳞盾的顶端叫鳞脐顶生，位于鳞盾的中央叫鳞脐背生。

⑤鳞脊　鳞盾上纵向或横向的脊。

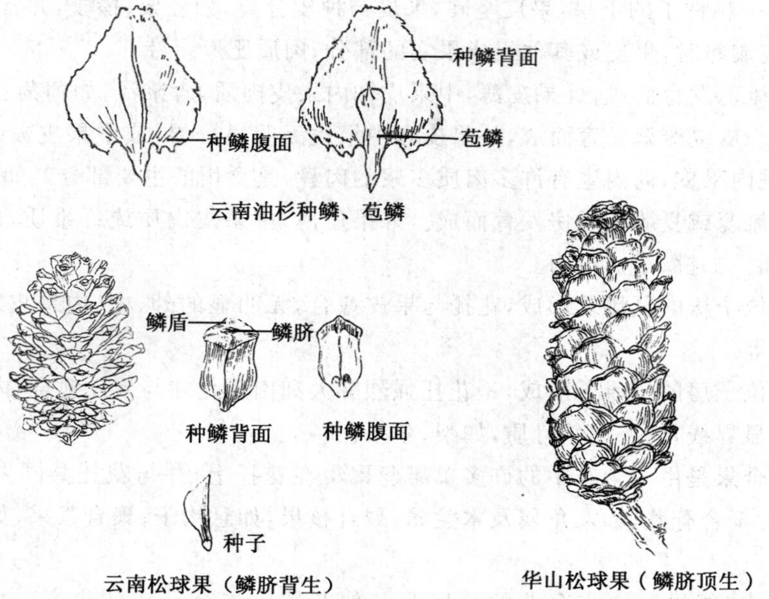

图 3-20 球果

3.7 其 他

观赏植物除具有基本的营养器官和生殖器官外，还有一些附属物以及植物所特有的质地，这些特征也可以用来作为区分植物科、属、种的重要依据。

有的植物枝、叶具毛，如毛白杨的叶下有绒毛；毛刺槐的茎、枝、叶柄及花序均密生红色的刺毛。通常依据不同的毛的特点，可分为柔毛、绒毛、绢毛、硬毛、刚毛、星状毛、丁字毛、腺毛、枝状毛等。

有的植物枝、叶具会分泌油脂的附属物，如香樟叶上脉腋的小窝称为腺窝（又叫腺体），黑荆树、油桐的叶柄处着生会分泌油脂的腺体；杨梅叶下面有一些小凸点，数目多，会分泌油状物，称为腺点；桃金娘科和芸香科大多数种类的叶子的叶下有油点，在太阳光下，通常呈现出圆形的透明点。

有的植物枝叶上着生皮刺，这是由表皮形成的刺状突起，位置不固定，如玫瑰、月季；有的植物的枝上有木栓质突起呈翅状，称为木栓翅，如卫矛的小枝。

有的植物的枝、叶或果上具有白色粉质称为白粉，如蓝桉的叶，苹果果皮上的一层被覆物。

在众多的观赏植物中，草本植物柔软，其质地是草质的；木本植物的枝、干硬，其质地是木质的；栓皮栎的树皮松软而有弹性，其质地是木栓质的；芦荟、仙人掌的叶，厚而稍有浆汁，其质地是肉质的；椰子的中果皮、棕榈的叶鞘还有许多纤维，其质地是纤维质的；壳斗科栲属的叶坚韧如皮革，其质地是革质的；梨果的内果皮坚韧、但较薄，其质地是软骨质的；山楂、桃等的内果皮似骨骼，其质地是骨质的；桑树、构树叶薄而软，但不透明，其质地是纸质的；竹类植物花中的鳞被薄而几乎透明，其质地是透明的；麻黄的鞘状退化叶薄而干燥呈枯萎状，其质地是干膜质的。

思考题

1. 举例说明根的变态类型。
2. 举例说明复叶的类型。
3. 举例说明花冠的类型。
4. 说出常见的花序，并绘制花序简图。
5. 区分单果、聚花果和聚合果，并举例说明。

第 4 章　影响观赏植物生长的主要生态因子

观赏植物生长在一定的环境中，其生长发育一方面取决于自身的遗传特性，另一方面也受环境因子的影响，如光照、温度、水分等，这些对观赏植物生长和发育具有影响的外界环境因子统称为生态因子。生态因子可分为气候因子、土壤因子、地形因子、生物因子和人为因子五大类。其中气候因子包括光照、温度、水分、空气、雷电、风等；土壤因子包括成土母质、土壤结构、土壤理化性质、土壤微生物等；地形因子包括地形类型、坡度、坡向、海拔等；生物因子包括动物、植物、微生物。人为因子从根本上讲可以归属于生物因子，但是其作用具有明显的特殊性，因此可以独立出来加以区别和强调。

生态因子对于观赏植物生长发育的作用表现为 5 个方面的一般特征：

(1)综合性　环境中的各种生态因子彼此联系、相互促进、相互制约，综合作用于观赏植物。任何一个单因子的变化，都可能引起其他因子不同程度的变化。例如，光照强度的变化会引起温度和湿度的变化。

(2)主导因子　各种生态因子对观赏植物所起的作用并非是等价的，其中必有 1～2 个起着主导作用，这样的生态因子称为主导因子。例如，光周期现象中的日照时间和植物春化阶段的低温因子就是主导因子。在植物的生长发育过程中主导因子不是固定不变的。

(3)阶段性　在观赏植物生长发育的不同阶段，其对生态因子的要求是不同的，一种生态因子在某个阶段很重要，可能在另一个阶段就几乎起不到作用，使得生态因子的作用呈现阶段性特征。例如，光照长短，在观赏植物的光周期阶段十分重要，但在春化阶段则不起作用。

(4)不可替代性和补偿性　生态因子对于观赏植物生长发育的作用各不相同，因此缺一不可，一个因子的缺失并不能由另一个因子来代替。但在一定情况下，某一因子在量上有所不足时，可以由其他因子来补偿。例如，光照不足所引起的光合作用下降可由 CO_2 浓度的增加得到补偿。

(5)直接性和间接性　在各种生态因子中，有些因子对观赏植物生长发育的影响是直接的，如光照、温度、水分、空气、土壤等，而有些因子则是通过对这些直接起作用的生态因子进行再分配后间接地影响观赏植物的生长发育，如地形因子影响了光照、温度、水分等因子的分布，而对观赏植物的生长发育起着间接作用。

掌握生态因子对观赏植物生长发育的作用，以及观赏植物对其作用的适应，是观赏植物生产和应用的关键所在，因此我们不仅要了解观赏植物本身的各种特性，还要掌握它们同生态因子之间的相互关系。

4.1　光　　照

光照是观赏植物生存的必要条件，是重要的生存因子，在营养生长阶段主要是以能量的方式影响光合作用，在生殖生长阶段主要是以信号的方式影响成花诱导。光照对观赏植物生长发育的影响主要体现在光质、光照强度和光照时间 3 个方面。

4.1.1　光质

光质就是指光的波长，人眼可见光的波长范围在 380～780 nm，对观赏植物的生长发育起重要作用，而波长小于 380 nm 的紫外光，和波长大于 780 nm 的红外光，对观赏植物的生长发育也有一定的影响。光质一方面作为一种能源控制观赏植物的光合作用，另一方面作为一种触发信号对观赏植物的生长发育发挥作用。观赏植物体内具有不同的光受体（光敏素、蓝光/近紫外光受体、紫外光受体），不同光质触发不同光受体，进而影响观赏植物的光合作用、生长发育、抗逆和衰老等。

红光（626～780 nm）和蓝光（435～490 nm）能够提高光合速率，对观赏植物的光合作用十分重要，绿光（490～575 nm）和黄光（575～595 nm）则多被叶片反射或透过而很少被利用。

红光、橙光（595～626 nm）和红外光有利于碳水化合物的合成，能够促进茎伸长、种子或孢子的萌发、加速长日照观赏植物的发育、延缓短日照观赏植物的发育。蓝光、紫光（380～435 nm）有利于蛋白质的合成，能够促进短日照观赏植物的发育，延缓长日照观赏植物的发育。此外，蓝光、紫光和紫外光还能够抑制茎伸长，促进花青素及芽的形成并产生向光性，因此高山上的观赏植物通常节间较短，植物低矮，花色艳丽。

另外，有实验表明蓝光较红光具有延缓植物衰老的功能，且对愈伤组织的诱导更加有效。

4.1.2　光照强度

光照强度是指单位面积上所接受可见光的能量。叶片接受的光强不同，将直接影响观赏植物的生长发育和结构特征。在一定的光照下，光合作用吸收 CO_2 和呼吸作用释放 CO_2 的量达到平衡状态时的光照强度称为光补偿点。植物在光补偿点时，有机物的形成与消耗相等，不能积累干物质。光照强度超过光补偿点后，随着光照强度的上升，植物的光合速率也逐渐提高，这时光合强度超过呼吸强度，植物体内积累干物质。但当光照强度达到一定数值后，光合速率就不再提高，此时的光照强度即为光饱和点。不同种类的观赏植物对光照强度的要求有所不同，民谚有："阴茶花，阳牡丹，半阴半阳四季兰。"根据观赏植物对光照强度的不同要求，可将其分为以下 3 类：

（1）阳性植物　又称喜光植物。这类观赏植物的光补偿点较高，不耐荫蔽，须在阳光充足的条件下才能生长良好，如银杏、落叶松、水杉、白皮松、悬铃木、柳、玉兰、牡丹、石榴、紫薇、海棠等木本植物，一串红、万寿菊、虞美人、鸡冠花、福禄考、大丽花、美人蕉等草本植物，芦荟、大花马齿苋、金琥、光棍树等多浆植物，结缕草、狗牙根等草坪草。阳性植物的细胞壁较厚，细胞体积较小，木质部和机械组织发达。一般枝叶稀疏透光，自然整枝良好，生长较快，寿命较短。光照不足时，则容易徒长，且组织柔软细弱，叶片变淡、发黄，导致开花不良，甚至不开花，易染病虫害。

（2）阴性植物　具有较强的耐荫能力，光补偿点较低，在适度庇荫的条件下才能生长良好，如红豆杉、云杉、金银木、八角金盘、八仙花等木本植物，兰科、凤梨科、天南星科等草本植物以及蕨类植物等。阴性植物在自然界中多分布于林下或阴坡，枝叶浓密、透光度小，自然整枝不良，生长较慢，寿命较长。若强光直射，则会导致叶片焦黄枯萎，甚至死亡。

（3）中性植物　又称耐荫植物。这类观赏植物对光照强度的需求介于上述二者之间，既喜光向阳，也能在一定的荫蔽条件下保持正常生长，如元宝枫、桧柏、榕树、白兰花、栀子、珍珠梅、丁香、山茶、杜鹃花等木本植物，萱草、桔梗、耧斗菜等草本植物。

光照强度还对一些观赏植物的种子萌发和开花有影响。如非洲凤仙、毛地黄的种子需要在光照刺激下才能萌发；大花马齿苋、郁金香、酢浆草在强光下才能开花，月见草、紫茉莉、晚香玉在傍晚弱光时才能开花，昙花在夜晚开花，亚麻、牵牛花在晨曦开放等。

观赏植物对光照强度的需求不是一成不变的，随着年龄、环境的不同会发生相应改变。一般幼苗期的耐荫能力高于成株；在土壤湿润肥沃的环境中植物的耐荫能力相应较强。

4.1.3 光照时间

在自然界中，昼夜交替的长短总是随着季节的变迁而有规律的变化，我们把在昼夜周期中明暗交替的时数或日照长度称为光周期。光周期与植物的生命活动紧密相关，不仅可以控制某些植物的花芽分化，还可以影响植物的分枝习性，块根、块茎等地下器官的形成，以及其他器官的衰老、脱落和休眠。观赏植物的开花受光周期影响，呈现出不同的反应类型，也就是说不同的观赏植物只有在相应的光周期条件下才能正常地开花结果，根据观赏植物开花对日照长度（光照时间）的不同要求，可将其分为以下3类：

(1)长日照植物 这类观赏植物要求较长的光照时间才能成花，一般需要每天 14～16 h 的日照时间，若在昼夜不间断的光照条件下，则能起到更好的促进作用，而在较短的日照条件下，则不能开花，而只进行营养生长，或者开花延迟。这类观赏植物有凤仙花、唐菖蒲、荷花、瓜叶菊、紫罗兰、山茶、杜鹃花、桂花等。二年生花卉通常属于这类观赏植物，它们秋播后，在冷凉的气候条件下进行营养生长，到次年春天长日照条件下迅速开花。

(2)短日照植物 这类观赏植物要求较短的光照时间才能成花，一般需要每天 8～12 h 的日照时间，若在较长的光照条件下，则不能开花或延迟开花。这类观赏植物有一品红、秋菊、波斯菊、蜡梅、紫苏等。一年生花卉通常属于这类观赏植物，它们春播后，在温暖的气候条件下进行营养生长，到秋天短日照条件下迅速开花。

(3)日中性植物 这类观赏植物的成花对日照长度要求不严，对光照时间的长短变化不敏感，只要温度、营养条件满足就能够开花。这类观赏植物有天竺葵、月季、扶桑、马蹄莲、君子兰、蒲公英等，一年四季均可开花。

除了以上 3 种主要类型外，还有一些观赏植物的成花对光照长短要求较为复杂或特殊。如翠菊在长日照条件下形成花芽，而在短日照条件下开花，属于长短日照植物；风铃草在短日照条件下形成花芽，而在长日照条件下开花，属于短长日照植物；甘蔗在中等长度的日照条件下才能开花，而在较长或较短日照下则都保持营养生长状态，属于中日照植物；狗尾草在中等日照条件下保持营养生长状态，而在较长或较短日照下才能开花，属于两极光周期植物。

研究表明，光周期还影响一些观赏植物的营养繁殖，如落地生根属在长日照条件下其叶缘容易产生小植株，大丽花、球根秋海棠等在短日照条件下容易形成块茎。

4.2 温　度

温度影响着观赏植物的地理分布，制约着观赏植物生长发育的速度极其体内生化代谢等一系列的生理机制。温度对观赏植物的作用主要反映在对其生存、休眠与萌发、营养生长、生殖生长 4 个方面的影响。

4.2.1 温度影响观赏植物的生存

观赏植物对温度的要求有很大差别，只有在适宜的温度条件下，观赏植物才能正常地生长发育，表现出良好的观赏特性。在观赏植物的生命过程中，存在保障其生存的最高温度和最低温度，以及生长良好的最适温度，这 3 项温度指标合称为温度三基点。在最适温度下，观赏植物生长发育迅速而良好；在最高和最低温度下，观赏植物停止生长发育，但仍能维持生命；当温度高于最高温度或低于最低温度时，就会对观赏植物产生不同程度的危害，甚至致死。

观赏植物的温度三基点同其原产地的温度条件紧密相关。一般来说，原产热带地区的观赏植物具有较高的温度三基点，如仙人掌类植物在 15～18℃才开始生长，并可以忍耐 50～60℃；原产寒带地区的观赏植物具有较低的温度三基点，如雪莲在 4℃的温度条件下开始生长，并能忍耐－30～－20℃；原产温带地区的观赏植物的温度三基点介于上述二者之间。根据观赏植物对温度的不同要求和耐寒能力，可将其分为 3 类：

(1)耐寒植物　这类观赏植物多原产寒带或高海拔地区，抗寒力强，可以忍耐－20℃的低温，在我国北方大部分地区能够露地越冬。这类观赏植物有白皮松、云杉、龙柏、紫藤、黄刺玫、锦带花、丁香、迎春、海棠、榆叶梅、玉簪、萱草、蜀葵、三色堇、石竹等。

(2)半耐寒植物　这类观赏植物多原产温带偏暖地区，稍耐寒，但不耐严寒，能忍耐－5℃的低温，在我国长江流域能露地越冬，在华北、东北、西北等地则需采取埋土或包草等防寒措施才能安全越冬，盆栽植株则要移入室内。这类观赏植物有广玉兰、石榴、夹竹桃、桂花、栀子花、杜鹃花、菊花、芍药、郁金香、三色堇、朱顶红、薄荷、月季、荷包牡丹、金鱼草等。

(3)不耐寒植物　这类观赏植物多原产热带和亚热带地区，喜高温，不耐寒，不能忍受 0℃以下的低温，一般在 5℃以上才能安全越冬，在我国华南和西南地区可露地越冬，其他地区须温室越冬。这类观赏植物有南洋杉、橡皮树、变叶木、白兰花、扶桑、茉莉花、一品红、文竹、马蹄莲、一叶兰、鹤望兰，以及仙人掌科植物等。

观赏植物的耐寒性与耐热性表现出较强的相关性，一般耐寒性强的种类耐热性就弱，而耐寒性弱的种类耐热性就强。

4.2.2　温度影响观赏植物的休眠与萌发

观赏植物种子休眠与发芽，以及植株上芽的休眠与萌发均需要适宜的温度，存在一个适温范围，有些种类要求的适温范围较宽，有些种类要求的适温范围较窄。多数种子在变温条件下发芽良好，而在恒温条件下发芽较差，有的种子还需要经低温处理打破休眠才能发芽。郁金香、水仙、百合等种球需要在低温条件下种芽才萌动，大丽花、唐菖蒲等种球则需要在高温条件下种芽才萌发。实际生产中，播种以后通常土温要偏高一些，以利于种子吸收、萌发。枝条萌芽则与气温关系密切，通常春天随气温逐渐升高而萌芽。

观赏植物根系的萌动与休眠同地温的关系极为密切，通常当地温升高到一定温度时，根系就会萌动，生出新根，而当地温降低到一定温度时，根系就会停止活动，进入休眠。不同观赏植物根系的休眠与萌发对地温的要求也有所不同。

4.2.3　温度影响观赏植物的营养生长

观赏植物的营养生长包括地上部分的生长和地下部分的生长两部分，地下部分生长所需的适宜温度一般低于地上部分生长所需的适宜温度。观赏植物地上部分的生长受温度影响比较明显，通常其适宜的生长温度为 10～25℃，在此范围内，温度越高，植物的光合作用越强，积累的有机物就越多，因此生长速度越快。在实际生产中，幼苗出土后温度宜略低一些，以防徒长，而当植株进入迅速生长期后则需要较高温度，以保持旺盛的新陈代谢，保证生命活力。

自然条件下的温度总是变化的，这种变温现象包括季节交替、昼夜变温的周期性变温和非周期性变温。观赏植物对周期性变温具有一定的适应性，并且昼夜的温差变化在某种程度上有利于植物体内营养物质的积累，能够促进营养生长，但其对于非周期性变温的适应能力则相对较弱，严重时会死亡。

非周期性变温会打乱观赏植物的生理进程而不利于营养生长，其中最为有害的是突然低温和突然高温。突然低温的不良影响有寒害、霜冻、冻害、冻裂等。寒害是指气温在 0℃以上时观赏植物受害，甚至死亡的现象，多发生于热带喜温的观赏植物，如椰子在气温降至 0℃以前叶片颜色变黄脱落。霜害是指气温降至 0℃时，空气中过饱和的水汽在植株表面凝结成霜而使其受害，一般来讲，若受害时间短，气温缓慢回升后，受害植株可复原，但若受害时间较长且气温回升迅速，则受害植株不易恢复。冻害是指气温降至 0℃以下，造成植株组织的细胞内外结冰而受害，严重时会产生质壁分离，细胞膜或细胞壁破裂而死亡。冻裂多发生于寒冷地区木本观赏植物向阳的树干，因树干内部与表皮的温差超过 10℃而形成裂缝，当树液流动后出现大量伤流，易染病菌，而影响树木长势。

突然高温是指短期的温度升高，超过了观赏植物能够维持正常生长的最高温度，破坏了植株体内的水分平衡，导致其萎蔫。若是土温过高，则根系木栓化加快，有效吸收面积降低，导致生理干旱而使植株萎蔫。

4.2.4　温度影响观赏植物的生殖生长

温度对观赏植物的花芽分化、开花以及果实发育和成熟等生殖过程具有重要的作用。植物许多的发育过程都需要一定的温度诱导才能发生，尤其是花芽分化。观赏植物的花芽分化所需的温度条件有高温和低温 2 类。

1. 高温类

杜鹃花、山茶、梅花、碧桃、樱花、紫藤等花木大多在 6～8 月份，气温升高至 25℃以上时进行花芽分化；唐菖蒲、晚香玉、美人蕉等春植球根类于夏季生长期内进行花芽分化；郁金香、风信子、水仙等秋植球根类在夏季休眠期进行花芽分化；凤仙花、鸡冠花、紫茉莉、一串红、百日草等一年生草本也是在高温条件下进行花芽分化。

2. 低温类

有些观赏植物要求经过一定时期的低温刺激才能引起花芽分化，否则不能开花，这种低温刺激被称为春化作用。依据观赏植物对春化作用所要求的低温值的不同，可将其分为 3 类：

(1)冬性观赏植物　这类植物春化作用要求的低温值为 0～10℃，在此温度下 30～70 d 完成春化阶段，在近于 0℃的温度下进行得最快。有人称这类植物为春化要求性植物。月见草、毛地黄、毛蕊花等二年生草本多为冬性植物，它们在秋季播种后，以幼苗状态越冬，满足其对低温的要求而通过春化阶段，若春季回暖时播种则不能正常开花，即便在播种前采用人工春化处理使其当年开花，但其观赏性也会受到影响，通常植株矮小，花梗过短。鸢尾、芍药等在早春开花的多年生草本也属于冬性植物。

(2)春性观赏植物　这类植物春化作用要求的低温值为 5～12℃，在此温度下 5～15 d 完成春化阶段。一年生和秋季开花的多年生草本属于这类植物。

(3)半冬性观赏植物　在上述 2 种类型之间还有许多植物，在通过春化阶段时对温度的要求不敏感，在 15℃下也可完成春化作用，但其最低温度不能低于 3℃，通常 15～20 d 可通过春化阶段。

温度还影响花芽或花序的伸长、花色、花期和花香等。如郁金香花芽分化的适温为 20℃，而花芽伸长的适温为 9℃。一般来讲，花青素类色素对温度要求较高，因此以花青素类色素为主的花色易受温度影响，如蓝白复色的矮牵牛，在 30～35℃高温下，花呈蓝色或紫色，在 15℃以下呈白色，在 15～30℃时，呈蓝白相间的复色花。对于花期而言，在适宜的温度范围内，温度较高时能够促进观赏植物的生命活动，加速其生命进程，开花时间会相对缩短，反之，温度较低时则会相对延长花期。另外高温会使花香变淡，并缩短花香持续的时间。

4.3 水　分

水分是观赏植物生命活动的必要成分，细胞的分裂与伸长必须在水分充足的条件下才能进行，植物体对矿物质元素的吸收和各种物质的运输，也必须以水为介质来转运。影响观赏植物生长发育的水分因子主要是空气湿度和土壤水分。

4.3.1 空气湿度

空气湿度主要通过影响观赏植物的蒸腾作用，而影响其对土壤水分的吸收，进而影响植物体的含水量，最终使观赏植物的生长发育受到一定的影响。一般而言，空气湿度在65%～70%才能满足观赏植物正常生长发育的需要。空气湿度过大或过小都不利于植物的生长发育。空气湿度过大，往往会使枝叶徒长，植株柔弱，落花落果，抗性降低，容易感染病害；空气湿度过小，往往会使枝叶先端干枯，光合速率降低，引发虫害。观赏植物不同的生长发育阶段对空气湿度的要求不同，通常营养生长阶段所需的空气湿度相对较高，开花期所需的空气湿度相对较低，结实和种子发育期所需的空气湿度最低。不同种类的观赏植物对空气湿度的要求也不同，原产干旱、沙漠地区的仙人掌类植物要求较低的空气湿度，而原产热带雨林的观叶植物则要求较高的空气湿度。在原生境中附生于树干、石缝等处，对水分的吸收以云雾中的水分为主的附生植物、苔藓等观赏植物，对空气湿度的要求更高。

4.3.2 土壤水分

土壤水分直接影响观赏植物的生存、分布和生长发育。如果土壤水分供应不足，则种子不能萌发、插条不能生根，光合作用、呼吸作用和蒸腾作用就不能正常进行，更不能开花结果，严重缺水时还会造成植株凋萎，以致枯死。反之，如果土壤水分过多，则会造成植株徒长、烂根，严重时也会导致植株死亡。观赏植物的不同生长发育阶段对土壤水分的要求不同，通常种子萌发期需要较多水分，幼苗期需水量减少，花芽分化期需水量更少（在栽培管理中，此时如控制土壤水分的供应，可以促进花芽分化），休眠期最少。不同种类的观赏植物对土壤水分的要求也不同，一般而言，宿根观赏植物较一二年生观赏植物耐旱，球根观赏植物又次之。由于花朵在适当的细胞水分含量下才能呈现正常的色彩，因此土壤水分对于花色也具有一定的影响，通常缺水时花色变浓，而水分充足时花色才正常。

4.3.3 水分适应类型

根据观赏植物对水分的不同要求，可将观赏植物分为以下几个类型：

(1)旱生观赏植物　这类植物对水分的需求相对较少或具有较强的耐受力和适应性，大多原产于沙漠和干燥的草原上，如金琥、翁柱、光棍树、大叶落地生根等仙人掌科、大戟科和景天科的多浆植物，以及柽柳、榆叶梅、沙棘、野牛草、狗牙根等。这类观赏植物为了适应干旱环境，其外部形态和内部构造都产生了一些适应性的变化，如叶片变小，退化成鳞片状、针状或刺毛状，叶片表面具有较厚的蜡质层、角质层或茸毛，以减少水分蒸腾；茎叶具有发达的储水组织，能够储存大量水分，并具有极低的蒸腾率；根系极为发达，能够从较深的土层内和较广的范围内吸收水分等。有研究表明，这类植物的解剖构造中具有特化的含晶异细胞（crystal idioblast，主要存在于栅栏组织、储水组织和维管束中），这些细胞具有较高的渗透势和较强的吸水能力，能起到提高抗寒性的作用。

(2)湿生观赏植物　这类植物对水分的需求相对较高，需要在潮湿的环境中才能正常生长，否则便生长不良或死亡。根据实际的生态环境，这类观赏植物又可分为阳性湿生观赏植物和阴性湿生观赏植物。前者生长在阳光充足，土壤水分经常饱和的环境中，多为原产温带或高寒地区的沼生植物，以草本居多，如芦苇、香蒲、石菖蒲、泽泻、燕子花等，也有池杉、水松等木本。这类观赏植物皆着根于泥中，在根、茎和叶内多有气腔与外界相通，可吸收氧气供给根系需要。后者生长在光线不足，空气湿度较高，土壤潮湿的环境中，多为原产热带雨林的藤本和附生植物，如蕨类和苔藓类植物，以及兰科、凤梨科、天南星科、胡椒科等的许多种类。这类观赏植物在形态结构和生理机制上没有防止蒸腾和扩大吸水的构造，其细胞液的渗透压较低。

(3)水生观赏植物　这类植物的共性是植株的部分或全部必须生活在水中，遇干旱则枯死，根据水分适应性可进一步分为漂浮、浮叶、挺水和沉水 4 种类型。漂浮类观赏植物的根悬浮于水中，植株漂浮于水面，可随水漂泊，如凤眼莲、荇菜、大薸、浮萍等；浮叶类观赏植物的根生于泥中，叶片浮于水面或略高出水面，花开时近水面，如睡莲、王莲、萍蓬草等；挺水类观赏植物的根生于泥中，茎、叶挺出水面，花开时离开水面，如荷花、千屈菜、水葱等；沉水类观赏植物整株沉于水中，无根或根系不发达，是净化水质或布置水下景观的主要素材，如金鱼藻、黑藻、苦草等。这类观赏植物的根或茎都具有较发达的通气组织，一般在水面以上的叶片较大，在水中的叶片较小，呈带状或丝状，可减少和避免水流引起的机械阻力和损伤。

(4)中生观赏植物　这类植物对水分的需求介于旱生观赏植物和湿生观赏植物之间，在干湿度适中的环境中生长最佳，而不能忍受过干或过湿的环境。大多数观赏植物属于此类，但由于种类众多，在对干湿的忍耐程度方面差异较大，如油松、侧柏、酸枣等耐旱性较强，而旱柳、紫穗槐、桑、乌桕等耐水湿能力较强。

4.4　土　　壤

土壤是观赏植物生长的基础，不仅起到固定根系，支撑植株的作用，而且为观赏植物提供生长发育所必需的空气、水分及营养元素，因此其理化性质及肥力状况对观赏植物的生长发育都具有重要影响。

4.4.1　土壤质地

土壤中大小不同的矿物质颗粒所占的比例不同，形成了不同的土壤质地，主要包括沙土、黏土和壤土 3 种类型。

(1)沙土　沙土含沙粒较多，土质疏松，土粒间的孔隙大，通气透水性好，蓄水保肥能力差。土温高，昼夜温差大，有机质分解迅速，不易累积，腐殖质含量低，适宜球根类和旱柳、沙枣、沙冬青、木麻黄、仙人掌类等耐旱性强的观赏植物生长。

(2)黏土　黏土含黏粒较多，土质黏重，土粒间的孔隙小，通气透水性差，蓄水保肥能力强。土温低，昼夜温差小，有机质分解缓慢，除水生观赏植物喜偏黏质土外，一般不适于观赏植物的栽培。

(3)壤土　壤土土粒大小适中，性状介于沙土和黏土之间，既能通气透水，又能蓄水保肥，土温较为稳定，水、肥、气、热状况比较协调，是较为理想的栽培土质，适宜大多数观赏植物的生长发育。

4.4.2　土壤酸碱度

土壤酸碱度是指土壤溶液的酸碱程度，用 pH 表示。土壤酸碱度与土壤理化性质和微生物活动有关，因此也影响土壤中有机质和矿物质元素的分解与利用。土壤酸碱度可分为 5 级，pH＜5.0 为强酸性土，pH 5.5～6.5 为酸性土，pH 6.5～7.5 为中性土，pH 7.5～8.5 为碱性土，pH＞8.5 为强碱性土。不同原产地的观赏植物对土壤酸碱度的要求不同，在中国，气候干旱的黄河流域主要是中性土或碱性土，而潮湿寒冷的山区和暖热多雨的长江流域及以南地区主要为酸性土，因此通常原产北方的观赏植物耐碱性强，而原产南方的观赏植物耐酸性强。根据观赏植物对土壤酸碱度的适应能力，还可将其分为酸性土观赏植物、中性土观赏植物和碱性土观赏植物 3 类。

(1)酸性土观赏植物　这类植物适宜的土壤 pH 在 6.5 以下，如山茶、杜鹃花、茉莉、马尾松、蒲包花、蕨类植物等。

(2)中性土观赏植物　这类植物适宜的土壤 pH 在 6.5～7.5，大多数观赏植物属于此类，如杨树、梧桐、金盏菊、风信子等。

(3)碱性土观赏植物　这类植物适宜的土壤 pH 在 7.5 以上，如石竹、天竺葵、玫瑰、沙棘、柽柳、紫穗槐、文冠果等。

土壤酸碱度还对某些观赏植物的花色变化有重要影响，如八仙花的花色变化就是由土壤 pH 的变化而引起的(表 4-1)。

表 4-1　土壤酸碱度与八仙花花色的关系

土壤 pH	4.56	5.13	5.50	6.51	6.89	7.36
花色	深蓝色	蓝色	紫色	红黄色	粉红色	深粉红色

4.4.3　土壤养分

土壤养分指土壤中的养分贮量、强度因素和容量因素，主要取决于土壤矿物质及有机质的数量和组成，是影响土壤肥力的重要因素。目前已确定 16 种元素为观赏植物生长发育所必需，称为必要元素，其中需求量较大的 9 种元素称为大量元素，包括碳(C)、氢(H)、氧(O)、氮(N)、磷(P)、钾(K)、硫(S)、钙(Ca)、镁(Mg)；需求量微小的 7 种元素称为微量元素，包括铁(Fe)、硼(B)、铜(Cu)、锌(Zn)、锰(Mn)、氯(Cl)、钼(Mo)。其中除 C、H、O 外，皆以根系吸收为主，对于栽培植物而言，这些营养成分会以人工施肥的形式进行补充。不同的营养元素对观赏植物生长发育起着不同的作用。

(1)氮(N)　可促进观赏植物的营养生长，有利于叶绿素的合成，可使叶色浓绿，花、叶肥大。过量时会阻碍花芽形成，延迟开花，使茎枝徒长，抗病虫能力降低。一年生观赏植物在幼苗期对氮的需求较少，随生长要求逐渐增多；二年生和宿根观赏植物在春季旺盛生长期对氮的需求较多。观叶类在整个生长过程中均需较多氮肥才能枝繁叶茂；观花类在营养生长阶段需氮较多，进入生殖阶段后应控制氮肥施用，否则将延迟开花。

(2)磷(P)　可促进观赏植物成熟，提早开花结实，有利于花芽分化，保障开花良好。还可促进种子萌发、根系发育，提高抗病能力。过量时会阻碍营养生长，使植株矮小，节间变短。观花类在幼苗生长阶段需要适量磷肥，进入开花期后，需求量增加。球根类对磷肥的需求较其他观赏植物多。

(3)钾(K)　可增强观赏植物的抗寒、抗旱和抗病能力，使植株生长健壮，茎枝坚韧，不易倒伏。还可促进叶绿素形成，有利于光合作用。过量时会使节间缩短，叶子变黄，造成镁、钙吸收受阻，引发缺素症。

(4)硫(S)　可促进根系生长，与叶绿素合成有关。

(5)钙(Ca)　可促进根的发育，增加植株的坚韧度，改善土壤理化性状，降低土壤酸碱度。

(6)镁(Mg)　有助于叶绿素合成，影响磷的利用。

(7)铁(Fe)　有助于叶绿素合成。

(8)硼(B)　改善氧的供应，促进根系发育。

(9)锰(Mn)　有助于种子萌发和幼苗生长。

4.5 空　气

空气对于观赏植物而言也是必不可少的生态因子。在观赏植物的生长发育过程中氧气(O_2)和二氧化碳(CO_2)是必不可少的,因此正常的空气环境对于植物生长是有利的。然而由于人为因素造成的空气污染,使得空气中有害气体的种类和浓度不断增加,不但威胁人类健康,也危害植物的生存。不同气体对观赏植物的生长发育具有不同的作用。

(1)氧气(O_2)　氧气直接影响观赏植物的呼吸和光合作用,在植物的呼吸过程中,需要吸收氧气释放二氧化碳,从而产生能量,成为生命活动的动力。空气中氧气的含量降到20%以下,观赏植物地上部分呼吸速率开始下降,降到15%以下时,呼吸速率迅速下降。由于大气中氧气的含量基本稳定,一般不会成为观赏植物生长发育的限制因子。但若土壤通透性差,氧气含量不足时,就会抑制根系呼吸,阻碍根系对水分和养分的吸收和利用,并且影响种子萌发。

(2)二氧化碳(CO_2)　二氧化碳是观赏植物光合作用必需的成分之一,是观赏植物形体建成的物质基础。正常的空气成分,二氧化碳浓度不会影响观赏植物的生长发育。在温度、光照等条件适宜的情况下,增加空气中二氧化碳的浓度,可以提高观赏植物光合作用的强度,但当增加到2%以上时,则起抑制作用。

(3)二氧化硫(SO_2)　二氧化硫是当前最主要的大气污染物,主要来源于火力发电、金属冶炼、合成纤维等工业燃煤。二氧化硫对观赏植物有毒害作用,造成细胞收缩、死亡,叶绿体降解。不同观赏植物对二氧化硫的抗性不同,龟背竹、月桂、散尾葵、令箭荷花、肾蕨、唐菖蒲、美人蕉、金盏菊等对其抗性强,杜鹃花、叶子花、南天竺、一品红、一串红、荷兰菊、桔梗等对其抗性较强,金鱼草、月见草、美女樱、蜀葵、麦秆菊、瓜叶菊等对其抗性较弱。向日葵、紫花苜蓿等为二氧化硫监测植物。

(4)氟化氢(HF)　氟化氢是氟化物中毒性最强,排放量最大的有害气体,主要来源于铝、玻璃、水泥、搪瓷等工业。氟化氢对观赏植物的危害首先发生在幼芽幼叶的叶缘与叶尖,然后向内扩散,逐渐出现萎蔫现象。氟化氢还能导致植株矮化、早期落叶、落花与不结实。不同观赏植物对氟化氢的抗性也不同,海桐、柑橘、秋海棠、大丽花、一品红、紫茉莉等对其抗性强;美人蕉、半枝莲、蜀葵、金鱼草、水仙等对其抗性较强;杜鹃花、玉簪、毛地黄、郁金香等对其抗性较弱。地衣类、唐菖蒲等为氟化氢监测植物。

4.6 生　物

观赏植物的生活环境中总会有其他生物的存在,包括动物、植物以及微生物。这些生物与观赏植物的关系可分为有益和有害2种。动物中昆虫、鸟类可帮助观赏植物传播花粉、种子,有利于观赏植物的发育和繁衍,植物害虫会啃食枝叶、花果、根系,不仅影响观赏植物正常的观赏特性,而且不利于观赏植物的生长和生存。微生物中有的可以分解有机物,增加土壤肥力,有的还能形成根瘤、菌根,固定空气中的游离氮,有利于观赏植物的生长,也有的作为病源危害观赏植物的生存。

观赏植物与生活在一起的其他植物间也存在相互促进和相互抑制的关系。植物间共同组成稳定的植被群落,能够改善彼此的生存环境,也可以增强对病虫害等其他自然灾害的抵抗能力,属于良好的促进关系。例如高大喜光的乔木黑松与耐阴性地被植物阔叶麦冬组合,一方面黑松能给麦冬遮阳,提供适宜其生存的光照环境;另一方面麦冬的地面覆盖,保持了土壤水分,能给黑松的根部生长创造理想的条件。但植物间互相竞争,以获得更有利于自身生长发育的光照、养分,或者藤本与树木之间的缠绕、绞杀等则是彼此抑制的关系,一方的发展繁荣将以另一方的势弱衰微为代价。例如,散生竹类地下茎与须根布满所在地域的土壤，与大多数灌木类根系争夺养分，相互抑制。

观赏植物还可以通过化感作用对其他植物的生长产生促进或抑制的作用。所谓的化感作用就是指植物通过分泌代谢产物，对其他植物产生直接或间接的影响。毛竹和苦槠都是杉木常见的伴生树种，据报道毛竹和苦槠在与杉木混交时都能在不同程度上促进杉木的生长，所分泌的某些化感物质经淋洗进入土壤中，对杉木种子产生正面的作用，从而促进杉木种子的发芽和芽的生长。山茶科植物与山毛榉科植物有较强的相互抑制作用。黑藻、菱、鸡矢藤、问荆、酸模、打碗花、豚草、落羽杉、池杉、枫杨、乌桕等都能分泌出一些化感物质，对某些植物具有化感作用。

思考题

1. 环境因子、生态因子的概念是什么？
2. 影响植物生长发育的主要生态因子有哪些？这些因子之间有什么关系？
3. 温度是怎样影响植物的生长发育的？
4. 光照对植物的生长发育有什么样的影响？
5. 水分是怎样影响植物的生长发育的？
6. 土壤酸碱度对植物生长有什么影响？土壤中的养分对植物的生长发育有什么作用？

第5章 观赏植物景观设计

在景观设计中，观赏植物是极其重要的素材，观赏植物本身在大小、形态、色彩、质地等都各不相同，有着丰富多彩的效果，设计师也常利用观赏植物与建筑、道路、广场、地形、水体等来组织空间和解决问题，使得观赏植物在景观中常能成为最富有生机和美感的要素。

5.1 观赏植物景观设计原则

5.1.1 符合全局原则

观赏植物景观设计应当贯穿整个景观设计过程，不能与方案设计割裂开。大部分的室外空间都是以观赏植物为主，观赏植物设计是整个景观设计中非常重要的一部分，一个项目的景观效果好不好，植物景观常常起着举足轻重的作用。目前景观设计所倡导的生态、可持续以及生物多样性等理念，都要通过植物景观规划来完成。在竖向设计、空间组织等方面，观赏植物的合理运用能发挥事半功倍的效果，同时场地的设计也应当首先要考虑营造观赏植物生长所适合的生态环境，切不可使方案设计与观赏植物设计脱节，不可先做完方案再来填充植物。

此外，自然界中植物很少单独存在，总是以群落的形式存在，群落不是植物单体的简单拼凑，而是有规律的组合。一定的环境对应一定的植物群落，任何植物设计都应当统筹在一个大的植物群落里。

每一个城市在进行绿地系统规划时，先要进行该市的植物多样性规划，其次对任何一个园林项目在概念规划及方案设计阶段也应同步考虑植物景观的规划与设计，把植物景观正式纳入规划设计的范畴内。

5.1.2 符合自然生态规律原则

1. 适地适树

不同观赏植物的生长习性不尽相同，对于光照、水湿条件、温度、土壤酸碱度等要求都不一样。若植物生长地的条件与其习性相悖，往往会生长不良或死亡。因此，设计时当根据不同的用地条件，选择适宜的观赏植物，使之与立地环境条件相适应。这样才能保障观赏植物正常健康地生长，使景观呈现一片生机。

乡土植物作为本地区原有天然分布的植物种群，经过了长期的淘汰和选择，能更好地适应当地的土壤、气候等自然条件，因此，在进行植物景观设计时应首要考虑选用乡土植物。

2. 多样性

植物多样性是营造生物多样性的重要基础，也是提高植物群落的相对稳定性以及绿地生态功能的前提。植物种类的丰富以及多层次的植物群落，提高了单位面积的绿量，从而对城市绿地在净化污染、减弱噪声、改善气候、美化环境等方面的综合效益和功用都有提升。

每种观赏植物都有其特定的形态特征和观赏特点，城市绿地中选用多种观赏植物，更有利于形成丰富多彩的景观，使植物景观更具观赏价值。

城市绿地中不同地段的光照、湿度、土壤条件等都会有很大差异，这些立地条件的不同也使得在观赏植物的选择上应当多样。例如，高大建筑北面的背阴地带，需选用耐阴的植物；多风的地带，需选择深根性的树种；有地下管道或构筑物的地方，又当选择浅根系的树种。总之，因地制宜选用多种植物，才能满足城市绿地多种功能的需要。

3. 时序变化

植物是有生命的设计要素，随着季节和植物生长的变化，植物的大小、形态、色彩、质地、叶丛疏密等特征也会不停变化。如温带气候中常见的落叶乔木，一年四季就呈现截然不同的观赏特征：春季鲜花烂漫，新叶绽放，夏季郁郁葱葱，浓荫匝地，秋季叶色斑斓，硕果累累，冬季树干光秃，枝丫交错。一些常绿树虽不如落叶植物那样变化剧烈，但也会随季节的冷暖发生枝叶的更替等缓慢变化带来季相景观，如香樟春叶嫩绿、杜英老叶变红。所有植物都在发展变化，设计时不仅要考虑单株或群体植物在某一季节的形态及特征，更要知道它们一年四季的演替。不可只考虑一季的观赏效果，而忽略了其他季节的变化。

植物的生长势也影响着设计效果。一般幼苗价格便宜，易于移植，成活率高，但要经过数年才能达到成年树的冠幅和形状。另外不同植物生长速度和生命周期不尽相同。速生树生长迅速，能快速成荫，但寿命较短，且往往材质较疏松，对风雪的抗逆性较差。慢生树往往生长缓慢，材质紧密，对风雪、病虫等灾害的抗逆性较强，寿命较长，能有相对稳定的绿化效果，但幼苗期往往达不到绿化功能的需要。因此，设计不仅要注意植物的近期效果，还必须考虑远期效果，适当配植成年树与幼龄树的比例。速生树与慢生树也要间隔考虑，使用速生树快速成荫，待慢生树长大到一定程度时，疏伐已近衰老的速生树，留下慢生树，以保证长期的绿化效果。

总之，观赏植物设计要充分考虑植物季相的变化，以及近、中、远期生长势的变化。

5.1.3 符合场地文脉原则

1. 场地功能风格

不同类型的城市绿地，其风格、功能等各不相同，观赏植物的选择和设计也要与其相适应。例如，休憩广场的植物景观设计，风格上首先要与广场的整体风格相一致，或现代简洁或自然休闲等；功能上也要满足广场的交通需要，给游人提供树荫并形成景观。儿童活动区域应当忌用有刺、有毒或有刺激性反应的植物，区域周边适宜密植乔灌木与其他区相隔离，以避免互相的干扰，区域内则应当保证视线通透，方便家长照看儿童，只需要适当配植高大乔木供夏季遮阳。同一绿地内，不同区域的设计风貌也可能不同，植物选择及设计手法上也应当有差异。总之，观赏植物景观设计要服从和适应于城市绿地的综合功能和要求，要合理安排，种类选择合宜，空间上宜密则密，当疏则疏，搭配手法灵活变化，与场地设计浑然一体。

2. 文化

自古人们常藉花草树木抒情或言志，观赏植物是蕴含了丰富的文化符号和文人情感的载体。例如：松、竹、梅被喻为“岁寒三友”，人们认为这三种植物都具有不畏严寒、坚贞不屈的品格，最能表现中华民族的文化气质。梅兰竹菊“四君子”被认为清华其外、淡泊其中，不作媚世之态，象征了文人高尚的道德情操。周敦颐在《爱莲说》中更把荷花比作君子，形容其“出淤泥而不染，濯清涟而不妖，中通外直，不蔓不枝”。又如桂花象征蟾宫折桂，金榜高中；石榴象征多子多孙；玉兰、海棠、迎春、牡丹代表“玉棠春富贵”。凡此种种，不胜枚举，正所谓“一花一草见精神”。

在设计中充分考虑植物这种源自传统文化的内涵，从而选择适当的种类，可有助于表现设计的主题，且能通过具体的景物表达更为深远的意境。

3. 地方特色

植物分布受气候带影响，可以此划分不同的植物区域，且在同一植物气候带内的植物种类既有共性又有个性，因此便形成了不同地方的植物特色。

观赏植物设计中应当重视当地植被的应用，突显植物层次和群落结构，从而体现地方风格和特色。例如，杭州地处亚热带中部，气候温暖，雨量充沛，自然群落以常绿阔叶树为主，常绿与落叶阔叶树种混交的基本外貌，同时由于亚热带植物种类丰富，植物景观上可以做到花、叶并重，四季常青，四时花香。此外地方的市花和市树也是地域特色的体现，如北京的槐树、南京的雪松、广州的木棉、成都的木芙蓉、昆明的茶花等，设计时加以运用也能突出地方特色。

5.1.4 符合经济原则

经济原则就是在节约成本、方便管理的基础上，以最少的投入获得最大的生态效益和社会效益。植物选择方面，以乡土植物为主，适地适树，多选用寿命长、耐粗放管理的植物，不盲目追求大树、名贵树，合理选择植物种类及规格，做到以最少的投入实现设计目标。植物配置上，多采用自然生态的种植，避免大量单纯草坪或修剪绿篱等人工形式过强的种植方式，以减少后期在人力、物力上的投入。

此外，观赏植物还具有多种功能，如环境功能、生产功能及美学功能等。设计时可以在实现美化环境的同时，适当选择种植具有生产功能和净化防护功能的观赏植物种类。

5.1.5 符合通用美学原则

观赏植物设计同样应遵循相关美学艺术原理和形式美法则，将这些规律应用在设计中，合理组合搭配观赏植物能将其美学特征充分发挥出来以达到设计效果。观赏植物设计中最重要的美学原则归纳起来包括：主与从，对比与调和，统一与变化，均衡与稳定，韵律与节奏，比例与尺度六个方面。

1. 主与从

观赏植物设计也需要有主题，而鲜明的主题要靠重点突出，主与从构成重点和一般的对比与变化。在园林中通常片植某种观赏植物来突出主题，表现个性，如北京元大都公园的海棠花溪，杭州西湖灵峰的梅花等。还可将一株或几株观赏植物作为主景配植在视觉中心的位置，或是通过周围环境的烘托渲染同样可以达到突出重点的目的。作为主景的观赏植物本身要有足以吸引目光的特性，一般形体高大，姿态优美，或色彩鲜明，造型奇特的植物，便能从周围的环境中脱颖而出（图 5-1、图 5-2）。

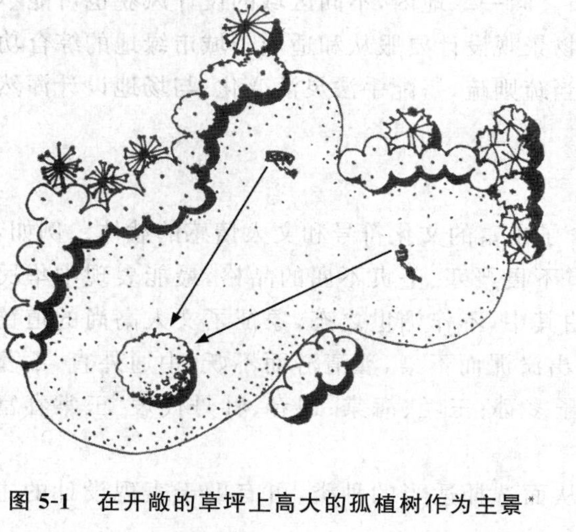

图 5-1　在开敞的草坪上高大的孤植树作为主景

图 5-2　植物的主从关系

2. 对比与调和

对比与调和是对两种或多种不同事物的关系而言，反映一对矛盾状态或是处理矛盾的两种方式。对比是由于构成的各元素在形态、颜色、材质上的不同形成了视觉差异，观赏植物本身在色彩、外形、体量、质感等方面可形成对比，植物与建筑、构筑物等配植在一起时，在体量、色彩、形式等方面也能形成对比。对比的作用一般是为了突出主题或引人注目，但对比的手法不能使用过多，对比太多会让人无暇反应，反而导致平淡。调和是指事物和现象各方面相互之间的联系与配合达到完美的境界和多样化的统一。观赏植物设计中调和的表现包括植物的体量、色彩、线条、姿态、质感等多方面，观赏植物的调和必须相互有关联，而且含有共同的因素，甚至相同的属性。观赏植物设计时可以用同一色相、类似色相、相似的质感、体量、形态的植物，来满足调和，以达到柔和、平静、舒适和愉悦的美感(图 5-3)。

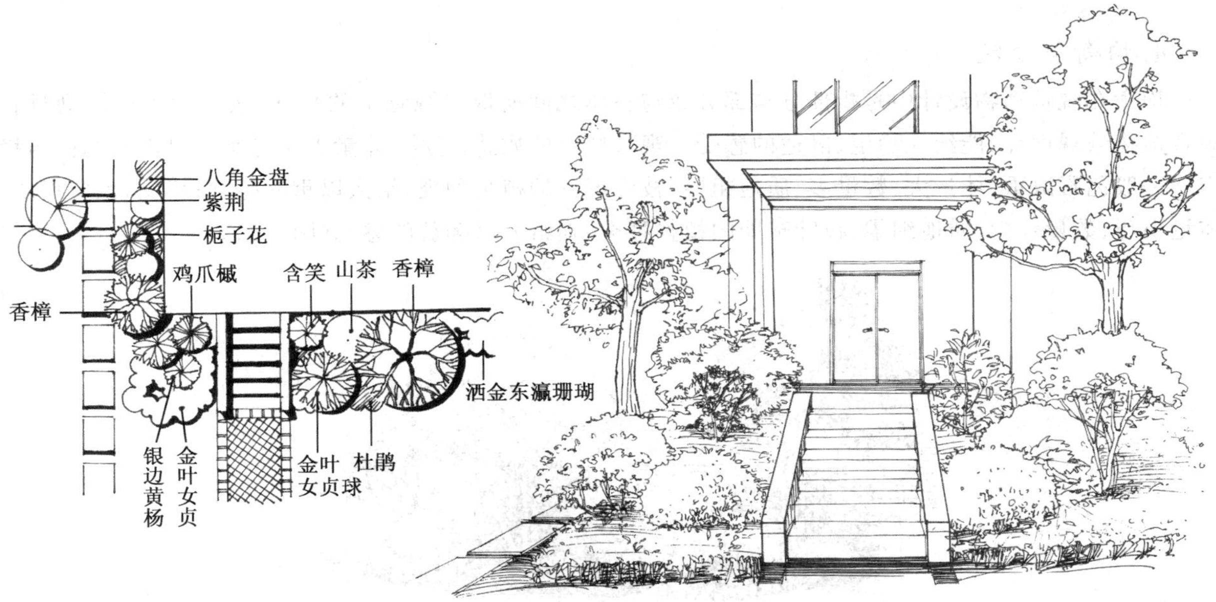

图 5-3　植物形态、大小的不同增强了观赏效果

3. 统一与变化

统一主要是指各种不同植物之间拥有相同的形态、质感、线条或颜色等，变化是指不同植物之间在线条、质感、色彩等方面有着明显的不同。不同观赏植物之间的形态要素越相近，配植在一起时的统一性便越高。观赏植物设计时，树形、色彩、线条、质地和比例等需要有一定的差异和变化，但又要保持一定的相似性，给人以统一感。实际设计中要把握好变化与统一的平衡，变化太多容易杂乱无章，过分一致又会单调无趣，因此要求统一中有变化，变化中求统一，达到既生动活泼又和谐统一的效果(图 5-4)。

运用重复的方法最能体现植物景观的统一感。如城市绿化带中，按等距离配植同种同龄乔木树种，或在乔木下配植同种同龄花灌木，使整条街道具有统一的秩序感。在城镇植物规划中，一般分为基调树种、骨干树种和一般树种。基调树种一般种类少数量大，常作为城市绿化面貌的代表树种，形成城市绿化的基调和特色，起到统一的作用。骨干树种为城市各类型绿地中的重点树种，有的与基调树种重复，使不同类型绿地有着统一风貌。而一般树种则种类多，每种量相对少，增加了生物多样性，丰富了城市色彩，起到变化的作用。

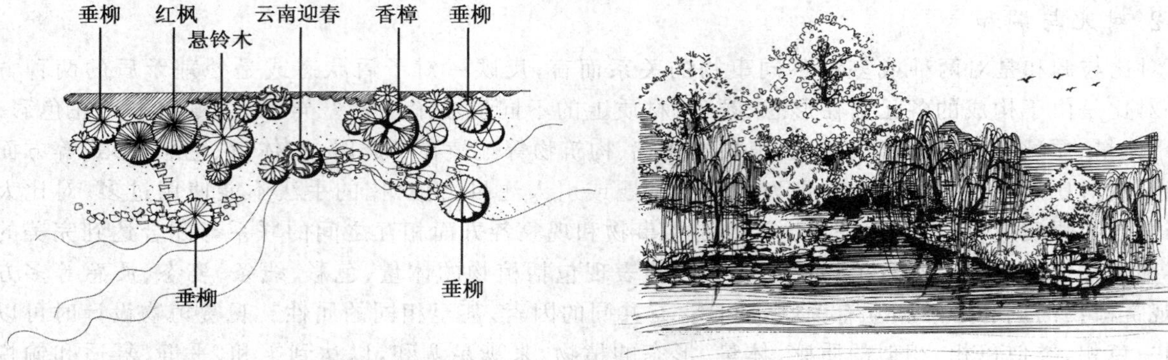

图 5-4 变化是增加、构成趣味性的重要原则

4. 均衡与稳定

均衡在观赏植物设计中是指部分与部分或与整体之间所取得视觉上的平衡，按照均衡的原则进行观赏植物景观设计，能给人稳定、舒适的感受。观赏植物的质感、色彩、体量大小等都可以影响均衡与稳定。一般色彩浓重、体量大、数量多、质地粗厚、枝叶茂密的植物种类，给人以重的感觉；相反，色彩素淡、体量小巧、数量较少、质地细柔、枝叶疏朗的植物种类，则给人以轻盈的感觉(图 5-5)。

图 5-5 植物体量、形态的均衡

设计中均衡可分为两种形式：对称均衡和不对称均衡，一般对称均衡出现在规则式配置中，而不对称均衡则出现在自然式配置中。观赏植物的种植位置和形态均以对称均衡的形式布置，最典型的就是西方古典园林中严格对称的配置，整齐划一，井然有序。规则式建筑以及庄严的陵园皇家园林中也采用这种对称均衡的布置。对称均衡的设计能创造出庄重、肃穆、安定的环境气氛。不对称均衡多用于花园、公园、植物园、风景区等较自然的环境中，常常利用不同观赏植物的体量、质地、色彩差异组合配植，创造生动活泼，丰富自然的植物景观。

5. 韵律与节奏

自然界中许多事物或现象常因有秩序的变化或有规律的重复出现，而激起人们的美感，这种美通常称为韵律节奏美。韵律与节奏往往互相依存，互为因果，节奏带有一定程度的机械美，而韵律又在节奏变化中产生无穷的情趣。诗歌、音乐、绘画讲韵律节奏最多，观赏植物设计中，恰当运用不同植物材料进行配植，也可形成丰富的韵律节奏，使人产生愉悦的审美感觉。在一定的空间环境中，利用各种植物单体或植物群体以一定的秩序进行水平配植，当观赏者沿着这一水平方向移动，就可以感受到这一韵律，有韵律节奏的植物配植充满生气，富有趣味。沿林缘、岸边的植物配置最能表现出韵律节奏感，此外，在公园、花园内，用林带、花境、草坪也能创造出优美的韵律。

常见的韵律表现形式有：连续韵律、渐变韵律和起伏韵律等。连续韵律是指树木或树丛的连续等距排列，如路旁的行道树采用一种或两种以上的植物重复出现形成韵律。渐变韵律是指连续重复的部分，有规律的逐级增减变化，如树木排列由密而疏，由高变低或色彩由浓变淡等渐变的形式。起伏韵律主要是由植物的高矮变化形成的，如人工修剪的高低起伏的绿篱，或是模拟自然群落配植而形成的林冠线的变化，此外地形的起伏变化也能造成植物的起伏韵律。观赏植物设计中，韵律节奏也不能有过多变化，以免产生杂乱，造成审美疲劳，这同样服从于变化与统一的原理（图 5-6 ）。

连续韵律

起伏韵律

图 5-6　植物的韵律

6. 比例与尺度

比例主要表现为整体或部分之间的长短、高低、宽窄等关系，美学中最经典的比例分配莫过于“黄金分割”。尺度不是指真实尺寸大小，而是给人们感觉上的大小印象同真实大小之间的关系。各种观赏植物在园林中并不是孤立存在的，观赏植物个体之间、个体与群体之间、植物与环境之间、植物与观赏者之间都存在比例与尺度的问题。良好的比例尺度关系本身就是美的原理。

园林是供人赏用的空间景物，其尺度应按人的观赏使用要求来确定，其比例关系也应符合人的视物规律。在正常情况下，不转动头部，最舒适的观赏视角在立面上为 26°～30°，在水平面上为 45°。以此推算，对大型景物来说，合适的视距为景物高度的 3.3 倍，小型景物约为 1.7 倍。而对于景物宽度来说，其合适视距则为景物宽度的 1.2 倍。观赏植物设计中，作为主景的孤植树设置在什么位置，其周围草坪的最小宽度应当是多少，就需要按照这一规律来限定。通常，小乔木或观赏性较强的植物常用于小庭院空间，或是要求较精细的地方；空旷地或广场则更多使用高大的乔木，观赏植物的高低大小、花坛、绿篱的尺寸等都应当与所在环境的尺度相契合。

5.2　观赏植物景观设计形式

观赏植物景观设计的形式主要是就各类植物的平面关系及构图艺术而言，受园林风格和形式的影响和制约，不同的国家和地区、不同的历史阶段会有显著不同的种植形式，但大体可归结为规则式和自然式。

5.2.1　规则式种植设计

规则式植物设计的平面多采用轴线或风格确定的几何图案来设计种植，植物景观布局规整，注重装饰性，能体现简洁、单纯之美，有利于表达严肃的主题和壮美的场景。

在规则式植物设计中，乔木常以对称或行列式种植为主，有时还刻意修剪成各种几何形体，甚至动物或人的形象；灌木等距直线种植，或修剪成绿篱饰边、或修剪成规整的图案作为大面积的构图；花卉布置成以图案为主题的模纹花坛和花境以表现花卉的色彩美和群体美；草坪修剪平整并被严格控制边界。此外，规则式植物设计中，还常用植物修剪成绿篱、绿墙、绿门、绿柱等来划分和组织空间。刻意追求装饰效果的规则式植物设计往往需要投入大量人力和物力来养护、整形和修剪，并不值得提倡。但是在许多人工化、规整的城市空间中，规则式的植物设计若是使用合宜，也是一种不可或缺的设计形式。

1. 对植、列植与网格式种植

对植是指两株或两丛植物按照一定的轴线关系相互对称或均衡的一种栽植方式。对植多应用在入口、道路及建筑两旁，形成配景或夹景（图 5-7）。

列植是对植的延伸，是指乔灌木按一定株行距成排成行的栽植。列植多应用于街道、公路两旁，或规则式广场的周围。列植要保持两侧的植物是对称的，一般适合选择树冠形状比较整齐的树种。列植在园林中可作园林景物的背景，种植密度较大的可以起到分割隔离的作用，开成树屏，这种方式使夹道中间形成较为隐秘的空间。

网格式种植又称为树阵式种植，是在基地上设置一个或多个系列的网格，在每个网格交叉点上布置植物。网格式种植多用于建筑周边环境绿化中的乔木种植，其最大的优点是能与建筑相互呼应协调，并将种植空间用几何方式组织起来转化为功能空间，将建筑空间延伸到周围环境中（图 5-8）。

图 5-7　对植（美国斯坦福大学）

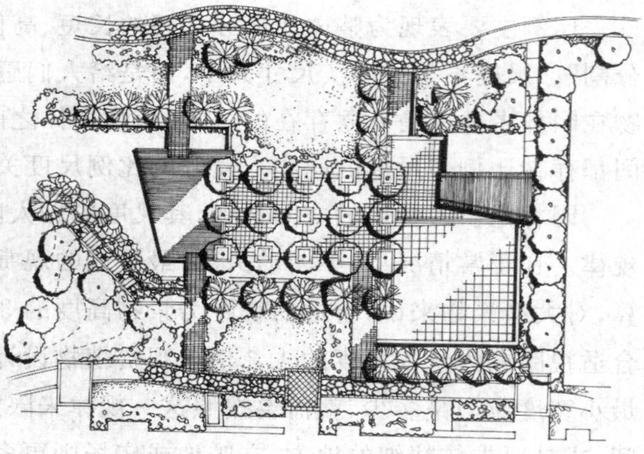

图 5-8　网格式种植

2. 绿篱、绿墙及树木整形

绿篱和绿墙是由灌木或小乔木，以相等的株行距，单行或双行排列成行而构成的不透光不透风结构的规则林带，经过修剪整形后枝叶互相衔接形成篱垣。绿篱和绿墙有明确的分隔、引导或衬托的作用，易于用来控制视线或组织划分空间，常用来作为防范的边界，或组织游览路线。规则式园林中，绿篱常作为花境的边缘或花坛的装饰图案，以及雕塑、装饰小品、喷泉等的背景。此外，还可用于建筑、挡土墙的基础美化。作为绿篱或绿墙的植物一般选择萌蘖性较强生长偏慢的木本的植物，如圆柏、侧柏、紫杉、黄杨、冬青、珊瑚树等（图 5-9）。

树木整形是将一些木本植物(多选用常绿树木)修剪成圆筒形、方形等几何形状,或者动物的造型,甚至人的形象。在城市环境中,为了使具有强烈几何体形的建筑物与周围不规则的自然风景及色彩上取得过渡与统一,适当运用整形树木,能取得意想不到的效果。但若过分人工化,刻意修剪,追求造型,与周围的自然景色很难调和,就不可取了(图 5-10)。

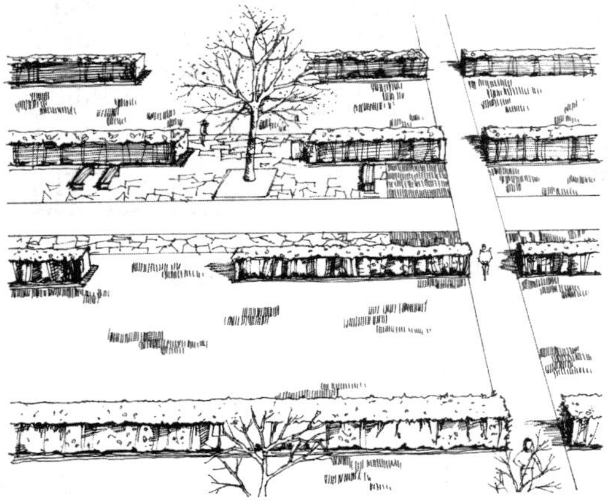

图 5-9　绿篱修剪

图 5-10　树木整形(西班牙 科尔多瓦皇宫)

3. 花坛

花坛是按照设计意图在一定形体范围内栽植观赏植物,以表现群体美的设施。花坛是园林中最主要的花卉布置方式之一。

根据表现主题、规划方式及维持时间长短的不同,花坛有不同的分类方法。按表现主题分类可分为:花丛花坛、模纹花坛、标题式花坛、造型花坛、混合花坛。按布局方式分类可分为:独立花坛、花坛群、连续花坛群。按空间位置分类可分为:平面花坛、斜面花坛、立体花坛。花坛还可以有很多分类方法,如根据花坛所使用的植物材料可以将花坛分为一二年生花卉花坛、常绿灌木花坛以及混合式花坛,根据花坛所用植物观赏期的长短可分为永久花坛、半永久花坛及季节花坛。

在规则式园林中,花坛可以作为主景也可作为配景,常设于广场中央、道路交叉口、大型建筑前、道路两侧等需要重点美化的地段。花坛的设计应在风格、体量、色彩、形式等方面与周围的环境相协调。作为主景来处理的花坛和花坛群,一般是对称的。花坛的平面轮廓也一般与广场的平面相一致,但是细节上会有一定的变化。在交通量很大,或是游人集散量很大的大型公共建筑前的广场上,为了首先保证交通的畅通以及游人的集散安全,花坛的外形常优先考虑功能的要求,不用与广场一致。花坛的色彩搭配应适当,要遵循色彩搭配的艺术规律,切忌杂乱无章,同时还应注意花坛的整体色彩与周围环境的关系(图 5-11)。

4. 花境

花境是源自于欧洲的一种花卉种植形式,是从规则式构图到自然式构图过渡的一种半自然式的带状种植形式。花境是以体现观赏植物个体的自然美以及不同植物之间自然组合的群落美为主题。花境的平面轮廓和平面布置是规则式的,但是花境内部的植物配置,则完全是自然式的。

花境内的观赏植物栽下以后可多年不用更换,多以花期长、色彩鲜明、栽培简易的宿根花卉为主,并适当搭配其他植物。通常还需根据花境的具体位置,考虑花卉对光照、土壤及水分等的适应性。花境要求四季美观,用于花境的观赏植物要求开花期长或花叶兼美,色彩丰富,花期具有连续性和季相变化。种类组合上还需考虑立面与平面的构图相结合,不同观赏植物的株型、株高、花序及质地等观赏性亦不相同,合理搭配以形成高低错落有致的景观(图 5-12)。

图 5-11　北京植物园某节日花坛

图 5-12　北京植物园花境

5.2.2　自然式种植设计

自然式植物设计是模仿自然山林植被，按照自然植被的分布特点进行植物配置，注重观赏植物本身的特性。植物与植物之间，植物与环境之间的关系是生态的、和谐的。自然式植物设计一方面是不同观赏植物之间的搭配，要考虑植物种类的选择、树群的组合、植物层次、色彩的合理运用等；另一方面还需讲究观赏植物与山、水、建筑等其他景观要素的配合关系，营造自然天成的景观风貌。

自然式植物设计中，没有行列式布置，乔木配置以孤植、丛植、林植为主；也不用规则修剪的绿篱、绿墙等，以自然的灌丛、林带等来组织划分空间；花卉布置以自然花丛为主，不用模纹花坛。自然式植物设计，不仅形式上更加丰富多彩、变化无穷，更体现了现代生态设计的基本思想。

1. 孤植

孤植是指种植单株乔木，以表现树木的独立姿态。孤植树一般作为主景，栽植地点要求比较开阔，四周空旷，便于树冠向四周伸展，并有较适宜的观赏视距和观赏点，常植于空旷的草坪上、林缘、湖畔、路口、桥头等地方，除了能突出树木的个体美，还能作为一个地区的标志。因此，所用植物通常是体形高大雄伟或姿态优美，或花、果、叶的观赏效果显著的树种。常用的有雪松、南洋杉、银杏、榕树、香樟、槐树、无患子、元宝枫、凤凰木、枫香、玉兰等。有时在尺度合适的环境中，也可选用一些树姿独特或较珍稀的小乔木或花灌木作为孤植树，如梅花、紫薇、罗汉松等(图 5-13)。

图 5-13　孤植树

2. 丛植

丛植是指由几株到十几株乔木或灌木按一定要求较为紧密地栽植在一起，其树冠彼此相接形成一个整体的外轮廓线。群植体现的是植物的群体效果，有较强的整体感，是一种常用的种植类型。

丛植树种的选择须符合多样统一的原则，所选树种要相同或相似，但植物的形态、高度、色彩及配置的方式要多变化，可互为衬托或对比。在开阔和封闭的空间中，树丛都可以作为主景，成为视线的焦点或是某些景物的对景。树丛也可作为配景，充当一些硬质景观的背景，使硬质景观在自然柔美的植物衬托下，焕发丰富生机。树丛整体上要密植，局部又要疏密有致，并根据疏密度适当选择树木高度，密则升高，疏则平展，形成起伏变化的林冠线(图 5-14、图 5-15)。

图 5-14　路口的树丛

图 5-15　庭院树丛形成美丽的林冠线

3. 群植

由二三十株以至数百株的乔、灌木成群配植称为群植，形成的群体称为树群，表现植物的群体美。树群可以是多个树丛的组合，也可以是树丛中树木种类或数量的增加膨大，树群的植物量比树丛多几倍，尺度更大，层次感更丰富，一般应用在更大的空间中。树群的植物选择应考虑林冠线的轮廓，有高低起伏变化，要注意植物的色相、四季的季相变化以及不同观赏植物的生态习性等，以保证树群的长期稳定性。通常第一层乔木，应该是阳性树，第二层亚乔木可以是半阴性的，种植在乔木庇荫下及北面的灌木可以是半阴性和阴性的，喜暖的植物应该配植在树群的南方和东南方。

群植可由单一的树种组成，也可由数个树种组成，植物数量较多，占地面积较大，一般在小型园林中作为背景或配景，在大型公园或风景区中也可作为主景。树群所表现的主要是观赏植物的群体美，应该置在有足够距离的开阔场地上，如靠近林缘的大草坪上、宽广的林中空地、水中的小岛屿上、宽广水面的水滨、小山的山坡上、土丘上等。在树群主要立面的前方，要有至少在树群高度的 4 倍、树群宽度的 1.5 倍以上的距离，留出空地，以便游人欣赏(图 5-16)。

图 5-16　群植(日本京都)

图 5-17　樱花林(日本吉野山)

4. 林植

成片、成块大量栽植乔木、灌木，构成林地和森林景观的称为林植，也叫树林。林植多用于大面积公园安静区、风景游览区或休疗养区及卫生防护林带的建设中。林植要特别注意植物群体的生态关系以及养护上的要求，应当首要选用当地生长稳定的树种，既不会过早更新，又有地方特色；植物选择还需考虑林冠线的变化、林中下木的选择与搭配、群体内及群体与环境间的关系等。林植树木的密度应根据植物本身的情况和当地气候、地形、土壤等环境条件而定，应当有疏林与密林的变化(图 5-17)。

5.3　观赏植物景观设计要点

5.3.1　植物景观空间设计

景观空间是由山、水、建筑、植物等诸多因素所构成，其中植物是景观设计和建设的主要材料。巧妙地运用不同高度、不同种类的植物，通过控制种植形式、空间布局、规格及其在空间范围内的比重等，可形成不同类型的空间，既经济又富有变化，往往能形成特殊的景观，给人留下深刻的印象。

1. 植物营造空间的基本手法

空间是指由地平面、垂直面以及顶平面单独或共同组合成的具有实在或暗示性的范围围合。在地平面上，可以用不同高度和不同种类的地被植物或矮灌木来暗示空间的边界。在垂直面上，以植物的树干暗示空间的支柱来限制空间，随树干的大小、疏密以及种植形式的不同则空间的封闭程度不同。通常常绿阔叶或针叶越浓密、体积越大，围合感越强，而落叶树的封闭程度则随季节的变化而不同。在顶平面上，植物的枝叶犹如室外空间的天花板，限制了伸向天空的视线。

植物的树干如外部空间的支柱，以暗示的方式限制着空间，随树干的大小、疏密以及种植形式的不同空间的封闭程度不同。植物叶丛的疏密和分枝的高度同样能影响空间的围合，常绿阔叶或针叶越浓密、体积越大，围合感越强，而落叶树的封闭程度则随季节的变化而不同(图 5-18、图 5-19)。

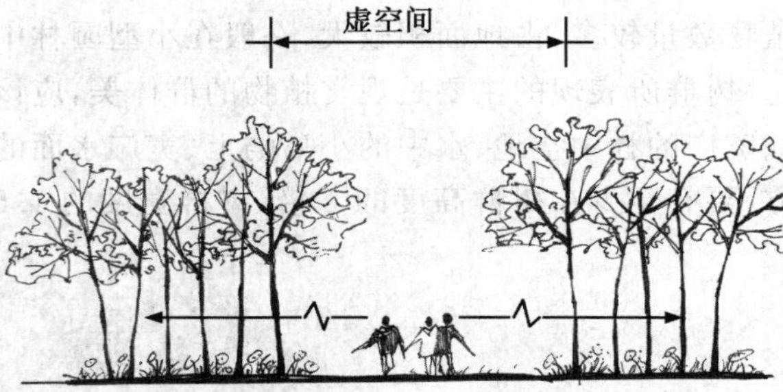

图 5-18　植物树干限定虚空间*

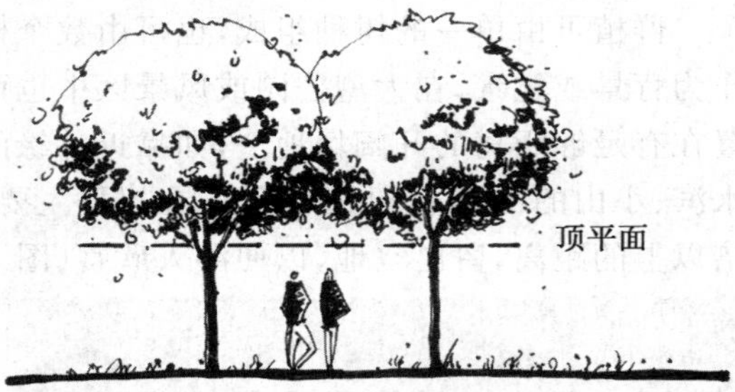

图 5-19　树冠底部所形成的顶平面*

空间的三个构成面在室外环境中，以各种变化方式互相结合，形成不同的空间形式。设计师应当在明确设计目的及空间性质的基础上，选择应用相应的观赏植物。

2. 植物构成空间的基本类型

运用各种观赏植物可以构成的基本空间类型包括：开敞空间、半开敞空间、覆盖空间、完全封闭空间和垂直空间等。

开敞空间是指一定区域内四周开敞、外向，完全暴露于天空和阳光之下的无隐秘空间。开敞空间常应用于开放式绿地及城市公园中，面积较大的开敞空间，除了低矮的植物，也可点缀不阻碍人视线的高大乔木，以增加景观的层次(图 5-20)。

* 注：原图引自《风景园林设计要素》，本图有所改动。

图 5-20　低矮植物形成的开敞空间*

半开敞空间是指一定区域内空间的一面或多面部分受到较高植物的封闭，限制了视线的穿透，四围不完全开敞。半开敞空间具有一定的方向性且指向开敞面，通过限制人的视线起到障景的作用，是开敞空间到封闭空间的过渡区域(图 5-21)。

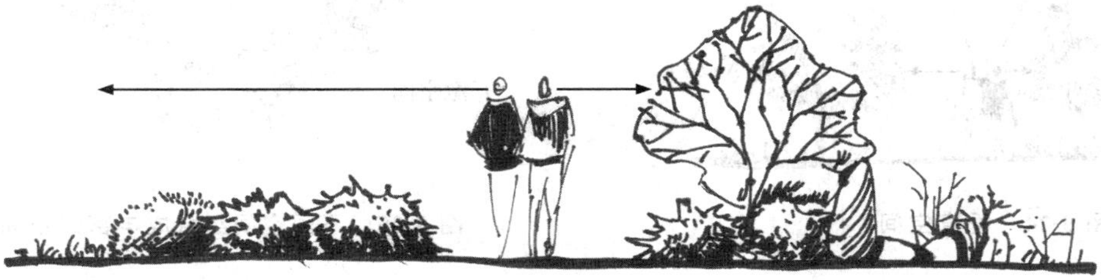

图 5-21　半开敞空间方向指向开敞面*

覆盖空间即林下空间，位于树冠下方与地面之间，利用树冠构成顶部覆盖，而四周开敞的空间。这类空间可以为人们提供林下活动和休息的区域，人的视线在水平方向是通透的。覆盖空间中，阳光只能从树冠枝叶的空隙渗入，夏季比较荫凉舒适，冬季落叶后会显得明亮开敞(图 5-22)。

封闭空间是指四围均被中小型植物所封闭，垂直方向亦被树冠所遮蔽的空间。这种空间无方向性，具有极强的隐秘性和隔离感，能给人宁静、安全的感受(图 5-23)。

图 5-22　覆盖空间内的视线在水平方向是通透的*

图 5-23　封闭空间*

垂直空间即竖向空间，利用植物封闭垂直面，开敞顶平面，就形成了垂直空间。这类空间可用圆锥形植物，如圆柏、雪松等，使视线的上部和前方较开敞，产生夹景的效果。狭长的垂直空间，方向很强，能突出轴线景观，引导游人路线(图 5-24)。

* 注：原图引自《风景园林设计要素》，本图有所改动。

总之，设计师可以利用观赏植物营造出各种类型不同的空间，而且植物通常与其他景观要素如地形、建筑等相结合共同构成空间轮廓。此外，在实际应用中，单一的空间比较少，不同的植物空间常相互联系组成丰富多彩的空间序列(图 5-25)。

图 5-24　垂直空间*

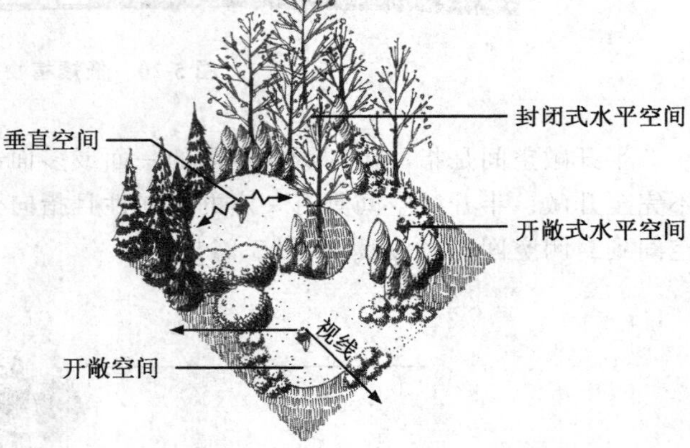

图 5-25　不同空间组合成丰富的空间序列*

5.3.2　建筑与植物设计

在景观中，建筑也是重要的景观要素，其利用率高，景观效果明显，位置和形态固定，常能作为区域内的标志。但是建筑本身由于线条一般比较平直生硬，若无适当的观赏植物与之相搭配，也会显得枯燥乏味缺少生机。植物和建筑结合在一起，互为衬托，更利于创造优美和谐的景观。

1. 建筑与植物的关系

不同功能和性质的建筑，其周边观赏植物种类的选择也应当不同，所采取的配植方式也相应有所区别。如园林中的纪念性建筑往往庄严、稳重，其周围的植物常选择常绿针叶树，并且多采用规则式布置。公共绿地中作为点景的园林建筑如休息亭廊、茶室等，则常选择色彩、形态更丰富的种类作自然式的配植，并适当考虑遮阳的需要。

建筑往往都有自己的主题和风格，建筑周边的观赏植物设计应当从物种选择及配植方式等方面突出建筑的主题，并与建筑的风格相协调一致，使建筑和植物达到相得益彰的效果。古典园林中就常用植物题名建筑景点，植物配置又符合景点主题，极有诗情画意。如拙政园“远香堂”，建筑所对水面遍植荷花，每当夏日荷风扑面，香远益清；沧浪亭的五百名贤祠旁的竹林，象征了名贤们的高风亮节。

建筑的形态和位置是固定的，根据建筑立面背景的不同进行合适的植物配植，利用建筑墙面为观赏植物提供良好的背景，且植物随季节、时间的推移展现出不同的色彩和姿态，达到植物与建筑完美结合在一起，使建筑被赋予了生命活力。

建筑外轮廓一般线条生硬，其形体、大小、质感、色彩等也常与周围的环境不和谐，而植物枝条柔和，色彩丰富，能柔化建筑轮廓，减弱这种冲突，使建筑与周围环境相协调。建筑的形态和位置是固定的，根据建筑立面背景的不同进行合适的植物配植可以使建筑的构图更加丰富、生动；同时，建筑墙面为观赏植物提供了良好的背景，能更好地衬托植物的特点，有助于营造动人的植物景观。且植物随着季节、时

---

* 注：原图引自《风景园林设计要素》，本图有所改动。

间的推移展现出不同的色彩和姿态，有着丰富多彩的季相变化，植物与建筑完美结合在一起，建筑亦被赋予了生命活力(图 5-26)。

图 5-26 行道树使沿街的建筑统一协调

此外，一些服务性的建筑如厕所、管理用房等，本身并不吸引人，而且如果位置不合适也会破坏景观，这就可以借助植物巧妙地将其遮挡或隔离，达到隐蔽的效果。

建筑的形态、朝向、位置、围合程度等条件的不同也会形成不同的建筑小环境，为植物提供的生长条件也不同。如建筑的北面一般较荫蔽，冬季风大寒冷，应当选择耐阴、耐寒的观赏植物；南面则温暖、阳光充足，可以选择一些观赏价值高的植物种类。

2. 建筑物入口、门窗、墙面、角隅的植物设计

1)入口植物配置

入口是建筑内外空间的分界，人们进出建筑必须经过入口，所以入口既是视线的焦点，又有标志性的作用。入口处的植物设计首先要满足功能的要求，不能阻挡视线，不能影响正常的人车通行需要。通过植物设计可以引导游人视线，使入口便于识别，例如，采用列植或对植的形式，可以使人们从较远的地方就能判断哪里是入口；选择不同色彩或姿态特殊的植物配置在入口的地方，可起到强调的作用。特殊情况下，为达到欲扬先抑的效果，也可利用观赏植物故意挡住视线，使出入口若隐若现，犹抱琵琶半遮面(图 5-27)。

图 5-27 通过列植突出入口

此外，植物设计还要综合考虑建筑的整体风格，建筑出入口的性质、功能、造型、大小、位置等多种因素。根据建筑的不同特点，既可用规则式种植表现庄重大方的气质，营造入口的仪式感，也可用自然式

的种植创造轻松活泼的氛围；植物的色彩可以与建筑形成对比，也可和谐统一；通过植物设计与入口的道路等相结合还能创造丰富的门区空间，以加强空间的归属感。园林建筑也常利用门的造型，以门为框，通过植物配植，与园路、景石等进行精细地艺术构图，既可入画，又延伸视线增加景深。

2)窗前植物配置

窗是建筑立面上的装饰部件，窗前的植物能丰富建筑的立面，人们从室内透过窗框欣赏室外的植物景观，就好像一幅生动的画作，正所谓"尺幅窗"、"无心画"(图 5-28)。窗前植物配置应考虑植株和窗户高矮、大小、朝向的关系，不能影响室内的采光。植物与建筑之间要有一定的距离，一般要在 3 m 以上。由于窗的尺寸固定不变，植物却不断生长，体量不断增大，势必会破坏原来画面，所以最好选择生长缓慢，变化不大的植物，如芭蕉、南天竺、孝顺竹、棕竹等，传统园林中还常搭配石笋、湖石等景石。窗台上摆放盆栽花卉作装饰也是一道美丽的风景(图 5-29)。

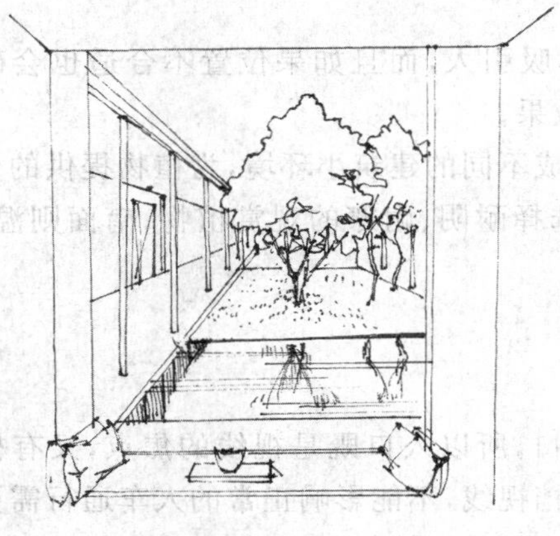

图 5-28　透过窗框欣赏室外

图 5-29　窗前的植物

3)墙体、角隅的植物配置

对建筑外墙、各类围墙等构筑物的墙体进行绿化装饰，不仅能美化环境提高绿化率，还能阻挡日晒，降低气温。古典园林常有以白墙为背景，以几丛修竹，几块湖石形成一幅图画。现代墙的形式和表面装饰材料多种多样，选择植物时要注意其色彩、质感等与墙体协调的问题，注重构图、色彩、肌理等的细微处理。墙面朝向不同，光照、湿度条件都有差异，要选择相应习性的植物(图 5-30)。

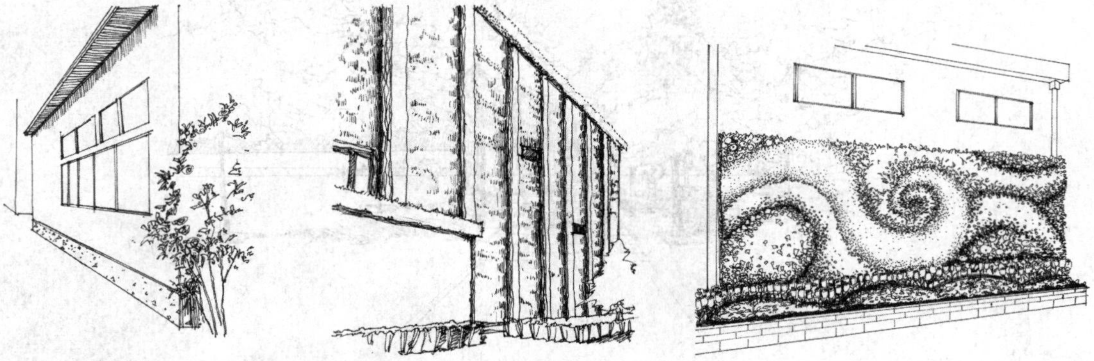

墙角的月季花丛　　**爬满地锦的外墙**　　**外墙花卉布置**

图 5-30　墙体的植物配置

建筑的角隅棱角过于明显，通常选择一些高度适当，最好在人的平视视线范围内观赏性强的植物成丛配置，以吸引人的视线(图 5-31、图 5-32)。

图 5-31　角隅的植物设计

图 5-32　拙政园海棠春坞

4)建筑基础绿化

建筑基础是指紧靠建筑物的地方。一般的基础绿化是以灌木、花卉等进行低于窗台的绿化布置;在有天窗的高大建筑基部也可栽植林木。建筑基础是建筑实体与大地围合所形成的半开放式空间,是连接建筑与自然的枢纽地带。建筑基础绿化装饰的好坏在很大程度上影响着建筑与自然环境的协调与统一。

建筑基础绿化装饰是美化、强化建筑,提高环境文化性、功能性的重要手段。适宜的植栽还能减少建筑和地面受烈日暴晒产生辐射热,同时避免地面扬尘。在临街建筑面进行基础栽植还可以与道路有所隔离,免受窗外行人、车辆以及儿童喧闹的干扰,降低噪声的反射(图 5-33)。

3. 建筑庭院的植物设计

庭院与建筑关系密切,可以说庭园中建筑物的性质,决定了庭园的性质,建筑的风格决定了庭园的风格,如宗教性质的庭园严整、神秘;纪念性的建筑,其庭园庄严肃穆;行政办公性质的建筑,其庭园简洁大方;而宾馆、商场、餐厅等庭园,则比较活跃。至于私人庭园,则可根据主人对建筑和庭园的爱好而决定其形式和内容。因此,庭园的观赏植物设计亦是要根据庭园的不同特点,选择不同的植物,并采用不同的布置手法,使不同庭院各具风貌(图 5-34)。

图 5-33　建筑基础种植

图 5-34　气氛轻松的度假酒店庭院

4. 屋顶花园的植物设计

屋顶绿化指在高出地面以上，周边不与自然土层相连接的各类建筑物、构筑物等的顶部以及天台、露台上的绿化。屋顶绿化可改善屋顶眩光、美化城市景观，增加绿色空间与建筑空间的相互渗透，以及起隔热和保温效能、蓄雨水等作用，这些都促使屋顶绿化成为一种趋势。屋顶绿化使建筑与植物更紧密地融成一体，丰富了建筑的美感，也便于居民就地游憩，减少城市内大公园的压力（图 5-35）。

图 5-35　上海溢柯屋顶花园(1)

屋顶绿化涉及的技术问题比较复杂，设计时要考虑其可行性，如建筑结构在承重、漏水方面的要求等。屋顶绿化由于覆土度浅及屋顶负荷有限，加之屋顶日照足、风力大、湿度小、水分散发快等特殊的地理环境，要求植物需要具备阳性、浅根系、耐旱以及抗风能力强等特点，体量也不能太大。为增强其美化效果，种植容器可大可小、可高可低、可移动可组合；还可以与局部屋顶覆土种植相结合，形成丰富多样、风格多变的景观效果。

5.3.3　水体与植物设计

水是自然环境和人类生存条件的重要组成部分，也是构成园林景观的要素，常被称为园林的“血液”或“灵魂”。水的形态多样，有静有动，有声有色，极富自然魅力，是变化较大的景观要素，具有奇特的艺术感染力。人们不仅生活上离不开水，感情上也喜欢亲水。

1. 植物与水景

水体与植物相结合常能创造出自然丰富的宜人景观。园林水体一方面为水生植物的栽培提供载体，另一方面植物也令水体景观更具特色和生机。除此之外，水生植物还能对水体起到净化作用，岸边的植物则又能防止暴雨的冲刷，固土护岸，发挥重要的生态作用。

2. 水体植物景观设计的特点

与水体相结合进行植物设计时，首先要根据水体生态条件的特点，考虑植物的生态习性，选择合适的观赏植物。园林水体中应用的水生植物主要分为五类：挺水植物、浮水植物、漂浮植物、沉水植物、水际或沼生植物。水边或水中应选择耐水湿的种类，水深不同、水位变化的特点不一样也要相应选择不同的植物。

水体植物的种植设计除要遵循相关的艺术原理外，还可将水所独有的自然特性应用到设计中，通过一些特殊的构图手法，创造出优美而意境深远的滨水景观。水景最大的特点是能产生倒影，平静的水面像一面镜子，能倒映天空云彩，以及周边的植物、建筑等景物，与地面的景物对影成双，亦真亦幻，虚实相生，令人陶醉。不同姿态、色彩的观赏植物栽于水边，植物的枝条或探向水面，或伸展，或直耸向上，与平直的水面形成强烈对比；同时随季相变化，春花秋叶的绚丽色彩与透明的水色调和在一起，二者相互映衬，相得益彰。水体边的植物常作自然栽植，注重透景与借景，沿水岸留出透景线，利用植物的枝干及树冠构成框景，使远处的风景成为一幅自然的画面（图 5-36）。

3. 水体植物景观的设计手法

园林中的水体有河、湖、溪、池、泉、跌水、沼泽等，植物能为各类水体带来生机。各类水体植物设计的主要区域为：水面、水边、驳岸及堤岛，不同区域植物设计的特点和手法也有不同。

图 5-36　枝干构成框景(越南芽庄六善酒店)

1)水面的植物配置

园林中的水面有自然式和规则式的,大小形状各异。在做水面植物设计时要仔细考虑岸边景物的倒影与水生植物的关系,并一同构成美丽的画面。水面常用浮水植物、漂浮植物以及挺水植物结合配植来划分水面空间形成优美的水面景观。适宜于布置水面的植物材料有荷花、睡莲、王莲、凤眼莲、萍蓬、香菱等。水面的植物切忌拥塞,一般不超过水面的 1/3,以便人们欣赏倒影(图 5-37)。

2)水边的植物配置

水体边缘是水面和堤岸的分界线,其植物配置既能装饰水面,又能使水面到堤岸过渡自然,通常在自然水体景观中应用较多。

水边的植物配置应当结合水体的形态、整体景观布局来综合考虑,临水的空间有开有合,可利用植物的枝干形成框景、透景,增加水边景观的层次。植物距离水体要有远有近,层次错落,自然灵活,水边的树丛应当形成起伏变化的林冠线。自然式的水体边缘切忌植物修剪整形以及绕水一周等距布置,规则式的水体边缘常以草坪为主,背后栽植高大乔木(图 5-38)。

图 5-37　水面的荷花

图 5-38　岸边的树丛

水边的植物常选用色叶树或一些线条柔和的树种,以打破水面线条平直、色彩单调的感觉,如水杉、池杉、垂柳、河柳、鸡爪槭、碧桃、樱花、紫藤等,一些适宜在浅水生长的挺水植物,如荷花、菖蒲、千屈菜、水葱、风车草、芦苇等也能使水边呈现一片自然景象。

3)驳岸的植物配置

园林中的驳岸有石岸、混凝土岸和土岸等。驳岸的植物设计要能柔化驳岸的硬质线条,使之与水融为一体。自然式石岸形态质朴,岸边点缀色彩和线条优美的植物,与景石相配,景观效果自然又富于变化。混凝土岸线条生硬,需要选择合适的植物柔化其线条,可用迎春、云南黄馨等枝条下垂的植物进行遮挡，也可栽植地锦络石等攀援植物来美化，同时配以鸢尾、黄菖蒲等增加活泼气氛。土岸曲折蜿蜒，线条优美，岸边的植物也应自然式种植。适于岸边种植的植物材料种类很多，如水松、落羽松、杉木、迎春、垂柳、枫杨、黄菖蒲、玉蝉花、慈姑、千屈菜、萱草、玉簪、落新妇等(图 5-39、图 5-40)。

图 5-39 上海溢柯屋顶花园(2)

图 5-40 迎春与山石驳岸

图 5-41 避暑山庄如意洲

4)堤岛的植物配置

较大的水面常用堤岛来划分空间和增加景深，堤、岛的植物设计能丰富水面空间的层次和色彩，甚至和倒影一起构成水面的主要景观。

堤常与桥相连，是水上的重要游览路线，也常能构成水面上的主景，堤上的植物应当有四季的季相变化，以丰富水面的景观，但是色彩不宜过杂，配置形式上要有一定的韵律感。经典的如西湖的苏堤、白堤以及颐和园的西堤。岛的形态多样，分半岛和湖心岛，功能上有的可供游览，有的仅能远眺，岛的面积大小也各不相同，因此岛上的植物设计应当根据不同的观赏视距和游览需要作不同考虑。但应注意整体季相的变化，以及层次的疏密有致，林冠线的丰富变化(图 5-41)。

5.3.4 道路与植物设计

1. 园路的植物景观设计

园林中道路面积占总面积的 12%～20%，是园林的脉络，起集散、组织游览、连接景观区域等重要作用。园路引导着游人的视线，园区的景观沿路如同画卷在游人眼前展开，路两侧的界面是园区景观的重要观赏面，沿路的植物设计从种类选择到配置方法等均应与整个园区的设计相适应。

园路按其性质和功能的不同，一般分为主路、支路和小径，不同的园路其植物配置方式也不尽相同。

1)主路

主路是连接各活动区的主要道路，一般设计成环路，宽 3～5 m，游人量较大，同时还要满足车辆的通行。主路两侧的观赏植物对于园区整体景观风貌有着直接影响。一些枝干优美，树冠浓密，高度合宜的乔木如国槐、银杏、法桐、香樟、元宝枫等就常用于主路两侧，玉兰、樱花等观花植物常能给人深刻印象(图 5-42、图 5-43)。

平坦笔直的主路两旁植物常采用规则式设计，尤其是前方有重要建筑、雕塑或景石等对景时，由整齐的行道树构成一点透视，能突出主景，强调气氛。距离较长的主路，可交替使用两种或两种以上的植物形成变化的韵律。自然曲折的主路两旁，植物则不宜成排成行，应以自然式为宜。结合整体景观，植物配置要开合有度，疏密合宜，在水边或有景可赏的地方，必须留出透景线。

图 5-42 上海植物园园路行道树——水杉

图 5-43 可行车的主园路

2)支路(次干道)

支路是园中各景区内的主要道路，一般宽 2～4 m。支路多随着地形及分区设计的不同而自然曲折。支路两侧可只种植乔木或灌丛，也可乔灌木相搭配，多为自然式配置，注重细节。植物种类要结合各分区的设计来选择，常选用一些树姿优美，或观花的品种。路口及道路转弯的地方，若有景可观则应留出透景线，否则就要重点设计形成对景或引导游线，可点缀一两株姿态优美、观叶或观花的植物，也可用自然树丛与景石等结合设计。

3)小园路(次要园路)

小园路一般较窄，宽度在 1～2 m，长短不一，是景区内供游人漫步、游览的小路。小园路的布局多蜿蜒曲折，随地形高低起伏，其功能用途随所在的区域环境不同而不同。小园路可以浓荫覆盖形成比较封闭的道路空间，也可以布置于草坪中，路旁可灵活设计树丛或花灌木，小园路旁也常根据地形的变化置以景石，选择沿阶草、石菖蒲或络石等藤蔓植物与之结合，形成小路旁别有情趣的小景。将植物的某些观赏特点发挥到极致常能形成有特色的景观，如竹径、花径、林径等令人印象深刻(图 5-44)。

图 5-44 幽静的小园路

2. 城市道路植物景观设计

城市道路是一个城市的骨架，道路绿地是城市绿地系统的重要组成部分，在进行道路植物景观设计时，应统筹考虑道路性质、人车通行需求、立地条件、市政设施布置、城市景观空间构成等，合理选择植物进行设计，营建有特色的城市道路景观，反映城市景观风貌。

根据道路宽度及其在城市中的作用，可分为主干道、次干道、支路等多个等级。不同的等级道路，其相应的道路绿地断面布置形式也不一样，我国常见的道路断面形式有：一板两带、两板三带、三板四带以及四板五带等。道路等级越高，绿化带的数量越多。根据植物在道路不同地段的栽植配置，可分为行道树、分车带绿化、交通环岛绿化、交通枢纽绿化等几种形式。

1)行道树

一般来讲，行道树就是指车行道与人行道之间沿道路栽植的树木，其主要目的在于遮阳，同时也美化街景。城市道路两旁建筑的风格、立面设计及装饰材料常常也各不相同，这种丰富的变化有时会显得过于凌乱，行道树可以起到连接协调的作用，以形成统一的道路景观。行道树要求有一定的枝下高度，以保证车辆、行人安全通行，并要考虑与道路宽度相适应。行道树的选择还要遵行适地适树的原则，这样既能展现地方特色，植物也能很好地适应当地的气候条件。因此，我国北方多采用冠大荫浓的落叶乔木，这样夏季天气炎热时可以提供荫凉，冬季又不遮挡阳光，使人感觉温暖，并有利于积雪的融化。

行道树种植多采用两侧对称排列，沿车行道及人行道按一定的间距整齐排列。行道树绿带较宽时一般采用树带式布置，可栽植一行乔木，并适当配植灌木及地被植物；交通量大或人行道较窄的路段则常采用树池式种植。行道树的间距要综合考虑交通、消防以及植物生长的特性来确定。道路交叉口区域，行道树应当让出视距三角形的范围，以免遮挡司机视线影响行车安全。

2)分车带植物景观

分车带绿化指车行道之间的绿化分隔带。位于上下行机动车道之间的又被称为中间分车绿带，位于同侧机动车道之间或机动车与非机动车道之间的为两侧分车绿带。分车带的植物景观首先要保障交通安全和提高交通效率，不能妨碍司机及行人的视线，其次要考虑与其他景观协调，形成统一的道路景观。

分车带的宽度差别很大，窄的仅 1 m，宽的可达 10 m，根据道路宽度可进行相应调整。较窄的绿化带一般仅种植乔木或低矮的灌木、地被植物、花卉、草坪。较宽的分车带植物景观设计则有更大自由度，可规则式，也可自然式，充分考虑观赏植物在时间和空间上的变化，利用植物不同的姿态、线条、色彩、质地等特点，将乔、灌、草合理搭配，并可与雕塑或景石等相结合，营造优美宜人的道路景观。

分车道的植物设计一定要保障行车安全，不能妨碍司机的视线，在接近交叉口及人行横道的一定距离内必须保持通透并留出足够的安全视野。中间分车绿带则要考虑阻挡夜间对面方向车辆产生的眩光，可种植高度在 0.6～1.5 m 的绿篱或枝叶茂密的常绿树(图 5-45)。

图 5-45　分车道绿化带

图 5-46　复层绿化

3)交通环岛植物景观

交通环岛通常设置在车流量较大的主干道或交叉路口中央，是疏导交通的安全岛。交通环岛的平面形式多为圆形，也有椭圆形、卵形等，直径一般在20 m以上，我国大中城市多采用40～80 m。环岛内常只种植一些低矮的灌木、花卉或草坪，尤其在环岛边缘的行车视距范围内必须要保证视线的通透，以免影响交通安全。面积较大的环岛上，可少量点缀高大乔木。交通岛一般不允许行人进入休息，可在外围栽种修剪整齐、高度适宜的绿篱；在环岛内不宜布置过于花哨的特殊景物，以免分散司机的注意力，成为交通事故的隐患。

4)交通枢纽植物景观

主要指围绕城市立交桥的绿化，常常是平面、坡面与垂直绿化互相结合。此区域交通相对集中，植物设计首先要服从枢纽的交通功能，使行车视线通畅，突出交通标志，诱导行车，保障交通安全。要注意植物花、叶的颜色及形态避免与交通标志的颜色、形状混淆，整体设计宜简洁淡雅。在不影响交通的前提下，植物设计应当尽量增加绿量，可采取复层混交的形式，同时应注意疏密适当，以利于汽车尾气的疏散。桥下采光较差的地方宜种植耐荫的地被植物，裸露的墙面可进行垂直绿化。在桥体上进行绿化时，要考虑桥梁的承重问题(图5-46)。

5.3.5 广场与植物设计

广场一般是指由建筑物、道路和绿化地带等围合或限定形成的开敞公共活动空间，是人们日常生活和进行社会活动的重要场所。作为城市的会客厅，广场能很大程度上展现城市特色，体现城市风貌，甚至成为城市的标志与象征。广场一般以硬质铺装为主，广场上可以组织集会、供交通集散、组织居民游览休息、组织商业贸易的交流等活动。因此，广场是现代城市中集功能与形象于一体的极富魅力的公共开放空间。

1.广场空间植物景观的作用

现代城市广场设计中观赏植物已经是不可或缺的构成要素。观赏植物经过仔细规划运用，能创造丰富多彩的广场绿地景观，使广场空间充满生机。观赏植物也可用来界定广场的空间，控制视线，引导交通，丰富广场的空间形态，协助广场功能的实现。同时，观赏植物还能发挥重要的生态作用，为活动者提供遮阳纳凉的场所，有助于消除城市热岛效应，吸音降噪，净化空气，改善广场小环境，给人带来舒适、清新的体验。

2.广场植物景观设计

广场植物景观首先要与周围的城市环境相适应，保证广场功能的实现，不影响人、车的通行。在进行广场规划设计时，要把观赏植物与建筑、交通组织设施、铺装、道路、小品、水体、地形地貌等作整体考虑，使植物景观与总体环境协调一致。

城市广场的类型较多，根据使用功能通常可分为集会广场、纪念广场、文化休闲广场、商业广场、交通广场等。在进行观赏植物的选择和设计时，要充分考虑不同类型广场的特点(图5-47)。

1)集会广场

这类广场一般位于城市的中心地区，有一定的政治意义，常用于政治、文化集会、庆典、检阅、游行等活动，如北京天安门广场。集会性广场的植物景观设计多采用简洁对称的布局，要求规整大气，宜选择树形端正的植物。广场上可设计草坪、花坛等，在不影响人活动的前提下，适当配植庭荫树以避免暴晒。集会性广场的背景常是大型建筑，植物应衬托建筑的立面，使广场景观与周围环境融为一体。

2)纪念广场

纪念性广场是城市中为纪念一些历史事件或历史人物而修建的广场，主要用于纪念活动，一般主题突出。因而其植物设计要烘托纪念氛围，树种以常绿树为最佳，常选择松、柏、女贞、白兰、杜鹃等有象征意义的植物，布置形式多用规则式，如列植、对植等，植物种类不宜繁杂，通过少量植物重复使用以达到强化目的(图 5-48)。

图 5-47 以雕塑为中心的广场(西班牙马德里)

图 5-48 纪念性小广场

3)文化休闲广场

文化休闲广场是为城市居民提供娱乐休闲的场所，形式多样，在城市中分布最广，公众参与性也最强。这类广场的植物设计比较灵活自由，根据广场的特点既可用规则式也可用自然式，种类上也可根据设计需要灵活选择(图 5-49)。

4)商业广场

商业广场一般位于城市的商业集中地或中心区，包括集市广场、购物广场等，多以商业街的形式存在，常将室内商场与露天或半露天的街道结合在一起，满足人们购物之余的休闲、饮食需要。商业广场的植物设计应当为人们提供舒适的休闲购物环境，可以选择一些分枝点高的庭荫树，也可以结合街道的其他要素设置花坛、花池等烘托商业气氛。植物设计要结合街道的线状空间特点，合理布置，吸引人流，切忌遮挡商铺及游人视线(图 5-50)。

图 5-49 休闲广场

图 5-50 商业广场(日本大阪)

5)交通广场

交通广场包括站前广场和道路交通广场，是城市重要的交通地段，人流集散较多。交通广场的植物设计必须满足交通安全的需要，能有助于疏导车辆和行人，形式上以草坪、花坛为主，整体空间开敞流畅。在车辆转弯处，尤其不能种植过高过密的树丛影响司机的视线。

5.3.6 地形与植物设计

地形是景观设计中常用的要素，是室外活动的基础。简单地讲，地形即地表的外观，就风景区的范围而言，地形包括高山、山谷、丘陵、草原及平原等类型，这些一般又被称为大地形；从园林的范围而言，地形包含土丘、台地、斜坡、平地等，多称为小地形或微地形。地形作为植物景观的依托，可以改善植物种植地块的小气候，提供多样的生长环境，而覆盖于坡面和山体上的植物群落，能减轻雨水对地形的直接冲刷，防止水土流失，同时应该利用植物的材质肌理和颜色特征去软化硬质地形及部分平面和坡面地形。

1. 地形与植物景观的关系

对于相同的地形来说，不同类型的植物配置，所创造出来的景观空间效果可以完全不同。在地势较高处种植高大乔木，可以加强地形的高低起伏效果，而在地势低凹处种植高大乔木则会使地势显得平缓。在景观设计中，可以结合地形，巧妙地配置景观植物，使景观层次的塑造起到事半功倍的效果（图5-51、图5-52）。

地形也能影响局部的光照、风向以及降雨量等，在植物设计时还需充分考虑这些小气候的差别。

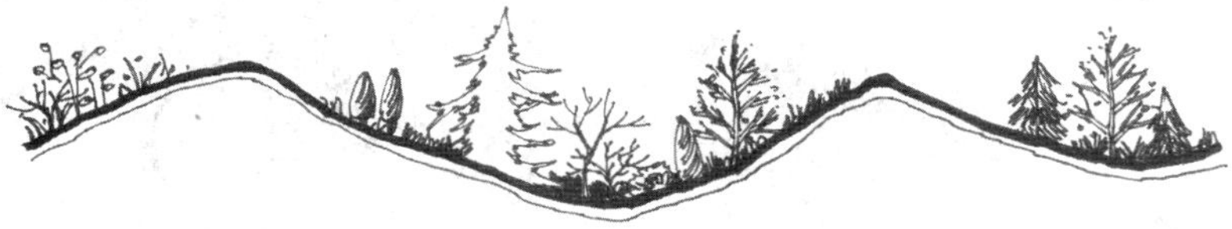

图5-51 植物配置消除了地形的变化*

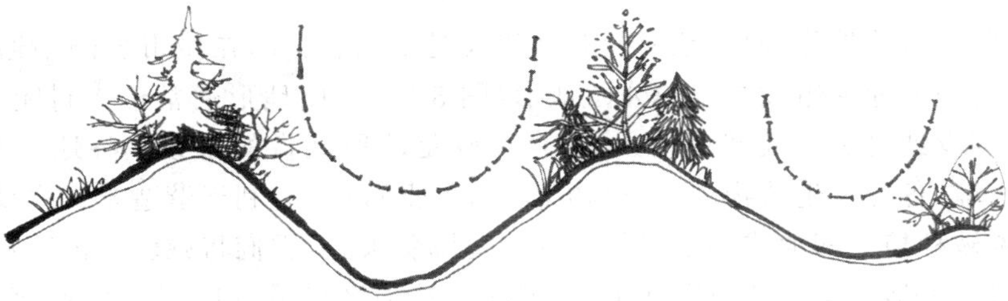

图5-52 植物配置增强了地形的变化*

2. 不同地形的植物设计

植物的生长会受地形的影响，不同地形周边的植物设计也具有差异性。

平坦的地形最简明稳定，给人轻松、安全的感觉，一般在入口、广场、游乐场、开阔草坪、景观平台等，可通过植物结合建筑等要素考虑组织划分空间，也可以仅用孤植树或树丛形成开阔地带的景观焦点（图5-53）。

凸地形比周围的地形高，视线开阔，空间呈发散状，至高点通常为景观设计的重点，包括土丘、丘陵、山峦及小山峰等（图5-54）。坡地位于地形中部，特点呈开放形态，视野深远，方向性明确，包括自然中的土坡、城市道路两旁的边坡、堤岸、桥梁护坡以及其他各种人工坡面等。这类地形因地势抬高，能放大植物的景观效果，凸地形的植物设计可充分发挥视线优势，成片栽植花木或色叶树以形成较好的远视景观效果。从景观效果上说，结合坡地进行植物设计，比平地上更有变化和节奏感，容易形成视觉中心，在坡地上起伏变化的植物群落与大草坪或者缀花草坪结合都是不错的种植方式（图5-55）。

---

* 注：原图引自《风景园林设计要素》，本图有所改动

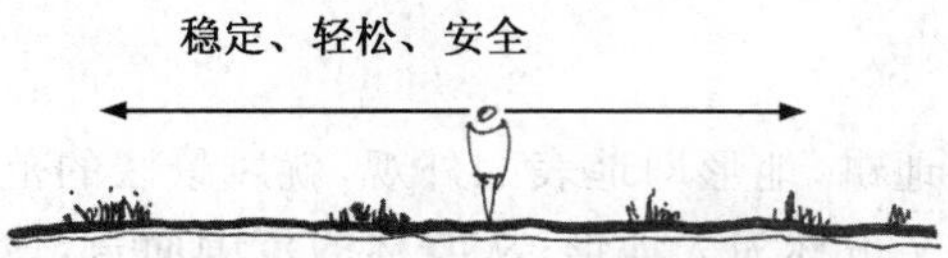

图 5-53　平坦地形不能限制空间*

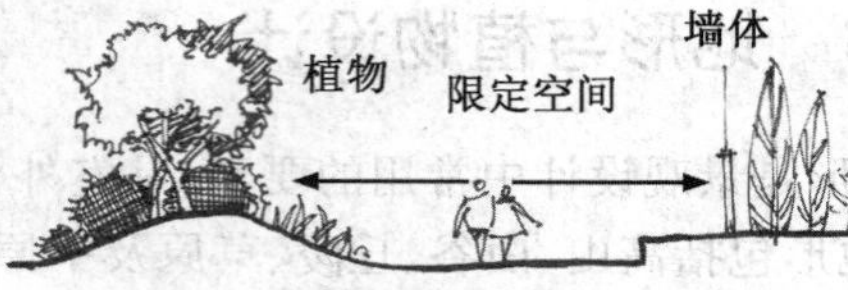

图 5-54　凸地形与其他设计要素相结合限定空间*

图 5-55　坡顶的树丛有很好的远视效果

图 5-56　溪谷的植物

凹地形即谷地是指碗状低洼地形，此类地形的典型代表是水沟、河谷，在城市公园中通常也与平坦地形相连接并且与其他类型的地形组成复合的公园地形(图 5-56)。凹地形通常给人封闭感和私密感，在此类场地进行观赏植物设计易于形成亲切动人，适合人驻足停留观赏的景致。谷地地形有助于形成干、湿、水三种不同的环境，各种水生植物、湿生植物都可以在此成活，有利于营造丰富多变的景观效果。但是，大量高大植物若被种植于凹地或谷地内的底部或周围斜坡上，它们将减弱和消除最初由地形所形成的空间，因此为了增强由地形构成的空间效果，一般在低洼地区尽量少用高大乔木，而是用低矮的灌木或地被植物。凹地形也是活动的最佳场所，植物设计需要考虑视线的通透和人的使用感受。

5.3.7　室内观赏植物设计

室内植物景观是指在室内以绿色植物为主体所进行的装饰美化。它既包括一般家庭的自用建筑空间的绿化，也包括酒店、商场、超市、咖啡厅等公共建筑空间的绿化。室内生态环境条件与室外差异很大，室内观赏植物设计在种类选择及应用方式上与室外也有很大不同。

1. 室内观赏植物的功能

室内植物景观可调节房间的温度、湿度，净化空气，使人产生清新、愉悦的快感。人们可以通过室内植物，感受到大自然的气息，缩短人与自然之间的距离，使人们在生理上和心理上都得到了调节。此外，在室内，还可以使用各种观赏植物来分隔、限定不同的空间，观赏植物不仅填充和美化了空间，也增添了室内空间的生机与活力。

* 注：原图引自《风景园林设计要素》，本图有所改动

2. 室内环境的特点及对观赏植物的影响

建筑室内环境通常光照不足、温度恒定、空气湿度低、而且土壤水分变化大，室内不同的房间或不同的位置，生境条件也差异很大。在进行室内观赏植物的选择和设计时，不仅要充分了解观赏植物的特性，还要根据具体位置的不同，选择适当的观赏植物。因此，室内观赏植物一般都要求耐荫、耐干、耐湿，对土壤水分及空气湿度适应性强，常用的有竹类、榕属、棕榈科、天南星科、蕨类植物以及其他耐荫观叶植物等。

3. 室内观赏植物的应用设计

室内观赏植物应用的主要形式包括：室内花园、室内容器栽植、花艺应用及盆景等。设计时需要根据室内具体环境的特点，如色彩、空间大小、位置等选择合适的观赏植物及应用方式。

1）室内花园

室内花园是以地栽为主的综合性室内植物景观，主要应用于尺度较大的公共空间，如酒店、宾馆、大型购物中心、车站及机场等。这类空间一般面积较大，且有良好的采光条件，观赏植物设计可以与室内小品、灯光、地面铺装等其他要素综合考虑设计，为人们提供自然合适的室内绿色景观。

室内花园通常采用自然式的种植方式以形成规模不等的室内人工群落，面积较大的室内共享空间也可以配合花坛、花台布置，同时还可利用各种室内墙面、柱体等构筑物进行竖向的多层次的布置（图 5-57）。

2）容器栽植

容器栽植是将观赏植物定植于适宜的容器中布置到各种室内空间，以美化装饰环境，包括普通盆栽、组合盆栽、悬吊栽培、绿墙、瓶景或箱景等多种形式。容器栽植布置灵活、便于管理，是室内观赏植物应用最广泛的形式，尤其适合用于小空间及局部空间装饰（图 5-58）。

图 5-57　楼梯下的室内花园

图 5-58　各种室内盆栽

3）花艺

花艺应用包括以鲜切花或干花作为素材，经过花艺设计布置于各种室内空间。花艺作品具有极强的艺术感染力和装饰美化效果，广泛应用于各种公共及家居场所。

花艺根据艺术风格可分为以中国和日本传统插花为代表的东方式插花、西方式插花及现代自由式插花。花艺在室内的应用必须与室内装饰的风格、色调、灯光、陈设等相和谐，其摆放位置、高度、角度，以及作品本身尺度大小也须与所装饰的空间相协调（图 5-59）。

图 5-59　花艺作品（黄雪梅　设计）

4）盆景

盆景是以树木、山石等素材，经过艺术处理和精心培养，在盆中集中典型地再现大自然神貌的艺术品。盆景师法自然，以小见大，在咫尺之间再现诗情画意，是室内装饰的精品。盆景主要置于室内重要的、中心的位置，如大厅中央、出入口处等。

思考题

1. 与其他景观要素相比较，植物景观要素的特点有哪些？景观设计中如何突出这些特点？

2. 观赏植物景观设计形式有哪些？具体设计中如何确定合适的设计形式？

3. 植物构成空间的基本类型有几种，各有什么特色？思考实际设计中如何利用观赏植物与其他景观要素来创造不同空间。

下篇 各论

第6章 观赏乔木
第7章 观赏灌木
第8章 观赏藤木
第9章 观赏棕榈
第10章 观赏竹类
第11章 一二年生花卉
第12章 宿根花卉
第13章 球根花卉
第14章 水生花卉
第15章 肉质花卉
第16章 兰科花卉
第17章 室内木本植物
第18章 室内草本植物
第19章 木本地被植物
第20章 草本地被植物
第21章 奇花异卉

第一部分　观赏木本植物

第6章　观赏乔木

观赏乔木是指树体高大且具有明显主干的树种，其枝叶茂盛，绿量大，景观效果突出，是植物景观营造的骨干树种。根据其高大程度，可将乔木分为伟乔（特大乔木高超过 30 m 以上），大乔（树高 20～30 m），中乔（树高 10～20 m），小乔（树高 6～10 m）；依据生长类型，可将乔木分为常绿乔木和落叶乔木；依据观赏特性，可将乔木分为观叶乔木、观花乔木、观果乔木以及观姿、观干乔木。

“园林绿化，乔木当家”，观赏乔木体量大，在植物景观的营造中占了最大空间，其种类的选择及其种植类型反映了一个城市或地区的植物景观整体形象和风貌。在景观中，大中乔木多作行道树、庭荫树和防风避尘树以及造林用材；小乔木多作雕塑小品背景，也可在小环境中营造宜人的尺度空间。

6.1　常绿乔木

1. 南洋杉 *Araucaria heterophylla* (Salisb.) Franco（彩图 1，图 6-1）

【别名】异叶南洋杉

【科属】南洋杉科　南洋杉属

【产地与分布】原产大洋洲诺福克岛。

【识别特征】常绿乔木，树高可达 50～70 m。树冠塔形，大枝轮生而平展。叶螺旋状互生，幼树及侧生小枝之叶锥形，4 棱；大树及花果枝之叶卵形至三角状卵形。雌雄异株。球果大，每个果鳞仅 1 种子；种子与苞鳞合生，种子先端不肥大，不显露，两侧有翅。

【生态习性】喜光亦耐荫；喜温暖湿润，生育适温 15～25℃，越冬 5℃以上；不耐旱。

【栽培资源】同属常见栽培种：

①大叶南洋杉 *A. bidwillii*　叶形宽大，卵状披针形；球果苞鳞先端具三角状尖头，尖头向后反曲；种子先端肥大而显露，两侧无翅。

②肯氏南洋杉（猴子杉）*A. cunninghamii*　大枝轮生但不平展，小枝呈簇状；叶二型：生于侧枝及幼枝上的叶多呈针状，质软；生于老枝上的叶多呈卵形或三角状钻形。

图 6-1　南洋杉

【景观应用】树形高大，枝叶亮丽，近观有形，远观如画，是居住区、各种绿地常用树种，可做园景树、行道树，也可盆栽观赏。昆明有几条街道都是用此做行道树，在昆明民族村引种特别多。

2. 银杉 *Cathaya argyrophylla* Chun et Kuang（彩图 2，图 6-2）

【科属】松科　银杉属

【产地与分布】中国特产稀有树种，产于广西龙胜海拔 1600～1800 m 的阳坡阔叶林中和山脊，以及四川金川、金佛山海拔 1600～1800 m 的山脊地带等地。

图 6-2　银杉

【识别特征】常绿乔木，树高达 20 m。大枝平展。叶条形、扁平，略镰状弯曲或直，螺旋状排列，叶边缘略反卷，下面沿中脉两侧具有显著的粉白色气孔带。雌雄同株，雄球花穗状圆柱形，生于老枝之顶叶腋；雌球花生于新枝下部叶腋。球果卵形、长卵形或长圆形。

【生态习性】阳性树，喜光；喜温暖湿润气候和排水良好的酸性土壤。

【景观应用】银杉树势如苍虬，壮丽可观，分布区狭窄，是中国一级重点保护树种，应加强保护加速培育，若植于适地的风景区及园林中可使这种独特古老树种更好地点缀祖国的大好河山。

3. 雪松 *Cedrus deodara*（Roxb）G. Don（彩图 3）

【别名】喜马拉雅雪松

【科属】松科　雪松属

【产地与分布】原产喜马拉雅山脉西部海拔 1300～3300 m；中国自 1920 年引种，北京以南各大城市有栽培，均生长良好。

【识别特征】常绿乔木，树高达 50～72 m。树冠圆锥形；树皮灰褐色，鳞片状开裂，大枝平展，小枝略下垂。叶针形，在长枝上散生，短枝上簇生。雌雄异株，少数同株且雌雄球花异枝。球果直立向上，翌年成熟，木质，成熟时与种子同落。

【生态习性】喜光稍耐荫；喜温凉湿润，稍耐寒；对过于湿热气候适应力较差；不耐水湿，较耐干旱瘠薄，但以深厚、肥沃、排水良好的酸性土壤生长最好；浅根性，抗风力不强，抗烟害能力差，含二氧化硫气体会使嫩叶迅速枯萎。

【栽培资源】在南京地区根据树形和分枝情况分为 3 个类型：

①'厚叶'雪松：叶短，长 2.8～3.1 cm，厚而尖；枝平展而开张；小枝略垂或近平展；树冠壮丽，生长缓慢，绿化效果好。

②'垂枝长叶'雪松：叶最长，平均长 3.3～4.2 cm；树冠尖塔形，生长较快。

③'翘枝'雪松：枝斜上，小枝略垂；叶长 3.3～3.8 cm；树冠宽塔形，生长最快。

【景观应用】雪松为世界著名的五大庭院观赏树之一，树体高大，树形优美。雪松主干下部大枝自近地面处平展，长年不枯，能形成繁茂雄伟的树冠，可作为优良的孤植树植于草坪中央、建筑前庭中心、广场中心或是大建筑的两旁或园门入口处。

4. 云南油杉 *Keteleeria evelyniana* Mast.（彩图 4，图 6-3）

【别名】云南杉松

【科属】松科　油杉属

【产地与分布】中国特有树种，产云南、四川、贵州，生于海拔 700～2600 m 地区。

【识别特征】常绿乔木，树高达 40 m。幼树树冠尖塔形，老树宽圆形或平顶。叶条形。雄球花簇生枝顶；雌球花单生枝顶。球果圆柱形，长达 20 cm，宿存，直立向上；种鳞斜方状卵形，长大于宽，上部较窄，边缘外曲，具细小缺齿；种翅较种子长。花期 4～5 月；果期 10 月。

【生态习性】喜光，喜温暖、干湿季分明的气候；适生于酸性红、黄壤；主根发达，耐干旱，天然更新能力和萌芽力强。在自然条件下生长较缓慢,人工林若合理经营,生长速度可较自然生长提高 1 倍以上。

【景观应用】云南油杉树姿优美,苍翠壮丽;球果宿存并直立向上,犹如盏盏烛台,观赏性很高。

【其他用途】云南油杉木材结构粗、耐水湿、抗腐性强,是优良用材树种;树皮厚,耐火烧,亦能作防火隔离带树种,可作为园林结合生产的树种推广应用。

图 6-3　云南油杉

图 6-4　云杉

5. 云杉 *Picea asperata* Mast.(彩图 5,图 6-4)

【别名】粗皮云杉、云松

【科属】松科　云杉属

【产地与分布】产四川、陕西、甘肃海拔 1600～3600 m 山区。

【识别特征】常绿乔木,树高 45 m,胸径 1 m,树冠圆锥形。小枝上有显著的木钉状叶枕,各叶枕间由深凹槽隔开,叶枕顶端呈柄状,宿存,在其尖端着生针叶;一年生枝或多或少有白粉,淡黄褐色,常有短柔毛。针叶先端尖,横切面菱形,四面均有气孔线,灰绿色或蓝绿色。雌雄异株。球果较大,单生侧枝顶端,下垂,圆柱形,种鳞露出部分常有纵纹。花期 4～5 月;球果 9～10 月成熟。

【生态习性】喜光,耐荫,耐干冷;喜冷凉湿润气候及深厚排水良好的酸性土壤,浅根性。

【景观应用】云杉树冠尖塔形,苍翠壮丽,材质优良,生长较快,是我国西南、西北高山林区主要用材树种,也是很好的庭院观赏树及风景树。威尔逊曾于 1910 年将本种引至美国阿诺德树木园试种。

6. 华山松 *Pinus armandii* Franch.(图 6-5)

【别名】果松、白松

【科属】松科　松属

【产地与分布】产我国中部至西南部高山区。

【识别特征】常绿乔木,树高达 25～35 m。树冠广圆锥形,小枝绿色或灰绿色。针叶 5 针 1 束,较细软,叶鞘早落。球果圆锥状柱形,下垂,成熟时种鳞张开,鳞脐顶生;种子无翅,为松属中最大。

【生态习性】喜温凉湿润气候及深厚而排水良好的土壤,在阴坡生长较好,可耐－31℃低温;不耐碱;浅根性,侧根发达。

【景观应用】华山松树形宽广,树姿高大挺拔,针叶苍翠,在园林中可做园景树、庭荫树及大片林带种植,亦可丛植、群植,是山地风景区的优良风景林。

图 6-5　华山松

7. 白皮松 *Pinus bungeana* Zucc. ex Endl.（彩图 6）

【别名】白骨松、蛇皮松、虎皮松

【科属】松科　松属

【产地与分布】产中国和朝鲜，是中国华北及西北南部地区的乡土树种。

【识别特征】常绿乔木，树高达 30 m。树干具不规则薄鳞片状脱落后留下大片黄白色斑块，老树树皮乳白色，有时多分枝而缺主干。针叶三针一束，叶鞘早落，是东亚唯一的三针松。

【生态习性】喜光，适应干冷气候，可耐－30℃低温；耐瘠薄和轻盐碱土壤，对二氧化硫及烟尘抗性强；生长缓慢，寿命可长达千年以上。

【景观应用】白皮松是中国特产的珍贵树种，其树姿优美，树皮呈斑驳状乳白色，自古以来常植于宫廷、庭院、寺院等地，是北京古典园林中的特色树种，宜孤植、列植、丛植或对植于堂前。明代张著有诗：

白松

叶坠银杈细，花飞香粉乾。

寺门烟雨里，浑作玉龙看。

【其他用途】白皮松材质较脆，纹理美丽可制作家具或文具；种子可食或榨油。球果入药，能祛痰、止咳、平喘。

8. 五针松 *Pinus parviflora* Sieb. et Zucc.（图 6-6）

【别名】日本五针松、姬小松

【科属】松科　松属

【产地与分布】原产日本南部；我国长江流域各城市及青岛等地有栽培。

【识别特征】常绿乔木，在原产地高 10～30 m，我国常作灌木状栽培，高 2～5 m。小枝密生淡黄色柔毛。针叶，5 针 1 束，细而短，背面暗绿色，无气孔线，腹面每侧有 3～6 条灰白色气孔线；叶鞘早落。球果卵圆形或卵状椭圆形，熟时种鳞张开。

图 6-6　五针松

【生态习性】能耐荫，忌湿畏热，不耐寒，生长速度缓慢。喜生于土壤深厚、排水良好、在阴湿之处生长不良。虽对海风有较强抗性，但不适于沙地生长。不耐移植，移植时不论大小苗均需带土球。耐整形。

【栽培资源】常见变种：

①银尖五针松 var. *alb-terminata* 叶先端黄白色。

②短叶五针松 var. *brevifolia* 叶细，极短，密生。

③丛矮五针松 var. *nana* 枝叶密生。

④旋叶五针松 var. *tortuosa* 叶螺旋状弯曲。

⑤黄叶五针松 var. *variegata* 叶全部黄色或生黄斑。

【景观应用】五针松植株生长缓慢，叶短枝密，树形优美，姿态翠丽清雅，松叶葱郁纤秀，富有诗情画意，集松类树种气、骨、色、神之大成，是制作盆景的上乘植物，为名贵观赏树种。五针松孤植配奇峰怪石，整形后在公园、庭院、宾馆作点景树，适宜与各种古典或现代建筑配植。可列植园路两侧，亦可在园路转角处两三株丛植。最宜与假山石配置成景，可与牡丹、杜鹃、梅、红枫等单独或成组相伴。

9. 云南松 *Pinus yunnanensis* Franch.（彩图 7，图 6-7）

【别名】飞松

【科属】松科　松属

【产地与分布】产我国西南部高原山区，云南为中心产区。

【识别特征】常绿乔木，树高可达 30 m。一年生小枝近红褐色。针形叶 3 针一束，间或 2 针一束，软而略下垂，叶鞘宿存。球果小，鳞脐背生，种子具有长翅。花期 4～5 月；球果翌年 10 月成熟。

【生态习性】强阳性树种，适应性强，能耐冬春干旱气候及瘠薄土壤；天然更新力强，能飞播成林。

【栽培资源】常见栽培变种：

①地盘松 var. *pygmaea* 常绿灌木，无明显主干。球果较小，成熟后宿存树上多年。

【景观应用】西南高原主要造林用材及绿化树种，可作风景林或庭荫树。

图 6-7　云南松

10. 北美红杉 *Sequoia sempervirens*（Lamb.）Endl.（图 6-8）

【别名】红杉、长叶世界爷

【科属】杉科　北美红杉属

【产地与分布】原产美国西海岸及加利福尼亚海岸。

【识别特征】常绿巨大乔木，原产地高达 112 m。干皮松软，红褐色。叶二型，侧枝上的叶线形扁平，中肋下凹，背面有两条白色气孔带，羽状二列；主枝上的叶鳞状，螺旋状排列。球果当年成熟，种鳞盾状。

【生态习性】喜光；喜温暖湿润；不耐寒，耐半荫，不耐旱，耐水湿。生长适温 18～25℃，冬季能耐 −5℃低温，短期可耐 −10℃低温，土壤以土层深厚、肥沃、排水良好的壤土为宜。中国在上海、杭州、南京、昆明等地有栽培。

【景观应用】北美红杉树姿雄伟，枝叶密生，生长迅速。适用于湖畔、水边、草坪中孤植或群植，景观秀丽，也可沿园路两边列植，气势非凡。

图 6-8　北美红杉

11. 柳杉 *Cryptomeria fortunei* Hooibrenk ex Otto et Dietr.（图 6-9）

【别名】孔雀杉、长叶柳杉

【科属】杉科　柳杉属

【产地与分布】产于浙江天目山、福建南屏三千八百坎及江西庐山等处海拔 1100 m 以下地带，长江流域以南地区多地有栽培，生长良好。

【识别特征】常绿乔木，树高达 40 m 以上。树冠塔状圆锥或平展，小枝常下垂。叶钻形，微向内曲，先端内曲，四面有气孔线。种鳞约 20 片，每片种鳞有种子 2 粒。花期 4 月；球果 10～11 月。

【生态习性】中等阳性树，喜光亦耐荫，亦略耐寒；喜温暖湿润气候及肥厚、湿润、排水良好的酸性土壤，忌积水，特别适生于空气湿度大、夏季凉爽的山地环境；浅根性，侧根发达，生长较快；对二氧化硫抗性较强。柳杉生长速度中等，年平均长高 50～100 cm，一般在 30 年后则高生长极少，但直径的生长可继续到数百年，故常长成极粗的大树。一般言之，50 年生者，高约 18 m，胸径约 35 cm，寿命很长，在云南昆明西山筇竹寺有 500 余年的古柳杉，高 30 m，胸径 1.53 m，冠幅 12 m。

【栽培资源】其他常见栽培种、栽培变种：

①日本柳杉 *C. japonica*　原产日本，是日本重要的造林树种。小枝略下垂；小叶较直，先端通常不内曲；种鳞 20～30 片，每片种鳞有种子 2～5 粒。

②扁叶柳杉（矮丛柳杉）*C. japonica* 'Elegans'　灌木状，分枝密，小枝下垂；叶扁平而柔软，向外开展或反曲，亮绿色，秋后变红褐色。

③千头柳杉 *C. japonica* 'Vilmoriniana'　灌木，高 40～60 cm，树冠近球形；小枝密集，短而直伸；叶短小，排列紧密。

【景观应用】柳杉树形圆整而高大，树干粗壮，适合孤植、对植，亦可丛植或群植营造雄伟的景观。自古以来，在江南常作墓道树，亦可作风景林栽植。柳杉在自然界中，常与杉木、榧树、金钱松等混生构成自然风景林。

【其他用途】材质轻，易加工，可供建筑、家具和细工用；枝、叶、木材碎片可制芳香油；树皮入药，叶磨粉可作线香。

图 6-9　柳杉

12. 杉木 *Cunninghamia lanceolata*（Lamb.）Hook.（图 6-10）

【别名】元杉

【科属】杉科　杉木属

图 6-10　杉木

【产地与分布】原产中国，分布较广。我国秦岭、淮河以南各省区丘陵及中低山地带，多用作造林。垂直分布上限因风土不同而有差异，大别山区为海拔 700 m 以下，福建山区 1000 m 以下，云南大理 2500 m 以下。

【识别特征】常绿乔木，树高达 30 m。树冠圆锥形，树皮褐色，裂成长条片状脱落。叶条状披针形，常略弯呈镰状，革质，坚硬，有锯齿，深绿而有光泽，在相当粗的主枝、主干上常有反卷状枯叶宿存不落。球果较大，近球形或卵状圆锥形，每个种鳞有 3 粒种子，有翅。花期 4 月；球果 10 月成熟。

【生态习性】阳性速生树。喜温暖湿润气候，不耐寒，绝对最低气温以不低于－9℃为宜，但亦可抗－15℃低温。雨量以 1800 mm 以上为佳，但在 600 mm 以上处亦可生长，杉木的耐寒性大于其耐旱力。故对杉木生长和分布起限制作用的主要因素首先是水湿条件，其次才是温度条件。杉木喜深厚肥沃的酸性土(pH 4.5～6.5)，但亦可在微碱性土壤上生长。杉木寿命可达 500 年以上，其根系强大，易生不定根，萌芽更新能力强，经火烧后，亦可重新生出强壮萌蘖。其在生长过程中，表现出很强的干性，各侧主枝在郁闭的情况下，自然整枝良好，下枝会迅速枯死。因此，萌蘖更新者也可长成乔木。

【栽培资源】常见品种：

①灰叶杉木(白泡杉)'Glauca'　产贵州、四川，昆明植物园引种栽培。叶灰绿色，叶色比原种深，叶片两面有明显的白粉。

②软叶杉木'Mollifolia'　产云南及湖南的杉木林中。叶质地薄而柔软，先端不尖。材质较优。

【景观应用】杉木主干端直，最适于园林中群植成林或列植于道路两旁。1804 年及 1844 年流入英国，在英国南方生长良好，视为珍贵的观赏树。美国、德国、荷兰、波兰、丹麦、日本等国植物园均有栽培。

【其他用途】材质优良，耐腐而不受白蚁蛀食，可供建筑、家具、造船等用，是我国南方重要用材树种之一；树皮含单宁，可制栲胶。

13. 翠柏 *Calocedrus macrolepis* Kurz(图 6-11)

【别名】大鳞肖楠、酸柏、香翠柏、肖楠

【科属】柏科　翠柏属

【产地与分布】产我国云南、贵州、广西及海南；越南、缅甸也有分布。

【识别特征】常绿乔木，树高达 35 m。鳞叶明显成节，上下等宽，表面叶绿色，背面叶有白粉。着生雌球花及球果的小枝四方形；球果长卵形，种鳞扁平，木质开裂，3 对，仅中间一对种鳞有种子，每种鳞具有种子 2 粒；种子上部具二不等长的翅。

【生态习性】喜光，喜温暖气候，幼树耐荫；喜湿润土壤。

【景观应用】翠柏树姿优美，木材致密、耐腐，有香气，是优良的用材树种和绿化观赏树，也是国家三级保护树种。翠柏是云南省安宁市市树。

图 6-11　翠柏

14. 干香柏 *Cupressus duclouxiana* Hickel.（图 6-12）

【别名】冲天柏、滇柏

【科属】柏科　柏木属

【产地与分布】中国特有树种，产云南中部及西北部、四川西南部和贵州西部山区。

【识别特征】常绿乔木，树高 30 m。生鳞叶小枝四棱形，不下垂。叶鳞形，交互着生，鳞叶背部有明显的纵脊。雌雄同株；球果圆球形，种鳞木质，盾形，成熟时开裂，紫褐色，被白粉，每个种鳞具有多粒种子；球果大，径 1.6～3 cm，有白粉。

【生态习性】喜光，喜冬季干旱而无严寒，夏季多雨而无酷热的气候条件，适生于我国西南季风地区；喜钙，侧根发达，天然更新力弱，萌芽更新力强。

【栽培资源】同属常见种：

①西藏柏木 *Cupressus torulosa*　中国特有，产西藏东南、滇西北，昆明及滇中地区引种栽培，表现良好。生鳞叶小枝圆柱形，细长，下垂，鳞叶背后无明显纵脊。球果小，径 1.2～1.6 cm，紫褐色。

【景观应用】干香柏适应范围广，为优良的造林用材兼园林绿化树种，特别适合石灰岩地区造林绿化。

图 6-12　干香柏

15. 柏木 *Cupressus funebris* Endl.(图 6-13)

【别名】垂丝柏、香扁柏、瓔珞柏

【科属】柏科　柏木属

【产地与分布】中国特有种,分布广,浙江、江西、四川、湖北、贵州、湖南、福建、云南、广东、广西、甘肃南部、陕西南部等地均有生长。

【识别特征】常绿乔木,树高达 35 m。树冠狭圆锥形,干皮淡褐灰色,成长条状剥离;生鳞叶小枝扁平排成一平面,下垂。鳞叶端尖,叶背中部有纵腺点。雌雄同株。球果小,次年成熟;种鳞木质,盾形,4 对,每个种鳞有 5～6 粒种子;种子有狭翅。

【生态习性】柏木为阳性树,能略耐侧方荫蔽。喜暖热湿润气候,不耐寒,是亚热带地区具有代表性的针叶树种,分布区内年均温为 13～19℃。年雨量在 1000 mm 以上。对土壤适应力强,以在石灰质土上生长最好,也能在微酸性土上生长良好。耐干旱瘠薄,又略耐水湿。在南方自然界的各种石灰质土及钙质紫色土上常成纯林,所以是亚热带针叶树中的钙质土指示植物。柏木的根系较浅,但侧根十分发达,能沿岩缝伸展。生长较快,20 年生高达 12 m,干径 16 cm。柏木的天然播种更新能力很强,但幼苗在过于郁闭的条件下生长不良。

【景观应用】柏木树冠整齐,能耐侧荫,最适宜群植成林或列植成甬道,形成柏木森森的景色,多用于公园、建筑前、陵墓、古迹和自然风景区。因柏木树冠较窄,又有耐侧方荫蔽的习性,故在种植设计与栽培中应注意定植距离可较近。30 年生的柏木林其树冠约为 2 m,而 30 年生的孤立树冠宽不足 4 m。柏木可与青冈栎、青栲、枫香、云南樟、麻栎、檵木、棕榈等构成混交群落。柏木寿命长,在西南各地常可见古柏,如昆明黑龙潭的柏木,传为宋代所植,称为"宋柏",成都有孔明手植柏,森森古木蔚然大观。

【其他用途】柏木心材大,材质优,耐水湿,抗腐性强,有香气。可供建筑、造船、车厢、器具、家具等用材;枝叶可提芳香油。

图 6-13　柏木

16. 刺柏 *Juniperus formosana* Hayata(图 6-14)

【别名】台湾桧

【科属】柏科　刺柏属

【产地与分布】我国特有种,广布于我国中西部至东南部及台湾。

【识别特征】常绿乔木,高达 12 m。树冠窄塔形;小枝柔软下垂。全为刺形叶,3 叶轮生,基部有关节,不下延;叶表面微凹,有 2 条白粉带。球果球形或卵状球形,熟时淡红褐色;种子三角状椭圆形。

【生态习性】性喜光,耐寒性强;喜温暖多雨气候及石灰质土壤。

【景观应用】刺柏体形秀丽，其柔软下垂之枝甚是美丽，在园林中多作孤植、丛植于草坪、建筑前、亭台等；也可列植于林道表现庄严肃穆之感。

图 6-14　刺柏

17. 侧柏 *Platycladus orientalis*（L.）Franco［*Biota orientalis*（L.）Endl.］

【科属】柏科　侧柏属

【产地与分布】中国特有，原产华北、东北，目前全国各地广为栽培。

【识别特征】常绿乔木，树高达 20 多米，胸径 1 m，幼树树冠卵状尖塔形，老树宽圆形；叶鳞形，小枝扁平，排成一个平面，侧面着生。雌雄异株，球花单生枝顶；球果卵圆形，种鳞木质，背部顶端下方有一个三角状小弯钩头。花期 3～4 月；种熟期 9～10 月。

【生态习性】喜光，幼树稍耐庇荫；能适应干冷及暖湿气候；喜深厚、肥沃、湿润、排水良好的钙质土壤，不耐积水，浅根性；抗烟尘、抗二氧化硫、卤化氢等有害气体。

【栽培资源】常见品种：

①洒金千头柏'Aurea'　常绿灌木，外形似千头柏，叶黄色。

②金塔柏'Beverleyensis'　常绿灌木，树冠塔形，叶金黄色。

③千头柏'Sieboldii'　丛生灌木，树冠卵状球形，叶绿色。

④金叶千头柏'Semperarescens'　矮型紧密灌木，树冠近于球形，高达 3 m。叶全年呈金黄色。

⑤北京侧柏'Pekinensis'　乔木，高 15～18 m。枝较长，略开展；小枝纤细。叶小，两边的叶彼此重叠。球果圆形，通常仅有种鳞 8 枚。

【景观应用】侧柏树姿优美，枝叶苍翠，是中国园林中应用最普遍的观赏树木之一，常用于陵园、墓地、庙宇作基础材料，可列植、丛植或群植。侧柏是北京市的市树，北京许多公园保留着苍劲古朴的柏树；山东泰山岱庙的汉柏相传为汉武帝所植；四川西昌庐山的汉柏、唐柏古树均为侧柏。侧柏耐修剪，也可做绿篱栽培。

18. 圆柏 *Sabina chinensis*（L.）Ant（*Juniperus chinensis* L.）（彩图 8，图 6-15）

【别名】桧柏、刺柏

【科属】柏科　圆柏属

【产地与分布】原产中国东北南部及华北等地，各地多有分布。

【识别特征】常绿乔木，高达 20 m。树冠圆锥形，老树呈宽卵形、球形或钟形。叶二型，幼树多为刺形叶，老树多为鳞形叶，壮龄树则二者叶型兼有，鳞形叶交互对生，刺形叶三枚轮生，等长，叶基下延无关节。雌雄异株，球果肉质浆果状，熟时暗褐色，外被白粉。花期 4 月；种熟翌年 10～11 月。

【生态习性】喜光，但耐荫性很强；喜温凉稍干燥气候，耐寒冷；在酸性、中性及钙质土上均能生长，但以深厚、肥沃、湿润、排水良好的中性土壤生长最佳；耐干旱瘠薄，深根性，耐修剪，易整形，寿命长；对二氧化硫、氯气和氯化氢等多种有毒气体抗性强，抗尘和隔音效果良好。

【栽培资源】圆柏常见栽培品种：

①龙柏‘Kaizuka’　树冠窄圆柱状塔形，侧枝短而环抱主干，端扭转上升；有鳞叶和刺形叶，翠绿色；球果浆果状，蓝绿色，略有白粉（图 6-16）。

②金叶桧‘Aurea’　直立圆锥状灌木，高 3～5 m；有刺叶和鳞叶，刺叶中脉及边缘黄绿色，鳞叶初为金黄色，后变绿色。

③塔柏‘Pyramidalis’　树冠圆柱形；枝直伸密集，叶几乎全为刺形。

④鹿角桧‘Pfitzeriana’　丛生灌木，干枝自地面而向四周斜展，上伸，全为鳞叶。是圆柏与沙地柏的杂交品种之一，姿态优美。

⑤球柏‘Globosa’　矮小灌木，树冠球形，枝密生，多为鳞叶，偶有刺叶。

⑥金星球桧‘Aureo-globosa’　丛生球形或卵形灌木，枝端绿叶中杂有金黄色枝叶。

⑦万峰桧‘Wanfengui’　灌木，树冠近球形；树冠外围着生刺叶的小枝直立向上，呈无数峰状。还有洒金、洒玉等不同类型。

图 6-15　圆柏

图 6-16　龙柏

(2)该属其他常见栽培种及变种：

①铅笔柏（北美圆柏）*S. virginiana*　常绿乔木，树冠圆锥形。生鳞叶的小枝四棱状，鳞叶先端尖；幼树上的刺叶交互对生，不等长；球果具有 1～2 粒种子，熟时蓝绿色，被白粉（图 6-17）。

②垂枝柏（醉柏）*S. recurva*　小乔木，树冠圆锥形或宽塔形；小枝细长并明显下垂，全为细小刺叶。

③翠蓝柏（翠柏、粉柏）*S. squamata*‘Meyeri’　直立灌木，分枝硬直而开展；叶全为刺叶，3 枚轮生，两面均显著被白粉，呈翠蓝色；球果仅具 1 粒种子。

【景观应用】圆柏树形优美，老树奇姿古态，是我国自古喜用的园林树种之一，多用于庙宇陵墓作墓道树或柏林。圆柏耐修剪又具有很强的耐荫性，因此作绿篱优于侧柏，下枝不易枯，冬季颜色不变褐色或黄色，且可植于建筑北侧荫处。山东泰安孔庙大成门内，左侧有老桧一株，高 10～12 m，干径 0.7 m，约为 500 年。北京中山公园中有辽代遗物，高 10 m 以上，干周近 7 m，约近千年。

圆柏是圆柏梨锈病、圆柏果锈病及圆柏石楠病等这些病害的越冬寄主，对圆柏本身伤害不大，但对梨、苹果、石楠、海棠等危害严重，应避免在果园外围种植柏树。

栽培品种龙柏独具特色，侧枝扭转向上，宛若游龙盘旋，常对植、列植建筑、庭前两旁或植于花坛中心；球柏宜作规则式配植，亦可作盆景、桩景、人工绑扎造型做装饰树。

【其他用途】圆柏材质致密，是优良的用材树种，可作图板、棺木、铅笔等；树干、枝叶可提取柏木油入药，种子可榨取脂肪油。

图 6-17　铅笔柏

图 6-18　昆明柏

19. 昆明柏 *Sabina gaussenii*（Cheng）Cheng et W. T. Wang（*Juniperus gaussenii* Cheng）（彩图 9，图 6-18）

【别名】黄尖刺柏

【科属】柏科　圆柏属

【产地与分布】我国特有，三级重点保护。产云南中部、西部，昆明多栽培。

【识别特征】常绿乔木或灌木，高约 8 m。刺形叶，三叶轮生，叶基下延，无关节，小枝下部之叶较上部之叶短，新叶或叶的尖端金黄色，而得名黄尖刺柏。球果肉质，浆果状，不开裂，具种子 1～3 粒。

【生态习性】喜光；喜温暖湿润气候；适应性强，耐修剪，易整形，生长快。

【景观应用】昆明柏枝叶密集，极耐修剪，刺叶摸之不太刺手，其株型紧密，在昆明等地常栽培作庭院观赏树及绿篱，可修剪成各种造型。

20. 罗汉松 *Podocarpus macrophyllus*（Thunb.）D. Don（彩图 10，图 6-19）

【科属】罗汉松科　罗汉松属

图 6-19　罗汉松

【产地与分布】产长江流域以南，西至四川、云南。日本也有分布。

【识别特征】常绿乔木，高达 20 m。树冠宽卵形。叶条状披针形，螺旋状着生，表面暗绿色，有光泽；叶背淡绿，或粉绿。雌雄异株，雄球花 3～5 簇生于叶腋，圆柱形；雌球花单生叶腋。种子卵圆形，被肉质假种皮全包，着生于膨大的种托上，假种皮未成熟时绿色，熟时紫黑色，被白粉。种托肉质，圆柱形，深红色，有梗，略有甜味，可食。花期 4～5 月；种子 8～11 月成熟。

【生态习性】喜光，耐半荫，为半荫性树；喜温暖湿润气候，耐寒性差；喜肥沃、湿润、排水良好的沙壤土；萌芽力强，耐修剪，抗病虫害及多种有毒气体；寿命长。

【景观应用】罗汉松树姿秀丽，葱郁绿色的种子下有比其大 1 倍的种托，好似披着红色袈裟正在打坐的罗汉，因此得名。罗汉松种子熟时，满树紫红点点，颇富奇趣，无论孤植、对植、列植、散植均能营造优美景观。罗汉松耐修剪，是世界著名的三大海岸树种之一，适宜于海岸边美化及防风高篱，亦可作桩景材料。

【其他用途】罗汉松材质致密，富含油质，能耐水湿不受虫害，供建筑及海河土木工程用；可作园林结合生产的优良树种推广应用。

21. 竹柏 *Nageia nagi*（Thunb.）Kuntze [*Podocarpus nagi*（Thunb.）Zoll. et Mor. ex Zoll.]（图 6-20）

【科属】罗汉松科　竹柏属

【产地与分布】原产浙江、福建、江西、湖南、广东、广西、四川等地，长江流域多栽培。

【识别特征】常绿乔木，高达 20 m。树冠宽锥形。叶椭圆状披针形，厚革质，无中脉，具多数平行细脉，对生或近于对生。雌雄异株，雄球花穗状圆柱形，单生叶腋，常呈分枝状；雌球花单生叶腋。种子球形，熟时假种皮暗紫色，被白粉，种托干瘦，木质。花期 3～4 月；种熟期 9～10 月。

图 6-20　竹柏

【生态习性】耐荫树种，在阳光强烈的阳坡根颈常发生日灼枯死现象；喜温暖湿润气候，适生于深厚肥沃疏松的沙质壤土，在贫瘠干旱的土壤生长极差，不耐修剪。

【景观应用】竹柏叶形如竹，挺秀隽美，适于建筑物南侧、门庭入口、园路两边配植做园景树。

【其他用途】竹柏是著名的木本油料树种，叶、树皮药用。

22. 红豆杉 *Taxus chinensis*（Pilger）Rehd.（彩图 11 ）

【别名】红果杉

【科属】红豆杉科　红豆杉属

【产地与分布】产秦岭以南，东至安徽，西达四川、贵州、云南，南迄华中；生于海拔 1000～1200 m 山地。

【识别特征】常绿乔木，高 30 m。树皮褐色；小枝互生。叶条形，螺旋状互生，基部扭转成二列，微弯或直，叶缘微反曲，端渐尖，叶上面隆起，叶下面有两条淡黄色或淡绿色气孔带。雌雄异株，雄球花单生叶腋，球形，有梗；雌球花近无梗。种子坚果状，生于杯状肉质假种皮中，假种皮红色，故名红豆杉。

【生态习性】阴性树；喜温暖湿润气候，耐寒性强；生长缓慢，侧根发达；喜富含有机质的湿润土壤，寿命长。

【景观应用】红豆杉树形优美，枝叶茂密，四季常青，种子熟时满树红点，具较高观赏性。孤植、丛植、列植、群植均宜，还可修剪成各种物像。

【其他用途】木材坚实耐用，可制高档家具、钢琴外壳、细木工等，民间视为珍品；红豆杉的树皮、树根、树叶、茎中都可提取紫杉醇，是目前治疗癌症的主要药物之一。可作为园林结合生产的优良树种推广应用，并注意保护资源。

23. 山玉兰 *Magnolia delavayi* Franch.（图 6-21）

【别名】优昙花、云南玉兰

【科属】木兰科　木兰属

【产地与分布】产云南、四川及贵州西南部山林中。山玉兰是云南特有树种。

【识别特征】常绿乔木，高达 6～12 m。树冠圆形；小枝具环状托叶痕。单叶互生，革质，全缘，阔卵形或卵状椭圆形，先端圆钝，基部圆形，上面无毛，幼叶下面密被交织长柔毛，成年叶下被白粉。花两性，单生枝顶，白色、芳香、大；雄蕊多数，雌蕊群卵状长圆形。聚合蓇葖果卵状圆柱形。花期 4～6 月；果期

9～10 月。

【生态习性】喜光稍耐荫；喜温暖湿润，生育适温 15～25℃；耐干旱和石灰质土，忌潮湿；生长缓慢，寿命长达千年。

【栽培资源】常见变型：

①红花山玉兰 f. *rubra*　花粉红色至红色，目前昆明地区广泛栽培。

【景观应用】山玉兰树冠圆整，叶大枝密荫浓，花大且芳香清雅，初夏盛开，为优良观赏树种，孤植、丛植、列植均能营造优美景观。

山玉兰曾为昆明市的市树。

图 6-21　山玉兰

24. 广玉兰 *Magnolia grandiflora* L.（彩图 12，图 6-22）

【别名】荷花玉兰、洋玉兰

【科属】木兰科　木兰属

【产地与分布】原产北美东南部，约 1913 年首先引入我国广州栽培，故名广玉兰。

【识别特征】常绿乔木，原产地高达 30 m。叶长椭圆形，厚革质，叶背面有锈色绒毛。花大，白色，芳香，雄蕊多数。聚合蓇葖果；每心皮 2 粒种子，红色。花期 6～7 月，昆明 5 月始花；果期 10 月。

【生态习性】喜光颇耐荫；喜温暖湿润，不耐寒，生育适温 18～28℃；喜酸性或中性土壤。

【景观应用】广玉兰树姿雄壮，叶光亮，花大而香，是长江流域以南城市重要的园林树种，可孤植、丛植于开阔的环境中；其抗性强，在城市中多见以行道树栽植。

图 6-22　广玉兰

25. 红花木莲 *Manglietia insignis*（Wall.）Bl.（彩图 13）

【科属】木兰科　木莲属

【产地与分布】产我国湖南、广西、贵州、云南、西藏及缅甸北部；印度南部。

【识别特征】常绿乔木，高达 30 m。小枝和叶柄内侧有环状托叶痕；小枝无毛或幼时节上有毛。单叶互生，革质，全缘，倒披针形至长椭圆形，先端常短尾尖，表面暗绿色，背面蓝绿色。花单生枝顶，直立，乳黄白染粉红色。聚合蓇葖果球形或近球形，紫红色；每心皮有种子 4 粒。花期 5～6 月；果期 8～9 月。

【生态习性】耐荫，喜湿润肥沃土壤。

【景观应用】红花木莲树干通直，花色美丽，有的植株一年能开两次花，是优良的城市绿化树种，宜作行道树、园景树及在风景林中成片群植。

【其他用途】红花木莲木材优良，可制家具。

26. 白兰花 *Michelia alba* DC.（图 6-23）

【别名】白缅桂、白兰

【科属】木兰科 含笑属

【产地与分布】原产印度尼西亚、爪哇、马来西亚，中国华南各省广泛栽培，在长江流域及华北多有盆栽。

【识别特征】常绿乔木，高达 10～17 m。树冠圆锥形，小枝及叶柄具环状托叶痕。单叶互生，薄革质，全缘，叶卵状长椭圆形或长椭圆形，叶表被无毛或背面脉上有疏毛；叶柄上的托叶痕离叶柄基部较近（在叶柄长的 1/2 以下位置）。花两性，单生叶腋，白色，浓香，花瓣披针形。花期 4～9 月下旬，花期长，夏秋季开花。

【生态习性】喜阳光充足，暖热多湿气候；喜肥沃富含腐殖质、排水良好的微酸性沙质壤土，不耐寒，忌霜冻，零度下遭冻害；不耐干旱，忌积水、抗性差，对有毒气体反应敏感，故对环境有监测作用。

【栽培资源】其他常见栽培种：

黄兰（黄缅桂）*M. champaca* 叶背平伏长绢毛；叶柄上的托叶痕离叶柄基部较远（在叶柄长的 1/2 以上位置）；花淡黄色。

【景观应用】白兰花枝叶茂密，树冠优美，花朵繁盛、洁白、芳香，花期极长，在华南城市多做行道树、庭荫观赏树；长江流域及北方城市多用盆栽观赏，冬季需温室越冬。白兰花是著名的香花植物，是芳香类花园中的优选树种。花朵常作襟花佩带，极受青睐，花又供熏茶、提取香精。

图 6-23 白兰花

27. 香樟 *Cinnamomum camphora*（L.）Presl（图 6-24）

【别名】樟树、小叶樟

【科属】樟科 樟属

【产地与分布】产日本和中国。

【识别特征】常绿乔木，高一般 20～30 m，最高可达 50 m。树冠庞大，宽卵形；树皮灰褐色，纵裂；全株各部具樟脑香气。单叶互生，叶卵状椭圆形，薄革质，离基三出脉，脉腋有腺体。花两性，小，淡黄绿色；圆锥花序生于新枝叶腋。浆果状核果近球形，熟时紫黑色。花期 4～5 月；果熟 9～11 月。

【生态习性】喜光稍耐荫；喜温暖湿润气候，以深厚肥沃、微酸性或中性沙壤土为佳，较耐水湿，不耐干旱瘠薄和盐碱土；深根性，萌芽力强，耐修剪，寿命长，可达千年以上，有一定的抗海潮风、耐烟尘和抗有毒气体的能力，并能吸收多种有毒气体，较能适应城市环境。

【景观应用】香樟树姿雄伟，枝叶茂密，抗性强，是长江以南城市著名的绿化树种，可用作行道树、庭荫树、防护林及风景林。配置于池畔、水边、山坡或是平地均适宜，可孤植、丛植或群植作背景种植。种植时，若树体四周空旷，可有利于树冠伸展，荫浓覆地，构成极佳的冠下空间。

香樟为江西省的省树，杭州市的市树。

【其他用途】香樟全株都是宝，木材致密优美，耐水湿，有香气，抗虫蛀；全株各部均可提制樟脑及樟油，广泛用于化工、医药、香料等方面，是我国重要出口物资，是经济价值极高的城市绿化树种。

图 6-24　香樟

28. 云南樟 *Cinnamomum glanduliferum*（Wall.）Nees（彩图 14，图 6-25）

【别名】臭樟、大叶樟

【科属】樟科　樟属

【产地与分布】产云南、四川、贵州、西藏，印度、缅甸、尼泊尔至马来西亚也有分布；生于海拔 1500～2500 m 常绿阔叶林中。

【识别特征】常绿乔木，高 20 m。植株各部具樟脑香气。单叶互生，革质，叶椭圆形，羽状脉或近离基 3 主脉，脉腋有腺体，叶背灰白色，密被平伏毛。花两性，小，淡黄色；圆锥花序，常顶部腋生。浆果状核果球形。花期 4～5 月；果熟 9～11 月。

【生态习性】喜光，稍耐荫；喜高温，生育适温 18～30℃；较耐水湿，耐干旱瘠薄；对土壤要求不严；生长快，萌芽性强。

【景观应用】云南樟枝叶繁茂，老叶红色，四季常青，是良好的城市绿化树种，可用于庭荫树、孤植树，也可作城市干道行道树，或植于湖岸边作景点树。

【其他用途】与香樟同。

图 6-25　云南樟

图 6-26　天竺桂

29. 天竺桂 *Cinnamomum japonicum* Sieb. ex Nees(图 6-26)

【科属】樟科　樟属

【产地与分布】产湖南、华东各省常绿阔叶林中。

【识别特征】常绿乔木,高 16 m。树皮灰褐色,光滑;植株各部具樟脑香气。单叶互生或近对生,革质,椭圆状广披针形,先端长短尖或短尖,叶两面光泽无毛,离基三主脉近于平行,并在叶两面隆起,脉腋无腺体。两性花,小;圆锥花序,多花。浆果状核果球形。

【生态习性】喜光,稍耐荫,喜温暖湿润气候;不耐积水;生山谷肥厚土壤。

【景观应用】天竺桂四季常青,新叶粉红,生长健壮,适应性强,在园林绿地中可孤植、丛植、列植均可。

【其他用途】木材坚硬、耐腐,供造船、车辆、建筑用;枝叶可提芳香油,树皮为商用“桂皮”的一种,供食用、药用。

30. 香叶树 *Lindera communis* Hemsl.(彩图 15)

【别名】红果树、香果树

【科属】樟科　山胡椒属

【产地与分布】产华中、华南及西南等地区,多生于丘陵和山地下部疏林中。

【识别特征】常绿乔木,有时呈灌木状,一般高 4～10 m,最高可达 25 m。小枝绿色。植株各部具樟脑香气。叶互生,椭圆形或卵状长椭圆形,全缘,革质,羽状脉,表面有光泽,背面常有短柔毛。雌雄异株,花小,黄色。果近球形,熟时深红色,亦又称红果树。花期 3～4 月;果期 9～10 月。

【生态习性】耐荫,喜温暖气候,耐干旱瘠薄,在湿润、肥沃的酸性土壤上生长良好;耐修剪。

【景观应用】香叶树四季常绿,果熟时满树红果,甚为美观,是优良的庭院绿化及观赏树种。

【其他用途】材质轻、细,可制家具、细木工等;叶和果可提取芳香油;种仁含油 50%以上,供工业或食用。

31. 滇润楠 *Machilus yunnanensis* Lecomte(图 6-27)

【别名】滇桢楠

【科属】樟科　润楠属

【产地与分布】产云南中部、西部、西北部及四川西部山地。

【识别特征】常绿乔木,树高可达 30 m。树冠卵球形。小枝无毛。叶互生,全缘,倒卵状长椭圆形,先端短渐尖,基部楔形,两面无毛。花两性,腋生圆锥花序;果时花被片宿存反折。浆果状核果,卵形或椭圆形,熟时黑色。

【生态习性】喜湿润、肥沃土壤,多生于阴坡。

图 6-27　滇润楠

【景观应用】滇润楠是滇中地区较好的用材、绿化树种，但植株生长缓慢，宜作庭荫树及风景树，也是优良的行道树。

【其他用途】叶、果可提取芳香油。

32. 垂叶榕 *Ficus benjamina* L.（图 6-28）

【别名】垂榕

【科属】桑科　榕属

【产地与分布】产东南亚和澳洲，在中国华南和西南有分布。

【识别特征】常绿乔木，高达 25 m。植株通常无气生根，干皮灰色，光滑或有瘤；小枝常下垂。叶卵状长椭圆形，先端尾尖，革质光亮。隐花果近球形，成对腋生，鲜红色。

【生态习性】喜光亦耐荫；喜高温高湿，生育适温 22～30℃，越冬 5℃以上；耐旱耐瘠薄。

【景观应用】垂叶榕枝叶秀丽，在华南、云南南部多作行道树、园景树栽培；在温带地区常作盆栽观赏。

图 6-28　垂叶榕

33. 印度榕 *Ficus elastica* Roxb.（彩图 16，图 6-29）

【别名】印度胶榕、橡皮树

【科属】桑科　榕属

【产地与分布】原产印度、印度尼西亚、马来西亚。

【识别特征】常绿乔木，在原产地高可达 45 m。叶厚革质，长椭圆形，全缘，羽状脉平行且直伸；托叶大，淡红色，包被顶芽。隐花果成对生于叶腋。花期 3～4 月，果期 5～7 月。

图 6-29　印度榕

【生态习性】喜光亦耐荫；喜高温高湿，生育适温 22～32℃，越冬 5℃以上；耐旱。

【栽培资源】常见品种：

①黑叶印度榕（黑金刚）'Decora Burgundy'　叶黑紫色。

②美叶印度榕（美叶缅树、白边橡胶榕）'Decora Tricolor'　灰绿色叶上有黄白色和粉红色斑，背面中肋红色。

③花叶印度榕（花叶缅树）'Variegata'　绿叶面有黄或黄白色斑纹。

【景观应用】在华南、云南南部可露地室外栽培，作庭荫树。

长江流域及北方各地多作盆栽室内观赏。

【其他用途】印度榕的乳汁可提取硬橡胶。

34. 杨梅 *Myrica rubra* Sieb. et Zucc.（彩图 17）

【别名】树杨梅、火实、朱红

【科属】杨梅科　杨梅属

【产地与分布】分布于长江以南各省区，以浙江栽培最多。

【识别特征】常绿乔木，高达 15 m。树冠球形；幼枝及叶背具有黄色小油腺点。单叶互生，倒披针形，全缘或于顶端有浅齿。花单性，雌雄异株，雄花序紫红色。核果球形，有乳头状凸起，熟时深红色，可食。花期 3～4 月；果期 6～7 月。

【生态习性】喜温暖湿润气候，稍耐荫，不耐烈日直射，不耐寒；喜酸性土壤，深根性，萌芽性强，对二氧化硫、氯气等有毒气体抗性强。

【栽培资源】同属常见种：

①矮杨梅 *M. nana*　常绿灌木，高达 1～2 m。产云南中部、西部、东北部及贵州西部。叶长椭圆状倒卵形，先端钝圆或尖，基部楔形，叶缘中部以上有粗浅齿。果熟时紫红色，可食。

【景观应用】杨梅枝叶茂密，树冠圆整，可孤植或丛植于草坪、庭院，或列植于路边，若适当密植，可用来分隔空间或屏障视线。

35. 高山栲 *Castanopsis delavayi* Franch.（图 6-30）

【科属】壳斗科　栲属

【产地与分布】产我国西南部地区。

【识别特征】常绿乔木，树高 20 m。叶倒卵状椭圆形，硬革质，上半部疏生波状齿，下半部全缘，先端钝或钝尖，老叶背面有银白色蜡层。雄花序直立向上。壳斗宽卵形，苞片短刺状，螺旋状排列。每壳斗具有 1 坚果，壳斗半包坚果。

【生态习性】喜光耐半荫；喜温暖；耐干旱瘠薄。

【景观应用】高山栲是滇中特有的优良用材树种，常与云南松、云南油杉、滇青冈等混生。可丛植、群植，适用于风景林的营建。

【其他用途】木材硬度大，可供建筑、车辆等使用；果可食或酿酒。

图 6-30　高山栲

36. 滇青冈 *Cyclobalanopsis glaucoides* Schott.（图 6-31）

【科属】壳斗科　青冈属

【产地与分布】产我国西南部山地。

【识别特征】常绿乔木，树高 20 m。小枝灰绿色，幼时有绒毛，后渐脱落。叶互生，长椭圆形至倒卵状披针形，先端渐尖或尾尖，基部常楔形，叶缘中下部以上有粗齿，叶背网脉明显且具弯绒毛。雄花序为下垂的葇荑花序，簇生新枝顶部；雌花序直立，穗状，顶生。壳斗杯状，苞片鳞片状，愈合成同心环带，每壳斗具1坚果。

【生态习性】喜光较耐荫，喜温暖；耐干旱瘠薄；喜钙质土。

【景观应用】滇青冈是石灰岩地区指示性树种，常在石灰岩山地组成纯林。

【其他用途】木材硬，加工难，可作高级地板、工艺品、器械用材。

图 6-31 滇青冈

37. 滇石栎 *Lithocarpus dealbatus*（D. C.）Rehd.（图 6-32）

图 6-32 滇石栎

【别名】猪栎

【科属】壳斗科 石栎属

【产地与分布】分布于云南、贵州、四川。

【识别特征】常绿乔木，树高 20 m。小枝密被灰黄色柔毛。单叶互生，全缘，革质，长椭圆形、卵状椭圆形或长披针形，叶下面被灰黄色柔毛。雄花序直立向上，雌花位于花序下部。果序穗状，壳斗杯碗状，苞片鳞形，包坚果 2/3～3/4，坚果球形或扁球形。

【生态习性】喜光；适于中等肥沃湿润的立地条件。

【景观应用】滇石栎枝叶开展，可作自然风景林。在自然中，常与栎属、栲属和石栎属其他种组成混交林，或与云南松混生，有时组成纯林。

【其他用途】木材可作农具及薪炭用材；树皮及壳斗可提取栲胶；种仁可作猪饲料。

38. 银木荷 *Schima argentea* Pritz.（图 6-33）

【科属】山茶科 木荷属

【产地与分布】产中国湖南、广东、广西、四川、贵州和云南大部分地区。

【识别特征】常绿乔木，高达 20～30 m。小枝及芽被银白色绢状绒毛。叶狭长圆形或长圆状披针形，薄革质，全缘，叶边缘略反卷，上面绿色，下面被银白色柔毛。花瓣 5，白色，有丝状毛。蒴果木质，扁球形，室背 5 裂。花期 7～9 月；果期翌年 2～3 月。

【生态习性】喜光；喜温暖，耐高温；喜湿润；能耐干旱瘠薄；深根性，生长速度中等，寿命长，可达 200 多年以上。

【栽培资源】同属常见种：

①华木荷（滇木荷）*S. sinensis* 幼枝、叶、花梗及萼片外均无毛；叶边缘具粗钝齿；木质蒴果较大。开花繁盛，老叶变红十分美丽。

【景观应用】银木荷树形优美，树冠浓密，叶片较厚，革质，具有抗火性，是滇中地区重要的防火树种。初发叶及秋叶红艳，开花时满树银花，十分美丽，可作为庭院观赏树在园林中推广应用。

图6-33　银木荷

39. 厚皮香 *Ternstroemia gymnanthera*（Wight et Arn.）Beddome（图6-34）

【科属】山茶科　厚皮香属

【产地与分布】产我国华东、华中、华南等各省区。

【识别特征】常绿小乔木或大灌木，高3～8 m。全株无毛；枝条近轮生。单叶互生（常聚生于枝端，呈假轮生状），革质或薄革质，椭圆形或椭圆状倒卵形，中脉显著凹下，侧脉不明显，全缘，稀有上半部疏生浅疏齿，齿尖具黑色小点。花两性或单性，腋生；花瓣5，淡黄白色。果为浆果状，圆球形；果成熟时开裂，肉质假种皮红色。花期5～7月；果期8～10月。

【生态习性】厚皮香喜温暖、湿润气候，喜光较耐荫，能耐－10℃低温。

【景观应用】树叶平展成层，叶色光亮，入冬部分叶片由墨绿转绯红，开花浓香扑鼻。适宜配置于道路角隅，草坪边缘；在林缘，树丛下成片种植，尤其能达到丰富色彩，增加层次的效果。乔木可配植于门庭两旁道路转角处。厚皮香抗风、抗空气污染能力强，对二氧化碳、氯气、氟化氢等抗性强，并能吸收有毒气体，适用于街坊，厂矿绿化，是优良的环保树种。

【其他用途】木材坚硬致密，可供制家具、车辆等用。种子油可制润滑油、油漆、肥皂，树皮可提取栲胶。

图6-34　厚皮香

40. 石笔木 *Tutcheria championi* Nakai（*T. spectabilis* Dunn）（图6-35）

【科属】山茶科　石笔木属

【产地与分布】产广东、广西及福建南部。

【识别特征】常绿乔木，高达13 m。树皮灰白色，平滑。叶互生，椭圆形至披针形，先端长渐尖或短尾尖，叶缘中上部有粗浅齿，两面无毛，网脉明显，革质，有光泽；具短柄。花单生枝端叶腋；萼片厚革质，背面密被褐色绒毛，花白色或淡黄色。蒴果球形。花期4～6月；果期9～11月。

图 6-35 石笔木

【生态习性】喜半荫，喜温暖湿润气候，但不适宜酷热及严寒；喜肥沃湿润、排水良好的微酸性沙壤，不耐碱性土，耐干旱瘠薄。

【栽培资源】同属常见种：

①云南石笔木 *T. sophiae* 单叶互生，缘上半部疏生腺齿，上面无毛，下面疏生平伏柔毛；圆锥花序或总状花序顶生，总花梗和花梗密生锈色绒毛。

【景观应用】石笔木常绿荫浓，花大洁白，银花满树，优美别致，是值得推广应用的木本观花植物，在园林中可孤植、丛植于庭院、山石、山坡中，形成山花烂漫之景。

41. 山杜英 *Elaeocarpus sylvestris* (Lour.) Poir.（彩图 19，图 6-36）

【别名】担八树

【科属】杜英科 杜英属

【产地与分布】产华南、西南、江西和湖南；越南、老挝、泰国也有分布。

【识别特征】常绿乔木，高达 15 m。树冠卵球形；枝叶光滑无毛；植株常有鲜红的老叶与绿叶同存。单叶互生，倒披针形至披针形，先端尖，基部狭而下延，缘有浅钝齿，纸质。总状花序，小花下垂，白色，先端细裂如丝呈牙刷状。核果椭球形，熟时暗紫色。花期 6～8 月；果期 10～12 月。

【生态习性】喜光亦耐荫；喜暖热湿润，耐寒性不强；喜微酸性土壤；根系发达，萌芽力强，耐修剪，生长速度中等偏快；对二氧化硫抗性强。

【栽培资源】同属常见种：

①水石榕 *E. hainanensis* 产我国海南、广西南部和云南东南部；越南、泰国有分布。常绿小乔木；叶常集生枝端；花下垂，先端流苏状，花梗长，有明显的叶状苞片（图 6-37）。

【景观应用】山杜英枝叶茂密，树冠圆整；冬春间红色老叶与绿叶并存颇为美观。在园林中可在草坪、林缘、庭前、路口丛植，也可作行道树栽植；还可作为工矿厂区绿化和防护林带树种。

【其他用途】木材坚实细致，可供家具、建筑等用；树皮纤维可造纸，可提取栲胶；根皮可入药。

图 6-36 山杜英

图 6-37 水石榕

42. 云南移依 *Docynia delavayi* (Franch.) Schneid.（图 6-38）

【别名】西南移依

【科属】蔷薇科 移依属

【产地与分布】产四川、贵州及云南多地，生于海拔 1000～3000 m 山谷、溪旁灌丛中。

【识别特征】常绿小乔木，高达 10 m。单叶互生，革质，披针形或卵状披针形，先端急尖或渐尖，基部宽楔形或近圆形，全缘或稍具浅钝齿，上面深绿色，有光泽，下面密被黄白色绒毛，叶柄密被绒毛。花 3～5 簇生于小枝顶端，萼筒钟状，外密被黄白色绒毛，萼片宿存；花瓣白色，宽卵形或长圆状倒卵形。梨果卵形或长圆形，黄色，幼果密被绒毛，成熟后脱落。花期 3～4 月；果期 5～6 月。

【生态习性】喜光，稍耐荫；耐干旱瘠薄，抗病虫害能力强，生长较慢。

【景观应用】春天白花繁盛，夏天黄果累累，可作观花、观果树种，孤植、丛植、列植均能营造优美景观。

【其他用途】果味酸，可食用，在云南多用作柿果催熟；可入药。

图 6-38　云南移依

43. 枇杷 *Eriobotrya japonica*（Thunb.）Lindl.（图 6-39）

【科属】蔷薇科　枇杷属

【产地与分布】原产我国中西部地区；现南方各地普遍栽培。

图 6-39　枇杷

【识别特征】常绿乔木，高达 10 m。小枝、叶背及花序均密生锈色绒毛。单叶互生，粗大革质，长椭圆状倒卵披针形，先端尖，基部短狭并全缘，中上部有浅齿，表面羽状脉凹入。花白色，芳香；顶生圆锥花序。果近球形，橙黄色。10～12 月开花；翌年早春果熟，有的地方成熟较晚。

【生态习性】喜光稍耐荫；喜温暖湿润气候，生育适温 15～28℃，越冬 0℃以上；喜肥沃湿润而排水良好的中性或酸性土。

【景观应用】枇杷树形整齐美观，叶大而有光泽，秋冬时白花盛开，结果时黄果累累，是南方著名水果，常用于庭院栽培观赏，可孤植、丛植、也可作行道树，是园林结合生产的好树种。

【其他用途】枇杷木材红棕色，可作木梳、手杖等；果可食；叶供药用。

图 6-40　球花石楠

44. 球花石楠 *Photinia glomerata* Rehd. et Wils.（彩图 20，图 6-40）

【科属】蔷薇科　石楠属

【产地与分布】产云南、四川等地。

【识别特征】常绿乔木，树高 15 m。树冠球形至塔形，幼枝密生黄色绒毛，老枝无毛，紫褐色，具多数散生皮孔。单叶互生，革质，长圆状披针形，先端短渐尖，基部楔形至圆形，常偏斜，边缘具内弯腺锯齿，表面深绿而有光泽。花小，白色，复伞房花序，

顶生，花稠密；花序梗及花梗被黄色绒毛。果红色，梨果。4～5月开花；10月果熟。

【生态习性】喜光，稍耐荫；喜温暖湿润，较耐寒（能耐短期－15℃低温）；耐干旱瘠薄，不耐水湿；生长中速，萌芽力强，耐修剪；病虫害少。

【栽培资源】同属常见种：

①石楠 *P. serrulata*　我国长江南北大部分地区均有分布。常绿灌木至小乔木，高4～6 m。叶长椭圆形至倒卵状椭圆形，叶边缘疏生细腺齿，基部近全缘。花序梗和花梗无毛。果球形，红色，后变为褐紫色。

【景观应用】球花石楠树冠圆整，嫩叶红色，秋果盈盈，在园林中可孤植、丛植，又可列植、对植，是美丽的园林绿化树种。

45. 鱼骨松 *Acacia dealbata* Link（*A. decurrens* var. *dealbata* F. v. Muell.）（图6-41）

【别名】圣诞树、银桲、银荆树

【科属】含羞草科　金合欢属

【产地与分布】原产澳大利亚，云南、贵州、四川、广西、浙江、福建、台湾等地有栽培。

【识别特征】常绿乔木，树高达15 m。树皮银灰色，小枝常有棱，被绒毛。二回羽状复叶互生，小叶极小，线性，两面有毛，银灰色；总叶轴上每对羽片间有1腺体。头状花序球形，黄色，芳香，排成总状或圆锥状。荚果有毛。花期1～4月。

图6-41　鱼骨松

【生态习性】喜光；喜温暖至高温；喜干燥。

【栽培资源】同属常见种：

①黑荆树 *A. mearnsii*　小叶深绿色，有光泽，总叶轴上每对羽片间有1～2个腺体；荚果密被绒毛。花期12月至翌年5月。本种根系发达，枝叶繁茂，树冠开展，花期长，是改良土壤、保持水土、蜜源及城乡绿化的好树种。

【景观应用】本种羽叶雅致，花繁叶茂，可作为庭院观赏树种；在欧洲广泛用作切叶材料，也是荒山造林、绿化、水土保持的优良树种。

【其他用途】树皮含单宁，是著名的优质鞣料树种。

46. 红花羊蹄甲 *Bauhinia blakeana* Dunn（彩图21，图6-42）

【别名】艳紫荆、红花紫荆

【科属】苏木科　羊蹄甲属

图6-42　红花羊蹄甲

【产地与分布】据De Wit意见，认为本种是 *B. variegate* × *B. purpurea* 的杂交种。在广东、广西、福建、云南、香港多栽培。

【识别特征】常绿乔木，树高达10～12 m。树冠开展，树干常弯曲。单叶互生，叶大，掌状脉，先端2深裂，全缘。花大，艳紫红色，有香气，不呈蝶形；总状花序。花期11月至翌年3月，有时几乎全年开花；昆明地区未见结果。

【生态习性】喜光稍耐荫；喜温暖至高温，生育适温20～30℃；喜酸性土壤，不耐水湿，忌霜冻，生长迅速，但干燥瘠薄生长不良。

【栽培资源】同属常见种：

①洋紫荆 *B. variegata*　叶广卵形，宽大于长，叶先端 2 裂，革质。花大，粉红色或淡紫色。几乎全年开花，春季最盛。

②白花羊蹄甲（马蹄豆）*B. acuminata*　叶卵圆形至肾形，2 裂深不足一半，裂片先端较尖；花白色。喜光，喜高温多湿气候，不耐寒。

【景观应用】红花羊蹄甲树形开展，开花时整个植株满树红花，灿烂夺目，十分美丽，为极具特色的观赏树种，是中国近代栽培名花之一，孤植、丛植及列植均能构成优美景观。在昆明地区可直接露地栽培作庭院观赏树及庭荫树，也可作为水边堤岸绿化树种。

红花羊蹄甲为香港特别行政区区花，俗称"紫荆花"。

【其他用途】树皮可提栲胶，还可做染料。

47. 银桦 *Grevillea robusta* A. Cunn. ex R. Br.（图 6-43）

【科属】山龙眼科　银桦属

【产地与分布】原产澳大利亚东部，现广泛种植于世界热带、暖亚热带地区；我国南部及西南部地区有栽培。

【识别特征】常绿乔木，高达 25 m。小枝、芽及叶柄密被锈色绒毛。叶互生，二回羽状深裂，裂片披针形，边缘反卷，背面密被银灰色丝毛。花两性，萼片花瓣状，橙黄色；总状花序。蓇葖果。花期 5 月。

【生态习性】喜光；喜高温高湿，生育适温 18～28℃；耐旱；喜微酸性土壤。

【景观应用】银桦树干通直，速生，树冠高大整齐，初夏有橙黄色花序点缀枝头，适宜作为城市行道树及风景树，在昆明翠湖沿路、东风西路的银桦行道树，极有特色。

图 6-43　银桦

48. 白千层 *Melaleuca quinquenervia*（Cav.）S. T. Blake（图 6-44）

【别名】白树、白布树

【科属】桃金娘科　白千层属

【产地与分布】原产澳大利亚、新几内亚、印尼等地；华南地区常见栽培。

【识别特征】常绿乔木，高 12 m。树皮灰白色，可层层薄片状剥落，小枝常下垂。单叶互生，披针形至倒披针形，全缘。花乳白色，雄蕊合生成 5 束，每束有花丝 10～13；顶生圆锥花序。花期 1～2 月。

【生态习性】喜光，喜暖热气候，不耐寒；喜生于土层肥厚潮湿之地，也能生于较干燥的沙地。

【景观应用】白千层树皮白色，树形优美，在城市中多作行道树及庭院观赏树。

图 6-44　白千层

49. 头状四照花 *Dendrobenthamia capitata*（Wall.）Hutch.（*Cornus capitata* Wall.）（图 6-45）

【别名】鸡嗉子、野荔枝

【科属】山茱萸科 四照花属【产地与分布】产中国云南各地，生于海拔 1000～3700 m 森林中，四川、贵州、西藏、浙江、湖北、湖南、广西等有分布。

图 6-45 头状四照花

【识别特征】常绿乔木稀灌木，高达 15 m。单叶对生，全缘，长椭圆形或长披针形，端突尖，有时具短尖尾，叶面亮绿被白色细伏毛，背灰绿，有白色稠密的短柔毛，叶面脉腋微隆起，叶背脉腋具孔穴。头状花序，有 4 枚黄白色大苞片，宿存。聚花果浆果状，扁球形，成熟时紫红色，形似鸡嗉子。花期 5～6 月；果期 9～10 月。

【生态习性】喜光，稍耐荫，喜温暖湿润气候；喜肥沃排水良好的微酸性土壤或中性土壤。

【景观应用】头状四照花树形整齐，初夏开花，白色总苞覆盖满树，冬挂紫色果，蔚为壮观，是一种美丽的庭园观花树种，丛植、片植于草坪、路边、林缘、池畔，也可作常绿背景树营造优美的景观，使人产生明快清新之感。

【其他用途】果食味甜，可酿酒；树皮及叶供药用，枝叶尚可提单宁。

50. 秋枫 *Bischofia javanica* Bl.（图 6-46）

【别名】常绿重阳木、水蚬木

【科属】大戟科 重阳木属

【产地与分布】产我国南部、越南、印度、日本、印尼至澳大利亚。

图 6-46 秋枫

【识别特征】常绿或半常绿乔木，树高达 40 m。树皮光滑。三出复叶互生，小叶卵形或长椭圆形，先端渐尖，基部楔形，缘具有粗钝锯齿。花雌雄异株，圆锥花序下垂。核果浆果状，熟时蓝黑色，果较大。花期 3～4 月。

【生态习性】喜光稍耐荫；喜高温多湿，生育适温 22～30℃，越冬 5～10℃；耐水湿；喜微酸性土壤；生长迅速。

【栽培资源】同属常见栽培种：

①重阳木 *B. polycarpa* 落叶乔木，高达 15 m。小叶卵形至椭圆状卵形，基部圆形或心形，缘具细锯齿。花成总状花序。果较小，熟时红褐色。重阳木树姿优美，早春嫩叶鲜绿光亮，入秋叶色转红，可形成层林尽染的景观，宜作庭荫树及行道树，特别适合营造壮丽秋景。

【景观应用】秋枫秋叶红色，美丽如枫，故名为秋枫，适宜作庭荫树、行道树及堤岸树。

51. 罗浮槭 *Acer fabri* Hance（图 6-47）

【别名】红翅槭

【科属】槭树科 槭树属

【产地与分布】产华中至华南北部，西至西南部。

【识别特征】半常绿乔木，树高达 10 m。叶披针形至长椭圆状披针形，全缘，先端锐尖，两面无毛或仅背面脉腋稍有毛，主脉在两面凸起；嫩叶淡红色。翅果，两翅开展成钝角。

【生态习性】喜光；喜温暖湿润气候。

【景观应用】老叶在冬季凋零前鲜红美丽，翅果自幼至成熟均为紫红色，观赏期长达半年，可作园景树或行道树。

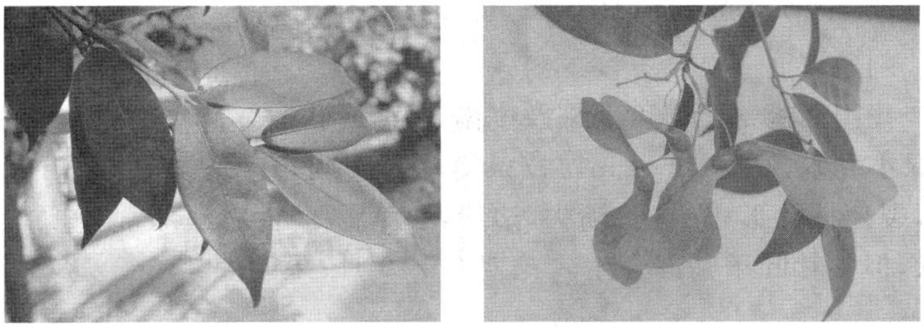

图 6-47　罗浮槭

52. 金江槭 *Acer paxii* Franch.（图 6-48）

【别名】川滇三角枫、金沙槭

【科属】槭树科　槭树属

【产地与分布】原产西南金沙江流域及滇西北，生于海拔 1500～2500 m 的林中。

【识别特征】常绿乔木，高达 10 m 以上。树皮粗糙。单叶对生，革质或厚革质，卵形、倒卵形或近于圆形，不裂或顶部 3 浅裂，全缘或微波状，上面深绿色，有光泽，下面淡绿色并被白粉，3 出脉。杂性花组成伞房花序。翅果长 3 cm，小坚果凸出，翅张开成钝角，稀水平。花期 3 月；果期 8 月。

【生态习性】喜光耐半荫；喜温暖至高温；耐旱，耐水湿；喜微酸性土壤。

【景观应用】金江槭枝叶茂密，终年常绿，抗性强，宜作行道树、庭荫树及护岸树栽植，值得大力推广。

图 6-48　金江槭

53. 幌伞枫 *Heteropanax fragrans* (D. Don) Seem.（图 6-49）

【科属】五加科　幌伞枫属

【产地与分布】产我国云南东南部及两广南部；印度、缅甸、印尼有分布。

【识别特征】常绿乔木，高达 30 m。三回羽状复叶互生，小叶椭圆形，两端尖，全缘。花杂性，小而黄色；伞形花序再总状排列，密生黄褐色星状毛。果扁。花期秋冬季。

【生态习性】喜光；喜温暖湿润，不耐寒；忌积水。

【景观应用】幌伞枫枝叶茂密，树冠圆整如开展的大伞。在广州等地常栽作庭荫树及行道树。南方大部分地区多作室内盆栽观赏，商品名为“富贵树”。

图 6-49　幌伞枫

54. 刺通草 *Trevesia palmata*（Roxb.）Vis.（图 6-50）

【科属】五加科　刺通草属

【产地与分布】产我国西南部至印度北部及中南半岛。

【识别特征】常绿小乔木，高达 3～9 m。枝条简单而多刺，有毛。大型单叶互生，掌状分裂，裂片披针形，先端长渐尖，边缘羽状深裂，裂片基部常仅存中肋而呈叶柄状，但整片叶子基部合生。花期 9～10 月；果期翌年 5～7 月。

【生态习性】耐半荫；喜温暖湿润气候及肥沃排水良好的壤土，不耐干旱和寒冷。

【景观应用】刺通草叶形奇特，似孔雀开屏，可孤植做园景树或盆栽观赏。

图 6-50　刺通草

55. 女贞 *Ligustrum lucidum* Ait（图 6-51）

【别名】大叶女贞、水蜡树、高干女贞、虫树

【科属】木犀科　女贞属

【产地与分布】产长江流域及以南各省。

【识别特征】常绿乔木，树高达 6～15 m。叶卵形至卵状长椭圆形，先端尖，革质而有光泽，无毛。花冠裂片与筒部等长；圆锥花序顶生。核果，蓝黑色。花期 6～7 月，果期 11～12 月，昆明地区 3～4 月开花，有的地区全年多次开花。

【生态习性】喜光亦耐半荫；喜温暖湿润气候，有一定耐寒性，喜微酸性至碱性土；不耐瘠薄，耐修剪。

【景观应用】女贞开花繁茂，白花清香，叶色亮绿，常作庭院观赏树或行道树，也可直接做绿篱栽培。

图 6-51　女贞

56. 桂花 *Osmanthus fragrans*（Thunb.）Lour.（彩图 23，图 6-52）

【科属】木犀科　木犀属

【产地与分布】原产我国西南部，现各地广泛栽培。

【识别特征】常绿小乔木至大灌木，树高达 12 m。树皮灰色，不裂。单叶对生，长椭圆形，缘具有疏齿或近全缘，硬革质。花小，淡黄色，浓香。核果卵球形，蓝紫色。花期 9～10 月，昆明地区 8 月始花。

【生态习性】喜光，稍耐半荫；喜温暖气候，不耐寒，淮河以南可露地栽培；生育适温 15～26℃；对土壤要求不严，但以排水良好、富含腐殖质的沙质壤土为最好。

【栽培资源】因花色、花期不同，可分为以下几个栽培品种(群)：

①丹桂‘Aurantiacus’　花橘红色或橙黄色，香味差，发芽较迟。有早花、晚花、圆叶、狭叶、硬叶等品种。

②金桂‘Thunbergii’　花黄色至深黄色，香气最浓，经济价值高。有早花、晚花、圆瓣、大花、卷叶、亮叶、齿叶等品种。

③银桂‘Latifolius’　花近白色或黄白色，香味较金桂淡；叶较宽大。有早花、晚花、柳叶等品种。

④四季桂‘Semperflorus’　花黄白色，四季开放，但仍以秋季开花较盛。其中有子房发育正常能结实的‘月月桂’等品种。

【景观应用】桂花花期正值中秋，是中国十大传统名花之一，在园林中可作园景树、庭荫树、行道树，华北地区，常作盆栽观赏。此外，还可将桂花成片种植形成“桂花山”、“桂花岭”，每逢中秋时节，香飘十里，若与秋色叶植物相配，可形成色香俱全的美丽秋景。

图 6-52　桂花

桂花是广西桂林、浙江杭州的市花。

6.2　落叶乔木

57. 银杏 *Ginkgo biloba* L.（图 6-53）

【别名】公孙树、白果

【科属】银杏科　银杏属

【产地与分布】银杏为中国特产的世界著名树种，为孑遗植物，浙江天目山和云南昭通有野生状态植株，现广泛栽培于全国各地。

【识别特征】落叶乔木，高达 40 m，胸径可达 4 m。树冠宽卵形，有长短枝。叶扇形，先端常二裂，在长枝上螺旋状排列，在短枝上簇生。雌雄异株；种子核果状。

银杏雌雄株的特征见表 6-1。

图 6-53　银杏

表 6-1　银杏雌雄株特征

雄　　株	雌　　株
(1)主枝与主干间的夹角小；树冠稍瘦，且形成较迟	(1)主枝与主干间的夹角较大；树冠宽大，顶端较平，形成较早
(2)叶裂刻较深，常超过叶的中部	(2)叶裂刻较浅，未达叶的中部
(3)秋叶变色期较晚，落叶较迟	(3)秋叶变色期及脱落期均较早
(4)着生雄花的短枝较长(1～4 cm)	(4)着生雌花的短枝较短(1～2 cm)

【生态习性】阳性树，喜光；对气候与土壤条件适应范围广；喜深厚、湿润、肥沃、排水良好的沙壤土，以中性或微酸性最适宜；抗干旱，但不耐水涝；深根性，萌蘖性强，具一定抗污染能力，对氯气、臭氧等有毒气体抗性较强。

【栽培资源】常见变型、品种：

①黄叶银杏 f. *aurea*　叶鲜黄色。

②塔状银杏 f. *fastigiata*　大枝开张度较小，树冠呈尖塔形。

③斑叶银杏 f. *variegata*　叶有黄斑。

④大叶银杏‘Laciniata’　叶形大而缺刻深。

⑤垂枝银杏'Pendula' 小枝下垂。

【景观应用】银杏树姿挺拔、雄伟，古朴有致；叶形奇特秀美，秋叶及外种皮金黄色，抗性强，最适作庭荫树、行道树或孤植树，亦是优良的桩景材料。

银杏用于街道绿化时，应选择雄株，以避免种子污染行人衣服。丹东市是中国各城市中最早用银杏作行道树，每逢秋季树叶变黄时，色彩极为壮丽。在大面积用银杏绿化时，可多种雌株，并将雄株植于上风带，以利丰收，形成硕果累累的秋景。

银杏寿命极长，可达千年以上。山东莒县浮来山古银杏高 26.7 m，胸径 15.7 m，树冠盖地面积达一亩多，为商代所植，距今 4000 多年，是我国最古老的银杏树，被称为"天下银杏第一树"。

【其他用途】银杏材质坚密细致，有光泽、富弹性是优良木材；种子可食用、药用；叶有重要的药用价值；花为良好的蜜源，银杏全身是宝，为国家二级重点保护树种。

58. 金钱松 *Pseudolarix kaempferi* Gord. [*P. amabilis* (Nels.) Rehd.]（彩图 24）

【科属】松科 金钱松属

【产地与分布】该属仅此一种，中国特产第三纪孑遗植物，国家二级重点保护树种。分布在长江中下游各省。在浙江西天目山、庐山有保存较好的天然大树。

【识别特征】落叶乔木，高达 40 m，胸径 1 m，树冠阔圆锥形，大枝不规则轮生、平展，有长短枝。叶条形，柔软，在长枝上互生，在短枝上轮状簇生。雄球花数个簇生于短枝顶部，有柄；雌球花单生于短枝顶部，紫红色。球果卵形或倒卵形。花期 4～5 月；果期 10～11 月。

【生态习性】喜光；喜温凉湿润气候和深厚肥沃、排水良好的中性、酸性沙质壤土，不喜石灰质土壤；耐寒性强，能耐 −20℃ 的低温；抗风力强，不耐干旱，也不耐积水；生长速度中等偏快，枝条萌芽力较强。

【栽培资源】常见品种：

①垂枝金钱松'Annesleyana' 小枝下垂，树高约 30 m。

②矮生金钱松'Dawsonii' 树形矮化，树高 30～60 cm。

③丛生金钱松'Nana' 植株矮而分枝密，树高 0.3～1 m。

【景观应用】金钱松树体高大，树干端直，入秋后，叶变为金黄色，极为美丽，是珍贵的观赏树木。金钱松与南洋杉、雪松、日本金松和北美红杉合称世界五大庭园观赏树，在景观中孤植、丛植、列植均可，与常绿树种或其他色叶树种配植能形成美丽的自然景观。金钱松还可盆栽制作丛林式盆景。国家二级重点保护树种。

【其他用途】金钱松木材较耐水湿，可供建筑、船舶等用；树皮可入药；种子可榨油。

59. 水松 *Glyptostrobus pensilis* (Staunt.) Koch.（图 6-54）

图 6-54 水松

【别名】水莲松

【科属】杉科 水松属

【产地与分布】该属仅此一种，仅存于中国，是第四纪冰川期后的孑遗植物。现长江流域各城市有栽培。

【识别特征】落叶或半落叶乔木，高 8～10 m。树冠圆锥形，树干基部膨大成柱槽状，并有瘤状体（呼吸根）伸出土面。叶异型，条形叶及条状钻形叶较长，柔软，在小枝上排成羽状，冬季与小枝同落；鳞形叶较小，紧贴生于小枝上，冬季宿存。雌雄同株，球花单生于具鳞叶的小枝顶端。球果倒卵状球形，直立，种鳞木质，发育种鳞具种子 2 粒。花期 1～2 月；种熟期 10～11 月。

【生态习性】极喜光，强阳性树；喜温暖多湿气候，不耐低温；最适富含水分的冲积土，极耐水湿，不耐盐碱土；浅根性，但根系强大，在沼泽地则呼吸根发达，在排水良好土地上则呼吸根不发达，干基也不膨大；萌芽、萌蘖力强，寿命长。

【景观应用】水松树形美观，入秋后叶变褐色，颇为美丽；最适河边、湖畔及低湿处栽植，湖中小岛群植数株尤为雅致，根系强大可作防风护堤树，水松是国家二级重点保护树种，应加强保护和开发应用。

【其他用途】水松材质轻软，耐水湿，是裸子植物中材质最轻的一种，可供桥梁、造船等工程上应用。根部木质轻松，浮力大，可做救生圈、瓶塞等用；球果及树皮均含有单宁，种子可作紫色染料；叶可入药。

60. 水杉 *Metasepuoia glyptostroboides* Hu et Cheng（彩图 25，图 6-55）

【科属】杉科　水杉属

【产地与分布】中国特产，世界著名的观赏树种，天然分布于四川石柱县、湖北利川县交界的磨刀溪、水杉坝一带及湖南龙山、桑植等地海拔 750～1500 m，沿河酸性土沟谷中。

图 6-55　水杉

【识别特征】落叶乔木，高达 35 m，胸径 2.5 m。树干基部常膨大，幼树树冠尖塔形，老时广圆头形；大枝近轮生，小枝近对生。叶条形、扁平，交互对生，叶基扭转排成二列，呈羽状，冬季与无芽小枝一同脱落。雌雄同株，雄球花排成总状或圆锥花序状，单生枝顶和侧方；雌球花单生于去年生枝顶或近枝顶。球果近球形，下垂，熟时深褐色；种鳞木质，扁状盾形，顶部有凹下成槽的横脊；每种鳞具种子 5～9 粒。花期 2 月；果当年 11 月成熟。

【生态习性】喜光，阳性树；喜温暖湿润气候，具一定抗寒性；喜深厚肥沃的酸性土，在微碱性土壤上亦可生长良好；不耐涝，正所谓“水杉水杉，干旱不长，积水涝煞”。水杉生长快，一般栽培条件下，可在 15～20 年成材；对有害气体抗性较弱。

【景观应用】水杉树姿优美挺拔，叶翠绿秀丽，入秋转棕褐色，甚为美观，最宜列植堤岸、溪边、池畔或群植于公园绿地低洼处或与池杉混植，是城市郊区、风景区绿化的重要树种，亦可作防护林树种。水杉被誉为活化石植物，列入中国一级重点保护树种，40 年来已在国内南北各地及国外 50 多个国家引种栽培，目前已成为长江中下游各地平原河网地带的绿化树种之一。

水杉是湖北省的省树。

【其他用途】水杉木材是良好的造纸用材；木材纹理直，质轻软，易于加工，适合作门窗、楼板、家具等用。

61. 池杉 *Taxodium ascendens* Brongn（彩图 26，图 6-56）

【科属】杉科　落羽杉属

【产地与分布】原产北美东南部，生于沼泽及低湿地。我国长江以南地区引种栽培。

【识别特征】落叶乔木，高达 25 m。树冠窄，尖塔形，树干基部膨大，有“呼吸根”，在低湿地“膝根”较显著；树皮纵裂成长条片状脱落，大枝向上伸长。叶钻形，在枝上螺旋状伸展，贴近小枝，通常不成 2 列状。球果圆球形或长圆状球形，向下斜垂；种子不规则三角形。花期 3～4 月，球果 10～11 月成熟。

【生态习性】阳性速生，喜光，喜温热气候，不耐荫，具有一定的耐寒性，极耐水湿，也较耐旱；喜酸性或微酸性土；树干有韧性并且树冠较窄，因此抗风力强。

【栽培资源】同属其他常见栽培种：

①落羽杉 *T. distichum* 落叶乔木，大枝近水平开展，侧生短枝排成二列。叶扁线形，互生，羽状二列(图 6-57)。

②墨西哥落羽杉 *T. mucronatum* 常绿或半常绿乔木。大枝近水平开展；侧生短枝螺旋状散生，不为二列。叶扁线形，互生，羽状二列(图 6-58)。

图 6-56　池杉

图 6-57　落羽杉

图 6-58　墨西哥落羽杉

【景观应用】池杉树形优美，夏季枝叶秀丽婆娑，鲜亮翠绿，秋叶棕褐色，观赏价值较高。特别适合滨水湿地成片栽植，孤植或丛植为园景树，是平原水网地区主要造林绿化树种之一。

【其他用途】池杉材质似水杉，但材质韧性较水杉强，可作建筑、枕木、家具等用材。

62. 鹅掌楸 *Liriodendron chinense*（Hemsl.）Sarg.（图 6-59）

【别名】马褂木

【科属】木兰科　鹅掌楸属

【产地与分布】中国特产，分布于长江以南各省区。

【识别特征】落叶大乔木，高达 40 m。树冠圆锥形。单叶互生，似马褂形而得名，叶两侧通常 1 裂，向中部凹入较深，老叶背面有乳头状白粉点。两性花，杯状，顶生，淡黄绿色，雄蕊多数。聚合翅果。花期 5～6 月；果熟期 10 月。

【生态习性】喜光；喜温暖湿润气候；喜深厚肥沃、排水良好的酸性或微酸性土壤，在干旱贫瘠土壤上生长不良；不耐水涝；耐二氧化硫，抗性中等；速生。

图 6-59　鹅掌楸

【栽培资源】同属常见种：

①北美鹅掌楸 *L. tulipifera*　原产北美。叶两侧各有 1～2(3)裂，不向中部凹入；老叶背面无白粉。

②杂种鹅掌楸 *L. chinense* × *L. tulipifera*　本种由鹅掌楸与北美鹅掌楸杂交育成。树皮紫褐色，皮孔明显；叶形介于两者之间。该种生长快，适应力强，耐寒性强（图 6-60）。

图 6-60　杂种鹅掌楸

【景观应用】鹅掌楸树姿端正，叶形奇特，花如金盏，古雅别致，是优良的庭荫树和行道树，入秋后叶呈黄色，与常绿树混植能增添季相变化，孤植、列植、丛植、片植均宜，最宜植于园林中安静休息区的草坪上，在江南自然风景区中可与木荷、山核桃、板栗等呈混交林式种植；对有毒气体有一定抗性，宜在厂矿绿化中多采用。鹅掌楸为国家二级重点保护树种。

【其他用途】木材细致，轻而软，不易干裂或变形，可供建筑、家具等细工用。树皮、叶可入药。

63. 玉兰 *Magnolia denudata* Desr.（彩图 27，图 6-61）

【别名】白玉兰、望春花、木花树

【科属】木兰科　木兰属

【产地与分布】中国特产，产中国中部山野中，现国内外庭园常见栽培。

【识别特征】落叶乔木，高达 15 m。树冠卵形或近球形，小枝具环状托叶痕。单叶互生，全缘，倒卵状长椭圆形，长 10～15 cm，纸质，端突尖而短钝。花两性，单生枝顶，径 12～15 cm，纯白色，芳香；花萼瓣状，共 9 片；雄蕊、雌蕊均多数。聚合蓇葖果圆柱形，木质。花期 1～3 月，昆明 12 月始花，叶前开放；果期 9～10 月。

【生态习性】喜光，稍耐荫，颇耐寒；喜肥沃湿润、排水良好的酸性土壤，亦能生长于碱性土中；忌水涝，生长速度较慢。

图 6-61　玉兰

【景观应用】玉兰满树繁花，晶莹剔透，香气似兰，蔚然壮观，其色香和体态无与伦比，是中国著名的早春花木，先叶开放，有‘木花树’之称，是中国历史传统名花之一。人们喜爱将玉兰、海棠、迎春、牡丹、桂花等配置在一起，体现“玉堂春富贵”的意境；“莹洁清丽，恍凝冰雪”就是赞赏玉兰盛花的景观；若植于纪念性建筑之前则有“玉洁冰清”，象征品格高尚和具崇高理想脱却世俗之意；若丛植于草坪或针叶树丛之前，则能形成春光明媚的景象，给人以青春、喜悦和充满生气的感染力；玉兰亦是插花的优良材料。

玉兰是上海市市花。

【其他用途】花瓣可食用，树皮可入药，种子可榨油，木材可供雕刻用。

64. 二乔玉兰 *Magnolia soulangeana* Soul.（彩图 27）

【别名】朱砂玉兰、红玉兰

【科属】木兰科　木兰属

【产地与分布】二乔玉兰是玉兰和紫玉兰的杂交种，有天然杂交，也有人工杂交，类型极多。

【识别特征】落叶小乔木，高 7～9 m。小枝具环状托叶痕。单叶互生，全缘，倒卵形至卵状长椭圆形，纸质。花两性，大，单生枝顶，钟状，花瓣 6，内面白色，外面淡紫，基部色较深，芳香；花萼 3，常花瓣状，长仅达其半或与之等长（有时花萼为绿色），先叶开放。花期 2～4 月；果期 8～9 月。昆明七月有“二度花”现象。

【生态习性】二乔玉兰较二亲本更为耐寒、耐旱，移植难。

【栽培资源】常见品种：

①大花二乔玉兰‘Eennei’　落叶灌木，高 2.5 m。花外侧紫色或鲜红，内侧淡红色，比原种开花早。

②美丽二乔玉兰‘Speciosa’　花瓣外面白色，但有紫色条纹，花形较小。

③红运玉兰‘Hong Yun’　二乔玉兰的芽变种，花瓣外红色，内白色。

【景观应用】花大，芳香色丽，为著名的早春观花树木，其应用同玉兰。

【其他用途】树皮、花蕾均入药，根、叶、花可提制芳香浸膏。

65. 檫木 *Sassafras tzumu*（Hemsl.）Hemsl.（图 6-62）

【科属】樟科　檫木属

【产地与分布】中国特产，分布于长江流域及其以南地区山地。

【识别特征】落叶乔木，高达 35 m。树冠倒卵状椭圆形，植株各部具樟脑香气。单叶互生，全缘或 2～3 裂，入秋后变红。

【生态习性】喜光，不耐庇荫；喜温暖湿润、雨量充沛的气候及深厚肥沃、排水良好的酸性土壤；不耐水湿，忌积水；速生，萌芽力强；对二氧化硫抗性中等。

【景观应用】檫木树干通直，叶形奇特，小黄花叶前开放，秋叶红艳，是著名的秋色叶观赏植物之一，是良好的庭院观赏树、行道树，亦是南方山区重要的速生用材树种。

【其他用途】木材浅黄色，纹理美观，有香气，材质优良，可用于建筑、造船及优良家具；种子可制造油漆，树皮能提取栲胶，根入药。

图 6-62　檫木

66. 悬铃木 *Platanus* × *acerifolia*（Ait.）Wild.（图 6-63）

【别名】英桐、二球悬铃木

【科属】悬铃木科　悬铃木属

【产地与分布】本种是法国梧桐与美国梧桐的杂交种，世界各国多有栽培；中国各地栽培的也以本种为主。

【识别特征】落叶乔木，树高 35 m。树皮灰绿色，片状剥落；枝无顶端，侧芽为柄下芽，生于帽状的叶柄基部。单叶互生，叶掌状 3～5 裂。花单性同株，密集成球形头状花序。聚花坚果球形，常 2 球一串，偶有单球或 3 球，有刺毛。花期 4～5 月，果期 9～10 成熟。

【生态习性】阳性树。喜温暖气候，有一定抗寒能力；对土壤适应性极强，能耐干旱、瘠薄、无论酸性或碱性土、垃圾地、工厂内的沙质地或富含石灰地、潮湿的沼泽地等均能生长。

【栽培资源】同属常见种：

①美国梧桐 *P. occidentalis*　球果单生，无刺毛；叶 3～5 浅裂。

②法国梧桐 *P. orientalis*　球果 3～6 个一串，有刺毛；叶 5～7 深裂。

【景观应用】悬铃木树体高大，冠大荫浓，遮阳效果好，生长迅速，耐修剪，具有极强的抗烟、抗尘能力，在城市环境中适应力极强，在世界各地广为应用，有“行道树之王”的美称。

本种是在英国培育而成，故称为“英国梧桐”。有学者认为，中国因最早引种于上海法租界，便一直将其误称为“法国梧桐”。

图 6-63　悬铃木

67. 枫香 *Liquidambar formosana* Hance（图 6-64）

【别名】枫树、路路通

【科属】金缕梅科　枫香属

【产地与分布】产长江流域及其以南地区，西至四川、贵州，南至广东，东至台湾。

【识别特征】落叶乔木，高达40 m，胸径1.5 m。树冠宽卵形或略扁平，树液芳香。单叶互生，常掌状三裂，基部心形或截形，缘具细锯齿。花单性同株，无花瓣，头状花序单生。蒴果木质，较大，下垂，刺状萼片宿存，似小刺球。花期3～4月；果10月成熟。

【生态习性】速生树，喜光，幼树稍耐荫；喜温暖湿润气候及深厚肥沃土壤，也能耐干旱瘠薄，不耐水湿；深根性，抗风、耐火、萌蘖性强，不耐修剪且大树移植较困难，不适宜选作行道树。枫香对二氧化硫和氯气抗性较强，可用于工厂绿化。

【栽培资源】同属常见种：

①北美枫香 *L. styraciflua*　原产北美。小枝红褐色，通常有木质栓翅；叶5～7掌状开裂。

图6-64　枫香

【景观应用】枫香树高干直，树冠宽阔，气势雄伟，秋叶变红色或黄色，是南方著名的秋色叶树种，在南方低山、丘陵地带营造风景林，亦是优良的厂矿绿化树种和耐火防护树种。在自然界中，枫香常与壳斗科、榆科及樟科树种混生构成天然林。可在园林中栽植作庭荫树，或是作草地孤植、丛植，也可在山坡、池岸与其他树木混植。

南京栖霞山的“栖霞丹枫”便是枫林环寺，每当秋高气爽，枫叶变红之际，似“万千仙子洗罢脸，齐向此处倾胭脂”。枫香可植于水边、瀑布、溪旁，配与云南黄馨、木香、荷花等丰富池岸景色；也可与无患子、银杏、滇朴等黄叶树种组合，与荚蒾、山茶等秋花秋果植物配置成树丛，布置在山坡、草地或建筑一侧，即可“绿荫蔽夏，红叶映秋”。还可将枫香与松柏类常绿植物混植，秋季红绿相称，便形成陆游诗句中所描述的“数树丹枫映苍桧”。

【其他用途】枫香之根、叶、果均可入药，树脂亦可入药，又可作定香剂；木材轻软，结构细，可作建筑及器具用材。

68. 杜仲 *Eucommia ulmoides* Oliv.（图6-65）

【别名】丝绵树

【科属】杜仲科　杜仲属

【产地与分布】中国特产，单科、单属、单种，中国中部及西部，四川、贵州、云南、湖北及陕西为集中产区。

【识别特征】落叶乔木，高达20 m。树冠圆球形，枝、叶、树皮、果实内均有白色胶丝，小枝具有片状髓。单叶互生，椭圆状卵形，先端渐尖，缘有锯齿，老叶表面网脉下凹，皱纹状。单性花，雌雄异株，无花被，先叶开放或与叶同放。翅果肾形，扁平，顶端微凹。花期3～4月；果期10～11月。

图6-65　杜仲

【生态习性】喜光，不耐荫，耐寒；喜温暖湿润气候；对土壤要求不严，在酸性、中性、微碱性及钙质土上均能生长，喜肥沃湿润、排水良好的沙质壤土，忌涝；浅根性而侧根发达，萌蘖性强，生长速度中等。

【景观应用】杜仲树干端直，树形整齐优美，枝叶茂密，是良好的庭荫树及行道树；可作为园林、防护结合生产的优良树种推广应用。

【其他用途】树皮、叶、果均可提炼优质硬橡胶，为电气绝缘及海底电缆的优良材料；树皮为重要的中药材。杜仲是我国重要的特用经济树种,列为中国二级重点保护。

69. 滇朴 *Celtis yunnanensis* Schneid (彩图 28)

【别名】四蕊朴

【科属】榆科 朴属

【产地与分布】产云南各地,生于海拔 1200~2700 m 的河谷林中或山坡灌丛中。

【识别特征】落叶乔木,高达 15 m。树冠宽卵形。单叶互生,卵状椭圆形,多基部偏斜,先端渐尖或尾状渐尖,边缘中上部具齿,下部全缘,三出脉。花被 4~5 片,雄蕊与花被片同数。核果,近球形,熟时蓝黑色。花期 2~3 月;果期 8 月。

【生态习性】喜光,能耐水湿,耐瘠薄,酸性、中性、石灰性土壤均可生长,适应性强,抗污染能力强。

【景观应用】滇朴树冠宽广,夏季绿荫浓密,秋叶变黄,适应性强,移植成活率高,是云南优良的绿化树种之一,宜作庭荫树、行道树。

【其他用途】木材结构细,优良用材,亦可作砧板。

70. 榔榆 *Ulmus parvifolia* Jacq.

【别名】小叶榆、秋果榆

【科属】榆科 榆属

【产地与分布】主产长江流域及其以南地区,北至山东、河南、山西、陕西等省;日本、朝鲜也有分布。

【识别特征】落叶或半常绿乔木,高达 25 m,树冠扁球形或卵球形,树皮薄鳞片状脱落后仍较光滑。单叶互生,小而质厚,长椭圆形至卵状椭圆形,先端尖,基部歪斜,缘具单锯齿(萌芽枝之叶常有重锯齿)。花两性,簇生叶腋;翅果,翅在扁平果核周围。花期 8~9 月;果期 10~11 月。

【生态习性】喜光,稍耐荫;喜温暖气候,亦能耐 −20℃ 的短期低温;喜肥沃湿润土壤,有一定的耐干旱瘠薄能力,在酸形、中性和石灰性土壤的山坡、平原及溪边均能生长;生长速度中等,寿命较长;深根性,萌芽力强;对二氧化硫等有毒气体及烟尘的抗性较强。

【栽培资源】常见品种:

①金斑榔榆'Aurea' 叶片黄色,但叶脉绿色。

②红果榔榆'Erythrocarpus' 果熟时红色。

③白齿榔榆'Frosty' 灌木,叶缘有白色锯齿。

④金叶榔榆'Golden Sun' 嫩枝红色,幼叶金黄色或橙黄色,老叶变为绿色。

⑤垂枝榔榆'Pendula' 枝条下垂。

⑥锦叶榔榆'Rainbow' 春季新芽红色,幼叶有白色或奶白色斑纹,老叶变为绿色。

⑦白斑榔榆'Variegata' 叶有白色斑纹。

【景观应用】榔榆树形优美,姿态潇洒,树皮斑驳,树叶细密,具较高观赏性,在园林中可孤植、丛植或于亭榭、山石配置,是优良的行道树、庭荫树及园景树。榔榆抗性强,适应性广,可选作厂矿绿化树种。另外,榔榆老茎残根萌芽力强,是盆景制作的优良材料。

【其他用途】木材坚韧,经久耐用,为上等用材;树皮、根皮、叶均能药用。

71. 榆树 *Ulmus pumila* L.

【别名】白榆

【科属】榆科 榆属

【产地与分布】产我国东北、华北、西北、华东及华中各地,华北农村尤为习见;朝鲜、俄罗斯也有分布。

【识别特征】落叶乔木,高达 25 m。树皮粗糙、纵裂;小枝灰色,常排成二列鱼骨状。单叶互生,叶卵状长椭圆形,先端尖,基部稍歪,叶缘有不规则单锯齿。花两性,早春叶前开放;翅果较小,近圆形,长

1～2 cm,无毛。花期3～4月,果4～6月成熟。

【生态习性】喜光,耐寒;喜肥沃湿润而排水良好的土壤,不耐水湿,耐干旱瘠薄和盐碱土。生长快,30年生树高17 m,胸径42 cm。寿命较长,可达百年以上;主根深,侧根发达,抗风力强,萌芽力强,耐修剪。

【栽培资源】常见品种:

①垂枝榆'Pendula' 枝下垂,树冠伞形。以榆树为砧木进行高接繁殖。

②钻天榆'Pyramidalis' 树干直,树冠窄;生长快。

③龙爪榆'Tortuosa' 树冠球形,小枝卷曲下垂。可用榆树为砧木嫁接繁殖。

【景观应用】榆树树干通直,冠大荫浓,枝叶细密,可作行道树、庭荫树、防护林,是城乡绿化重要树种。在干旱贫瘠、严寒之地常呈灌木状作绿篱用;在林业上是营造防风林、水土保持林和盐碱地造林的主要树种之一;对氟化氢等有毒气体及烟尘的抗性较强,是厂矿绿化重要树种。同时,榆树也是盆景制作的优良材料。

【其他用途】材质尚好,坚韧,可用作家具、农具、建筑等;幼叶、嫩果(俗称"榆钱")可食;树皮、根皮、叶均能药用。此外,榆树是重要的蜜源树种之一。

72.榉树 *Zelkova schneideriana* Hand.-Mazz.(彩图29)

【科属】榆科 榉属

【产地与分布】产我国淮河及秦岭以南,长江中下游至华南、西南各省区。

【识别特征】落叶乔木,高达25 m。树冠倒卵状卵形,树皮不裂,老干呈薄鳞片状脱落后仍光滑。单叶互生,叶卵状椭圆形,羽状脉,单锯齿整齐,表面粗糙,背面密生浅灰色柔毛。花单性同株。坚果无翅,歪斜,有皱纹。花期3～4月,果期10～11月。

【生态习性】喜光,喜温暖气候及肥沃湿润土壤,不耐干旱瘠薄,忌积水,在酸形、中性和石灰性土壤上均能生长;生长速度中等偏慢,寿命较长,深根性,侧根广展,抗风力强;耐烟尘,抗有毒气体;抗病虫害能力强。

【景观应用】榉树分枝细密,树形雄伟,绿荫浓密,春叶呈紫红色或嫩黄色,秋叶红艳,且秋季叶片变色一致,挂叶期长,观赏期长达2个月,是江南地区重要的秋色叶树种。《花经》云:江浙诸省,多栽榉树于宅地之旁;往往年久宅废,而榉树仍兀立于丛草荒烟之中,令人兴沧桑之感也。

榉树最适于孤植或三、五株丛植,以点缀亭台、假山、水池、建筑,在江南古典园林中常见此用法。如沧浪亭所在的土山上有2株百年榉树,拙政园的雪香云蔚亭旁有3株榉树、1株枫香和1株乌桕的搭配组合以丰富景观层次。在园林中,榉树可列植、丛植或群植,也可作行道树,其景观颇为壮丽,是厂矿绿化和营造防风林的理想树种。

【其他用途】木材坚实,纹理美,是贵重用材;茎皮纤维强韧,是人造棉及制绳索的原料。

73.构树 *Broussonetia papyrifera*(L.)L. Her. ex Vent.(彩图30,图6-66)

【科属】桑科 构属

【产地与分布】我国黄河流域至华南、西南各地均有分布;日本、越南、印度等国亦有分布。

【识别特征】落叶乔木,高16 m。小枝被毛,有乳汁。单叶互生,稀对生,卵形,先端渐尖,基部略偏斜呈圆形或近心形,基三出脉,缘有粗锯齿,不裂或不规则2～5裂,两面密生柔毛。单性花,雌雄异株,雄花为葇荑花序,雌花为稠密的头状花序。聚花果球形,成熟时橙红色。花期4～5月;果期8～9月。

图6-66 构树

【生态习性】喜光;适应性强,能耐北方干冷和南方湿热气候;

耐干旱瘠薄，也能生长在水边；喜钙质土，也能在酸性、中性土上生长；生长快，萌芽力强，根系较浅，但侧根分布很广；对烟尘及有毒气体抗性很强，病虫害少。

【景观应用】构树枝叶茂密，具有抗性强、生长快、繁殖容易等许多优点，是城乡绿化的重要树种，可作为庭荫树及防护林用，尤其适合作为工矿厂区及荒坡地绿化树种。

【其他用途】构树树皮是优质造纸及纺织原料；根皮、叶、果可入药；木材结构中等，可作一般材用及薪炭用；叶亦可作猪饲料。

74. 桑树 *Morus alba* L.

【别名】家桑

【科属】桑科　桑属

【产地与分布】原产中国中部，现南北各地广泛栽培，尤以长江中下游各地为多。

【识别特征】落叶乔木，高达 15 m。小枝褐黄色，嫩枝及叶含乳汁。单叶互生，卵形或广卵形，锯齿粗钝，表面光滑，有光泽，背面脉腋有簇毛。花单性异株。聚花果（桑葚）圆筒形，熟时常由红变紫色。花期 4 月；果期 5～6(7)月。

【生态习性】喜光，适应性强，耐干旱瘠薄，耐轻盐碱，耐烟尘和有害气体；深根性，寿命长达 300 年。

【栽培资源】常见品种：

①裂叶桑'Laciniata'　叶片深裂。

②垂枝桑'Pendula'　枝条细长下垂。

③龙桑'Tortuosa'　枝条扭曲，似龙游。

【景观应用】桑树树冠广卵形，枝叶茂密，秋季叶色变黄，适合城乡及工矿厂区"四旁"绿化。我国古代人们有在房前屋后栽种桑树和梓树的传统，因此常把"桑梓"代表故土、家乡。

【其他用途】桑树叶可饲蚕；果（桑葚）可食和酿酒；根皮、枝、叶、果均可入药；木材坚硬，有弹性，可制家具、乐器等；树皮纤维细柔，可供纺织和造纸原料。

75. 青钱柳 *Cyclocarya paliurus*(Batal.)Iljinskaja（图 6-67）

【科属】胡桃科　青钱柳属

【产地与分布】产长江以南各省区。

【识别特征】落叶乔木，高达 30 m。枝具有片状髓心。幼枝、幼叶密被褐色短柔毛，后渐脱落。奇数羽状复叶，互生；小叶纸质，长椭圆状披针形，近无柄，先端渐尖，基部偏斜，缘有细齿，两面有毛。花单性同株，雄花成葇荑花序，雌花序长 21～26 cm。果序下垂，坚果扁球形，具圆盘状翅，连圆盘翅径可达 3～6 cm。花期 4～5 月；果期 8～9 月。

【生态习性】喜光，喜深厚、肥沃土壤；萌芽力强。

【景观应用】青钱柳树形美观，果如铜钱，果序临风摇曳，又名摇钱树，有较高观赏性，可做园林观赏树。

【其他用途】青钱柳木材细致，可作家具等用。

图 6-67　青钱柳

76. 核桃 *Juglans regia* L.（图 6-68）

【别名】胡桃

【科属】胡桃科　核桃属

【产地与分布】原产中国新疆，久经栽培，分布很广，以西北、华北为主要产区。

【识别特征】落叶乔木，高达 25 m。枝具片状髓心，小枝无毛。奇数羽状复叶，揉之有香味，椭圆形至椭圆状卵形，全缘，幼树及萌芽枝上的叶有不整齐锯齿，叶下仅脉腋具有簇生毛。花单性同株，雄花序葇荑状，雌花 1～3(5)顶生成穗状花序。核果近球形，外果皮肉质、光滑，在树上不开裂，皮孔黄白色；内果皮骨质，有不规则浅刻纹及 2 纵脊，果形大小及内果皮的厚薄均因品种而异。花期 4～5 月；果期 9～11 月。

图 6-68　核桃

【生态习性】喜光，喜温凉气候，耐干冷，不耐湿热，不耐盐碱，适生于微酸性土、中性土及弱碱性钙质土。在深厚、肥沃、湿润的沙壤土和壤土上生长良好；在黏重、地下水位高、排水不良的土壤上不能生长。深根性，有粗大的肉质直根，忌水淹。生长速度尚快，一般 6～8 年开始结果，20～30 年达盛果期，寿命长，生境及栽培条件良好的地方，二三百年的大树仍结果繁茂。

【景观应用】核桃树冠庞大雄伟，枝叶茂密，绿荫覆地，是良好的庭荫树和行道树种，可孤植、丛植于园林环境中。核桃枝叶及花果挥发的芳香气味具有杀菌、杀虫的保护功效，可成片、成林配植于风景疗养区。国家二级重点保护树种。

【其他用途】核桃果实是优良的干果和重要的中药材；果仁油是高级食用油和工业用油；木材坚韧，为高级用材；树皮、叶及果皮可提制鞣酸；核桃壳可制活性炭。

77. 化香 *Platycarya strobilacea* Sieb. et Zucc.（图 6-69）

【科属】胡桃科　化香树属

【产地与分布】产华中、华东、华南、西南、台湾等地。

【识别特征】落叶乔木，高可达 20 m。小枝髓心充实。奇数羽状复叶互生，小叶薄纸质，圆状长椭圆形，基部偏斜，缘有重锯齿。花单性，无花被片；两性花序和雄花序在小枝顶端排列成伞房状花序束，直立；两性花序通常 1 条，着生于中央顶端，雄花序在上，雌花序在下；雄花序通常 3～8 条，位于两性花序下方四周。果序球果状，深褐色，果苞内生扁平有翅小坚果。花期 5～6 月；果期 10 月。

图 6-69　化香

【生态习性】喜光，耐干旱瘠薄，喜钙，是石灰岩地区的指示树种，在酸性土、钙质土上均可生长。昆明西山石灰岩地区生长良好。

【景观应用】化香枝叶繁茂，果序宿存，直立，形似烛头，观赏性强，可作为园林绿化观赏树种，同时也是石灰岩地区荒山绿化先锋树种，另外还可作为核桃、山核桃和薄壳核桃的嫁接砧木。

【其他用途】化香果序及树皮富含单宁，是重要的栲胶树种。其枝叶浸泡可作农药，又可毒鱼，故忌鱼塘四周种植。

78. 枫杨 *Pterocarya stenoptera* C. DC.（图 6-70）

【别名】花树、枰柳、水沟树

【科属】胡桃科　枫杨属

【产地与分布】广布于华北、华中、华南和西南各省区；常见于长江流域和淮河流域。

【识别特征】落叶乔木，高达 30 m。枝具片状髓心。奇数羽状复叶互生，叶轴具窄翅，长椭圆形，缘有细齿。单性花同株，单被或无被；雄花序葇荑状。果序下垂，长达 40 cm。坚果近球形，具 2 长翅，形似元宝，成串悬于新枝顶端。花期 4～5 月；果期 8～9 月。

【生态习性】喜光，稍耐荫；喜温暖湿润气候，较耐寒；耐湿性强，但不宜长期积水；对土壤要求不严，酸性及中性土壤均可生长，亦耐轻度盐碱，而以深厚肥沃的土壤生长最好；深根性，根系发达，萌芽力强。

【景观应用】枫杨树冠宽广，枝叶茂密，生长快，适应性强，是水边固堤护岸的优良树种；果序下垂，优美，园林中可作庭荫树、行道树，孤植、丛植、列植、片植均可；对烟尘和二氧化硫等有毒气体具有一定抗性，适宜厂矿、街道绿化。

【其他用途】枫杨木材轻软，不耐腐朽，可作箱板、家具、农具等。树皮富含纤维，可制上等绳索。叶有毒，可作农药杀虫剂，树皮煎水可治疥癣和皮肤病。

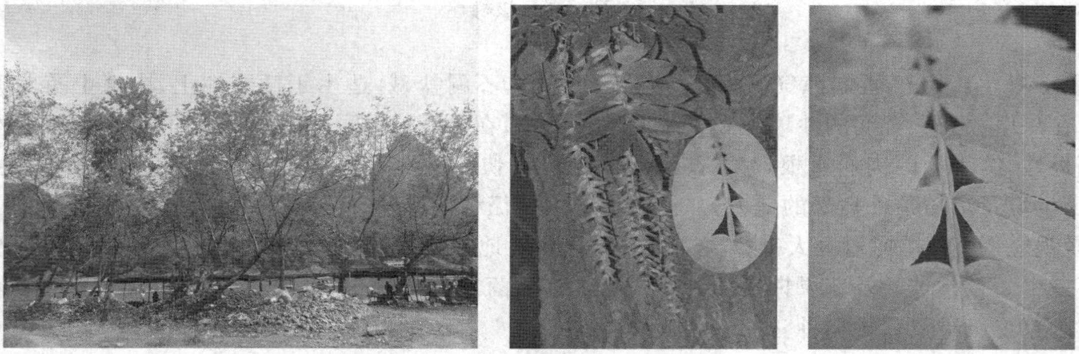

图 6-70　枫杨

79. 板栗 *Castanea mollissima* Bl.（图 6-71）

【科属】壳斗科　栗属

【产地与分布】产辽宁以南各地，除新疆、青海以外均有栽培，以华北及长江流域各地最集中，产量也最大。世界温带国家多引种栽培。

【识别特征】落叶乔木，高达 20 m。单叶互生，卵状椭圆形至椭圆状披针形，缘有锯齿，叶背被灰白色星状短柔毛。单性花，葇荑花序，雌雄同序，花序直立，雄花生于花序中上部，雌花生于花序基部。坚果半球形或扁球形，总苞（壳斗）密被长刺，全包坚果通常 2～3 个。花期 5～6 月；果期 9～10 月。

【生态习性】喜光；对气候和土壤的适应性强，北方品种较能耐寒，南方品种则喜温暖而不怕炎热，但耐寒、耐旱性较差；以阳坡、肥沃湿润、排水良好的沙壤或沙质土最好；深根性，根系发达，寿命长，萌芽性较强，耐修剪。

图 6-71　板栗

【景观应用】板栗树冠宽圆，枝叶荫浓，在园林中作孤植、群植均宜；亦可作为山区绿化造林和水土保持树种。板栗在我国有 2000 多年的栽培历史，各地品种很多，中国的板栗品质好，抗病力强。目前板栗主要作干果生产栽培，是绿化结合生产的良好树种。

【其他用途】栗果可食，为著名干果，尤以北方栗果品质最佳；板栗的壳斗、树皮、嫩枝含鞣质，可提取栲胶；板栗材质优良。另外，板栗还是良好的蜜源植物。

80. 槲栎 *Quercus aliena* Bl.（图 6-72）

【科属】壳斗科　栎属

【产地与分布】产辽宁、华北、华中、华南及西南各省区，垂直分布华北在 1000 m 以下，云南可达 2500 m。

【识别特征】落叶乔木，高达 25 m。树冠宽卵形。单叶互生，倒卵状椭圆形，先端钝圆，基部耳形或圆形，缘具波状缺刻，背面灰绿色，有星状毛。雄花序为下垂的葇荑花序。总苞碗状，包坚果 1/2～2/3，苞片鳞形，短小，覆瓦状排列紧密。花期 4～5 月；果期 10 月。

图 6-72　槲栎

【生态习性】喜光，稍耐荫，耐寒，耐干旱瘠薄；喜酸性至中性的湿润深厚而排水良好的土壤；深根性，萌芽力强；抗风、抗烟、抗病虫害能力强，耐火力强，生长速度中等。

【景观应用】槲栎树形奇雅，枝叶扶疏，入秋后叶呈紫红色，别具风韵，能够抗烟尘及有害气体。槲栎适应性强，根系发达，是暖温带落叶阔叶林主要树种之一；亦是荒山造林、防风林、水源涵养林及防火林的优良树种，可作园林结合生产、防护推广应用。

【其他用途】幼叶饲养柞蚕；木材坚硬，供建筑、家具、枕木等用；壳斗含鞣质。

81. 波罗栎 *Quercus dentata* Thunb.（图 6-73）

【别名】柞栎、槲树

【科属】壳斗科　栎属

【产地与分布】我国北起黑龙江，西南至四川、贵州、云南、广西北部；蒙古、日本也有分布。

【识别特征】落叶乔木，高 25 m，小枝有槽，密被灰色星状柔毛。叶倒卵形，先端钝，基部耳形或楔形，缘有不规则波状裂片，背面密生灰色星状毛。总苞之鳞片窄披针形并反卷。

图 6-73　波罗栎

【生态习性】喜光，耐寒，耐旱，在酸性土、钙质土及轻度石灰性土上均能生长，抗烟尘及有害气体；深根性，萌芽力强。

【景观应用】波罗栎适应性强，绿荫葱葱，可群植于园林绿地或工矿厂区，也可与其他树种混交植为风景林。波罗栎是北方地区荒山造林树种之一。

【其他用途】木材坚硬；树皮、种子可入药；幼叶可饲养柞蚕。

82. 栓皮栎 *Quercus variabilis* Bl.（图 6-74）

【别名】软皮栎、粗皮栎

【科属】壳斗科　栎属

【产地与分布】产中国，分布广泛。

【识别特征】落叶乔木，高达 25 m。树冠宽大卵形，树皮木栓层厚而软。单叶互生，椭圆状披针形至椭圆状卵形，先端渐尖，边缘有芒状锯齿，背面密生灰白色星状毛。单性花，雌雄同株，雄花序为下垂葇荑花序。坚果单生或双生于当年生枝叶腋；总苞杯状，包坚果 2/3，苞片锥形粗刺状，反曲；坚果卵球形或椭球形。花期 3～4 月；果翌年 9～10 月成熟。

【生态习性】喜光，不耐荫，常生于阳坡，但幼树以侧方庇荫为好；对气候、土壤的适应性强，能耐 −20℃ 低温，亦耐干旱、瘠薄，不耐积水；深根性，抗旱、抗风力强，但不耐移植；萌芽力强，抗火耐烟能力强，易天然萌芽更新，寿命长。

【栽培资源】同属常见种：

①麻栎 *Q. acutissima* Carr.　叶背绿色，无毛或近无毛。

【景观应用】栓皮栎树干通直，枝条伸展，树姿雄伟，浓荫如盖，入秋时转橙褐色，季相变化明显，是良好的绿化观赏树种；根系发达，适应性强，是营造防风林、水源涵养林及防火林带的优良树种。

图 6-74　栓皮栎

【其他用途】栓皮栎是壳斗科重要的栲胶原料，枝干是培养木耳、香菇、银耳的好材料；树皮分为内外两层，外层俗称“栓皮”或“软木”，可作绝缘、隔热、隔音、瓶塞等原材料，是国防及工业的重要材料；木材为我国重要的硬阔叶材种；坚果为重要的淀粉原料；叶为柞蚕饲料之一。栓皮栎全身都是宝，是我国重要的特用经济树种。

83. 旱冬瓜 *Alnus nepalensis* D. Don（图 6-75）

【别名】蒙自桤木、尼泊尔桤木、冬瓜树

【科属】桦木科　赤杨属

【产地与分布】产于广西、四川、贵州、云南、西藏；生于海拔 500～3600 m 潮湿沟谷及干燥山坡疏林中。

【识别特征】落叶乔木，高 20 m。单叶互生，叶椭圆形或倒卵状椭圆形，先端渐尖，基部楔形或近圆形，全缘或具疏细齿，背面有白粉及油腺点。雌雄同株；雄花为下垂的葇荑花序，常先叶开放；雌花为圆柱形葇荑花序，无花被。果序呈短圆柱状，坚果具膜质翅；果苞革质。花期 9～10 月；果期翌年 11～12 月。

图 6-75　旱冬瓜

【生态习性】喜光，喜温暖气候，喜湿润、肥沃而排水良好的中性或酸性土，耐干旱瘠薄；生长快，萌芽性强。

【景观应用】旱冬瓜生长迅速，适应性强，是优良的护岸固堤树种及速生用才树种，是云南中部重要的绿化树种，较适宜于风景林。

【其他用途】旱冬瓜木材较好；树皮含单宁，可入药；叶含氮、磷、钾等养分，可作农作物优良绿肥；根寄生固氮细菌，为山间坡地改良土壤的好树种。

84.华椴 *Tilia chinensis* Maxim.（图 6-76）

【科属】椴树科　椴树属

【产地与分布】产滇西地区，生于海拔 2500～3900 m 杂木林中；甘肃、陕西、河南、四川、湖北也有。

【识别特征】落叶乔木，高达 15 m。叶纸质，宽卵形，先端尾尖，基部斜心形或斜截形，边缘具有整齐细锯齿；叶上面无毛，叶下被毡毛状绒毛，叶下网脉不明显。聚伞花序通常有 3，稀 6；叶状苞片长圆形，下半部与花序梗合生，宿存。核果，5 棱。花期 6～7 月，果期 8～9 月。

【生态习性】喜湿耐寒。

【景观应用】华椴树冠整齐，叶秀丽繁茂，为世界四大行道树之一。

【其他用途】木材轻软，易于加工，可作胶合板及造纸等用材。茎皮纤维代麻用。

图 6-76　华椴

85.梧桐 *Firmiana simplex*（L.）F. W. Wight（图 6-77）

【别名】青桐、中国梧桐

【科属】梧桐科　梧桐属

图 6-77　梧桐

【产地与分布】原产中国及日本，华北至华南、西南各省区广泛栽培。

【识别特征】落叶乔木，高 15～20 m，树干端直，树冠卵圆形，干枝翠绿色，平滑。单叶互生，掌状 3～5 裂，表面光滑，下面被星状毛，裂片全缘，基部心形。花单性同株，无花瓣，萼片花瓣状，5 深裂，长条形，黄绿色带红；聚伞状圆锥花序顶生。花后心皮分离成 5 蓇葖果，远在成熟前开裂呈舟形，膜质；种子棕黄色，大如豌豆，着生于心皮的裂缘。花期 6～7 月；果期 9～10 月。

【生态习性】喜光；喜温暖湿润气候，耐寒性不强。喜土层深厚肥沃，排水良好、含钙丰富的壤土。深根性，直根粗壮，萌芽力弱，不耐涝，不耐修剪。生长快，寿命较长，能活百年以上。

【栽培资源】同属常见种：

①云南梧桐 *F. major*　产云南和四川西南部。树皮灰绿色；叶掌状 3 浅裂，花紫红色。可作庭荫树和行道树。

【景观应用】梧桐因春季萌芽较晚，秋季落叶较早，亦有“梧桐一叶落，天下尽知秋”之说。中国花文化中将梧桐作为吉祥植物的化身，宋·郑笺诗“凤凰之性，非梧桐不栖”，故佛寺、殿堂前广为种植。苏州拙政园中的“梧竹幽居”处，其旁尽栽梧桐、竹子表达园主人期待贤才前来栖息的心意。

梧桐树干端直，树皮光滑绿色，干枝青翠，绿荫深浓，叶大而形美，且秋季转为金黄色，花序、果序庞大，洁净可爱，可作孤植或丛植，是优美的庭荫树和行道树。在园林中，梧桐与棕榈、竹、芭蕉等搭配较能体现中国民族风。梧桐对多种有毒气体有较强的抗性，厂矿绿化应大力推广应用。

【其他用途】梧桐木材轻韧，纹理美观，可供乐器、家具等用材；种子可炒食或榨油，叶、花、根及种子均可入药。

86. 木棉 *Boombax ceiba* DC.（彩图 31，图 6-78）

【别名】攀枝花、英雄树

【科属】木棉科　木棉属

【产地与分布】产华南、印度、马来西亚及澳大利亚。

【识别特征】落叶乔木，高达 40 m。树干具有短粗的圆锥形大刺。掌状复叶，互生。花大，红色，集生于枝顶端，春天叶前开放。蒴果大，长圆形，木质，内有棉毛。花期 3～4 月，果夏季成熟。

【生态习性】喜光，耐旱，喜暖热气候；深根性，速生。

【景观应用】木棉树形高大雄伟，春天开花时，如火如荼，是美丽的观赏树，常作行道树及庭荫树及庭院观赏树。杨万里有诗：即是南中春色别，满城都是木棉花。木棉是广州的市花，也是华南干热地区重要造林树种。

图 6-78　木棉

【其他用途】木棉木材轻软，耐水湿；果内棉毛可作枕芯，垫褥；花、根、皮可入药。

87. 美丽异木棉 *Ceiba speciosa*（A. St. Hil.）Gibbs et Semir（彩图 32，图 6-79）

【别名】美人树

【科属】木棉科　吉贝属

【产地与分布】原产巴西至阿根廷；我国华南至云南南部有栽培。

【识别特征】落叶乔木，高达 15 m。树干绿色，具瘤刺。掌状复叶互生，小叶 5～7，椭圆形或长卵形，缘有细锯齿。花粉红或淡紫色，反卷，基部黄白色，成顶生总状花序，秋天落叶后开花，可一直开到年底。果长椭圆形。

【生态习性】喜光，耐旱，喜暖热气候；深根性，速生。

【景观应用】异木棉树形整齐，花开繁盛，且花期长，是优秀的行道树及庭院观赏树。

图 6-79　美丽异木棉

88. 山桐子 *Idesia polycarpa* Maxim.（彩图 33）

【科属】大风子科　山桐子属

【产地与分布】产我国华东、华中、西北及西南各地，生于海拔 100～2500 m 的向阳山坡或丛林中。

【识别特征】落叶乔木，高达 15 m。全株无刺。单叶互生，宽卵形，缘有疏锯齿，基部心形，叶柄上部具有 2 腺体。花无花瓣，雌雄异株或杂性同株，顶生圆锥花序，下垂。浆果球形，成熟时红色。花期 5～6 月；果期 9～10 月。

【生态习性】喜光，稍耐荫；对土壤要求不严，不耐寒，忌积水。

【景观应用】山桐子树形美观，秋天红果累累，观赏期极长，宜作观赏树、行道树。

【其他用途】山桐子油有很高的经济利用价值，可制高档食用油，也可作工业用油，还是生物柴油重要的提取原料。

89. 柽柳 *Tamarix chinensis* Lour.（图 6-80）

【别名】三春柳、西湖柳、观音柳

【科属】柽柳科 柽柳属

【产地与分布】原产中国，分布极广，自华北至长江中下游各省，南达华南及西南地区。

【识别特征】落叶灌木至小乔木，高 5～7 m。枝细长，下垂，带紫色。叶小，卵状披针形。花两性，小，粉红色，苞片条状钻形；春季开花后，夏季或秋季又再次开花，而以夏秋开花为主；春季为单个的总状花序侧生于去年生的木质化枝条上；夏、秋季为大圆锥花序顶生于当年枝上。果 10 月成熟。

图 6-80 柽柳

【生态习性】喜光，耐寒、耐热、耐烈日暴晒；耐旱、耐水湿、抗风；耐盐碱土，能在重盐碱地上生长；深根性，根系发达，萌芽力强，生长迅速；极耐修剪。

【栽培资源】同属常见种：

①红柳（多枝柽柳、西河柳）*T. ramosissima* 产东北、华北、西北各省区，尤以沙漠地区为普遍。红柳分枝多，枝细长，红棕色。仅夏季或秋季开花，总状花序集生成稀疏的圆锥花序，生于当年枝顶。红柳比柽柳更耐酷热及严寒，可耐吐鲁番盆地 47.6℃的高温及－40℃的低温，根系深达 10 m 多，抗沙埋性很强，易生不定根，易萌发不定芽；寿命可长达百年以上。

【景观应用】柽柳姿态婆娑，枝叶纤秀，花期极长，为优秀的防风、固沙及改良盐碱土树种，亦可植于水边供观赏，

【其他用途】柽柳萌条有弹性和韧性，可供编织，嫩枝及叶可入药；树皮含鞣质，可制栲胶。

90. 欧洲黑杨 *Populus nigra* L.（图 6-81）

【别名】黑杨

【科属】杨柳科 杨属

【产地与分布】产亚洲北部至欧洲，我国新疆北部有分布。

【识别特征】落叶乔木，树高 30 m。树冠椭球形，树皮暗灰色，老时纵裂；小枝圆，无毛。叶菱形、菱状卵形或三角形，先端长渐尖，基部广楔形，叶缘半透明，具圆齿；叶柄扁而长，无毛。

【生态习性】喜光，喜温凉气候及湿润土壤，也能适应暖热气候，耐水湿和轻盐碱土。

【栽培资源】常见变种：

①钻天杨 var. *italica* 树冠圆柱形；长枝上叶扁三角形，短枝上叶菱状卵形。

【景观应用】欧洲黑杨生长迅速，树形高大，常作行道树及防护林树种。

图 6-81 欧洲黑场

91. 毛白杨 *Populus tomentosa* Carr.

【科属】杨柳科 杨属

【产地与分布】中国特产，主要分布于黄河流域，北至辽宁南部，南至江苏、浙江，西至甘肃东部，西南至云南均有之，垂直分布一般在海拔 200～1200 m，最高可达 1800 m。

【识别特征】落叶乔木，高达 30～40 m。树冠卵圆形，树皮灰白色，皮孔菱形。叶三角状卵形，先端渐尖，基部心形或截形，边缘具波状缺刻或锯齿；叶柄扁平，长枝先端常具腺体，短枝先端常无腺体。幼

枝、嫩叶、叶柄及叶背均密被灰白色绒毛,后渐脱落。雌雄异株,花叶前开放。蒴果小,三角形。花期3～4月;果4月下旬成熟。

【生态习性】喜光,要求凉爽、湿润气候,忌积水;对土壤要求不严,在酸性至碱性土上均能生长;抗烟尘和抗污染能力强。毛白杨寿命是杨属中最长者,可达200年以上,但毛白杨是天然杂交种,种子稀少,生产上多采用营养繁殖,则常至40年左右即开始衰老。

【景观应用】毛白杨树干灰白端直,树形高大宽阔,气势颇为壮观,在园林绿化中宜作行道树及庭荫树,也可孤植或丛植于空旷地或草坪上,是厂矿区绿化、防护林、用材林的重要树种。

【其他用途】毛白杨木材轻而细密,可供建筑、家具、胶合板及人造纤维等用。雄花序凋落后,收集可供药用。

92. 滇杨 *Populus yunnanensis* Dode

【别名】云南白杨

【科属】杨柳科　杨属

【产地与分布】产我国西南地区,云南较为常见。

【识别特征】落叶乔木,高达20～25 m。树皮灰色或灰褐色,不规则深纵裂;小枝粗壮,有角棱,黄褐色,无毛。叶卵状椭圆形,基部广楔形或近圆形;长枝叶中脉常带红色,叶柄较粗短;短枝叶中脉黄色,叶柄较细长。

【生态习性】喜温凉气候,较耐湿热,较喜水湿。

【景观应用】滇杨树形高大端直,冠大荫浓,昆明等地常作公路行道树及庭荫树,也可多行种植作防护林。

【其他用途】木材可作造纸、胶合板、纤维板等用;芽脂可作黄褐色染料等。

93. 垂柳 *Salix babylonica* L.

【科属】杨柳科　柳属

【产地与分布】我国分布较广,长江流域尤为普遍;欧美及亚洲各国均有引种。

【识别特征】落叶乔木,高达18 m。树冠倒广卵形,小枝细长下垂,黄褐色。叶披针形,边缘有细锯齿。花单性异株,成葇荑花序;雄花具2雄蕊,2腺体,雌花仅具1腺体。花期3～4月,昆明2月始花;果熟期4～5月。

【生态习性】喜光,喜温暖湿润气候及潮湿深厚的酸性至中性土壤;较耐寒,特耐水湿,也耐干旱。萌芽力强,生长快,但寿命短,30年后逐渐衰老。

【景观应用】垂柳枝条细长,随风飘舞,摇弋生姿,自古以来,深受我国人民的喜爱,“上扶疏而施散兮,下交错而龙鳞”,春日“翠条金穗舞娉婷”,夏日“柳渐成荫万缕斜”,秋日“叶叶含烟树树垂”,冬日“袅袅千丝带雪飞”。因“柳”与“留”谐音,故古人常以柳喻别离。

在园林造景中,柳树常与碧桃、连翘、迎春等早春观花乔木配置于水边,如杭州西湖的“苏堤春晓”、“柳浪闻莺”;济南大明湖“明湖翠柳”;南昌西湖“余亭烟柳”等均以柳树成景,故柳树是水边种植的重要观赏树种;亦可作行道树、庭荫树、固坡护堤及平原造林树种。柳树还可招蝉引鸟,古有“鹂性近柳”之说,蜩、鹂齐集于柳树,增加了动静相济的景观,故西湖有“柳浪闻莺”之景。

【其他用途】垂柳木材韧性大,可作农具、器具等;枝条可编织篮、筐、箱等器具;枝、叶、花、果及须根可入药。

94. 旱柳 *Salix matsudana* Koidz.

【别名】柳树、立柳

【科属】杨柳科　柳属

【产地与分布】我国分布甚广,东北、华北、西北及长江流域各省区均有,而黄河流域为其分布中心,旱柳是我国北方平原地区最常见的乡土树种之一。

【识别特征】落叶乔木，高达 18 m。树冠卵圆形至倒卵形，小枝直立或斜展，黄绿色。叶披针形，缘有细腺齿；叶柄短。雌花具有 2 腺体，雄花具有 2 雄蕊。

【生态习性】喜光，耐寒；对土壤要求不严，旱地、湿地和弱盐碱地均能生长，但以湿润而排水良好的土壤上树种良好；根系发达，抗风力强，生长快，易繁殖。旱柳树皮在受到水浸时，能很快长出新根悬浮于水中，因此，旱柳耐水淹、扦插易成活。

【栽培资源】常见品种：

①绦柳(旱垂柳)'Pendula'　枝条细长下垂，外形似垂柳。小枝黄色，较短。叶无毛。我国北方城市习见栽培，常被误认为垂柳。

②龙爪柳(龙须柳)'Tortuosa'　高达 12 m，枝条自然扭曲。

③金枝龙须柳'Tortuosa Aurea'　枝条扭曲，金黄色。

④馒头柳'Umbraculifera'　分枝密，端稍整齐，树冠半圆形，状如馒头。北京园林中常见栽培，多作行道树、庭荫树。

【景观应用】柳树给人以亲切优美的感觉，枝叶柔软嫩绿，树冠丰满，自古以来，是我国重要的园林及城乡绿化树种，最宜于池岸边，低处，草地上种旱柳，可作行道树、防护林及沙荒造林。

95. 柿树 *Diospyros kaki* Thunb.（彩图 34）

【科属】柿树科　柿树属

【产地与分布】原产中国及日本。在中国分部极广，北自河北长城以南，西北至陕西、甘肃南部，南至东南沿海、两广及台湾，西南至四川、贵州、云南均有分布。

【识别特征】落叶乔木，高达 15 m。树皮方块状开裂，小枝有褐色短柔毛，后渐脱落。单叶互生，椭圆状倒卵形，全缘，革质，背面及叶柄均有柔毛。花单性异株或杂性同株；雄花序成聚伞花序，雌花单生。浆果大，扁球形，有膨大的宿存花萼；熟时呈橙黄色或橘红色。花期 5～6 月；果期 9～10 月。

【生态习性】阳性树，喜光略耐荫，但在阳光充足处果实多且品质好；喜冷凉至温暖，生育适温 15～25℃；耐干旱瘠薄。柿树寿命很长，结果时间早，且结果年限长，通常嫁接后 4～6 年开始结果，15 年后达盛果期，100 年生的大树仍能丰产，300 年生的大树仍可挂果。

【景观应用】柿树在我国栽培历史悠久，是优良的观叶、观果树种。柿树树形美丽，枝繁叶茂，叶大浓绿有光泽，秋季变为红色；柿花呈黄白色，清香；秋季果实累累，且果实不宜脱落，落叶后柿子仍能挂在树上，因此观果期极长。柿树在园林中可作庭荫树，既可在城市园林又可在山区自然风景中配置，是很好的园林结合生产树种。

【其他用途】柿树材质坚韧，耐腐，可制家具、农具及细工用。柿子营养价值较高，可生食，有"木本粮食"之称，但大部分品种生食前需作"脱涩"处理。柿子还可加工制成柿酒、柿饼、柿醋等。柿霜及柿蒂可入药。

96. 君迁子 *Diospyros lotus* L.（图 6-82）

【别名】软枣、黑枣

【科属】柿树科　柿树属

【产地与分布】原产中国；亚洲西部、欧洲南部及日本也有分布。

【识别特征】落叶乔木，树高达 15 m。树皮方块状开裂，幼枝灰绿色，有短柔毛。叶长椭圆形、长椭圆状卵形，叶先端渐尖，基部楔形或圆形，纸质，叶背灰绿色有灰色毛。花单性，雌雄异株，簇生叶腋，淡橙色或绿白色。果小，径 1.2～1.8 cm，熟时蓝黑色，外面有白蜡层，果萼反折，果梗短。花期 4～5 月；果期 8～10 月。

图 6-82　君迁子

【生态习性】阳性树种，喜光，能耐半荫；喜温暖至高温，生育适温 18～28℃；耐湿亦耐旱。其抗寒、抗旱、抗瘠薄能力均大于柿树。

【景观应用】君迁子树干端直、圆整，秋叶变黄，蓝黑色的果实挂于树上，具有较高的观赏价值。在园林中可作庭荫树，孤植或丛植于空旷地，还可做柿树的砧木。

【其他用途】君迁子木材耐水湿耐磨损，可作家具、文具等。果实"脱涩"后可食用，也可酿酒、制醋。种子可入药。嫩枝的涩液可作漆料。树皮、树枝可提取栲胶。

97. 大花野茉莉 *Styrax grandiflora* Griff.（图 6-83）

图 6-83　大花野茉莉

【别名】大花安息香

【科属】野茉莉科（安息香科）野茉莉属（安息香属）

【产地与分布】产云南中部及南部、西南部，生于海拔 700～2850 m 的林中，分布于西藏、贵州、广东、广西等省区。

【识别特征】落叶小乔木，高达 12 m。单叶互生，纸质，椭圆形至卵形，全缘或上部具不明显的小腺齿。花两性，白色，芳香，单生叶腋或成短总状花序着生于小侧枝顶端，花梗特长。核果卵形。花期 4～5 月；果期 9～10 月。

【生态习性】喜光、稍耐荫，喜温暖湿润气候；喜肥沃、排水良好的土壤，不耐积水。

【景观应用】大花野茉莉株型开展，开花时，白色花大，繁多，芳香，花、果下垂掩映于绿叶中，观赏性很高。宜作庭院观赏树，也可作行道树。

98. 山楂 *Crataegus pinnatifida* Bunge（彩图 35）

【科属】蔷薇科　山楂属

【产地与分布】产中国北部至长江中下游；朝鲜及西伯利亚地区也有。

【识别特征】落叶小乔木，高达 8 m。常有枝刺。单叶互生，卵形，羽状 5～9 裂，裂缘有锯齿；托叶大，呈蝶翅状。花白色，成顶生伞房花序。梨果，球形，红色。花期 5～6 月；果期 10 月。

【生态习性】喜光稍耐荫；喜干冷；耐干旱瘠薄，但在湿润而排水良好的沙质壤土生长最好；根系发达，萌蘖性强。

【栽培资源】

(1)常见品种：

①山里红（大山楂）'Major'　树形较原种大而健壮，叶较大而厚，羽状 3～5 浅裂。果较大，深红色。

(2)同属常见种：

①云南山楂（山林果）*C. scabrifolia*　产云南、贵州、四川南部、湖南和广西。落叶乔木，高达 10～20 m。枝常无刺。叶通常不裂，缘有不规则圆钝重锯齿。果较大，熟时橙黄色。是云贵高原低山地区重要的果树之一。

【景观应用】原种及其变种树冠圆整、枝繁叶茂，夏季满树白花，秋季红果累累，是优良的观花、观果树种。原种可作绿篱栽培。

【其他用途】果实可生食、加工成各种山楂食品，干制后还可入药。

99. 桃花 *Amygdalus persica* L. [*Prunus persica*（L.）Batsch]

【别名】果桃、毛桃

【科属】蔷薇科　桃属

【产地与分布】原产中国的西北、华北、华中及西南地区，现仍有野生桃树。

【识别特征】落叶小乔木，高达 8 m。单叶互生，椭圆状披针形，先端渐尖，缘具细锯齿；叶柄有腺体。两性花，单生，粉红色，近无柄。核果近球形，表面多密被绒毛，果核具雕纹。花期 4～5 月（昆明 3 月始花），先叶开放；果期 6～9 月。

【生态习性】喜光、耐旱；喜夏季高温，有一定的耐寒力，除酷寒地区外均可栽培；开花时怕晚霜，忌大风；宜在背风向阳处种植；喜肥沃而排水良好土壤，不耐水湿，不适碱性土及黏重土。根系较浅，寿命长，一般在 30～50 年。

【栽培资源】我国桃树栽培历史悠久，长达 3000 多年，品种 4000 余种，按果实的食用性和花的观赏性分为食用桃和观赏桃两大类。

1）食用桃

①离核桃 f. *aganopersica*　果肉与核分离。如北方的‘青州密桃’，南方的红心离核等。

②黏核桃 f. *scleropesica*　果肉黏核，品种甚多，如北方的‘肥城佛桃’，南方的‘上海水蜜’等。

③蟠桃 var. *compressa*　果实扁平，两端均凹入，核小而不规则。品种以江浙一带为多，华北有栽培。

④油桃 var. *nectarina*　果实成熟时光滑无毛，形较小；叶片锯齿较尖锐。如新疆的‘黄李光桃’，甘肃的‘紫胭桃’等。

2）观赏桃

①碧桃‘Duplex’　花粉红，重瓣或半重瓣；花较小。

②红碧桃‘Rubro-plena’　花鲜红色，花丝白色；近于重瓣。

③绯桃‘Magnifica’　花红色，瓣基为白色。

④白桃‘Alba’　花白色，单瓣。

⑤白碧桃‘Albo-plena’　花白色；重瓣，密生；花大。

⑥人面桃‘Dianthiflora’　花淡红色，不同枝上花色有深有浅，重瓣。

⑦绛桃‘Camelliaeflora’　花绛红色，基部白色，花色在开花后期颜色变紫；半重瓣，花大而密生。

⑧洒金碧桃‘Versicolor’　花白色或粉红色，同一株上花有二色，或同一朵花上有二色，乃至同花瓣有粉白色；复瓣或近重瓣。

⑨紫叶桃‘Atropurpurea’　嫩叶紫红色，后渐变为近绿色。花有淡红色或大红色，单瓣或重瓣。

⑩垂枝桃‘Pendula’　枝下垂；花多重瓣，并有白、粉红、红、粉白等花色品种。

⑪寿星桃‘Densa’　树形矮小紧密，节间短；花多重瓣。有‘红花寿星桃’、‘白花寿星桃’等品种。

⑫塔型桃‘Pyramidalis’　树形呈塔状，较罕见。

⑬菊花桃‘Densa’　花鲜桃红色，花瓣细而多，形似菊花。

【景观应用】桃花花色艳丽、烂漫多姿，妩媚可爱，盛开时节皆“桃之夭夭，灼灼其华”，其品种繁多，着花繁密，栽培简易，是中国历史传统名花之一，南北园林皆多应用。多植于庭院、路旁、山坡、溪畔或成片栽植于风景区、旅游区、森林公园中，可形成具有一定意境的桃花园、桃花溪、桃花岗、桃花洞、桃花坞、桃花峰等，与柳树配置形成桃红柳绿的春日美景，杜甫诗云“癫狂柳絮随风舞，轻薄桃花逐水流”，桃柳相提并称。桃花还可盆栽造型及制盆景观赏，亦可作切花。

【其他用途】食用桃为著名果品；鲜食或加工，花、枝、叶、根可入药。

100. 梅 *Armeniaca mume* Sieb.（*Prunus mume* Sieb. et Zucc.）（图 6-84）

【别名】梅花、春梅、千枝梅

【科属】蔷薇科　杏属

【产地与分布】原产中国，南北广泛栽培，以南方尤甚。

【识别特征】落叶小乔木，高达 10 m。树干褐紫色，有斑驳纹；小枝细而光滑，多为绿色。单叶互生，广卵形至卵形，先端渐尖或尾尖，缘细尖锯齿，多仅叶背脉上有毛；叶柄有腺体。两性花，具短柄，淡粉或白色，芳香，冬季或早春先叶开放，1～2 朵腋生。核果球形，绿黄色，密被细毛，鲜果可食；味酸；果核有蜂窝状小孔，果肉黏核。

图 6-84　梅

【生态习性】喜光；喜温暖而略潮湿的气候，有一定耐寒力；对土壤要求不严格；喜排水良好深厚肥沃的土壤，忌积水，忌在风口处种植。

【栽培资源】我国梅花栽培历史长达 2500 年以上，品种甚多，达 300 多个，按陈俊愉院士的“二元分类系统”将梅分为 3 系 5 类 16 型：

1)真梅系：包括三类

(1)直枝梅类　为梅花的典型变种，枝条直上斜伸。本类包含 7 型。

①江梅型：花蝶形；单瓣；纯白、水红、桃红、肉红等色；萼多为绛紫色或在绿底上洒绛紫晕。主要品种有：‘江梅’、‘寒江梅’等。

②宫粉型：花蝶或碗形；重瓣或半重瓣；粉红至大红色；萼绛紫色，品种最为丰富，达 100 个以上，生长势均较旺盛。主要品种有‘小宫粉’、‘大羽矫枝’、‘玉露宫粉’等。

③玉蝶型：花蝶形；复瓣或重瓣；白色；萼绛紫或在绛紫中略现绿晕。主要品种有：‘紫蒂白’、‘长蕊玉蝶’，‘三轮玉蝶’等。

④绿萼型：花蝶形；单瓣或重瓣；白色；萼绿色；小枝青绿无紫晕。主要品种有：‘小绿萼’、‘飞绿萼’、‘金钱绿萼’、‘二绿萼’等。

⑤朱砂型：花蝶形；单瓣、复瓣或重瓣；多深红色，少为淡紫红色；萼绛紫色；最大的特点是枝内新生木质部呈暗红色。主要品种有：‘红须朱砂’，‘白须朱砂’、‘铁骨红’等。本型的各品种均较难繁殖，耐寒性也稍差。

⑥洒金型：花蝶形；单瓣或复瓣，在一树上能开出粉红及白色的两种花朵，以及若干具斑点条纹的二色花；萼绛紫色；绿枝上具有金黄色条纹斑。主要品种有：‘单瓣跳枝’、‘复瓣跳枝’、‘晚跳枝’等。

⑦黄香型：花较小而繁密，单瓣或重瓣；淡黄色，别具芳香。主要品种有：‘黄香梅’、‘黄山黄香’、‘绿萼黄香’等。

(2)垂枝梅类　枝条下垂，开花时花朵向下，树姿形似雨伞。本类包含 4 个型。

①单粉垂枝型：花蝶形；单瓣；粉红或淡粉色。主要品种如：‘单粉照水’。

②残雪垂枝型：花蝶形；复瓣；白色；萼多为绛紫色。主要品种如：‘残雪垂枝’。

③白碧垂枝型：花蝶形；单瓣或复瓣；白色；萼绿色，花很香。主要品种如：‘双碧垂枝’。

④骨红垂枝型：花蝶形单瓣；深紫红色；萼绛紫色；新生木质部暗红色；现仅有‘骨红垂枝’一个品种。

(3)龙游梅类　本类仅有一个型。

①蝶龙游型：目前仅有一个品种‘龙游’(‘Tortuosa’)，枝条自然扭曲；花蝶形；复瓣；白色，是梅花中的珍稀品种。

2)杏梅系：仅一类

(1)杏梅类　枝叶均似山杏或杏；花呈杏花形；多为复瓣；水红色；瓣爪细长；花托肿大；几乎无香味，是梅与杏或山杏的天然杂交种，抗寒性均较强。对土壤要求不严，较耐瘠薄土壤，亦能在轻碱性土中正常生长。本类包含三型：

①单瓣杏梅型：枝叶均似杏，花单瓣，花托肿大。主要品种有：‘单瓣杏梅’，‘燕杏梅’等。

②丰后型：叶大，花大红色至粉红色，树势强健，抗寒性强。

③送春型：花中大，红色至深粉色，重瓣。为梅与杏的天然杂交种。

3)樱李梅系：仅一类

(1)樱李梅类：仅一型。

①美人梅型：为梅花与樱花的人工杂交品种，1894 年在法国育成‘美人’，此品种叶似红叶李，花重瓣，紫红色，花梗长达 1 cm，是梅花中花梗最长的品种。花期冬季 11、12 月至翌年 2 月，先叶开放；果期

5～6月。

【景观应用】梅具有古朴的树姿，素雅的花色，秀丽的花态，恬淡的清香和丰盛的果实，特别是梅花不畏严寒，傲雪怒放，深受广大中国人民喜爱，在中国栽培历史长达2500年以上，是中国十大历史传统名花之首，人们常赋予梅花人格化，称松、竹、梅为“岁寒三友”，称梅、兰、竹、菊为“四君子”，以求自我修养能与梅花一样纯洁、高雅。

在园林中，梅树可孤植、丛植、群植。梅多与建筑、山石、植物搭配作主景，陈俊愉院士认为，在梅花凋谢后的漫长时期内，全树观赏价值并不突出，故梅园中选择适当的陪衬花木尤其重要。如大面积种植梅林，宜在其中适当穿插点缀部分常绿植物，如松、柏、桂花等苍翠的常绿树作背景，以衬托梅花之清芬明丽，同时林下可铺设花草地被以协调四季植物景观。还可利用蜡梅与梅花同植延长花期，提高冬春游赏价值。梅树特别是老梅树与草坪配置，可形成稀树草原景观，开阔且有足够观赏视距的草坪有利于欣赏孤植梅树的完整形象，突出孤植梅树的姿态、色彩和气韵。在管理养护中，特别要注重整形修剪。

梅花还可盆栽或制盆景观赏或插花。鲜果可食或加工，亦可入药。

梅花为南京、武汉、无锡、泰州、淮北、鄂州、丹江口、梅州等市的市花。

101. 杏 *Armeniaca vulgaris* Lam.（*Prunus armeniaea* L.）

【科属】蔷薇科　杏属

【产地与分布】原产我国新疆、西北、东北、华北、西南，长江中下游各省均有分布。

【识别特征】落叶乔木，高达10 m。树冠圆整，小枝红褐色或褐色。单叶互生，广卵形或圆卵形，先端短锐尖，基部圆形或近心形，锯齿细钝，两面无毛或背面脉腋有簇毛；叶柄多带红色。花两性，单生，花未开时纯红色，开时微红色，落花前呈纯白色，萼鲜绛红色。果球形，黄色而常一边带红晕，表面有细柔毛；核略扁而平滑。花期3～4月，先叶开放；果期6～7月。

【生态习性】喜光、耐寒，能耐−40℃的低温，也能耐高温、耐旱，对土壤要求不严，喜土层深厚、排水良好的沙壤土或砾质沙壤土，但也可在轻盐碱土上栽种，不喜空气湿度过高，极不耐涝。杏树根系发达，既深且广，但萌芽力及发枝力皆较桃树等弱，在园林中多采用自然形整枝。

【栽培资源】常见变型、品种：

①叶杏 f. *variegata*　叶有斑纹，观叶及观花用。

②垂枝杏‘Pendula’　枝条下垂，供观赏用。

【景观应用】杏是核果类果树中寿命较长的一种，在适宜条件下可活二三百年以上。杏树树冠大，早春开花，繁茂美观，是中国常见传统名花之一，栽培历史达2500多年，北方栽培尤多，故有“南梅、北杏”之称。杏，除在庭院中种植外，宜群植于山坡、水畔，其适应性强，还可作大面积荒山造林树种。

古人赞美杏花的诗词颇多，如宋代欧阳修诗云“林外鸣鸠春雨歇，屋头初日杏花繁”，宋祁咏的“绿杨烟外晓寒轻，红杏枝头春意闹”。

【其他用途】杏树木材结构致密，花纹美丽，可作工艺美术用材。鲜果可食；杏仁及杏仁油入药。

102. 冬樱花 *Cerasus cerasoides*（D. Don）Sok.（*Prunus cerasoides* D. Don；*P. majestica* Koehne）（图6-85）

【别名】高盆樱桃、云南欧李

【科属】蔷薇科　樱属

【产地与分布】产云南中部，西南部、南部、东部、生于海拔700～2000 m的疏林或密林中，西藏有分布。

【识别特征】落叶乔木，高达10 m。单叶互生，倒卵状长椭圆形至椭圆状卵形，先端长尾尖，缘具细锐单锯齿或重锯齿，两面无毛；托叶线形，有时羽裂；叶柄近端处有2～3个腺体。花两性，花瓣粉红色，

图 6-85 冬樱花

卵状圆形；1～9 朵簇生，伞形总状花序。核果，先端圆头形。花期 12 月至翌年 1 月，最早的可在 11 月末和 12 月初开花；果期 3～4 月。

【生态习性】喜光，喜温凉湿润气候，畏寒，耐干热；喜排水良好沙质土壤。

【栽培资源】常见变种：

①重瓣冬樱花（红花高盆樱花）var. *rubea* 叶锯齿较大；花序有 2～4 朵，花多为半重瓣，花期 2～3 月；核果先端扁尖。在昆明有西府海棠之称。

【景观应用】冬樱花是我国野生樱花资源中在冬季开花的观赏樱花珍品，花开时节繁花似锦，填补了冬季落叶、少花的景观，是优良的城市绿化和园林风景树。在园林应用中，可孤植或数株丛植，也可大片群植，亦可列植作行道树。昆明圆通山动物园成片种植了大量的红花高盆樱和冬樱花，每年 3 月"圆通樱潮"已成为昆明十八景之一。

103. 日本晚樱 *Cerasus serrulata* G. Don var. *lannesiana* (Carr.) Makino

【别名】里樱、大山樱

【科属】蔷薇科 樱属

【产地与分布】原产日本，我国有栽培。

【识别特征】落叶乔木，高达 10 m。干皮浅灰色。叶先端渐尖，呈长尾状，叶缘有重锯齿具长芒。花形大而芳香，单瓣或重瓣，常下垂，粉红色或白色，有香气，2～5 朵簇生，具叶状苞片。花期 4 月中下旬，花期长，昆明地区 3 月始花。

【生态习性】喜光；喜温暖，生育适温 10～22℃，耐寒；耐旱。

【栽培资源】日本晚樱的原始种是单瓣花，但变种及品种的花多为重瓣，且栽培种的花期较长，在园林中广为应用。常见变种：

①白花晚樱 var. *albida* 花单瓣、白色。

②绯红晚樱 var. *hatazakura* 花半重瓣，白色而染有绯红色。

③大岛晚樱 var. *speciosa* 产日本伊豆诸岛。花白色，单瓣，端 2 裂，有香气；3、4 月间与叶同放。

日本晚樱栽培广泛，有上百个园艺品种，在品种分类上一般是先按花色分为白花、红花（包括粉红及浓红色）、绿花（包括带浅黄绿色的种类）；再按幼叶的颜色分为绿芽、黄芽、褐芽、红芽等，分为四群作为第二级；又依花型分为单瓣、复瓣、重瓣，以及小花种、大花种等分成系或种，作为第三级；此外，参照各品种的特殊特征还可分为直生性、菊花型、有毛类等作为其他类别来描述。

【景观应用】日本晚樱花期较其他樱花花期长，宜植于庭院建筑物旁或成丛种植，是优良的春季观花树种。其中，大岛晚樱生长迅速、健壮，具有极强的耐煤烟能力，是海滨城市及矿山城市绿化用的好材料，值得大力发展运用。

104. 樱花 *Cerasus serrulata* G. Don (*Prunus serrulata* Lindl.)

【别名】山樱桃

【科属】蔷薇科 樱属

【产地与分布】产长江流域，东北南部有分布。朝鲜、日本有分布。

【识别特征】落叶乔木，高 15～25 m。树皮暗栗色，光滑。单叶互生，卵状椭圆形，先端有尾状，缘具尖锐重或单锯齿，齿端短刺芒状，叶表面浓绿色，有光泽，背面稍淡，两面无毛。花两性，白色或淡红色，少为黄绿色，无香味，花型小；常 3～5 朵花排成短伞房总状花序。核果球形，先红而后变紫褐色，稍有涩味，但可食。花期 4 月（昆明 3 月始花）叶前同放；果 5～7 月。

【生态习性】喜光，有一定耐寒能力；喜深厚肥沃而排水良好的土壤；对烟尘、有害气体及海潮风的抵抗力均较弱。

【栽培资源】常见变型、品种：

①重瓣白樱花 f. *albo-plena*　在华南有悠久的栽培历史，100 多年前即被引种于欧、美。花白色、重瓣。

②红白樱花 f. *albo-rosea*　花重瓣，花蕾淡红色，开后变白色，有 2 叶状心皮。

③垂枝樱花 f. *pendula*　枝开展而下垂，花粉红色，瓣数多达 50 以上，花萼有时为 10 片。

④玫丽樱花 f. *superba*　花甚大，淡红色，重瓣，有长梗。

⑤重瓣红樱花 f. *roseo-plean*　花粉红色，极重瓣。

⑥毛樱花'pubescens'　与山樱花相似，但叶两面、叶柄、花梗及萼均多少有毛。

【景观应用】樱花，春季满树繁花，夏季绿叶荫浓，既有梅之幽香，又有桃之艳丽。我国自古便栽植樱花，白居易诗云：小园新种红樱树，闲绕花枝便当游；王安石有诗曰：山樱抱石荫松枝，比并余花发更迟，赖有春风嫌寂寞，吹香度水报人知。在园林中，较适宜于丛植、群植于各类景观中，配植时应注意与常绿背景树衬托，以充分发挥樱花的观赏效果；最适宜的地形是有缓坡而低处有湖池水体之处；作花境背景尤为壮观。在庭院中点景时，可与背景树相结合成组配植。

105. 李 *Prunus salicina* Lindl.

【科属】蔷薇科　李属

【产地与分布】我国东北、华北、华东、华中、西南均有分布。

【识别特征】落叶乔木，高达 12 m。单叶互生，叶多呈倒卵状椭圆形，缘具细钝重锯齿，叶背脉腋有簇毛；叶柄长，近端处有 2～3 腺体。两性花，白色，常 3 朵簇生，具有较长花梗。核果卵球形，黄绿色至紫色，无毛，外被蜡粉，鲜果可食。花期 3～4 月，叶前开放；果期 7 月。

【生态习性】喜光，也能耐半荫，耐寒；喜肥沃湿润之黏质壤土，在酸性土、钙质土中均能生长，不耐干旱和瘠薄，也不宜在长期积水处栽种；浅根性，根系水平发展较广。寿命可达 40 年左右。

【景观应用】我国李树栽培已达 3000 多年；李树花白而丰盛繁茂，观赏效果极佳，有"艳如桃李"之赞语，果实累累、色泽艳丽，是自古以来普遍栽培的果树之一，适宜于庭院、宅旁、村旁或风景区。

【其他用途】李树鲜果供食用，核仁可榨油、药用；根、叶、花、树胶亦可入药。

106. 合欢 *Albizia julibrissin* Durazz.（图 6-86）

【别名】绒花树、夜合树

【科属】含羞草科　合欢属

【产地与分布】产亚洲及非洲，中国分布于黄河流域至珠江流域之广大地区。

【识别特征】落叶乔木，高达 16 m。树冠开展呈伞状，分枝较低，小枝无毛。叶为二回偶数羽状复叶，羽片 4～12 对，各有小叶 10～30 对；小叶镰刀状，中脉明显偏于一边，昼展夜合。花有柄，头状花序排成伞房状，雄蕊多数，花丝粉红色，如绒缨状。荚果扁条形。花期 6～7 月；果期 9～12 月。

图 6-86　合欢

【生态习性】喜光，但树干皮薄畏暴晒，否则宜开裂；耐寒性略差，对土壤要求不严，能耐干旱、瘠薄，但不耐水涝；生长迅速。

【景观应用】合欢树姿优美，叶形雅致，盛夏满树绒花，有色有香，能形成轻柔舒畅的气氛，是中国常见传统名花之一，宜作庭荫树、行道树，构成各类优美景观。

【其他用途】合欢木材细致，可做家具、车船等。树皮及花可入药；嫩叶可食；老叶浸水可洗衣。

107. 凤凰木 *Delonix regia*（Boj.）Raf.（*Poinciana regia* Boj.）（彩图 36，图 6-87）

【别名】红花楹

【科属】苏木科　凤凰木属

【产地与分布】原产马达加斯加岛（该国国花）及热带非洲，现广植于世界热带各地。华南及滇南有栽培。

【识别特征】落叶乔木，高达 20 m。树冠开展如伞状。二回偶数羽状复叶互生；小叶对生，长椭圆形，端钝圆，基歪斜，两面有毛。花大，鲜红色，有长爪，总状花序伞房状。荚果带状，木质。花期 5～8 月。

【生态习性】喜光，喜高温，不耐寒，生长适温 23～30℃；要求排水良好的土壤。生长快，根系发达，抗风力强，且抗空气污染。

图 6-87　凤凰木

【景观应用】凤凰木树冠开阔，枝叶茂密，花大色艳，开花时满树红花，极为美观，在热带地区多作庭院观赏树及行道树。

108. 刺桐 *Erythrina variegata* L.［*E. variegata* Linn. var. *orientalis*（Linn.）Merr.］（图 6-88）

【别名】广东象牙红

【科属】蝶形花科　刺桐属

【产地与分布】产湖北西部、四川、云南、贵州及西藏南部；生于海拔 1400～2600 m 山谷、山坡的常绿阔叶林中。

【识别特征】落叶乔木，高达 25 m。枝干具皮刺。羽状三小叶复叶互生，顶生小叶宽卵形或卵状三角形；两侧小叶基本与顶生小叶同型，略小，全缘。蝶形花，花冠红色，花萼佛焰苞状，上部深裂至基部，旗瓣卵状椭圆形；花密集于分枝上部，呈密集顶生总状花序。荚果。花期 2～3 月叶前开放，昆明 11 月始花；果期 10～11 月。

图 6-88　刺桐

【生态习性】喜光，稍耐荫，不耐寒；喜深厚排水良好的壤土，忌水涝。

【栽培资源】同属常见种：

①龙牙花（美洲刺桐）*E. corallodendron*　落叶小乔木。顶生小叶菱形或菱状卵形；花冠深红色，盛开时仍为直筒形，总状花序腋生。花期 6～7 月。

②鸡冠刺桐（巴西刺桐）*E. crista-galli*　落叶灌木或小乔木，通常高 2～5 m。枝条、叶柄及叶脉上均有刺。3 小叶，卵形至卵状长椭圆形；花红色或橙红色，旗瓣大而倒卵形，盛开时开展如佛焰苞状；1 或 2～3 朵簇生枝梢成带叶而松散的总状花序。花期 6～9 月（彩图 37）。

【景观应用】刺桐生长健壮，花艳丽，宜作行道树、庭荫树和背景种植，但应注意修剪以保持树形的优美。

【其他用途】树皮可入药，木材无异味，作茶叶箱、绝缘材料、水桶等用具。

109. 皂荚 *Gleditsia sinensis* Lam.

【科属】苏木科　皂荚属

【产地与分布】分布极广，自中国北部至南部以及西南均有分布，多生于低山丘陵及平原地区。

【识别特征】落叶乔木，高达 30 m。树皮糙而不裂；树干或大枝上具有圆柱形分枝刺。一回羽状复叶，小叶卵状椭圆形，先端钝，缘有细钝齿。总状花序腋生。荚果直而扁平，不扭曲。花期 4～5 月；果期 10 月。

【生态习性】喜光，较耐寒；喜深厚、湿润、肥沃的土壤，在石灰质及盐碱性土壤甚至黏土或沙土上均能正常生长，抗污染；深根性，生长慢但寿命长，可达六七百年。

【栽培资源】同属常见种：

①云南皂荚 *G. delavayi*　产云南、四川南部及贵州西部，农村习见。分枝刺粗，基部扁；一回兼二回羽状复叶；荚果带形，质薄，扭曲。荚果煎汁可代肥皂用。

【景观应用】皂荚树冠宽阔，枝叶繁茂，可作庭荫树及四旁绿化树种或造林用。

【其他用途】皂荚木材坚硬不易加工，但耐腐耐磨；果荚煎汁可代肥皂用；种子、皂刺、荚果可入药；种子可榨油，作润滑剂及肥皂。

110. 刺槐 *Robinia pseudoacacia* L.（图 6-89）

【别名】洋槐

【科属】蝶形花科　刺槐属

【产地与分布】原产美国中部和东部。17 世纪引入欧洲，20 世纪从欧洲引入中国青岛，现我国南北各地普遍栽培，尤以华北地区生长最好。

【识别特征】落叶乔木，高 25 m。树冠椭圆状倒卵形，干皮深纵裂；枝具有托叶刺。羽状复叶互生，小叶全缘，先端微凹并具有小尖头。花白色，芳香，蝶形花呈下垂总状花序。荚果扁平。花期 4～5 月；果期 10～11 月。

【生态习性】强阳性树种，幼苗也不耐荫，喜光；耐干旱瘠薄，对土壤适应性强；浅根性，萌蘖性强，生长快；忌积水。

图 6-89　刺槐

【栽培资源】常见品种：

①红花刺槐'Decaisneana'　花亮玫瑰红色，较刺槐美丽，是杂种起源。

②香花槐'Idaho'　枝有少量刺；花紫红至深粉红色，芳香；不结种子。

③无刺槐'Inenmis'　树形较原种整齐美观。枝条无刺或近无刺。

④金叶刺槐'Frisia'　幼叶金黄色，夏叶绿黄色，秋叶橙黄色。

⑤曲枝刺槐'Tortuosa'　枝条明显扭曲。

⑥球冠无刺槐'Umbraculifera'　树冠紧密整齐，近圆球形；分枝细密，近无刺；叶黄绿色。

【景观应用】刺槐树冠高大，叶色鲜绿，开花时节绿白相间，芳香宜人，冬季老树枝干虬曲。园林中可作庭荫树、行道树、防护林及城乡绿化先锋树种，也是重要的用材速生树种、蜜源植物。刺槐根系浅，雨后遇大风易引起倾斜偏冠、风倒或折干现象故不宜植于风口处。

【其他用途】刺槐木材坚实有弹性，耐磨、耐湿、耐腐，可作桥梁、地板、造船等；枝桠是头等薪炭材；花可作调香原料；树皮富含纤维和单宁，可造纸、编织及提炼栲胶；种子含油，可榨油供制皂业和油漆原料。

111. 国槐 *Sophora japonica* L.（图 6-90）

【别名】槐树、中国槐

【科属】蝶形花科　槐属

【产地与分布】原产中国北部，现各地普遍栽培，以黄河流域、华北平原最为常见。在北京各园林及一些老住宅区还有不少 500 年以上的古槐树。

【识别特征】落叶乔木，高达 25 m。树冠圆形。奇数羽状复叶互生；小叶对生或近对生，卵形或卵状披针形，全缘。两性花，蝶形花冠，淡黄白色，顶生圆锥花序。荚果于种子之间缢缩成念珠状，肉质，熟后不开裂，也不脱落。花期 6～8 月；9～10 月果成熟。

【生态习性】喜光，略耐荫；喜干冷气候，耐寒，但在高温多湿的华南也能生长；喜深厚肥沃、排水良好的沙质壤土，在酸性、中性、石灰性及轻碱土上均能生长，但在干燥贫瘠的山地及低洼积水处生长不良；耐旱、深根性、萌芽性强，耐修剪，寿命长。

【栽培资源】常见变种、品种：

①毛叶紫花槐 var. *pubescens* 小枝、叶轴及叶背面密被软毛；花之翼瓣及龙骨瓣边缘带紫色。

②金枝槐‘Chrysoclada’ 秋季小枝变为金黄色。

③金叶槐‘Chrysophylla’ 嫩叶黄色，后渐变为黄绿色。

④龙爪槐‘Pendula’ 小枝弯曲，下垂。龙爪槐树冠呈伞形，是中国庭园绿化的传统树种之一，常对植于庭园入口两侧，列植于路旁、溪畔、草坪边缘等。

图 6-90 国槐

⑤曲枝槐‘Tortuosa’ 枝条扭曲。

⑥紫花槐‘Violacea’ 花期晚，翼瓣及龙骨瓣玫瑰紫色。

【景观应用】槐树姿态优美，绿荫如伞，是优良的庭荫树及行道树；对二氧化硫、氯气、氯化氢等有害气体及烟尘抗性较强，是厂矿区的良好绿化树种；花富蜜汁，是夏季的重要蜜源树种。槐树为山西省省树。

【其他用途】槐树材质坚韧、稍硬，耐水湿，富弹性，可供建筑、家具、雕刻等用。槐树的花蕾、花、果、根、皮均可入药；花蕾还可作黄色染料。

112. 珙桐 *Davidia involucrata* Baill.（彩图 38，图 6-91）

【别名】鸽子树

【科属】蓝果树科 珙桐属（有的学者将其独立为珙桐科珙桐属）

【产地与分布】中国特有，产湖北西部、四川、贵州及云南北部，生于海拔 1300～2500 m 山地林中。

【识别特征】落叶乔木，高 20 m。树冠圆锥形。单叶互生，宽卵形，端渐长尖，基心形，缘具粗尖锯齿，背面密生丝状绒毛。花杂性同株，由多数雄花和 1 朵两性花组成顶生头状花序，花序下有 2 片白色大苞片，苞片卵状椭圆形，中上部有疏浅齿，花后脱落。核果椭圆球形。花期 4～5 月；果期 10 月。

图 6-91 珙桐

【生态习性】喜半荫和温凉湿润气候，以空气湿度较高处为佳；略耐寒，喜深厚、肥沃、湿润而排水良好的酸性或中性土壤，忌碱性和干燥土壤；不耐炎热和阳光暴晒。

【栽培资源】常见变种：

①光叶珙桐 var. *vilmorimiana* 叶仅背面脉上及脉腋有毛，其余无毛。

【景观应用】珙桐为世界著名的珍贵观赏树，其树形高大端庄，开花时下垂的白色苞片似白鸽群栖树端，蔚为奇观，是中国一级重点保护树种，亦是中国近代栽培名花之一；宜植于温暖湿润的环境中作庭荫树、观赏树，并有象征和平的寓意。

113. 喜树 *Camptotheca acuminata* Decne.（彩图 39，图 6-92）

【别名】旱莲、千丈树

【科属】蓝果树科 喜树属

【产地与分布】中国特产，主产长江流域以南各省区，本种为单属单种。

【识别特征】落叶乔木，高达 30 m。树冠宽卵形。单叶互生，卵状椭圆形，全缘或幼树之叶微呈波状，羽状脉弧形而下凹，中脉及叶柄带红色。花杂性同株；头状花序球形。瘦果近方柱形，聚生成球形果序，成熟时黄褐色至橘红色。花期 5～7 月；果期 9～10 月。

【生态习性】喜光，稍耐荫；喜温暖湿润气候，不耐寒，不耐干旱瘠薄；喜深厚肥沃土壤，在酸性、中性及弱碱性土壤上均能生长，较耐水湿，在溪流边或地下水位较高的河滩、湖地、堤岸或渠道旁生长较旺盛。浅根性，萌芽力强，速生，抗病虫能力强，但对烟尘及有害气体抗性较弱。

【景观应用】喜树树姿端直雄伟，枝叶茂密，花果清雅奇特，是优良的庭荫树、行道树，宜丛植、列植于池畔、湖滨观赏兼防护。

【其他用途】喜树根皮及果有毒，含喜树碱，有抗癌作用。

图 6-92　喜树

114. 灯台树 *Cornus controversa* Hemsl.（图 6-93）

【科属】山茱萸科　梾木属

【产地与分布】产辽宁、华北、西北至华南、西南地区；朝鲜、日本、印度、尼泊尔有分布。

【识别特征】落叶乔木，高达 20 m。树冠圆锥状；侧枝轮状着生，层次明显。叶互生，卵形至卵状椭圆形，背面灰绿色，疏生贴伏短柔毛。花白色，伞房状聚伞花序顶生。核果球形，熟时由紫红色变蓝黑色。花期 5～6 月；果期 9～10 月。

【生态习性】喜光，稍耐荫；喜温暖湿润气候，稍耐寒；喜肥沃湿润而排水良好土壤；生长快。

【景观应用】灯台树树形整齐美观，大侧枝呈层状生长似灯台，宜孤植于庭院观赏，也可作庭荫树及行道树。

【其他用途】灯台树木材可供建筑、雕刻等用；种子可榨油制肥皂、润滑油等；树皮含鞣质。

图 6-93　灯台树

115. 乌桕 *Sapium sebiferum*（L.）Roxb.（图 6-94）

【科属】大戟科　乌桕属

【产地与分布】原产中国，分布甚广，南至广东，西南至云南、四川，北至山东、河南、陕西；主产长江流域，浙江、湖北、四川等省栽培集中。

【识别特征】落叶乔木，高达 15 m。树冠圆球形，植株有乳液。单叶互生，纸质，菱状广卵形，先端尾尖，全缘，光滑无毛；叶柄细长，顶端有 2 腺体。花雌雄同株且同序，无花瓣；顶生复总状花序，基部为雌花，上部为雄花，黄绿色。蒴果木质，三瓣裂，黑褐色，种子外被白蜡层，宿存在果轴上经冬不落。花期5～7月；果期10～11月。

【生态习性】喜光；喜温暖气候及深厚肥沃而湿润的微酸性土壤，有一定耐旱、耐水湿及抗风能力；寿命较长，可达百年以上，能抗火烧，并对二氧化硫及氯化氢抗性强；病虫害少。

【景观应用】乌桕树冠蓬大，叶形秀美，入秋叶色红艳可爱，可谓"霜叶红于二月花"，《长物志》曰："（乌桕）秋晚叶红可爱，较枫树更耐久，茂林中有一株两株，不减石径寒山也"，常孤植、散植、丛植于水边、池畔、坡地、草坪中央或边缘，也可与山石、庭廊、花墙相配；乌桕耐水湿、盐碱及海风，可列植于堤岸、路旁作护堤树，秋日红绿相间，尤为壮观，还可用于大面积海涂造林，在山东威海、崂山可见乌桕大树；乌桕也适合于山地风景区大面积成林，如庐山红叶大部分是乌桕。乌桕夏天黄花满树，冬天蒴果开裂，种子外被白蜡，经冬不落，远看犹如满树白花，古人有云：喜看桕树梢头白，疑是红梅小着花。乌桕花期长，还是良好的蜜源植物。

图 6-94 乌桕

乌桕幼树干枝较脆，常易折断，往往导致树形不佳，因此乌桕不适宜作行道树。

【其他用途】乌桕木材坚韧致密，可作车辆、家具等；另外，乌桕是重要的工业用木本油料树种，种子外被蜡质称"桕蜡"，供制香皂、蜡纸等，种仁榨取的油称"桕油"或"青油"，供油漆、油墨等用；根、皮和乳液入药。

116. 枳椇 *Hovenia acerba* Lindl.（图 6-95）

【别名】拐枣

【科属】鼠李科 枳椇属

【产地与分布】产我国陕西和甘肃南部经长江流域至华南、西南各地；印度、缅甸、尼泊尔和不丹也有分布。

【识别特征】落叶乔木，高达25 m。单叶互生，卵形，先端短渐尖，基部近圆形，缘具细锯齿，基生三出脉，叶柄及主脉常带红色。两性花，小，花乳白色，芳香；复聚伞花序对称，腋生或顶生。核果浆果状，花序轴在果期变为肉质、肥大果梗并扭曲，果熟时黄色或黄褐色，经霜后味甜可食（俗称"鸡爪梨"）。花期6月；果9～10月成熟。

【生态习性】喜光，有一定的耐寒能力；对土壤要求不严，在土层深厚、湿润而排水良好处生长快；深根性，萌芽力强。

【景观应用】枳椇姿态优美，叶大荫浓，生长快，适应性强，是良好的庭荫树、行道树等园林绿化树种。

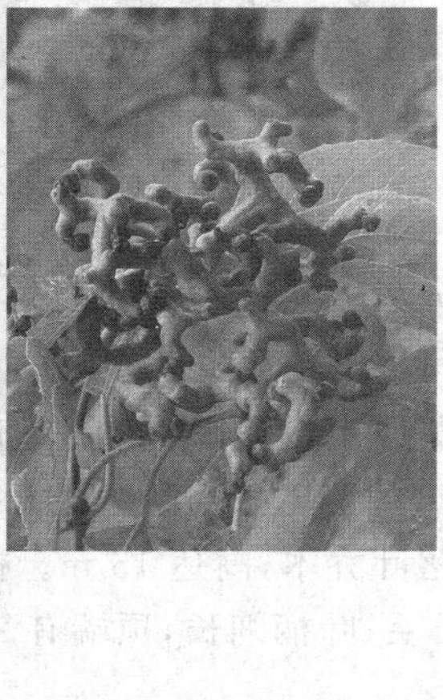

图 6-95 枳椇

【其他用途】枳椇木材硬度适中，纹理美观，作建筑、家具、车船及工艺美术用材；果序梗肥大肉质，富含糖分，可生食和酿酒；果实、树皮、叶均可入药。

117. 复羽叶栾树 *Koelreuteria bipinnata* Franch.（彩图 40）

【别名】风吹果

【科属】无患子科　栾树属

【产地与分布】产我国中南及西南部，云南常见。

【识别特征】落叶乔木，高达 20 m 以上。树冠近圆球形。二回羽状复叶互生，小叶卵状椭圆形，缘有锯齿。花杂性同株，黄色，大型圆锥花序顶生。蒴果具膜质果皮，膨大，中空，成熟时三瓣开裂，秋天变红色。花期 5～7 月；果期 9～10 月。

【生态习性】喜光，幼年期耐荫；喜温暖湿润气候，耐寒性差，耐干旱；对土壤要求不严，微酸性、中性及排水良好的钙质土壤上均能生长；深根性，不耐修剪。

【栽培资源】同属常见种：

①全缘叶栾树 *K. integrifolia*　二回羽状复叶；小叶全缘，仅萌蘖枝上的叶有锯齿或缺刻。

②栾树（北京栾、不老芽）*K. paniculata*　一回羽状复叶，小叶具有粗齿或缺刻。

【景观应用】复羽叶栾树枝叶茂密，春季嫩叶红色，夏季满树黄花，秋季红果累累，十分美丽，是理想的绿化、美化观赏树，可作庭荫树、行道树及风景树。

118. 川滇无患子 *Sapindus delavayi*（Fyanch.）Radlk.（图 6-96）

【别名】滇皮哨子

【科属】无患子科　无患子属

图 6-96　无患子

【产地与分布】产云南、四川、贵州、湖北西部及陕西西南部，生于海拔 2000～2600(3100) m 的沟谷和丘陵地区林中。

【识别特征】落叶乔木，高 15 m。树冠宽卵形或圆球形。偶数羽状复叶互生；小叶互生或近对生，卵形至卵状长圆形，全缘，两面脉上疏生短柔毛，叶大小变异较大。花杂性异株，小，芳香，黄白色，花瓣常为 4，无爪，内侧基部有一大鳞片；子房 3 室，通常仅 1 室发育成果；顶生圆锥花序较长。核果近球形，中果皮肉质，内果皮革质，熟时黄褐色，种子黑色，无假种皮。花期 6～7 月；果期 8～10 月。

【生态习性】喜光性强，稍耐荫；喜温暖湿润气候；对土壤要求不严，在酸性、中性、微碱性及钙质土上均能生长；深根性，抗风力强，萌芽力弱，不耐修剪，生长快，寿命长；抗病虫害能力强。

【栽培资源】同属常见种：

①无患子（皮皂子）*S. mukorossi*　产我国长江流域及以南地区。叶两面光滑无毛；花瓣 5，有长爪，内侧基部有 2 耳状小鳞片。

【景观应用】川滇无患子冠大荫浓，花繁芳香，黄果串串，观赏性强；入秋后叶转金黄色，观叶期长，十分美丽，宜作庭荫树、行道树；孤植、丛植、列植、群植均适宜，与常绿或其他红叶树种配植形成季相变化明显的景色，别有风趣。川滇无患子对二氧化硫抗性较强，适合在工矿厂区大量使用。

【其他用途】木材较脆硬，可制农具、箱板等；果肉含皂素可代肥皂使用；根、果入药，种子榨油可作润滑油用。

119. 七叶树 *Aesculus chinensis* Bunge（图 6-97）

【别名】梭椤树、天师栗

【科属】七叶树科　七叶树属

【产地与分布】主产黄河中下游地区；北京等城市多有栽培。

【识别特征】落叶乔木，高达 25 m。掌状复叶对生，小叶通常 7，倒卵状长椭圆形，有叶柄，缘有锯齿。花杂性同株，两侧对称，花瓣白色，有爪；顶生圆柱状圆锥花序直立。蒴果球形，平滑，无刺。花期 5～6 月；果期 9～10 月。

【生态习性】喜光，稍耐荫；喜温暖湿润气候，也能耐寒；喜深厚、肥沃、湿润且排水良好的土壤；深根性，不耐移植，萌芽力不强；生长较慢，寿命长。

【景观应用】七叶树树冠开阔，姿态雄伟，叶大而美丽，遮阳效果好，开花时白花绚烂，是世界著名的观赏树种之一，宜作庭荫树及行道树。

【其他用途】七叶树木材细致、轻软，可作小工艺品及家具等；种子可入药，还可榨油制肥皂。

图 6-97 七叶树

120. 三角枫 *Acer buergerianum* Miq.（彩图 41）

【科属】槭树科 槭树属

【产地与分布】产我国长江中下游地区，日本也有分布。

【识别特征】落叶乔木，高达 20 m。单叶对生，叶 3 裂，裂片向前伸，全缘或有不规则锯齿。双翅果，果翅展开成锐角；果核凸起。花期 4 月；果期 8～9 月。

【生态习性】弱阳性，稍耐荫；喜温暖湿润气候，较耐水湿；耐修剪，萌芽力强。

【栽培资源】常见变种：

①宁波三角枫 var. *ningboense* 果翅展开成钝角。

【景观应用】三角枫枝叶茂密，夏季浓荫翠绿，入秋叶色变黄至红，是重要的色叶植物，可作庭荫树、行道树及堤岸树栽植，可与其他色叶植物构成绚丽秋景。老桩可制成盆景。

【其他用途】木材坚实，可供器具、家具等用。

121. 青榨槭 *Acer davidii* Franch.（图 6-98）

【别名】青蛙皮

【科属】槭树科 槭树属

【产地与分布】广布于黄河流域至华东、中南、西南各地。

【识别特征】落叶乔木，高达 15 m。枝干绿色平滑，有蛇皮状白色条纹。叶对生，常不分裂，卵状椭圆形，基部圆形近心形，先端有尾尖，缘具不整齐锯齿。双翅果，果翅展开成钝角或近于平角。花期 4～5 月；果期 9 月。

【生态习性】喜光，耐半荫；喜温暖湿润；耐旱；喜微酸性土壤。

【景观应用】树干青绿，入秋叶色黄紫，适宜于庭院观赏，与草坪、亭廊、山石搭配都很合适。

图 6-98 青榨槭

【其他用途】木材坚实细致；树皮及叶可提栲胶。

122. 五角枫 *Acer mono* Maxim.（图 6-99）

【别名】色木

【科属】槭树科　槭树属

【产地与分布】广布于东北、华北及长江流域各省；朝鲜、日本有分布。

【识别特征】落叶乔木，高达 20 m。单叶对生，掌状 5 裂，裂片较宽，先端尾状锐尖，基部常为心形，最下部 2 裂片不向下开展，但有时可再裂出 2 小列而成 7 裂。双翅果，果翅展开成钝角或近开展，果翅较长为果核之 1.5～2 倍；果核扁平或微隆起。花期 4～5 月；果期 9～10 月。

图 6-99　五角枫

【生态习性】弱阳性，稍耐荫；喜温凉湿润气候；对土壤要求不严，在中性、酸性及石灰性土上均能生长；生长速度中等，深根性。

【栽培资源】同属常见种：

①元宝枫（平基槭）*A. truncatum*　树高达 10 m。树冠伞形或倒广卵形。单叶对生，掌状 5 裂，有时中裂片或中部 3 裂片又 3 裂，叶基通常截形，最下部两裂片有时向下开展。翅果扁平，两翅展开约成直角，翅较宽而略长于果核，元宝状。花期 4 月，与叶同放；果期 8～9 月。

【景观应用】五角枫、元宝枫树形优美、叶、果秀丽，春天满树黄绿色花朵，入秋叶色变为红色或黄色，宜作庭荫树、行道树及风景林树种，也可用来营造风景林，是良好的蜜源植物。

【其他用途】木材细致，可作家具及细木工用；种子可榨油。

123. 鸡爪槭 *Acer palmatum* Thunb.

【科属】槭树科　槭树属

【产地与分布】主要分布在中国亚热带，特别是长江流域，全国大部分地区均有栽培；日本及韩国也有分布。

【识别特征】落叶小乔木，高达 6～15 m。单叶交互对生，常丛生于枝顶；5～9 掌状深裂，通常 7 裂，裂片边缘具锐锯齿，先端锐尖或长锐尖；叶上面深绿色，下面淡绿色。花紫色，杂性，雄花与两性花同株，伞房花序。翅果嫩时紫红色，成熟时淡棕黄色；小坚果球形；果翅张开成钝角。花期 4～5 月；果期 9～10 月。

【栽培资源】常见品种：

①红叶鸡爪槭（红枫）'Atropurpureum'　叶常年红色或紫红色，株型、叶形同鸡爪槭。春、秋季叶红色，夏季叶紫红色，嫩叶红色，老叶终年紫红色。

②细裂鸡爪槭（羽毛枫）'Dissectum'　叶深裂达基部，裂片长且又羽状细裂，秋叶深黄至橙红色。树冠开展而枝略下垂。

③红细叶鸡爪槭（红羽毛枫）'Dissectum Ornatum'　株型、叶形同细裂叶鸡爪槭，惟叶色常年红色或紫红色。

④金叶鸡爪槭'Aureum'　叶常年金黄色。

【生态习性】性喜温暖湿润、凉爽的环境，喜光，但忌烈日暴晒，亦较耐荫、耐寒，对土壤要求不严，不耐水涝。

【景观应用】鸡爪槭是一种非常美丽的观叶树种，其叶形优美，秋叶红色或古铜色，树姿美观，是园林景观中重要的色叶树种，宜植于草坪、建筑物前后、角隅或溪边、池畔等地；也可作盆栽或制作盆景，风雅别致。

鸡爪槭的叶片里含有多种色素，分别为叶绿素、叶黄素、胡萝卜素、类胡萝卜素等。在植物的生长季节，由于叶绿素占绝对优势，叶片便鲜嫩翠绿。秋季来临，气温下降，叶绿素合成受阻，同时叶绿素在低温下转化为叶黄素和花青素时叶片就呈现出黄色而进一步转化为花色素苷的红色素，使叶片呈现出红色。

124. 黄连木 *Pistacia chinensis* Bunge.（彩图 42）

【别名】楷木、黄鹂尖

【科属】漆树科　黄连木属

【产地与分布】产中国，分布广泛，北自黄河流域，南至两广、西南各省及台湾。

【识别特征】落叶乔木，高达 30 m。树冠近圆球形，树皮薄片状剥落。叶常为一回偶数羽状复叶互生，小叶纸质，披针形或卵状披针形，基部偏斜，全缘，揉碎有香气。雌雄异株，圆锥花序，先叶开放，花序紫红色。核果球形，初为黄白色，后变红色至蓝紫色（红色果多为空粒，不成熟）。花期 3～4 月；果期 9～11 月。

【生态习性】喜光，不耐荫；喜温暖，畏严寒；耐干旱瘠薄，对土壤要求不严，微酸性、中性和微碱性的沙质、黏质土壤均能适应，而以肥沃湿润而排水良好的石灰岩山地生长最好；深根性，抗风力强，萌芽力强；生长较慢，寿命长达 300 多年。

【栽培资源】同属常见栽培种：

①清香木 *P. weinmannifolia*　常绿乔木，高达 20 m。小枝、嫩叶及花序密生锈色绒毛。偶数羽状复叶互生，叶轴有窄翅；小叶革质，长椭圆形，先端圆钝或微凹。清香木嫩叶鲜红，可孤植、丛植作园景树，昆明地区近年来多作绿篱、地被栽培（彩图 22）。

【景观应用】黄连木枝繁叶茂，早春嫩叶红色，入秋叶又变成深红色或橙黄色，红叶期可长达两个半月之久，红色的花序及果序极美观。在园林中可作庭荫树、行道树及山林风景树，与草坪、坡地、楼阁、山石搭配均相宜；可孤植、丛植或与枫香、槭树等混植成红叶林，蔚为壮观。对二氧化硫、氯化氢和煤烟等有毒气体抗性强，是优良的厂矿绿化树种。

【其他用途】黄连木木材坚韧致密，耐腐、易加工，可供建筑、雕刻等用；嫩叶有香味，可制袋茶或腌制作蔬菜食用；叶、树皮可供药用或制土农药；种子可榨油食用或工业用。

125. 臭椿 *Ailanthus altissima*（Mill.）Swingle（图 6-100）

【别名】樗树

【科属】苦木科　臭椿属

【产地与分布】产我国辽宁、华北、西北至长江流域各地；朝鲜、日本也有分布。

【识别特征】落叶乔木，高达 30 m。树皮光滑，树冠圆整半球状；小枝粗壮，缺顶芽；叶痕大而倒卵形，内具 9 维管束痕。奇数羽状复叶互生，卵状披针形，全缘，仅在基部有 1～2 对粗齿，齿端有臭腺点。花小，杂性异株；顶生圆锥花序。翅果长椭圆形，种子位于下部。花期 6～7 月；果期 9～10 月。

【生态习性】喜光，耐寒，耐干旱、瘠薄及盐碱地，不耐水湿，抗污染力强；深根性，生长快，病虫害少。

【栽培资源】常见品种：

①千头臭椿‘Umbraculifera’　树冠圆头形，整齐美观。在北方地区多用作城市行道树。

【景观应用】臭椿树干通直高大，大型羽状叶叶茂荫浓，春季嫩叶紫红色，秋季红果满树，是优良的行道树、庭荫树。臭椿具有较强的抗烟能力，因此可用作工矿厂区绿化树种。又因其适应性强、速生，是山地造林先锋树种，也是盐碱地的水土保持和土壤改良树种。

126. 苦楝 *Melia azedarach* L.（图 6-101）

【别名】楝树

【科属】楝科　楝属

图 6-100　臭椿

【产地与分布】产中国华北南部至华南、西南各地；印度、巴基斯坦、缅甸也有分布。

图 6-101　苦楝

【识别特征】落叶乔木，高 20 m。树冠宽而顶平，小枝具明显而大的叶痕和皮孔。二至三回奇数羽状复叶互生，小叶卵形至椭圆形，缘具粗钝锯齿或深浅不一的裂。花两性，花丝合生成筒状，花瓣及雄蕊筒淡紫色，有香气；圆锥状复聚散花序腋生。核果近球形，径 1.0～1.5 cm，果皮肉质，熟时黄色，果宿存，经冬不落。花期 4～5 月；果期 10～11 月。

【生态习性】喜光，不耐荫；喜温暖湿润气候，耐寒力不强；对土壤要求不严，在酸性土、钙质土、石灰岩山地及轻盐碱土上，均能生长；较耐干旱、瘠薄，不耐积水；深根性、萌芽力强，抗风，生长快而寿命较短，30～40 年即衰老。

【栽培资源】同属常见种：

①川楝 *M. toosendan*　产湖北、四川、贵州、云南等地。与苦楝的主要区别：二回羽状复叶互生；小叶全缘或有不明显之疏齿；核果较大，径 2.5～3 cm。

【景观应用】楝树树形优美，羽叶疏展秀丽，春夏之交盛开淡紫色花朵，美丽且具淡香，并且耐烟尘、抗二氧化硫，但对氯气抗性较弱，是良好的城市及厂矿绿化树种，宜作庭荫树、行道树。可孤植、丛植于池边、路旁、坡地等。

【其他用途】楝树木材轻软，可供家具、建筑、乐器等用；树皮、叶、果均可入药；种子可榨油，供制油漆、润滑油等。

127. 白蜡 *Fraxinus chinensis* Roxb.（图 6-102）

【科属】木犀科　白蜡属

【产地与分布】产中国，分布广，长江流域、黄河流域；西至甘肃，南达华南，西南、中南，北至东北各地，均有分布。

图 6-102　白蜡

【识别特征】落叶乔木，高达 15 m。树冠卵圆形；树干较光滑；小枝节部或节间压扁状。奇数羽状复叶对生；小叶椭圆形，先端渐尖，基部狭，不对称，缘有齿及波状齿，表面无毛，背面沿脉有短柔毛。花两性、单性或杂性，花小，雌雄异株，组成圆锥花序，生于单年生枝顶及叶腋，叶后开放。翅果倒披针形，翅在果实顶端伸长。花期 3～5 月；果期 9～10 月。

【生态习性】喜光，稍耐荫；喜温暖湿润气候，颇耐寒；喜湿耐涝，也耐干旱；对土壤要求不严，碱性、中性、酸性土壤上均能生长；抗烟尘及有毒气体；萌蘖力均强，生长快，耐修剪；寿命较长，可达 200 年以上。

【景观应用】白蜡树形体端正，挺秀，树干通直，叶绿荫浓，秋叶橙黄，是优良的行道树和庭荫树；其耐水湿、抗烟尘适于湖岸和厂矿绿化。

【其他用途】白蜡树材质优良，枝可编筐；植株放养白蜡虫，生产白蜡，是重要的经济树种之一。

128. 流苏 *Chionanths retusus* Lindl. et Paxt.

【别名】茶叶树、乌金子

【科属】木犀科　流苏树属

【产地与分布】产我国黄河中下游及其以南地区。

【识别特征】落叶乔木，高可达 20 m。树干灰色，大枝皮常纸状剥裂。单叶对生，卵形至倒卵状椭圆形，先钝圆或微凹，全缘或偶有小齿，叶柄基部带紫色。花单性异株，白色，花冠 4 裂片狭长，仅基部合生，花冠筒极短；成疏散的圆锥花序。核果卵圆形，蓝黑色，果梗有关节。花期 4～5 月；果期 9～10 月。

【生态习性】喜光、耐寒、耐旱，但花期怕干旱；喜深厚排水良好的壤土，忌水涝；生长较慢。

【景观应用】流苏树花密优美，花形奇特，满树雪白，清丽可爱，花期可达 20 d 左右，为优美的观赏树种，也是中国近代栽培名花之一，孤植、丛植或列植均能营造优美的景观。

【其他用途】流苏的嫩叶可代茶。

129. 泡桐 *Paulownia fortunei*（Seem.）Hemsl.

【别名】白花泡桐

【科属】玄参科　泡桐属

【产地与分布】产长江流域以南各省，东部自海拔 120～240 m，西南至 2200 m 地带。

【识别特征】落叶乔木，高达 27 m。树冠宽卵形或圆形，枝对生。单叶对生，大而有长柄，叶卵形，全缘，基心形，表面无毛，背面被白色星状绒毛。花两性，大，花冠唇形，漏斗状，乳白色至微带紫色，内具紫色斑点及黄色条纹；花萼倒圆锥状钟形，浅裂为萼的 1/4～1/3；3～5 朵成聚伞花序，由多数聚伞花序排成顶生圆锥花序。蒴果椭圆形，木质。花期 3～4 月，先叶开放；果期 9～10 月。

【生态习性】喜光，稍耐荫；喜温暖气候，耐寒性稍差；对黏重瘠薄土壤的适应性较其他种强；抗丛枝病能力强，干形好，生长快。

【栽培资源】同属常见种：

①毛泡桐（紫花泡桐）*P. tomentosa*　产我国淮河流域至黄河流域。花冠鲜紫色或蓝紫色；花萼裂至中部以上；叶表被长柔毛、腺毛及分枝毛，背面密生具长柄的白色树枝状毛。（彩图 43）

【景观应用】泡桐树干通直，树冠宽大，叶大荫浓，花大而美，早春先叶开放，满树白花，宜作行道树、庭荫树观赏；泡桐亦是优良的速生用材树种。

【其他用途】泡桐材质好，用途广，可作胶合板、乐器、模型等；叶、花、种子可入药，又是良好的饲料和肥料。

130. 蓝花楹 *Jacaranda mimosifolia* D. Don（彩图 44，图 6-103）

【科属】紫葳科　蓝花楹属

【产地与分布】原产巴西。中国两广、云南中部以南引入栽培。

【识别特征】落叶乔木，高达 15 m。树冠伞形。二回羽状复叶对生，小叶长椭圆形，两端尖，全缘，略有毛。花冠唇形，蓝色；圆锥花絮顶生。蒴果木质，扁平。花期 4～5 月。

图 6-103　蓝花楹

【生态习性】喜光，喜暖热多湿气候，不耐寒。现在昆明能够露地越冬。

【景观应用】蓝花楹绿荫如伞，羽状复叶柔软似羽，开花时节，蓝花朵朵，景色繁茂壮观，可作庭荫树、行道树，在园林中可孤植、丛植于环境中增添夏季的色彩景观。

131. 滇楸 *Catalpa fargesii* f. *duclouxii* (Dode) Gilmour（图 6-104）

【别名】紫楸、光灰楸、楸木

【科属】紫葳科　梓树属

图 6-104　滇楸

【产地与分布】产云南中部、西部、西北部，四川、贵州、湖北有分布。

【识别特征】落叶乔木，滇楸是灰楸的变型，株高 25 m。树皮片状开裂；小枝、叶和花序均无毛。单叶对生或 3 叶轮生，卵形或卵状三角形，厚纸质，三出脉，全缘。花两性，花冠钟状唇形，淡紫色，有暗紫斑；7～15 朵花成伞房花序顶生。蒴果圆柱形，细长下垂，可达 80 cm。花期 3～5 月；果期 6～11 月。

【生态习性】喜光；喜凉爽湿润气候，耐干旱贫瘠，适应性强，生长迅速。

【景观应用】滇楸树姿挺秀，枝叶繁茂，花大悦目，秋季细长的蒴果飘逸，风姿卓越，可做庭荫树、行道树和观赏树，滇楸可作园林结合生产的优良树种推广应用。

【其他用途】滇楸木材花纹美丽，可作高级家具、室内装修、胶合板、军工、船舶等用材；根、叶、花入药。

132. 梓树 *Catalpa ovata* D. Don（图 6-105）

【别名】木角豆、臭梧桐

【科属】紫葳科　梓树属

图 6-105　梓树

【产地与分布】产中国，分布甚广，以黄河中下游平原为中心产区。

【识别特征】落叶乔木，高达 20 m。树冠宽阔，枝条开展。单叶对生或 3 叶轮生，宽卵形至近圆形，先端急尖，基部心形或圆形，常 3～5 浅裂，背面基部脉腋有 4～6 个紫斑。两性花，花冠钟状唇形，淡黄色，内有黄色条纹及紫色斑纹；圆锥花序顶生。蒴果细长如筷，下垂，长 20～30 cm，经冬不落。俗话说："有籽为梓，无籽为楸"，就是指蒴果宿存不落的现象。花期 5～6 月；果期 9～10 月。

【生态习性】喜光，稍耐荫，湿生于温带地区，颇耐寒，在暖热气候下生长不良；喜深厚肥沃、湿润土壤，不耐干旱瘠薄，能耐轻度盐碱土；深根性。

【景观应用】梓树树冠宽大，春夏黄花满树，秋冬细长蒴果飘逸，十分美丽，适作庭荫树、行道树，常与桑树配植，即'桑梓'寓意故乡。又因其抗烟尘及对有毒气体的抗性均强，是厂矿绿化的优良树种。

【其他用途】梓树材质轻软，可供家具、乐器等高档用材；果可药用。

思考题

1. 简要说明杨柳科植物的形态特征，并正确区分杨属和柳属植物。

2. 简要说明山茶科植物的形态特征、生态分布和经济用途。

3. 简要说明木犀科植物的形态特征，并区分丁香属、女贞属、连翘属、白蜡属。

4. 简要说明杜鹃花科植物的形态特征，说明景观用途。

5. 简要说明木兰科植物的形态特征，并举例说明景观应用方式。

6. 以你所居住的地区为例，举例说出 8 种常用的行道树。

7. 以你所居住的地区为例，举例说出 10 种常用的园林庭荫树种。

第7章 观赏灌木

观赏灌木是指主干不明显、呈丛生状态且观赏性较高的木本植物，一般不超过 6 m（林学定义是不超过 3 m），从近地面的地方开始丛生出横生枝干。若茎在草质与木质之间，上部为草质，下部为木质者称半灌木或亚灌木。根据其体量大小，可将灌木分为大灌木（高度 3～4.5 m），中灌木（高度 1～2 m），小灌木（高度 0.5 m 以下）；依据生长类型，可将灌木分为常绿灌木和落叶灌木。

观赏灌木或是具有美丽芳香的花朵，或是具有色彩艳丽的果实，或是叶色美丽，在园林中可作高大乔木与地面之间的过渡，也可以作为道路或场地的边缘装饰；其中中灌木还能在构图中起到大灌木或小乔木与矮小灌木之间的视线过渡的作用，矮小灌木种植在景观中可以将两个分离的群体连接成整体。

7.1 常绿灌木

1. 苏铁 *Cycas revoluta Thunb.*（图 7-1）

【别名】铁树、凤尾蕉、避火蕉

【科属】苏铁科　苏铁属

【产地与分布】产我国福建、台湾、广东等地，日本南部、菲律宾和印度尼西亚也有分布。

【识别特征】常绿灌木。叶羽状，基部两侧有刺，羽状裂片达 100 对以上，条形，厚革质，坚硬，边缘显著向下反卷，中脉显著隆起。雌雄异株；雄球花圆柱形，小孢子叶窄楔形，密生黄褐色或灰黄色长绒毛；大孢子叶密生淡黄色或淡灰黄色绒毛，边缘羽状分裂。种子红褐色或橘红色。花期 6～8 月；种子 10 月成熟。

【生态习性】喜暖热湿润的环境，不耐寒冷，喜肥沃湿润和微酸性的土壤。生长慢，寿命长。在中国华南及亚热带南部树龄 10 年以上的树木几乎每年开花结实，而长江流域及北方各地栽培的苏铁常终生不开花或偶尔开花结实。

图 7-1　苏铁

【栽培资源】同属常见种：

①云南苏铁 *C. siamensis*　产于我国云南、广西；越南、缅甸、泰国也有分布。羽片薄革质而较宽，边缘平。

【景观应用】苏铁是世界上最古老的植物之一，被誉为“植物活化石”，其株型美丽古雅，主干粗壮，坚硬如铁，叶片柔韧，洁滑光亮，四季常青，为珍贵观赏树种。南方多植于庭前阶旁及草坪内；北方宜作大型盆栽，布置庭院屋廊及厅室，甚为美观。

2. 鳞秕泽米铁 *Zamia furfuracea* Ait.（图 7-2）

【别名】泽米、南美苏铁

【科属】泽米铁科　泽米属

图 7-2　鳞秕泽米铁

【产地与分布】原产于墨西哥及哥伦比亚，世界各地广泛栽培观赏。

【识别特征】常绿灌木。干多单生，少有分枝，粗圆柱形，表面密布暗褐色叶痕。羽状复叶，丛生于茎顶，叶柄疏生坚硬小刺，密被褐色绒毛；小叶硬革质，7～13 对，长椭圆形，先端圆或钝尖，边缘背卷，无中脉，基部 2/3 处全缘，上部密生钝锯齿。雌雄异株，雄花序松球状，雌花序似掌状。种子红色至粉红色。

【生态习性】适应性强，喜光，耐半荫；稍耐寒，能耐－5～0℃低温；在湿润的土壤中生长良好，也耐干旱瘠薄。

【景观应用】鳞秕泽米铁株型优美，终年翠绿，为大型名贵观叶植物，是布置庭园和装饰室内的佳品。

3. 含笑 *Michelia figo*（Lour.）Spreng.（图 7-3）

【别名】香蕉含笑、香蕉花、烧酒花

【科属】木兰科　含笑属

【产地与分布】原产中国华南地区，华南和长江流域各省广泛栽培。

【识别特征】常绿灌木至小乔木，高 2～5 m。小枝具环状托叶痕，有锈褐色绒毛。单叶互生，革质，全缘；叶面亮绿，背无毛。花两性，单生叶腋，乳黄色或乳白色，瓣缘常紫晕，香味似香蕉。蓇葖果卵圆形。花期 4～6 月（昆明 3 月始花）；果期 6～8 月。

【生态习性】喜温湿，有一定耐寒性，在－13℃ 左右的低温下虽会掉叶，但不会冻死；不耐干燥瘠薄；要求排水良好、肥沃的微酸性土壤，不耐石灰质土壤。

【景观应用】含笑叶美花香，为著名的芳香花木，是中国常见传统名花之一，在中国各地园林中应用频率极高；孤植、丛植于各类景观中均优美；亦宜于工矿区绿化、美化，还可盆栽观赏。

含笑是泉州市市花。

【其他用途】含笑的花可熏茶亦可提取香精。

图 7-3　含笑

4. 云南含笑 *Michelia yunnanensis* Franch.（彩图 45，图 7-4）

【别名】皮袋香

【科属】木兰科　含笑属

【产地与分布】产云南中部、西北部及东南部，生于海拔 1000～2800 m 山地针叶林、针阔叶混交林中。

【识别特征】常绿灌木，高 2～4 m。小枝具环状托叶痕；芽、幼枝、幼叶下面、叶柄、花梗均密被棕色、锈色平伏毛。单叶互生，革质、全缘；上面绿色有光泽，下面具棕色绒毛。花两性，单生叶腋，白色，芳香。聚合果通常短，仅 5～9 个蓇葖发育，褐色；种子 1～2 粒，有红色假种皮。花期 3～4 月，昆明 2 月始花；果期 8～9 月。

【生态习性】喜光；喜温暖湿润气候，耐寒；喜排水良好肥沃的酸性土壤。

【景观应用】云南含笑花洁白、芳香、繁茂，为优良的观花树种，孤植、丛植、片植均可。

【其他用途】云南含笑花可制浸膏，花蕾及幼果可入药。

图 7-4　云南含笑

5. 阔叶十大功劳 *Mahonia bealei*（Fort.）Carr.（彩图 46）

【科属】小檗科　十大功劳属

【产地与分布】原产我国，主要分布于陕西、湖北、湖南、安徽、浙江、江西、福建、河南、四川等省，多野生于山谷林下或灌丛中。

【识别特征】常绿灌木。树高可达 4 m，全株无毛，枝无刺。奇数羽状复叶；小叶卵形至卵状椭圆形，每边有 2～5 刺齿，厚革质而硬。花黄色，有香气；总状花序直立。浆果卵形，暗蓝色，被白粉。花期 9 月至翌年 3 月；果期 4～8 月。

【生态习性】喜光，耐荫，耐旱，较耐寒；对土质要求不严，在肥沃、湿润、排水良好的沙质壤土中生长较佳。

【栽培资源】同属其他常见种：

①十大功劳（狭叶十大功劳）*M. fortunei*　小叶狭披针形，硬革质，缘有刺齿 6～13 对。

②湖北十大功劳 *M. confuse*　小叶狭长而质较软，叶缘中上部有 2～5 对刺齿。

【景观应用】阔叶十大功劳四季常绿，树形雅致，叶形奇特，花黄果紫，是园林绿化和室内盆栽观赏的良好材料。可用于布置花境、花坛、庭院、水榭，亦可点缀于假山、岩隙、林缘、溪边、草地或墙下作基础种植，颇为美观。还可植为绿篱以及果园、菜园的四角作为境界林。

【其他用途】全株供药用；根、茎、叶含小檗碱等生物碱。

6. 南天竹 *Nandina domestica* Thunb.（彩图 47）

【别名】天竺、南天竺

【科属】小檗科　南天竹属

【产地与分布】原产中国、日本及印度，广泛分布于我国河北、山东、湖北、江苏、浙江、安徽、江西、广东、广西、云南、四川等地。

【识别特征】常绿小灌木。茎丛生而少分枝，光滑无毛，幼枝常为红色，老后呈灰色。2～3 回羽状复叶互生；小叶对生，椭圆形或椭圆状披针形，全缘。花小，白色，圆锥花序顶生。浆果球形，熟时鲜红色，稀橙红色。花期 3～7 月；果期 5～11 月。

【生态习性】喜温暖，也耐寒；喜半荫；耐水湿，耐旱；耐酸性土壤。生长较慢，萌发力强，寿命长。生育适温 15～25℃。

【栽培资源】常见栽培品种：

①火焰南天竹‘Fire Power’ 叶片呈椭圆或卵形，翠叶入冬成红色，红叶经霜不落。和原种相比，其叶片和果实呈现的红色更为浓重。

【景观应用】南天竹，茎干丛生，枝叶扶疏，清秀如竹，故名南天竹。春赏嫩叶，夏观白花，秋冬叶色变红，有红果，如珊瑚经久不落，是叶、花、果兼美的优良树种。宜植于疏林下、山石旁、草地边缘、林荫道旁、树丛前或园路转角处，亦可应用于花坛、花池、花境。又因其有花、有叶、有果，正符合人们“春赏花、夏赏香、秋赏叶、冬赏果”的愿望，成为“四时如意，全家美满”的象征。南天竹还可盆栽或制作盆景，在我国北方喜欢把灵芝、水仙、南天竹和罗汉松合植于一盆，取其“鹤仙祝寿”的吉祥之意。

【其他用途】南天竹木材坚硬，也可供小型雕刻材料。其根、叶具有强筋活络，消炎解毒之效，果为镇咳药。

7. 山茶 *Camellia japonica* L.

【别名】华东山茶、耐冬、海石榴

【科属】山茶科 山茶属

【产地与分布】产中国和日本，中国中部及南方各省露地栽培，北方多温室盆栽。

【识别特征】常绿灌木至小乔木。嫩枝及嫩芽均无毛。单叶互生，革质，叶色亮绿，卵形至椭圆形，背面叶脉不明显，叶缘具细齿。花大，两性，通常大红色，径 6～12 cm，无梗，花瓣 5～7，亦有重瓣；萼密被短毛，花丝与子房均无毛。蒴果近球形，无宿存花萼。花期 1～4 月；果秋季成熟。

【生态习性】喜半荫，最好是侧方庇荫；喜温暖湿润气候，酷热及严寒均不适宜，一般在气温达 29℃以上，则生长停止，若达 35℃时则叶子会有焦灼现象，如时期较长则会引起嫩枝死亡；山茶也有一定的耐寒力，可耐－10℃的低温而无冻害；最适宜生长温度为 20～25℃；喜肥沃湿润、排水良好的微酸性土壤(pH 5～6.5)，不耐碱性土；山茶的根为肉质根，土壤黏重积水则易腐烂变黑而致落叶甚至全株死亡；空气的相对湿度在 50%～80%为宜；若高温，强光又空气干燥时，易得叶日灼病；山茶对海潮风有一定的抗性。

【栽培资源】常见品种：

①白山茶‘Alba’ 花白色。

②白洋茶‘Alba-plena’ 花白色，重瓣，6～10 轮，外瓣大，内瓣小，呈规则化的覆瓦状排列。

③红山茶‘Anemoniflora’ 花红色，花型似秋牡丹，有 5 枚大花瓣，雄蕊有变成狭小花瓣的可能性。

④紫山茶‘Lilifolia’ 花紫色，叶呈狭披针形，有似百合的叶形。

⑤玫瑰山茶‘Magnoliaeflora’ 花玫瑰色，近于重瓣。

⑥重瓣花山茶‘Polypetala’ 花白色而有红纹，重瓣；枝密生，叶圆形。

【景观应用】山茶品种繁多，中国“十大”传统名花之一，亦是世界名贵花木。山茶树姿优美，叶色翠绿而有光泽，四季常青，开花于冬春之际，花姿绰约，花大色艳。山茶花期长，早花品种自 11 月现花观赏、晚花品种可至次年 3 月盛开，观赏期长达 5 个多月，是南方庭园重要的观赏树种，许多省市都有山茶花专类园；在各类景观中，孤植、丛植、群植山茶花均宜。北方地区主要作盆栽观赏；山茶花亦是优秀的切花花材，国外运用较普遍，多用于茶花展、制作花束、花篮等。

山茶是重庆、宁波、温州、金华、景德镇、万县、衡阳等市的市花。

【其他用途】山茶种子含油 45%以上，榨油可食用；花及根可入药，木材可供细木工用。

8. 云南山茶 *Camellia reticulata* Lindl.

【别名】南山茶、滇山茶

【科属】山茶科 山茶属

【产地与分布】云南特产，生于海拔 2000～2300 m 的松林或阔叶林中；在江苏、浙江、广东等省均有栽培，在北方各省有少量盆栽。

【识别特征】常绿大灌木至小乔木。单叶互生，革质，无毛，椭圆状卵形至卵状披针形，缘具细锯齿，表面深绿而无光泽，叶背淡绿色，网状脉显著。花两性，无花柄，形大，径 8～19 cm，花色自淡红色至深紫各种变化，有时具白色条纹，花瓣多达 15～20 片。蒴果扁球形。花期特长，早花种自 10 月下旬开始，晚花种能开到 4 月上旬。

【生态习性】耐荫，喜半荫环境，但不宜顶部遮荫而以侧方庇荫为佳；幼年期更喜较荫蔽的环境，成年期对光照的要求提高，喜温暖气候，抗寒力差；喜湿润、深厚，排水良好的酸性土壤，以 pH 5～5.5 最适宜，在 pH 3～6 均可正常生长，在碱性土中则会死亡；忌积水；抗寒性不强。

【栽培资源】常见品种：

①早桃红‘Early Crimson’ 花桃红色，花瓣 20～25 片，外轮瓣微波状，内轮曲折。该品种为一古老品种，昆明市黑龙潭公园龙泉观中的早桃红树龄有 170 余年；云南嵩明县白邑乡皮家营的早桃红古树，树龄有 500 余年。郭沫若同志盛赞曰："茶花一树早桃红，百朵彤云啸傲中"。

②狮子头（九心十八瓣）‘Lion's Head’ 花牡丹型，艳红色；花瓣 30～35 片，排成 4～5 轮；外轮平伸，内轮曲旋，花心高耸；雄蕊多数，雌蕊多数退化，能少量结实。叶长椭圆形，叶面微向内曲。该品种在云南栽培普遍，现今仍保留有 500 余年的古树。

③大玛瑙‘Large Cornelian’ 该品种为狮子头的芽变品种，花瓣底色为艳红色，上洒白色斑块，是云南山茶花中唯一复色的名贵品种。

④菊瓣‘Cornelian Rose’ 花完全重瓣型，桃红色，花瓣 35～40 片，排成 7～8 轮覆瓦状排列或重叠排列成六角型，瓣形整齐如菊，外轮花瓣较大，内轮渐小，雄蕊少或无，雌蕊退化。花期 12 月下旬至次年 3 月下旬。该品种适应性强，着花多。

【景观应用】滇山茶花大繁茂，花姿多样，花色绚丽，为驰名中外的观赏名花；明代邓渼曾称滇茶有十德，即滇茶之美有十绝：一、花美；二、寿长；三、气魄大；四、肤雅；五、姿美；六、根奇；七、叶茂；八、性坚；九、颜荣；十、宜赏；因其性喜半荫，故园林中最宜与庭荫树互相配植或列植于屋侧、堂前观赏；亦可于风景区辟专类园，成片种植观赏。

云南山茶是云南省省花、昆明市市花。

【其他用途】种子可榨油，食用及入药。

9. 茶梅 *Camellia sasanqua* Thunb.

【科属】山茶科　山茶属

【产地与分布】产长江以南地区。

【识别特征】常绿灌木至小乔木。枝条细密，嫩枝及芽鳞表面有毛。单叶互生，革质，椭圆形至倒卵形，缘有齿，表面绿色光泽，背面中脉上略有毛。花两性，无柄，略有芳香，花瓣 6～8 片。蒴果球形略有毛。花期 11 月至翌年 1 月。

【生态习性】性强健，喜光，也稍耐荫，但以在阳光充足处花朵更为繁茂；喜温暖气候及富含腐殖质而排水良好的酸性土壤，稍抗旱。

【景观应用】茶梅花型兼具茶花和梅花的特点，故称茶梅。其体态玲珑，叶形雅致，花叶茂盛，花期长，是赏花、观叶俱佳的著名花卉。茶梅花朵瑰丽，着花量多，适宜修剪，为花篱或基础种植的优良材料，宜丛植，点缀各类景观，也是优秀的地被植物。

10. 金花茶 *Camellia nitidissima* Chi［*C. chrysantha*（Hu）Tuyama］（彩图 18）

【科属】山茶科　山茶属

【产地与分布】产我国广西南部及越南北部，生于海拔 300 m 以下沟谷中。

【识别特征】常绿灌木至小乔木，树高 2～6 m。单叶互生，革质，叶矩圆形，先端尖尾状，缘具锯齿，表面侧脉显著下凹。花两性，花瓣较厚，1～3 朵腋生，黄色至金黄色；花萼与花瓣同色。蒴果扁圆形。花期 11 月至翌年 3 月。

【生态习性】喜半荫；喜温暖、排水良好的酸性土。

【景观应用】金花茶花色金黄，珍贵、高雅，是园艺家们多年理想目标的实现，也是目前茶花育种重要的亲本材料，被列入中国一级重点保护树种和中国近代栽培名花，亦是难得的冬季观花树种，在园林中可孤植、丛植于庭院中观赏。金花茶现已在上海、广州、南宁、无锡、福州、厦门、长沙、成都及昆明等城市露地或温室栽培。亦可盆栽观赏。

【其他用途】叶可代茶，种子可榨油，花可提取黄色食用色素；叶、花可入药。

11. 金丝桃 *Hypericum monogynum* L.（图 7-5）

【别名】土连翘

【科属】藤黄科　金丝桃属

【产地与分布】分布于河北、河南、陕西、山东、江苏、安徽、江西、福建、台湾、湖南、湖北、四川、贵州、广东、广西等地。日本也有引种。

【识别特征】常绿或半常绿灌木。全株光滑无毛，茎红色，幼时具 2～4 纵棱。单叶对生，无柄或具短柄，长椭圆形，上面绿色，下面淡绿但不呈灰白色，具透明腺点。花金黄色，单生或 3～7 朵成聚伞花序，花瓣 5；雄蕊多数，5 束，长于或等于花瓣；花柱联合，顶端 5 裂。蒴果卵圆形。花期 6～7 月；果期 8～9 月。

【生态习性】喜光亦耐荫，喜温暖湿润气候，稍耐寒，适应性强；喜排水良好、湿润肥沃的沙壤土。萌芽力强，耐修剪。

图 7-5　金丝桃

【栽培资源】同属常见种：

①金丝梅 *Hypericum patulum*　小枝幼时无棱。花金黄色，雄蕊花丝短于花瓣；花柱离生（图 7-6）。

【景观应用】金丝桃叶色嫩绿，开花时一片金黄，鲜明夺目，妍丽异常，是南方庭院常用的赏花灌木。宜植于庭院内、林荫树下、庭院角隅、假山旁、路旁或点缀草坪等。北方多盆栽观赏，花、果均可作切花材料。

【其他用途】金丝桃根、茎、叶、花、果均可入药，其抗病毒作用突出，能抗 DNA、RNA 病毒，可用于艾滋病治疗。以金丝桃提取的金丝桃素贵若黄金，可应用于美容医疗。

图 7-6　金丝梅

12. 扶桑 *Hibiscus rosa-sinensis* Linn.（彩图 48）

【别名】朱槿、大红花

【科属】锦葵科　木槿属

【产地与分布】原产我国南部，现温带及热带地区均有栽培。

【识别特征】常绿大灌木。叶卵形，缘有粗锯齿，形似桑叶。花大，单生于上部叶腋间，单体雄蕊，伸出花冠之外；有单瓣和重瓣，单瓣花漏斗形，常为枚红色，重瓣花有红、黄、粉、白等色。蒴果卵球形。花期全年，夏秋最盛。

【生态习性】喜温暖湿润气候，耐高温，不耐寒；喜光，不耐荫。华南多露地栽培，长江流域及其以北地区需温室越冬。

【栽培资源】常见变种：

①橙色扶桑 var. *aurantiacus*　花橙黄色。

②黄花扶桑 var. *calleri*　花暗黄色，基部鲜红色。

③花叶扶桑 var. *cooperi*　叶狭窄，有白色斑纹；花小，朱红色。

④大花扶桑 var. *grandiflorus*　花大，红色。

⑤重瓣扶桑（重瓣朱槿）var. *rubro-plena*　花重瓣，红色。

⑥红扶桑 var. *van-houtlei*　花鲜红色。

【景观应用】扶桑在中国栽培的历史悠久，为我国著名观赏花木，早在先秦的《山海经》中就有记载“汤谷上有扶桑”，晋朝嵇含的《南方草木》中则记载“其花如木槿而颜色深红，称之为朱槿”。扶桑花大色艳，花期长，朝开暮落，品种多，花色丰富，在南方多散植于池畔、亭前、路旁和墙边，盆栽扶桑适用于布置客厅、宾馆、会场和入口处摆设。

扶桑为我国南宁市（广西）、玉溪市（云南）市花；亦为斐济、苏丹、马来西亚国花。

【其他用途】扶桑花、叶、根均可入药。

13. 美丽马醉木 *Pieris formosa* D. Don（图 7-7）

【科属】杜鹃花科　马醉木属

【产地与分布】产浙江、江西、湖北、湖南、广东、广西、四川、贵州、云南等省区。生于海拔 900～2300 m 的灌丛中。越南、缅甸、尼泊尔、不丹、印度也有。

图 7-7　美丽马醉木

【识别特征】常绿灌木。多分枝。单叶互生，叶长椭圆形至披针形，缘有细锯齿，硬革质。总状花序簇生于枝顶的叶腋，有时为顶生圆锥花序；小花坛状，下垂，花冠白色。蒴果球形，熟时红色。花期 5～6 月，果期 7～9 月。

【生态习性】喜湿润、半荫环境，不耐寒。耐修剪且萌芽力强。

【景观应用】美丽马醉木幼叶褐红色，花美丽，花叶观赏价值极高，可植于庭园或做绿篱，亦可做盆景、切花；果亦可观赏。

【其他用途】全株有毒，其叶用水煎剂可杀农业害虫。

14. 映山红 *Rhododendron simsii* Planch.（彩图 49）

【别名】杜鹃花、照山红、山踯躅

【科属】杜鹃花科　杜鹃花属

【产地与分布】产中国中部及南部，在长江流域多生于丘陵山坡上，在云南常见于海拔 1000～2600 m 山坡上，现各地广泛栽培。

【识别特征】常绿或半常绿灌木。多分枝，枝细而直，枝叶及花梗密被有亮棕色或褐色扁平糙伏毛。单叶互生，全缘，纸质，卵状椭圆形或椭圆状披针形，表面糙伏毛较稀，背面较密。花两性，辐射对称；花冠阔漏斗状，裂片 5，2～6 朵簇生枝端，玫瑰红、鲜红或暗红色，有紫红色斑点；雄蕊 10，长约与花冠相等；萼片小而 5 深裂，被糙伏毛，边缘具睫毛。蒴果卵形密被糙伏毛。花期 4～6 月（昆明 3 月始花）。

【生态习性】喜光，稍耐荫；全光照被遮蔽 1/3 以上时，即生长不良；喜温暖气候，耐干旱；喜肥沃排水良好的酸性壤土，忌黏土和石灰质土，较耐热，畏烈日暴晒，不耐寒，在华北地区多盆栽。为我国中南及西南地区典型的酸性土指示植物。

【栽培资源】常见变种：

①白花杜鹃 var. *eriocarpum*　花白色或粉红色。

②紫斑杜鹃 var. *mesembrinum*　花较小，白色而有紫色斑点。

③彩纹杜鹃 var. *vittatum*　花有白色或紫堇色条纹。

【景观应用】映山红是中国十大历史传统名花之一，其花繁叶茂，绮丽多姿，花开一片红，热烈、优美、花期长，装饰效果佳，园林中最宜在林缘、溪边、池畔及岩石旁成丛成片栽植，也可于疏林下散植。映山红也是花篱的好材料，开花时给人热闹而喧腾的感觉，花谢后，深绿色的叶片在庭园中可作为矮墙或屏障。映山红根桩奇特，也是优良的盆景材料。

映山红是印度杜鹃杂种的亲本，亦是比利时杜鹃培育的新种质。我国长沙、台北、丹东、九江、三明、韶关、余姚、井冈山、巢湖、新竹、荣成、嘉兴、无锡、大理等 13 个城市均以杜鹃花为市花（杜鹃花属的不同种或品种）。

【其他用途】全株可供药用。

15. 朱砂根 *Ardisia crenata* Sims

【别名】红铜果、大罗伞、富贵籽

【科属】紫金牛科　紫金牛属

【产地与分布】分布于我国大陆的长江中下游地区、华南以及台湾地区；印度，缅甸经马来半岛、印度尼西亚至日本均有分布。

【识别特征】常绿矮灌木。单叶互生，硬纸质，长椭圆形至倒披针形，边缘具皱波状齿，两面光滑无毛。伞形花序，着生于侧生特殊花枝顶端；花枝近顶端常具 2～3 片叶或更多，或无叶；小花白色或淡红色。核果圆球形，直径 7～8 mm，开始淡绿色，成熟时亮红色。另有白色或黄色种。

【生态习性】喜温暖湿润、半阳半荫的环境，忌阳光直射，不耐寒；喜排水良好且富含腐殖质的土壤。

【栽培资源】同属常见种：

①紫金牛 *A. japonica*　常绿矮小灌木，较朱砂根矮小，近蔓生，具匍匐生根的根茎；直立茎长达 30 cm，稀达 40 cm。叶对生或近轮生，边缘具细锯齿。亚伞形花序，腋生或生于近茎顶端的叶腋，有花 3～5 朵。果球形，直径 5～6 mm，鲜红色转黑色。花期 5～6 月；果期 11～12 月（图 7-8）。

图 7-8　紫金牛

【景观应用】朱砂根叶绿果红，红果鲜亮，经久不落，甚为美观，可成片栽植于城市立交桥下、公园、庭院或景观林下，绿叶红果交相辉映，令人赏心悦目；盆栽摆设于室内，尽显吉祥喜庆。

【其他用途】果可食，亦可榨油；根及全株入药。

16. 海桐 *Pittosporum tobira*（Thunb.）Ait.（图 7-9）

【别名】海桐花、山矾

【科属】海桐花科　海桐花属

【产地与分布】产我国东南部；朝鲜、日本亦有分布。现长江流域及其以南各地庭园常见栽培。

【识别特征】常绿灌木至小乔木，嫩枝被褐色柔毛。单叶互生，枝顶近轮生，倒卵形或倒卵状披针形，全缘。花初开白色，后变淡黄色，花瓣 5，芳香；伞形花序顶生。蒴果卵球形，成熟后 3 瓣裂；种子 2 至多数，表面有红色黏质瓤。花期 3～5 月；果熟期 9～10 月。

【生态习性】喜温暖湿润气候，喜光，能耐荫；对土壤要求不严，抗海潮风，耐盐碱；对二氧化氯等有毒气体有较强抗性。

【景观应用】海桐树冠球形，紧凑丰满，叶色浓绿光亮，初夏花朵清丽芳香，入秋果实开裂露出红色种子，是南方常见的观赏树种。通常可作绿篱栽植，也可孤植、丛植点缀草丛、林缘或门旁，列植在路边或成片成丛植于树丛中作中下层常绿基调树种。因对海潮及有毒气体有较强抗性，故又为海岸防潮林、防风林及矿区绿化的重要树种。还可盆栽观赏布置会场或作室内厅堂陈设。

【其他用途】根、叶和种子均入药。

图 7-9　海桐

17. 白牛筋 *Dichotomanthes tristaniaecarpa* Kurz(彩图 50)

【别名】牛筋条

【科属】蔷薇科　牛筋条属

【产地与分布】产云南和四川西南部。

【识别特征】常绿灌木至小乔木。小枝幼时密被黄白色绒毛，老时灰褐色，无毛。叶长圆状披针形，有时倒卵形、倒披针形至椭圆形，全缘，正面无毛，背面幼时密被白色绒毛，逐渐稀薄。总花梗和花梗被黄白色绒毛；萼筒钟状，外密被绒毛，内面被柔毛；花瓣 5，白色；复伞房花序顶生。果褐色至黑褐色，突出于肉质红色杯状萼筒之中。花期 4～5 月；果期 8～11 月。

【生态习性】喜光，稍耐荫，耐干旱瘠薄。

【景观应用】白牛筋适应性强，耐粗放管理，春天满树白花，秋天红果累累，是园林景观的良好材料。

18. 红叶石楠 *Photinia fraseri* 'Red Robin'(彩图 51)

【科属】蔷薇科　石楠属

【产地与分布】分布于我国长江流域及华北大部、华东、华南及西南各省区。

【识别特征】常绿灌木。单叶互生，革质，长椭圆形至倒卵披针形，缘具细锯齿；新叶亮红色。花小，花瓣 5，白色，成复伞房花序。

【生态习性】喜强光照，也能耐荫，在直射光照下，色彩更为鲜艳。耐低温，耐干旱瘠薄，有一定的耐盐碱性，适应性强。萌芽性强，耐修剪。

【景观应用】红叶石楠新梢和嫩叶鲜红，色彩艳丽持久，极具生机。在夏季高温时节，叶片转为亮绿色，给人清新凉爽之感。可修剪成矮小灌木片植作地被，或与其他彩叶植物组合成各种图案；也可培育成独干不明显、丛生形的小乔木，群植成大型绿篱或幕墙，在居住区、厂区绿地、街道或公路绿化隔离带应用；亦可盆栽布置门廊及室内。

19. 火棘 *Pyracantha fortuneana* (Maxim.) Li(图 7-10)

【别名】火把果、红果、救军粮

【科属】蔷薇科　火棘属

【产地与分布】分布于我国东部、中部及西南西北各省。

【识别特征】常绿灌木。有枝刺。叶倒卵状长椭圆形，缘有细钝锯齿，两面无毛。花白色，5 瓣。梨果小，红色，内有 5 硬核。花期 3～5 月；果期 9～10 月。

【生态习性】喜强光，稍耐荫，耐贫瘠，耐干旱，不耐寒；萌发力强，耐修剪。

图 7-10　火棘

【栽培资源】常见品种及种：

①小丑火棘'Variegalis'　小叶边缘具白边或黄白色斑纹。

②狭叶火棘 *P. angustifolia*　叶狭长，通常全缘，叶背及花梗、萼片均被灰白色绒毛；花白色；果黄色，秋季结实，经冬不落。

【景观应用】火棘初夏白花繁密，秋后红果艳丽，经久不落，点缀于庭园深处，红彤彤的果实使人在寒冷的冬天里有一种温暖的感觉。宜作刺篱，可丛植于风景林地边缘，体现自然野趣；也可运用于岩石园；火棘叶花繁密，可制作盆景，果枝也可作插花材料。

【其他用途】火棘果实可食用，含有丰富的营养物质，可鲜食，也可加工成各种饮料，抗战期间解放军曾用此果充饥，故又称为"救军粮"。火棘果含有生物增白物质，能有效地抑制人体内各种色素酶的活力，使皮肤不产生色素。红果提取液被广泛用于化妆品中，具有保湿、改善暗沉干燥的作用。

20. 月季类 *Rosa* spp.

【别名】月月红

【科属】蔷薇科　蔷薇属

【产地与分布】原产中国中部及西南部。

【识别特征】常绿或半常绿灌木，或蔓状与攀援状藤本植物。茎具钩刺或无刺。奇数羽状复叶，小叶 3～5，叶缘有锯齿，两面光滑无毛。花生于枝顶，花朵常簇生，稀单生；花色甚多；多为重瓣，亦有单瓣；微香。花期 4～10 月（北方），3～11 月（南方）。

【生态习性】喜光；喜温暖湿润，稍耐旱、耐寒。

1)月季(*R. chinensis* Jacq)

月季花在中国有栽培数百年至千年的历史，经精心栽培选育，产生了一些优良类型：

①'月月红'（矮生中国红月季）'Semperflorens'　花复瓣，单朵或成对着生于细长的花梗上，呈深红色，'月月红'约于 1791 年自中国引至英国，现在北京、湖北等地仍有栽培。

②'月月粉'（宫粉月季）'Pallida'　花复瓣，芳香，花具粉晕而成簇，'月月粉'系于 1789 年引至英国，传向社会，'月月粉'是现代月季的重要祖先之一，我国各地栽培至今仍很多，以湖北、武汉等地尤多。

③'月月紫''Purple'　植株较矮，花深紫红色，复瓣，花朵较紧密，在长江流域很多省市均有栽培。

2) 香水月季 *R. xodorata* (Andr.) Sweet

原产于中国云南、四川。花各色均有，芳香，四季开花，复叶由 5～7 枚小叶组成，顶小叶较大，不耐寒。

中国月季和香水月季均是现代月季品种群育种的重要亲本。

3)现代月季(*R. hybrida* Hort.)(彩图 52)

国际上将 1867 年育出了真正四季开花的杂种香水月季系统新品种视为"现代月季"和"古老月季"的分界线。在此基础上，通过全世界月季育种家长期不懈的努力，到现在月季已发展到有 2 万多个品种的大家族。目前广泛栽培的品种分为七大系统：

①大花香水月季（Ht 系）　以中国香水月季与杂种长春月季系统的品种反复杂交后形成的品种群，花大色艳，品种丰富，花具香味，四季开花，为现代月季的主流品种群。比较著名的品种有：'和平'（'Peace'）。

②丰花月季（Fl 系）　植物矮小，分枝多，中小花常聚簇成团，四季开花，抗寒性、抗热性及抗病虫害能力强，是现代城市园林绿化美化的新材料，能表现出鲜花如海的宏观效果，北京栽植较多的'杏花村'（'Betty Prior'）、'小桃红'（'Red Cap'）均是丰花月季的品种。

③壮花月季（Gr 系）　此系统是香水月季与丰花月季的杂交品种群，花大而一茎多花，兼双亲之优势，如'雪峰'（'Mount Shasta'）、'粉后'（'Queen Elizabeth'）等品种。

④杂种长春月季（HP 系）　是现代月季的起点和基础，主要特点是植株高大，枝条粗壮，生长势旺盛，基本上是晚春一季开花，'山东粉'（'Shandong Fen'）即是重要的品种。

⑤微型月季（Min 系）　此类月季植株矮小，通常只有 20 cm 高，花径一般 2～4 cm，有的品种还不

到 1 cm，四季开花。常见品种有'红宝石('Scarlet Gem')'、'红妖'('Red Elf')。

⑥藤本月季(Cl 系) 主要以原产中国的野蔷薇、光叶蔷薇、巨花蔷薇和其他藤本蔷薇为亲本与杂种长春月季、杂种香水月季或香水月季一次或多次杂交育成，此类品种群中，有一季开花的品种，也有两季或四季开花的品种。目前，藤本月季在园林和城市绿化中应用较为广泛。经典品种有'光谱'('Spectra')。

⑦地被月季(Gc 系) 呈匍匐扩张型，高度不超过 20 cm。每株一年萌生 50 个分枝以上，枝条触地生根，每枝一次开花 50～100 朵。主要品种有'巴西诺'、'地被一号'、'肯特'等。

【景观应用】月季花花容美丽，色彩丰富，四季开花，芳香宜人，自古深受中国人民喜爱，为中国十大历史传统名花之一。到目前为止已有北京、天津、南昌、大连、常州、锦州、宜昌、衡阳、开封等 41 市的市花为月季。全世界有美国、法国、意大利、伊拉克、卢森堡、坦桑尼亚、叙利亚、摩洛哥、比利时九个国家的国花为月季。可以说月季是目前世界上所有花卉中应用最广的一种，也是产值最高的花卉种类之一。在园林中，月季可以大面积用于园林绿地中，作花坛、花境、花篱、行道花灌木栽植及月季专类园等；月季还是著名的世界四大切花之一。

全世界蔷薇属植物有 200 多种，中国有 82 种，中国是世界蔷薇属植物的分布中心，而且是四季开花的月季花和香水月季的唯一产地和发源地。

21. 大花黄槐 *Cassia floribunda* Cavan.(彩图 53)

【别名】光叶决明

【科属】苏木科 决明属

【产地与分布】原产热带美洲，现热带各地区常见，中国云南滇中以南及广东、海南、广西亦栽培。

【识别特征】常绿或半常绿灌木至小乔木，高达 4 m。偶数羽状复叶，在每对小叶间的叶轴上，均有 1 枚腺体，小叶坚纸质或纸质，两面无毛，下面被白粉。花两性，假蝶形，金黄色；总状或伞房花序，顶生或腋生于小枝顶部。荚果圆柱形，肿胀，成熟后黑褐色，开裂。花期 5～7 月，昆明地区花期可延至 11 月，盛花期 7 月；果期 11～12 月。

【生态习性】喜光、喜暖热气候及肥沃排水良好的微酸性土壤；稍耐荫、耐寒，不耐淹水。

【景观应用】大花黄槐色彩明快，花繁叶茂，是优良的观赏树种，可丛植、群植于高大乔木前作前景，也可对植于建筑入口处，亦可作列植于道路两边。

【其他用途】根、叶及种子可入药。

22. 胡颓子 *Elaeagnus pungens* Thunb.(图 7-11)

【别名】羊奶子

【科属】胡颓子科 胡颓子属

【产地与分布】分布于我国长江流域以南各省区。

【识别特征】常绿灌木。有枝刺。叶革质，椭圆形，边缘微反卷或皱波状，背面具银白色与褐色鳞片。花银白色，1～3 朵腋生，芳香。果实椭圆形，幼时被褐色鳞片，成熟时红色。花期 9～12 月，果期次年 4～6 月。

【生态习性】喜温暖气候，稍耐寒，耐高温；喜光，也具有较强的耐荫性；耐干旱瘠薄，也耐水湿，对土壤要求不严。

图 7-11 胡颓子

【栽培资源】常见栽培品种：

①金边胡颓子'Aurea' 叶片边缘有金边。

②花叶胡颓子'Variegata' 叶片上有斑纹。

③金心胡颓子'Maculata' 叶片中心金黄色。

【景观应用】胡颓子株型自然，红果美丽，是公园、庭园常用观叶、观果树种。适于草地丛植，可在林缘、树群外围作自然式绿篱；亦可作盆栽观赏或制作盆景。

【其他用途】种子、叶和根可入药；果实味甜，可生食，也可酿酒和熬糖。

23. 瑞香 *Daphne odora* Thunb.

【别名】风流树

【科属】瑞香科　瑞香属

【产地与分布】原产中国长江流域，江西、湖北、浙江、湖南、四川等省均有分布。

【识别特征】常绿灌木。枝光滑无毛。叶互生，长椭圆形至倒披针形，全缘，无毛，质较厚，表面深绿有光泽。花两性，花被白色或淡红色、紫色，甚芳香，呈头状花序顶生。核果肉质，圆球形，红色。花期3～4月。

【生态习性】喜荫，忌日光暴晒；耐寒性差；喜排水良好的酸性土壤。

【栽培资源】常见栽培品种：

①金边瑞香'Aureo Marginata'　叶缘金黄色，花极香。南昌市市花。

②毛瑞香'Atrocaulis'　高 0.5～1 m，枝深紫色，花被外侧被灰黄色毛。

【景观应用】瑞香为我国著名传统园林花木，宋代便有栽培记载。早春开花，香味浓郁而且常绿，宜丛植于林下、路缘或假山、岩石之间；北方多于温室盆栽观赏。

【其他用途】根可入药；花可提芳香油；皮部纤维可造纸。

24. 红千层 *Callistemon rigidus* R. Br.（彩图 54）

【别名】红瓶刷树

【科属】桃金娘科　红千层属

【产地与分布】原产澳大利亚，引进中国后，在我国南方地区栽种。

【识别特征】常绿灌木。嫩枝有棱，初时有长丝毛，不久变无毛。单叶互生，线形，全缘，坚革质。花密生，红色；顶生穗状花序似试管刷。蒴果半球形，顶裂。花期 5～7 月。

【生态习性】喜光，不耐荫；喜暖热气候，不耐寒；喜肥沃潮湿的酸性土壤，也能耐瘠薄干旱的土壤；抗风。

【栽培资源】同属常见种：

①垂枝红千层 *Callistemon viminalis*　枝细长下垂；瓶刷状穗状花序下垂，绯红至暗红色。花期4～9 月。

【景观应用】红千层花序红艳奇特，形似试管刷，适宜庭园种植和用作行道树。

25. 杂交倒挂金钟 *Fuchsia hybrida* Hort. ex Sieb. et Voss（彩图 55）

【别名】吊钟海棠、灯笼花

【科属】柳叶菜科　倒挂金钟属

【产地与分布】本种是根据中美洲的材料人工培养出的园艺杂交种，其园艺品种很多，广泛栽培于全世界。

【识别特征】常绿亚灌木。茎直立，幼枝带红色。叶对生，卵形或狭卵形，缘具浅齿或齿突，脉常带红色。花两性，下垂；萼片 4，红色，开放时反卷；花色有紫红色，红色、粉红、白色。果紫红色，倒卵状长圆形。花期 4～12 月。

【生态习性】喜凉爽湿润气候，忌高温和强光。喜肥沃疏松、富含腐殖质、排水良好的微酸性土壤。

【景观应用】倒挂金钟花朵下垂，花形奇特，极为雅致。宜用于装饰花架、廊架等；盆栽适用于装饰阳台、窗台、案头等，也可作为吊盆观赏。

26. 洒金东瀛珊瑚 *Aucuba japonica* Thunb. var. *variegata* D'ombr.（图 7-12）

【科属】山茱萸科　桃叶珊瑚属

【产地与分布】原产日本、朝鲜及我国福建、台湾。现我国长江中下游地区广泛栽培，华北地区多为盆栽。

【识别特征】常绿灌木。单叶对生，矩圆形，缘疏生粗齿，革质而富光泽，叶面有黄色斑点。花紫色，单性，雌雄异株，为顶生圆锥花序。核果浆果状，鲜红色，长圆形。花期 3～4 月；果期至翌年 4 月。

【生态习性】喜温暖阴湿环境，不耐寒，耐荫性强，适宜生长在林下疏松肥沃的微酸性土或中性壤土中。耐修剪，且对烟害的抗性很强。

【景观应用】洒金东瀛珊瑚枝繁叶茂，叶片洒满金色斑点，红果诱人，是珍贵的观叶、观果灌木。其耐荫性强，最宜林下配置。可植于庭院墙隅软化建筑基础，也可点缀池畔湖边、溪流林下。亦可盆栽观赏，其枝叶常用于插花。

图 7-12　洒金东瀛珊瑚

27. 大叶黄杨 *Euonymus japonicus* Thunb.（图 7-13）

【别名】正木、冬青卫矛

【科属】卫矛科　卫矛属

【产地与分布】原产日本，我国普遍栽培。

【识别特征】常绿灌木至小乔木，小枝四棱形，光滑、无毛。单叶对生，革质或薄革质，椭圆形至倒卵状椭圆形，缘具钝齿。花绿白色，聚伞花序腋生。蒴果近球形，成熟后粉红色，4 瓣裂。假种皮橘红色。花期 3～4 月；果期 6～7 月。

图 7-13　大叶黄扬

【生态习性】喜温暖湿润气候，喜光，稍耐荫，有一定的耐寒力，对土壤要求不严。耐修剪。

【栽培资源】常见栽培品种有：

①银边大叶黄杨 'Albo Marginatus'　叶边缘白色。

②金边大叶黄杨 'Aureo Marginatus'　叶边缘金黄色。

③银心大叶黄杨 'Argento Variegatus'　叶中脉附近呈银白色。

④金心大叶黄杨 'Aureo Pictus'　叶中脉附近呈金黄色。

【景观应用】大叶黄杨枝繁叶茂，叶色浓绿，是优良的园林绿篱树种，可修剪成球体。亦可盆栽布置室内环境。

【其他用途】木材细腻质坚，色泽洁白，不易断裂，是制作筷子、棋子的上等木料。根、叶可入药。

28. 枸骨 *Ilex cornuta* Lindl. et Paxt.（彩图 56）

【别名】鸟不宿、老虎刺、猫儿刺

【科属】冬青科　冬青属

【产地与分布】产我国长江中下游地区，朝鲜也有分布。

【识别特征】常绿灌木至小乔木。单叶互生，硬革质，矩圆形，先端 3 枚尖硬刺齿，基部平截，两侧各有 2 枚尖硬刺齿，叶缘向下反卷。雌雄异株，花黄绿色，聚伞花序簇生于叶腋。核果球形，鲜红色。花期 4～5 月；果期 9～11 月。

【生态习性】喜光，稍耐荫；喜温暖湿润、肥沃、排水良好的微酸性土壤。耐修剪，生长缓慢。

【栽培资源】

(1)常见变种有：

①无刺枸骨 var. *fortumei* 叶全缘，仅先端有刺。

(2)同属其他常见品种：

①龟甲冬青 *I. crenata*'Convexa' 钝齿冬青园艺品种。叶小而密，叶面凸起，厚革质，椭圆形至长倒卵形(图 7-14)。

图 7-14 龟甲冬青

【景观应用】枸骨叶形奇特，入秋红果累累，是观叶、观果的良好树种。宜配置于假山石、花坛中心、草坪、道路转角处；也可作刺篱，兼有防护与观赏效果；还可盆栽或作树桩盆景。叶、果枝可插花。

29. 雀舌黄杨 *Buxus bodinieri* Levl.（图 7-15）

【别名】匙叶黄杨、万年青、细叶黄杨

【科属】黄杨科 黄杨属

【产地与分布】分布于我国长江流域及华南、西南地区。

【识别特征】常绿小灌木。枝密生，小枝四棱形。单叶对生，薄革质，通常匙形，亦有狭卵形或倒卵形，先端钝圆或微凹；两面中脉明显凸起，侧脉与中脉约成 45°夹角，背面中脉密被白色钟乳体。花簇生于叶腋，黄绿色。

【生态习性】喜温暖湿润气候，亦较耐寒、耐半荫和干旱，要求疏松、肥沃和排水良好的沙壤土。生长缓慢，耐修剪，抗污染。

【栽培资源】同属其他常见种：

①小叶黄杨 *B. microphylla* 小枝四棱形，有窄翅，通常无毛；叶较大。

图 7-15 雀舌黄杨

【景观应用】雀舌黄杨枝叶繁茂，叶形别致，四季常青，常用于绿篱或布置花坛边缘；还可修剪成各种形状，是点缀小庭院和入口处的好材料。也可用于盆栽观赏。

30. 变叶木 *Codiaeum variegatum*（L.）A. Juss.（彩图 57）

【别名】洒金榕、流星变叶木

【科属】大戟科 变叶木属

【产地与分布】原产于马来西亚、太平洋群岛等地；现广泛栽培于热带地区。我国南部各省区常见栽培。

【识别特征】常绿灌木至小乔木。全株有白色乳汁。单叶互生，薄革质，形状大小变异很大，线形、线状披针形、披针形至椭圆形，全缘或叶中部中断，两面无毛，绿色、红色、紫红色、黄色相间，或绿色叶片上散生黄色或金黄色斑点或斑纹。雌雄同株，总状花序腋生。蒴果近球形。花期 9～10 月。

【生态习性】喜暖热气候和阳光充足的环境，能耐半荫，不耐寒，不耐旱。

【景观应用】变叶木品种很多，叶形、叶色变化很大。其叶形变化奇特，叶色七彩斑斓，极为美丽，是优良的观叶树种，华南地区多用于公园、绿地和庭园美化，在长江流域及以北地区均作盆花栽培，可置于会场或摆放于宾馆、商厦、银行大堂。其枝叶可作插花配叶材料。

变叶木乳汁有毒，人畜误食可引起腹痛、腹泻等；乳汁中含有激活 EB 病毒的物质，长时间接触有诱发鼻咽癌的可能。

31. 米兰 *Aglaia odorata* Lour.（图 7-16）

【别名】米仔兰、树兰、碎米兰

【科属】楝科　米仔兰属

【产地与分布】原产东南亚，现广植于世界热带及亚热带地区。华南庭园习见栽培观赏，也有野生。

【识别特征】常绿灌木。奇数羽状复叶，互生，叶轴和叶柄具狭翅，小叶 3～5，对生，倒卵形至长椭圆形，厚纸质，两面无毛，全缘。花小，黄色，近球形，极芳香；圆锥花序腋生。浆果卵形或近球形，无毛，种子具肉质假种皮。夏、秋开花。

【生态习性】喜光，略耐荫；喜暖怕寒；喜深厚肥沃土壤；不耐旱。

图 7-16　米兰

【景观应用】米兰枝叶繁密常青，花香馥郁，花期特长，是深受群众喜爱的花木，可用于庭园布置和室内盆栽观赏；米兰盆栽可陈列于客厅、书房和门廊，清新幽雅；可吸收空气中的二氧化硫和氯气，净化室内空气。

【其他用途】花是熏茶和提炼香精的重要材料；木材黄色，致密，可供工艺用以刻甲。

32. 柑橘 *Citrus reticulata* Blanco

【别名】宽皮橘、红橘、朱砂橘

【科属】芸香科　柑橘属

【产地与分布】原产我国东南部。

【识别特征】常绿灌木至小乔木。小枝无毛，枝刺短或无。单身复叶，翼叶通常狭窄，或仅有痕迹，叶片披针形，椭圆形或阔卵形，大小变异较大，叶缘至少上半段通常有钝或圆裂齿，很少全缘。花单生或簇生叶腋，黄白色，有香味。果扁球形，橙黄色或橙红色，果皮薄，与肉瓤易分离。春季开花，10～12 月果熟。

【生态习性】喜温暖湿润气候，不耐寒；在肥沃的中性或微酸性土壤中生长最佳。

【景观应用】柑橘树形美观，枝叶茂盛，花香馥郁，秋冬金果累累，色泽艳丽，非常适合庭园、风景区种植；秋季金果满树，又是吉祥的象征，盆栽观赏，既添景色，又添吉祥。

【其他用途】柑橘的营养成分十分丰富，维生素 C 含量很高，橘皮所含营养丰富，尤其富含维生素 B_1、维生素 C、维生素 P 和挥发油，挥发油中主要含柠檬烯等物质。

33. 九里香 *Murraya paniculata*（L.）Jack.（图 7-17）

【别名】千里香

【科属】芸香科　九里香属

【产地与分布】产亚洲热带，我国云南、贵州、湖南、广东、广西、福建、海南、台湾等地均有分布。

【识别特征】常绿灌木或小乔木。奇数羽状复叶，互生；小叶 3～5(7)，互生，卵形至卵状长椭圆形，全缘。花白色，花瓣 5，芳香；聚伞花序顶生或腋生。浆果近球形，橙黄至朱红色。花期 4～8 月；果期 9～12 月。

【生态习性】喜温暖及阳光充足的环境，不耐寒。

【景观应用】九里香树姿秀雅，枝干苍劲，四季常青，开花洁白芳香，朱果耀目，是良好的观花、观果树种，在我国南方广泛栽培，常作绿篱，可修剪成各种造型，也可制作盆景。

图 7-17　九里香

34. 八角金盘 *Fatsia japonica* (Thunb.) Decne. et Planch（图 7-18）

【别名】手树

【科属】五加科　八角金盘属

【产地与分布】原产日本。

【识别特征】常绿灌木。茎光滑无刺。叶片大，革质，近圆形，掌状 7～9 深裂，缘有疏离粗锯齿，叶柄基部膨大。花小，白色，成顶生圆锥花序。花期 10～11 月；果熟期翌年 4～5 月。

【生态习性】喜温暖湿润气候，耐荫，不耐干旱，稍耐寒。

【景观应用】八角金盘四季常青，叶片硕大。叶形优美，浓绿光亮，是优良的观叶植物。适宜配植于庭院、门旁、窗边、墙隅及建筑物背阴处以及立交桥下，也可点缀在溪流滴水之旁，还可成片群植于草坪边缘及林下；可盆栽用于室内装饰；叶片还是插花的良好叶材。

图 7-18　八角金盘

35. 鹅掌藤 *Schefflera arboricola* Hay.（图 7-19）

【别名】鸭脚木

【科属】五加科　鹅掌柴属

【产地与分布】原产大洋洲、我国西南至东南部，日本、越南、印度也有分布；现广泛植于世界各地。

【识别特征】常绿藤木或蔓性灌木，能爬树和墙。掌状复叶互生，小叶 7～9，革质，倒卵状长椭圆形或长圆形。伞形花序十几个至几十个总状排列在分枝上，小花小，绿白色。浆果球形，熟时黄色。花期 7 月，果期 8 月。

【生态习性】喜温暖、湿润和半荫环境。

【栽培资源】常见品种：

①花叶鹅掌藤'Hong Kong Variegata' 叶面上有不规则黄色斑纹。

图 7-19　鹅掌藤

【景观应用】鹅掌藤树冠整齐优美，叶色翠绿光亮，宜作绿篱或成片植于林下；也是盆栽布置室内环境的良好材料。

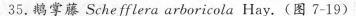

36. 通脱木 *Tetrapanax papyriferus* (Hook.) K. Koch（图 7-20）

【别名】木通树、通草、天麻子

【科属】五加科　通脱木属

【产地与分布】原产长江流域至华南、西南和台湾。

【识别特征】常绿灌木至小乔木。茎粗壮，不分枝，幼时表面密被黄色星状毛或脱落性褐色柔毛，有明显的叶痕和大型皮孔；髓心大，白色，纸质。单叶互生，纸质或薄革质，掌状 5～11 裂，每一裂片常又有 2～3 个小裂片，缘有粗齿，正面无毛，背面密被白色星状绒毛。花小，白色，花瓣 4，成顶生圆锥花序。果球形，熟时紫黑色。花期 10～12 月；果期翌年 1～2 月。

【生态习性】喜光，喜温暖，耐寒性不强；在湿润、肥沃的土壤上生长良好。

图 7-20　通脱木

【景观应用】通脱木叶片极大，叶形奇特，且适应性强，宜植于庭园观赏或栽植于公路两旁。

【其他用途】通脱木的髓心大，质地轻软，颜色洁白，称为“通草”，中药用通草作利尿剂，并有清凉散热功效。髓切成的薄片称为“通草纸”，可制成精制纸花和各式工艺品。

37. 非洲茉莉 *Fagraea sasakii* Hayata (*F. ceilanica* Thunb.)(图 7-21)

【别名】华灰莉木、灰莉

【科属】马钱科　灰莉属

【产地与分布】原产我国华南、云南、台湾及东南亚等国。

【识别特征】常绿灌木至小乔木。单叶对生，椭圆形至长倒卵形，厚革质，全缘。花冠白色，漏斗状，有芳香，上部5裂，蜡质。花期4～6月。

【生态习性】喜温暖湿润，不耐寒；喜光，耐半荫；萌发力强，耐反复修剪。

【景观应用】非洲茉莉枝叶茂密，株型丰满，叶片青翠碧绿，花朵洁白芳香，花形优雅，是良好的观叶、观花植物。在暖地宜丛植于庭园或用作绿篱，也可修剪为球体点缀。其盆栽近年来比较流行，可用于摆设建筑物内外空间。

图 7-21　非洲茉莉

38. 夹竹桃 *Nerium indicum* Mill.

【别名】红花夹竹桃、柳桃、柳叶桃

【科属】夹竹桃科　夹竹桃属

【产地与分布】原产于印度、伊朗和阿富汗，在我国栽培历史悠久，遍及南北城乡各地。

【识别特征】常绿大灌木。枝条含水液。叶3～4枚轮生，枝条下部叶为对生，狭披针形，硬革质。花冠深红色或粉红色，漏斗状，开5裂，裂片右旋。花期几乎全年，夏秋最盛。

【生态习性】喜温暖湿润、光照充足的环境。

【景观应用】夹竹桃四季常青，叶片如柳似竹，花朵胜似桃花，是著名的观赏花卉，再加之抗污染能力强、适应性强，对二氧化碳、二氧化硫、氟化氢、氯气等有害气体有较强的抵抗能力，是南方城镇绿化不可多得的花灌木。可丛植、列植、片植，也可种植在铁道、高速路两旁。

【其他用途】夹竹桃有较强的毒性，可入药。

39. 假连翘 *Duranta repens* L.(彩图 57)

【别名】金露花

【科属】马鞭草科　假连翘属

【产地与分布】原产于中南美洲，我国华南北部以至华中、华北广大地区有栽培。

【识别特征】常绿灌木，可达3 m。小枝四棱形。单叶对生，卵状椭圆形或倒卵形，中部以上有锯齿。总状花序顶生或近顶腋生，花冠蓝紫色或淡蓝紫色，高脚碟状。核果肉质，黄或橙黄色，包藏于扩大的宿存花萼内。

【生态习性】喜温暖湿润气候，不耐寒；喜光，耐半荫；萌发力强，耐修剪。

【栽培资源】常见栽培品种有：

①金叶假连翘‘Golden Leaves’　叶为金黄色。

②花叶假连翘‘Variegata’　叶缘有黄色条纹。

【景观应用】假连翘树姿优美、生长旺盛，终年开放着蓝紫色小花，入秋后果实变色，着生在下垂长枝上，花果兼美，由于其枝叶耐修剪，宜栽植作绿篱，在景观中可孤植、丛植。也可盆栽布置厅堂。

40. 茉莉 *Jasminum sambac*（L.）Ait.

【别名】茉莉花

【科属】木犀科　茉莉属

【产地与分布】原产于印度、伊朗、阿拉伯，中国早已引种，并广泛种植。

【识别特征】常绿灌木。单叶对生，纸质，椭圆形或宽卵形，全缘。花冠白色，极芳香，常见栽培有重瓣类型；聚伞花序顶生，通常有花3朵，有时单花或多达5朵。果球形，成熟时紫黑色。花期5～8月；果期7～9月。

【生态习性】喜温暖湿润和阳光充足环境，稍耐荫，不耐寒。

【景观应用】茉莉枝叶繁茂，叶色翠绿，花朵洁白，香气清雅持久，花期长，是优良的芳香性花木。热带可露地栽培，我国北方地区多盆栽观赏。花朵常作襟花佩戴。

茉莉花是菲律宾、突尼斯、印度尼西亚的国花。

【其他用途】茉莉有着良好的保健和美容功效，可食用，也可用于制作茉莉花茶。

41. 小叶女贞 *Ligustrum quihoui* Carr.（图7-22）

【科属】木犀科　女贞属

【产地与分布】分布于我国中部、东部和西南部。

【识别特征】落叶灌木。小枝圆柱形，密被微柔毛，后脱落。叶对生，薄革质，两面无毛，稀沿中脉被微柔毛，叶柄无毛或被微柔毛。花白色无梗，花丝与花冠裂片近等长或稍长，成顶生圆锥花序。果实近球形，熟时紫黑色。花期5～7月；果期8～12月。

【生态习性】喜光照，稍耐荫，较耐寒，华北地区可露地栽培；对二氧化硫、二氧化碳、氟化氢等有较强的抗性。性强健，萌发力强，耐修剪。

【栽培资源】同属常见栽培品种有：

①金森女贞 *Ligustrum japonicum* 'Howardii'　日本女贞的园艺品种。叶革质，厚实，有肉感；春季新叶鲜黄色，到冬天转为金黄色，大部分新叶沿中脉两侧或一侧局部有云翳状浅绿色斑块。

②金叶女贞 *Ligustrum × vicaryi*　是金边卵叶女贞和欧洲女贞的杂交种。嫩叶金黄色，后渐变为黄绿色。

③金边女贞 *Ligustrum vulgare* 'Aureum'　欧洲女贞的园艺品种。叶黄色或有宽窄不一的黄边。

【景观应用】小叶女贞枝叶紧密、圆整，耐修剪，且抗多种有毒气体，为园林绿化中重要的绿篱树种和林缘灌木。

图7-22　小叶女贞

42. 锈鳞木犀榄 *Olea ferruginea* Royle（图 7-23）

【别名】尖叶木犀榄

【科属】木犀科　油橄榄属

【产地与分布】分布于中国云南及四川西部，阿富汗、印度、喀什米尔、巴基斯坦也有分布。

【识别特征】常绿灌木至小乔木。小枝近四棱形，无毛，密被细小鳞片。单叶对生，叶片革质，狭披针形至长圆状椭圆形，具长凸尖头，两面无毛或在上面中脉被微柔毛，下面密被锈色鳞片。花白色，两性，圆锥花序腋生。核果宽椭圆形或近球形，成熟时呈暗褐色。

【生态习性】喜温暖环境，耐干旱。

【景观应用】锈鳞木犀榄四季常青，枝叶细密，树形美观，萌枝力强，是优良的绿篱植物，常修剪成球状或几株成组栽植，也可列植、孤植。亦盆栽观赏。

图 7-23　锈鳞木犀榄

43. 虾夷花 *Callispidia guttata* Bremek.（图 7-24）

【别名】虾衣花、狐尾木、麒麟吐珠

【科属】爵床科　虾夷花属

【产地与分布】原产墨西哥，世界各地均有栽培。

【识别特征】常绿亚灌木。全体具毛。茎细弱，多分枝。叶对生，卵形，全缘。具棕色、红色、黄绿色、黄色的宿存苞片；花白色，伸向苞片外，花分上下二唇形，上唇全缘或稍裂，下唇浅裂，有 3 行紫斑花纹；穗状花序顶生，下垂。花期几乎全年。

【生态习性】喜温暖湿润的环境，喜疏松、肥沃及排水良好的中性及微酸性土壤。全日照或半日照下生长良好。

【景观应用】虾夷花常年开花，苞片宿存，重叠成串，似龙虾，十分奇特有趣，适宜盆栽，也可作花坛布置或植于路边、墙垣边观赏。

图 7-24　虾夷花

44. 栀子花 *Gardenia jasminoides* Ellis（图 7-25）

【别名】黄栀子、山栀子、栀子、黄枝

【科属】茜草科　栀子花属

【产地与分布】产长江流域，我国中部及中南部均有分布。

【识别特征】常绿灌木。单叶对生或 3 叶轮生，长圆状披针形或椭圆形，全缘，革质；侧脉明显下凹。花浓香，单生枝顶或叶腋；花冠白色或乳黄色，高脚碟状，浓香。浆果卵形，有翅状纵棱 5～9 条，顶端具宿存萼片。花期 3～7 月，果期 5 月至翌年 2 月。

【生态习性】喜光，喜温暖湿润的环境，亦较耐寒，耐半荫；怕积水，要求疏松、肥沃和酸性的轻黏壤土。

【栽培资源】常见变种、变型：

①大花栀子 f. *grandiflora*　叶较大，花大而富浓香、重瓣，不结果。

②白蟾 var. *fortuniana*　花大而重瓣。

【景观应用】栀子花枝叶繁茂，四季常绿，花大而洁白，香气浓郁，是著名的香花树种，可丛植或片植于林缘、路旁；也可作花篱；花朵常作襟花佩戴。

图 7-25　栀子花

【其他用途】花、果实、叶和根可入药。成熟果实亦可提取栀子黄色素，在民间作染料应用，在化妆等工业中用作天然着色剂原料，又是一种品质优良的天然食品色素，没有人工合成色素的副作用，可广泛应用于糕点、糖果、饮料等食品的着色上。花可提制芳香浸膏，用于多种花香型化妆品和香皂香精的调合剂。

45. 六月雪 *Serissa japonica* Thunb.（图 7-26）

【科属】茜草科　白马骨属

【产地与分布】原产中国和日本。我国安徽、江苏、福建、广东、香港、四川、云南等地均有分布。

【识别特征】常绿小灌木，高 60～90 cm，有臭气。叶革质，单叶对生或簇生于短枝，卵形至倒披针形，全缘，两面叶脉、叶缘及叶柄上均有白色毛。花小，单生或簇生，花冠淡红色或白色，花期 5～7 月。

【生态习性】喜温暖阴湿气候，亦稍能耐寒、耐旱，畏强光直射；萌芽力、萌蘖力均强，耐修剪。

图 7-26　六月雪

【栽培资源】常见变种：

①金边六月雪 var. *aureo-marginata*　叶片具黄色边缘。

②重瓣六月雪 var. *duplex*　花为二重瓣。

③花叶六月雪 var. *variegata*　亦称斑叶六月雪，叶面有白色斑纹。

【景观应用】六月雪枝叶细密，夏季白花点点，宛如雪花满树，雅洁可爱，是既可观叶又可观花的优良观赏植物。适宜作花坛、花篱，或配植在山石、岩缝间；也是极好的盆栽、盆景材料。

46. 华南珊瑚树 *Viburnum odoratissimum* Ker-Gawl.（图 7-27）

【别名】法国冬青、珊瑚树、旱禾树

【科属】忍冬科　荚蒾属

【产地与分布】原产中国浙江和台湾，长江下游各地常见栽培。日本和朝鲜南部也有分布。

【识别特征】常绿灌木至小乔木。单叶对生，革质，有光泽，狭倒卵状长圆形至长卵形，全缘或近顶部有不规则的浅波状钝齿。花冠白色，辐射对称，芳香；圆锥状聚伞花序。核果倒卵形，先红后黑。花期 5～6 月；果期 7～9 月。

【生态习性】喜温暖、阳光充足的环境，稍耐荫，不耐寒。

【景观应用】华南珊瑚树分枝低，枝叶茂密，四季常青，红果累累状如珊瑚，园林中常作高篱树种及绿雕，能隔音、阻挡尘埃、吸收多种空气中的有害气体；也可丛植于墙隅、草坪等处，用以装饰或

图 7-27　华南珊瑚树

隐蔽遮挡；亦是室内盆栽观赏的好材料。

47. 朱蕉 *Cordyline fruticosa*（L.）A. Cheval.

【别名】朱竹、铁莲草、红叶铁树

【科属】百合科　朱蕉属

【产地与分布】分布于中国华南地区，印度及太平洋热带岛屿也有分布。

【识别特征】常绿灌木，单干或有时稍分枝，高 1～3 m。单叶互生，聚生茎端，矩圆形至矩圆状披针形，绿色或带紫红色，叶柄有槽，抱茎。每朵花有 3 枚苞片；花淡红色、青紫色至黄色；圆锥花序顶生。花期 11 月至次年 3 月。

【生态习性】喜高温多湿气候，不耐寒，不耐旱，属半阴植物；要求富含腐殖质和排水良好的酸性土壤，忌碱土。

【景观应用】朱蕉株型美观，色彩华丽高雅，为重要观叶植物，在华南、云南南部多作色叶植物成丛、成片植于林下或庇荫处；也是盆栽布置室内场所的常用植物。

48. 星点木 *Dracaena godseffiana* Hort. ex Baker（图 7-28）

【别名】撒金千年木、星千年木

【科属】百合科　龙血树属

【产地与分布】原产热带非洲西部。

【识别特征】常绿灌木。植株直立，茎细长如竹。叶对生或 3 枚轮生，革质，椭圆状披针形或长卵形，叶面分布着许多乳黄色或乳白色的小斑点，状如繁星点点，小花长筒状，淡绿黄色，具香味，总状花序。浆果红色。花期夏季。

【生态习性】喜高温多湿，耐旱，喜半荫，不耐寒。

【景观应用】星点木叶色殊美，叶面分布着犹如繁星的小斑点可丛植于建筑背阴面、林下等。也可室内盆栽观赏，亦是插花的绝佳配叶。

图 7-28　星点木

49. 凤尾丝兰 *Yucca gloriosa* Linn.（图 7-29）

【科属】百合科　丝兰属

【产地与分布】原产北美东部及东南部，温暖地区广泛露地栽培，中国华北以南地区均有栽培。

【识别特征】常绿灌木。具茎，有时分枝，叶密集，螺旋排列茎端，质坚硬，有白粉，剑形，顶端硬尖，边缘光滑，老叶有时具疏丝。小花乳白色，下垂，杯状，端部常带红晕；圆锥花序高 1 m 多，每个花序着花 200～400 朵，从下至上逐渐开放。蒴果下垂，椭圆状卵形，不开裂。花期 6～10 月。

【生态习性】适应性强。喜温暖湿润和阳光充足环境，耐寒，耐荫，耐干旱瘠薄，也较耐湿；对土壤要求不严，喜排水好的沙质壤土；抗污染。

【栽培资源】同属常见种：

①丝兰 *Y. smalliana*　茎很短或不明显。叶近莲座状簇生，顶端具一硬刺，边缘有许多稍弯曲的丝状纤维。

图 7-29　凤尾丝兰

【景观应用】凤尾丝兰叶色常年浓绿，花大叶绿树美，数株成丛，高低不一，剑形叶射状排列整齐，可种植于花坛中心、岩石或台坡旁。也可利用其叶端尖刺作围篱，或种于围墙、栅栏之下。凤尾兰对有害气体抗性强，是工厂绿化的良好材料。

凤尾兰是塞舌尔国家的国花。

7.2 落叶灌木

50. 紫玉兰 *Magnolia liliflora* Desr.（彩图 59）

【别名】辛夷、木笔

【科属】木兰科　木兰属

【产地与分布】中国特产，原产于云南、四川、湖北、福建等地；现除严寒地区外都有栽培。

【识别特征】落叶大灌木。小枝具环状托叶痕。单叶互生，全缘，椭圆形或倒卵状长椭圆形。花两性，单生枝顶，花被片 9～12，内两轮肉质，花瓣状，外面紫色或紫红色，内面近白色，外轮 3 片萼片状，黄绿色，披针形。聚合蓇葖果圆柱形，间有不育的小果。花期 2～3 月，叶前或与叶同放；果期 8～9 月。

【生态习性】喜光，不耐严寒；喜肥沃湿润排水良好的土壤，在过于干燥及碱土、黏土上生长不良；忌积水。

【景观应用】紫玉兰在中国栽培历史较久，是庭园中应用较广泛的早春花木之一，其花蕾形如笔头，故有“木笔”之称，色艳形美，白居易有诗曰：“紫粉笔含尖火焰，红胭脂染小莲花”描写的就是紫玉兰开花时的热烈情景；无论丛植、列植、群植均极优美。

【其他用途】紫玉兰花蕾入药称“辛夷”，花可提制香膏。

51. 蜡梅 *Chimonanthus praecox*（Linn.）Link（彩图 60）

【别名】蜡梅、黄梅花、干枝梅

【科属】蜡梅科　蜡梅属

【产地与分布】中国特产，自然分布广，各地广泛栽培。

【识别特征】落叶丛生灌木，在暖地为半常绿。单叶对生，坚纸质，椭圆状卵形至卵状披针形，全缘，叶面粗糙，有硬毛，叶背光滑。花单生，鲜黄色，花被片有蜡质光泽；花浓香，冬春先叶开放。果托坛状。花期 11 月至翌年 3 月；果期 8 月。

【生态习性】喜光，稍耐荫，较耐寒，耐旱，忌水湿；喜深厚而排水良好的土壤，在黏性土及盐碱地生长不良；耐修剪，发枝力强。

【栽培资源】常见变种：

①磬口蜡梅 var. *grandiflora*　叶较宽大，长达 20 cm；花较大，径 3～3.6 cm；花被片淡黄色，端圆，内轮花被片有紫红边缘和条纹，盛开时花被片内抱，花期早而长。

②素心蜡梅 var. *concolor*　花较大，径一般为 3.5 cm 左右，内外轮花被片均为黄色，香味浓。

③小花蜡梅 var. *parviflorus*　花小，径仅 0.9 cm，外轮花被片淡黄色，内轮具深紫色斑纹。

【景观应用】蜡梅是中国历史传统名花之一，亦是具有民族特色的冬季观赏花木佳品，在中国园林中应用频率极高，多自然种植于庭院中、山石旁、建筑物两侧或道路、草坪、房屋前后等；中国传统园林中喜用蜡梅与梅花、南天竹、沿阶草、迎春花等相配，以显其色彩协调、相得益彰；蜡梅亦可与自然山水结合，如扬州瘦西湖公园内蜡梅在寒冬来临之际竞相吐蕾，沁人心脾；蜡梅亦盆栽或作盆景观赏，还是很好的切花花材。

蜡梅花如蜂蜡雕塑而成，如团酥似凝蜡，因而得名“蜡梅”；有的学者认为蜡梅是在农历十二月开花，而农历十二月又称为“腊月”，便又得“腊梅”之名。

蜡梅是镇江市的市花。

【其他用途】蜡梅的花可提取香精，烘制后的花为名贵药材，根、茎、叶均可入药。

52. 牡丹 *Paeonia suffruticosa* Andr.（图 7-30）

【别名】富贵花、洛阳花、木芍药

【科属】芍药科　芍药属

图 7-30　牡丹

【产地与分布】原产中国西部及北部，现各地栽培。

【识别特征】落叶灌木。二回羽状复叶，互生，小叶阔卵形至卵状长椭圆形，先端 2～3 裂，基部全缘，叶背有白粉，平滑无毛。花两性，单生枝顶；花大型，径 10～20 cm，花形有多种，花色丰富，有紫、深红、粉红、黄、白、淡绿等色；萼片 5，雄蕊多数，重瓣种雄蕊及雌蕊因瓣化的程度不同多不显现。蓇葖果成熟开裂。花期 4 月下旬至 5 月（昆明 3 月始花）；果期 9 月。

【生态习性】喜光，喜温暖而不酷热环境，较耐寒在弱荫下生长最好，忌夏季暴晒；喜深厚肥沃、排水良好、略带湿润的沙质壤土，最忌黏土及积水；较耐碱，在 pH 为 8 的土壤中能正常生长；牡丹在观花灌木类中属长寿类，在良好的栽培管理条件下，寿命可达百年以上。

【栽培资源】常见品种：

①葛巾紫'Ge Jin Zi'　菊花型，有时呈蔷薇型，晚花品种。花紫色，花径 16 cm×5 cm。花瓣 5～6 轮，质地薄软，卷皱，基部具深紫红色晕；雄蕊部分瓣化；雌蕊退化变小，花梗细长而软，花朵侧开。株型矮，半开展，枝细弱，生长势弱，成花率稍低，分枝少，萌芽枝亦少。

②洛阳红（紫二乔）'Luo Yang Hong'　蔷薇型，有时成菊花型，中花品种。花红紫色，有光泽，花径 16 cm×6 cm。花瓣多轮，质硬，排列整齐，基部具墨紫色斑；部分雄蕊常有瓣化现象；雌蕊多而小，房衣暗紫红色，偶有结实。花梗较长而硬，花朵直上。株型高，直立，枝较细而硬；生长势强，成花率高，萌蘖枝多。

③青龙卧墨池'Qing Long Wo Mo Chi'　托桂型，有时呈皇冠型，中花品种。花墨紫色稍浅；花径 19 cm×6 cm；外瓣 2 轮宽大微上卷，基部具墨紫色晕；内瓣卷曲，瓣间有正常雄蕊；雌蕊瓣化成绿色彩瓣；花梗较短，微软，花朵侧开，株型中高，生长势较强，开展，枝弯曲，成花率高，分枝少，萌蘖枝亦少。

④豆绿'Dou Lv'　皇冠型或绣球型，晚花品种。花黄绿色，花径 12 cm×6 cm；外瓣 2～3 轮质厚而硬，基部具紫色斑，内瓣密集，皱褶；雌蕊瓣化或退化。花梗细软，花朵下垂。株型较矮，开展，枝较细，生长势中，成花率高，萌蘖枝多。

⑤首案红'Shou An Hong'　皇冠型，中花品种（偏晚）。花深紫红色，花径 15 cm×10 cm。外瓣 2～3 轮，形大，质地硬，圆整平展；内瓣紧密而褶叠；雌蕊瓣化成绿色彩瓣或退化变小；花梗粗硬，花朵直上。株型高，直立，枝粗硬，生花率高，萌蘖枝少，是牡丹中少有的奇品。

⑥赵紫'Zhao Zi'　皇冠型，中花品种。花紫色，花径 14 cm×9 cm，外瓣 2 轮，多齿裂，基部有紫红

色晕；内瓣质硬，皱褶，并残存部分花药，瓣间杂有少量雄蕊，雌蕊退化变小或稍有瓣化；花梗较短，微软，花朵侧开。株型中高，开展，枝较粗壮，生长势较强，成花率高，萌蘖枝较多，花经日晒后色淡。

⑦粉中冠'Fen Zhong Guan'　皇冠型，中花品种，品种中之名品，1973 年荷泽赵楼牡丹园育出。花粉色，花径 16 cm×9 cm，外瓣 2～3 轮，形大，基部具粉红色晕；内瓣皱褶，紧密，整齐，耸起，呈球状；雌蕊瓣化成黄绿色彩瓣；花梗短硬，花朵直上。株型中高，开展，枝较硬，生长势强，成花率高，花形丰满，整齐，萌蘖枝多，抗病。

【景观应用】牡丹花大而美，雍容华贵，香色俱佳，有"国色天香"、"花中之王"的赞誉；牡丹是中国十大历史传统名花之一，在园林中常作专类花园或重点美化用，也可植于花台、花坛、花境观赏，亦可作自然式孤植或丛植于岩旁、草坪边缘，或配植于庭院；还可盆栽及制盆景作室内观赏或切花瓶插用。牡丹是洛阳、荷泽、延安等市的市花。

【其他用途】根皮叫"丹皮"，可供药用；叶可作染料；花可食用或浸酒用。

53. 紫叶小檗 *Berberis thunbergii* var. *atropurpurea* Chenault（图 7-31）

【别名】红叶小檗

【科属】小檗科　小檗属

【产地与分布】原产于中国东北南部、华北及秦岭；日本也有分布。日本小檗的变种。

【识别特征】落叶灌木。幼枝淡红带绿色，无毛，老枝暗红色具条棱，枝具针刺。单叶互生，菱状卵形，全缘，无毛，紫红到鲜红。花 2～5 朵成具短总梗并近簇生的伞形花序，或无总梗而呈簇生状，花被黄色。浆果红色，椭圆形。

【生态习性】适应性强。喜阳，亦耐半荫；喜凉爽湿润环境，耐寒也耐旱；萌蘖性强，耐修剪。对土壤要求不严，在肥沃深厚排水良好的土壤中生长最佳。

【景观应用】紫叶小檗是园林绿化的重要色叶灌木，其枝叶细密而有刺，叶在阳光充足的环境下，常年紫红色，春开黄花，秋赏红果，是叶花果兼美的观赏植物和刺篱材料；也可用来布置花坛、花境，是园林景观中色块组合的重要树种。

图 7-31　紫叶小檗

54. 红花檵木 *Lorpetalum chinense*（R. Br.）Oliv. var. *rubrum* Yieh（彩图 61）

【科属】金缕梅科　檵木属

【产地与分布】产中国长江中下游及其以南，北回归线以北地区。是檵木的变种。

【识别特征】常绿灌木至小乔木。小枝、嫩叶及花萼均有锈色星状短柔毛。叶卵形或椭圆形，基部歪圆形，全缘，背密生星状柔毛，暗紫色。花瓣带状线形，紫红色；花 3～8 朵簇生于小枝端。蒴果褐色，近卵形，有星状毛。花期 4～5 月；果期 7～8 月。

【生态习性】喜光，亦耐半荫，喜温暖气候及酸性土壤，适应性较强。

【栽培资源】原种：

①檵木 *L. chinense*　叶绿色，花浅黄白色。

【景观应用】红花檵木是中国近代栽培名花，是园林中常用的色叶及观赏树种，花繁密而显著，春季花开灿烂，颇为美丽，丛植、篱植、修剪成球，或作基植、缘植均呈优美景观。

红花檵木是株州市市花。

【其他用途】根、叶、花、果可入药，枝叶可提制栲胶。

55. 无花果 *Ficus carica* Linn.（图 7-32）

【别名】蜜果、文仙果、奶浆果

【科属】桑科　榕属

【产地与分布】原产亚洲西部及地中海沿岸。中国唐代即从波斯传入，现南北均有栽培，新疆南部尤多。

【识别特征】落叶灌木。植株有乳汁，小枝具有环状托叶痕。叶互生，厚纸质，广卵圆形，长宽近相等，通常 3～5 裂，裂片边缘具不规则钝齿，表面粗糙，背面密生细小钟乳体及灰色短柔毛。隐头花序，雄花和雌花同生于束状花托内壁，雄花生内壁上部，雌花生于下部。隐花果单生叶腋，梨形，顶部下陷，成熟时紫红色或黄色。花果期 5～7 月。

【生态习性】喜光，喜温暖湿润气候，耐干旱瘠薄，不耐寒，不耐涝。对土壤要求不严，以排水良好的沙质壤土或黏质壤土为宜。

【景观应用】无花果叶片大，叶面粗糙，树势优雅，具有良好的吸尘效果，是庭院、公园观赏的优良树木；此外，无花果适应性强，抗风、耐旱、耐盐碱，也适合种植于干旱的沙荒地区。

图 7-32　无花果

【其他用途】果可食用。

56. 木芙蓉 *Hibiscus mutabilis* L.（图 7-33）

【别名】芙蓉花、拒霜花

【科属】锦葵科　木槿属

【产地与分布】原产中国西南部，分布区广，自黄河流域至华南均有栽培，尤以四川成都一带为盛。

【识别特征】落叶灌木至小乔木。茎具星状毛及短柔毛。单叶互生，叶广卵形，先端 3～5(7)裂，基部心形，缘有浅钝齿，两面均有星状毛。两性花，大型，径 8～12 cm，集生枝顶或单生叶腋，花冠白色或粉红色，开放后逐渐加深，最后成深红色，花瓣基部的色更深，花单瓣。蒴果扁球形，有黄色刚毛及绵毛，果瓣 5。花期 9～11 月；果期 10～11 月。

图 7-33　木芙蓉

【生态习性】喜光、稍耐荫；喜温暖、湿润气候，不耐寒，耐水湿；对土壤要求不严，喜肥沃、湿润而排水良好的中性或微酸性沙质壤土。

【栽培资源】常见变型：

①重瓣木芙蓉 f. *ptena*　花重瓣。

【景观应用】木芙蓉晚秋开花，花大而美丽，其花色、花型变化丰富，是南方地区重要的秋季观花植物，为中国常见传统名花之一；木芙蓉耐水湿，性喜近水，宜植于池旁水畔，花开时水影花光，互相掩映，潇洒无比，有“照水芙蓉”之称；苏东坡有“溪边野芙蓉，花水相媚好”的诗句，说明木芙蓉适宜种植的生态环境。木芙蓉花繁叶茂，花色深浅变化，树形端庄，亦宜丛植、群植于庭院、坡地、路边、林缘及建筑前观赏或作花篱、背景及基础种植；木芙蓉栽植容易，抗性强，还是重要的水土保持植物，也可以作盆栽观赏。

成都有“蓉城”之称，现木芙蓉为成都市市花。

【其他用途】木芙蓉花、叶及根皮可入药。

57. 木槿 *Hibscus syriacus* Linn.（图 7-34）

【别名】朝开暮落花

【科属】锦葵科　木槿属

【产地与分布】原产中国，自东北南部至华南各地均有栽培，尤以长江流域为多。

【识别特征】落叶灌木至小乔木。单叶互生，菱状卵形，端部常 3 裂，缘有钝齿，仅背面脉上稍有毛。花两性，单生叶腋，钟形大，单瓣，有淡紫、粉红、白色等。蒴果卵圆形，密生星状绒毛。花期 5～9 月；果期 9～11 月。

【生态习性】暖地树种，适应性强，喜光稍耐荫，喜水湿又耐干旱；喜温暖湿润气候，亦耐寒；喜湿润肥沃的中性土，亦耐瘠薄土壤；对二氧化硫、氯气等抗性较强。

图 7-34　木槿

【栽培资源】木槿变型、栽培品种很多，有单瓣、重瓣和半重瓣，如：

①白花单瓣木槿'Totus Albus'　花纯白，单瓣。

②紫蓝'Coelestis'　花紫蓝色，单瓣。

③白重瓣木槿 f. *albus-plenus*　花白色，重瓣。

④紫花重瓣木槿 f. *violaceus*　花青紫色，重瓣。

⑤重瓣木槿'Lady Stanley'　花瓣多数。

【景观应用】木槿枝叶繁茂，夏秋开花，仲夏盛花不绝，花期长达 4 个多月，花色多，是夏秋优良的观花材料，为中国常见传统名花之一。木槿开花时节，满树繁花，鲜艳夺目，常篱植、群植、片植于各类景观中，是围篱，背景及基础种植的优选材料；木槿对二氧硫、氯气等有害气体抗性强，又有滞尘功能，是工矿区和街道绿化的优良树种。

木槿为韩国国花。

【其他用途】木槿全株可入药，花朵可食用，嫩叶可代茶；茎皮富含纤维可用于造纸。

58. 羊踯躅 *Rhododendron molle*（Blume）G. Don（彩图 62）

【别名】闹羊花、黄杜鹃

【科属】杜鹃花科　杜鹃花属

【产地与分布】广布于长江流域各省，南达广东、福建，多生于海拔 200～2000 m 的山坡上。

【识别特征】落叶灌木。单叶互生，全缘，纸质，长椭圆形或长圆状倒披针形，缘有睫毛，两面均有灰色柔毛。总状伞形花序顶生，花多达 13 朵，先花后叶或与叶同时开放；花冠宽钟形，金黄色或橙黄色，雄蕊 5，不等长，长不超过花冠。蒴果圆柱形。花期 3～5 月；果期 7～8 月。

【生态习性】喜光，常见于阳坡，耐旱，耐贫瘠，酸性黏土或悬崖陡壁上均能开出灿烂花朵；耐热性较强，但畏烈日而喜半荫环境，不耐寒，忌积水。

【景观应用】羊踯躅花色鲜黄，可成丛配置于林下、溪旁、缓坡及建筑周边，展现春光明媚之景。本种是著名的有毒植物，在园林应用中应注意种植地点。

【其他用途】羊踯躅全株有剧毒，人畜食之会死亡，叶、花捣烂外敷可治皮肤癣病，对蚜虫、螟虫、飞虱等有触杀作用。

59. 绣球花 *Hydrangea macrophylla*（Thunb.）Ser.（图 7-35）

【别名】绣球、紫阳花、八仙花

【科属】八仙花科　绣球花属

【产地与分布】产中国及日本，中国湖北、四川、浙江、江西、广东、云南等省区有分布。各地庭园习见栽培。

【识别特征】落叶或半落叶灌木，温暖地高 1.5～2 m。单叶对生，大而有光泽，倒卵形至椭圆形，缘

图 7-35　绣球花

有粗锯齿，两面无毛或仅背脉有毛。几乎全部为不育花，不育花具 4 花瓣状萼片，卵圆形，全缘，粉红色、白色或变为蓝色，顶生伞房花序近球形，径可达 20 cm，极美丽。花期长，5 月直至下霜。绣球花的花色因土壤酸碱度的变化而变化，一般在 pH 4～6 时花为蓝色，在 pH 7 以上则为红色。

【生态习性】喜荫，喜温暖气候，耐寒性不强；喜湿润、富含腐殖质而排水良好的酸性土壤；抗病虫害能力强。

【栽培资源】常见变种及品种：

①银边八仙花 var. *maculate*　叶具白边，多作盆栽观赏。

②紫阳花'Otaksa'　植株较矮，高约 1.5 m，叶质较厚，花序中全为不育性花，状如绣球，极为美丽，是盆栽佳品。

③中国蓝'Nikko Blue'　花蓝色，较耐寒。

【景观应用】绣球花球大而美丽，花期甚长，形色丰富，是极好的观赏花木，为中国常见传统名花之一。多丛植、列植、片植于各类景观中，耐荫性较强，在暖地可配于林下、路边、建筑物的北面，亦能作地被及基础种植。盆栽绣球花常作室内布置，亦是窗台绿化和家庭养花的好材料。

60. 太平花 *Philadelphus pekinensis* Rupr.（图 7-36）

【别名】京山梅花、北京山梅花

【科属】八仙花科　山梅花属

【产地与分布】产于内蒙古、辽宁、河北、河南、山西、陕西、湖北及四川等地；朝鲜亦有分布，欧美一些植物园有栽培。

【识别特征】落叶灌木。单叶对生，卵形或阔椭圆形，先端长渐尖，边缘具疏齿，稀近全缘，两面无毛，仅下面脉腋被白色长柔毛。花萼裂片、花瓣 4(～5)；花萼黄绿色，花瓣乳白色，微香；总状花序 5～7(9) 朵。蒴果近球形或倒圆锥形。花期 5～7 月；果期 8～10 月。

【生态习性】喜光，耐寒，耐旱，怕水涝；萌蘖力强，耐修剪。

【景观应用】太平花是中国近代栽培名花，其枝叶稠密，花朵洁白美丽，花期较长，宜丛植或片植于林缘、草坪一角、山石旁、建筑物周围，也可栽作花篱。

图 7-36　太平花

61. 榆叶梅 *Amygdalus triloba*（Lindl.）Ricker

【别名】榆梅、小桃红

【科属】蔷薇科　桃属

【产地与分布】原产中国北部，长江流域以北诸省均有分布。目前全国各地多数公园内均有栽植。

【识别特征】落叶灌木，高 2～3 m。单叶互生，椭圆形至倒卵形，先端尖或有时 3 浅裂，缘具粗锯齿或重锯齿，似榆叶。花两性，1～2 朵腋生，粉红色，先叶开放；花瓣、花萼 5，似梅花。核果球形，成熟时红色。花期 3～4 月;果期 5～7 月。

【生态习性】喜光,耐寒,耐旱;对土壤要求不严,轻碱土也能适应,不耐水涝。

【栽培资源】同属常见变种及变型:

①鸾枝 var. *atropurpurea* 叶片下面无毛;花瓣与萼片各 10 枚,花粉红色。北京多栽培。

②复瓣榆叶梅 f. *multiplex* 花复瓣,粉红色;萼片多为 10,有时为 5;花瓣 10 或更多。(彩图 63)

③重瓣榆叶梅 f. *plena* 花大,径达 3 cm 或更大,深粉红色,雌蕊 1～3,萼片通常 10,花瓣很多,花梗与花萼皆带红晕。花朵密集艳丽,观赏价值很高,北京常见栽培。

【景观应用】榆叶梅花朵繁密,色彩艳丽,品种多样,北方园林中大量用于反映春光明媚,花团锦簇的欣欣向荣景象的重要观花材料,是中国常见传统名花之一。在园林或庭院中最好以常青的松柏或竹类作背景丛植,或与花色明快的连翘、黄馨、棣棠等配植效果更佳;亦可盆栽、切花观赏。

62. 贴梗海棠 *Chaenomeles speciosa* (Sweet) Nakai [*Chaenomeles lagenaria* (Loisel) Koidz.](图 7-37)

【别名】贴梗木瓜、皱皮木瓜、铁脚梨

【科属】蔷薇科 木瓜属

【产地与分布】原产我国陕西、甘肃、四川、贵州、云南、广东等省区。

【识别特征】落叶灌木。具枝刺。单叶互生,卵形至椭圆形。花 3～5 朵簇生于二年生老枝上,朱红,粉红或白色,有香气,先叶开放;花梗粗短或近于无梗。果卵圆形至球形,黄色或黄绿色,芳香。花期 3～4 月(昆明 2 月始花);果期 9～10 月。

【生态习性】喜光,有一定的耐寒能力;对土壤要求不严,但喜排水良好的肥沃土壤;不耐积水。

【景观应用】贴梗海棠花艳果香,是优良的观花、观果灌木,为中国近代栽培名花之一。宜孤植、丛植于草坪、庭院或花坛等各类景观中,又可作绿篱或基础种植材料,同时还是盆栽、盆景和切花的好材料。

【其他用途】果可食用,亦可入药。

图 7-37 贴根海棠

63. 平枝栒子 *Cotoneaster horizontalis* Dcne.(图 7-38)

【别名】铺地蜈蚣

【科属】蔷薇科 栒子属

【产地与分布】分布于中国陕西、甘肃、湖北、湖南、四川、贵州、云南;尼泊尔也有分布。生于海拔 2000～3500 m 的灌木丛中或岩石坡上。

【识别特征】半常绿匍匐灌木,高 0.5 m 以下。枝近水平开展,小枝在大枝上排成两列,幼时被糙伏毛。单叶互生,叶片近圆形或宽椭圆形,稀倒卵形,先端急尖,全缘,背面有稀疏伏贴柔毛;叶柄被柔毛。花 1～2 朵顶生或腋生,近无梗,花瓣粉红色。梨果近球形,鲜红色,常具 3 小核。花期 5～6 月;果期 9～10 月。

【生态习性】喜光，喜温暖湿润，耐干燥瘠薄，有一定的耐寒性，怕积水。

【栽培资源】常见栽培变种及同属常见栽培种：

①小叶平枝栒子 var. *perpusillus*　与原种的差别在于，枝干平铺，叶形及果实较小，果实椭圆形。

②水栒子 *C. multiflorus*　落叶灌木。枝条细瘦，常呈弓形弯曲，小枝红褐色，幼枝、花序梗和叶柄被白色绒毛。叶片椭圆形、卵形或宽卵形，上面无毛，下面幼时稍有绒毛，后渐脱落。花瓣白色，聚伞花序，有小花6～21朵。果实成熟时红色。花期5～6月；果期8～9月。

图7-38　平枝栒子

③小叶栒子 *C. microphyllus*　常绿灌木，植株矮小。单叶互生，全缘，倒卵形至矩圆状倒卵形，上面无毛或具稀疏柔毛，下面密被灰白色柔毛或绒毛。花白色，常单生，少有2～3朵簇生。梨果球形，红色，常为2核。花期5～6月，果期8～9月。

④灰栒子 *C. acutifolius*　落叶灌木。枝条开张，小枝细瘦，圆柱形。叶片菱状卵形至长圆卵形，幼时两面均被长柔毛，下面较密，老时逐渐脱落，最后常近无毛。花瓣直立，淡粉色，聚伞花序，有小花2～5朵。梨果倒卵形或椭圆形，果熟时黑色，有2～3个小核。花期6～7月；果期9～10月。

【景观应用】平枝栒子枝叶横展，叶小而稠密，粉红花朵密集枝头，粉花和绿叶相衬，分外绚丽；晚秋时叶为红色，红果累累，经冬不落，极为美观，有许多种栒子均为中国近代栽培名花；多与假山叠石相伴，在草坪旁、溪水畔点缀，相互映衬，景观绮丽，是布置岩石园、斜坡、路边和墙沿、角隅的优良材料。亦可作地被和制作盆景，果枝可用于插花。

64. 棣棠 *Kerria japonica*（L.）DC.（图7-39）

【别名】地棠、黄度梅、清明花

【科属】蔷薇科　棣棠属

【产地与分布】原产我国长江流域及秦岭山区。现广为栽培。

【识别特征】落叶丛生灌木。小枝绿色，光滑，有棱。单叶互生，卵形至卵状椭圆形，尖端长尖，缘具尖锐重锯齿，背面略有短柔毛。花两性，花瓣5，金黄色，单生侧枝顶端。瘦果干而小。花期4～5月，昆明3月始花；果期6～8月。

【生态习性】喜温暖、半荫而略湿之地；野生状态多在山涧、岩旁、灌丛中或乔木林下生长。

图7-39　棣棠

【栽培资源】常见变种：

①重瓣棣棠 var. *pleniflora*　花重瓣，观赏价值更高，在园林中栽培更普遍。

【景观应用】棣棠花、叶、枝俱美，早春碧条黄花，姿态优美，是中国常见传统名花之一。宜丛植于篱边，墙际、水畔、坡地、林缘、路旁及草坪边缘，或栽作花径、花篱或与假山、景石、小品配植。花枝可瓶插。

65. 垂丝海棠 *Malus halliana* Koehne（彩图64）

【别名】海棠、海棠花

【科属】蔷薇科　苹果属

【产地与分布】产云南，四川及江苏、浙江等省，各地广泛栽培。

【识别特征】落叶灌木至小乔木，植株多丛生，高可达5 m。树冠开展；小枝细弱，微弯曲。单叶互生或簇生状，卵形至长卵形，边缘有圆钝细锯齿，表面有光泽，叶柄及中肋常带紫红色。花两性，伞房花序，小花常4～6朵簇生小枝顶，粉红色，单瓣；萼筒外面无毛；萼片三角卵形，先端钝；花梗细长，下垂。

梨果倒卵形，熟时紫色。花期 4 月，昆明 2 月始花；果期 9～10 月。

【生态习性】喜光，不耐荫；喜温暖湿润气候，耐寒性不强；喜肥沃，排水良好的微酸性土壤，忌积水，忌盐碱。

【栽培资源】

1）常见变种

①重瓣垂丝海棠 var. *parkmanii* 花重瓣。

2)同属其他常见栽培种

①湖北海棠 *M. hupehensis* 叶边缘有细锐锯齿；萼片先端渐尖或急尖，花粉白色或近白色。

【景观应用】垂丝海棠花繁，朵朵下垂，先叶开放，是著名的早春观赏花木，为中国历史传统名花之一，江南庭园尤为常见，北方常盆栽观赏。园林中孤植、丛植、列植于各类景观中皆优美。

66. 西府海棠 *Malus micromalus* Makino

【别名】小果海棠、重瓣粉海棠、海红、海棠花

【科属】蔷薇科 苹果属

【产地与分布】产辽宁、河北、山西、山东、陕西、甘肃、云南，我国各地均有栽培。该种是山荆子与海棠花的杂交种。

【识别特征】落叶灌木至小乔木。树枝直立性强；小枝细弱。单叶互生，长椭圆形，边缘有尖锐锯齿，锯齿尖细，表面有光泽。伞形总状花序，有花 4～7 朵，粉红色；花梗及花萼均具柔毛，萼筒外面密被白色长绒毛。果熟时红色。花期 4～5 月，昆明 3 月始花；果期 8～9 月。

【生态习性】喜光，耐寒，耐干旱，忌水湿，在干燥地带生长良好。

【景观应用】西府海棠春天开花，花色艳丽，花朵红粉相间，叶绿果美，为中国历史传统名花之一，不论孤植、列植、丛植均极美观，是良好的庭园观赏兼果用树种。

【其他用途】其果味甜而带酸，可鲜食及加工成蜜饯。

67. 紫叶李 *Prunus cerasifera* Ehrhar f. *atropurpurea*（Jacq.）Rehd.（彩图 65，图 7-40）

【别名】红叶李

【科属】蔷薇科 李属

【产地与分布】我国东北、华北、华东、华中、西南均有分布。

【识别特征】落叶灌木至小乔木。单叶互生，叶片椭圆形、卵形或倒卵形，极稀椭圆状披针形，边缘有圆钝锯齿，有时混有重锯齿；叶色紫红。花 1 朵，稀 2 朵，先叶开放；花瓣、花萼 5，花瓣白色。核果卵球形，黄色、红色或黑色，被蜡粉，鲜果可食。花期 3～4 月，昆明 2 月始花；果期 7 月。

图 7-40 紫叶李

【生态习性】喜光，也能耐半荫，耐寒；喜肥沃湿润的黏质壤土，在酸性土、钙质土中均能生长，不耐干旱和瘠薄。

【景观应用】紫叶李整个生长季节都为紫红色，是园林中重要的常色叶植物。早春花白且先叶开放，丰盛繁茂，观赏效果极佳，夏季果实累累，色泽艳丽，在庭院、宅旁、村旁或风景区栽植均很适宜。

68. 玫瑰 *Rosa rugosa* Thunb.（彩图 66，图 7-41）

【科属】蔷薇科 蔷薇属

【产地与分布】原产中国北部至中部，现各地栽培，并广泛流行于各国。

【识别特征】落叶灌木。茎直立，丛生，小枝密被绒毛，并有针刺和腺毛，有直立或弯曲、淡黄色的皮刺，皮刺外被绒毛。奇数羽状复叶，互生；小叶 5～9，缘有尖锐锯齿，表面绿色，无毛，多皱，无光泽，背面

密被绒毛及腺毛。花两性，蔷薇花冠，单生叶腋或数朵集生，玫瑰红色，具玫瑰香，重瓣至半重瓣。果扁球形，砖红色，肉质，具宿存萼片。花期4～6月，7～9月仍有零星开放；果期8～10月。

图 7-41　玫瑰

【生态习性】玫瑰生长健壮，适应性很强，喜阳光充足、凉爽而通风及排水良好的环境，略耐荫，但在阴处生长不良，开花稀少；耐寒、耐旱、对土壤要求不严，在肥沃的中性或微酸性壤土中生长好，开花多，在微碱性土中也能生长；不耐积水，萌蘖力很强，长生迅速，耐修剪。

【栽培资源】常见品种：

①重瓣紫玫瑰'Plena'　花玫瑰紫色，重瓣，香气馥郁，品质优良，多不结实或种子瘦小，各地栽培最广。

②红玫瑰'Rosea'　花粉红，单瓣。

③白玫瑰'Alba'　花白色，单瓣。

④重瓣白花玫瑰'Albo-plena'　花纯白色，重瓣，洁净可爱，国外已用其培育了大批杂种玫瑰，花色品种很多，其叶面脉纹下陷的形态特征为显性遗传，容易识别。

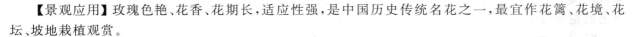

【景观应用】玫瑰色艳、花香、花期长，适应性强，是中国历史传统名花之一，最宜作花篱、花境、花坛、坡地栽植观赏。

玫瑰是沈阳、佳木斯、拉萨、兰州、银川、乌鲁木齐、佛山、奎屯、承德等市的市花。

【其他用途】玫瑰花可作香料和提取芳香油，供食用及化妆品用；花蕾及根可入药。

69. 华北珍珠梅 *Sorbaria kirilowii*（Regel）Maxim.（图 7-42）

图 7-42　华北珍珠梅

【别名】吉氏珍珠梅、珍珠梅

【科属】蔷薇科　珍珠梅属

【产地与分布】原产亚洲北部，我国辽宁、河北、山东、山西、河南、陕西、甘肃、内蒙古等各省均有分布。

【识别特征】落叶灌木。奇数羽状复叶，互生，小叶13～21枚，卵状披针形，缘具重锯齿，无毛。花小型成顶生圆锥花序，密集；花瓣，白色，覆瓦状排列。蓇葖果长圆柱形，沿腹缝线开裂。花期6～7月，昆明地区4月始花；果期9～10月。

【生态习性】喜光、耐半荫，耐寒；性强健，对土壤要求不严，但喜肥厚、湿润土壤；萌蘖性强、耐修剪、生长迅速。

图 7-43　麻叶绣线菊

【景观应用】华北珍珠梅圆形的花蕾洁白而明亮，宛如一粒粒珍珠，又由于其小花的形状酷似梅花，因而得名。该种花、叶雅致秀美，是中国近代栽培名花之一，也是优良的夏季观花树种，无论孤植、丛植、带植、片植均可，较适合在背阴处种植营造优美景观；亦可作切花。

70. 麻叶绣线菊 *Spiraea cantoniensis* Lour.（图 7-43）

【别名】麻叶绣球、粤绣线菊

【科属】蔷薇科　绣线菊属

【产地与分布】原产福建、广东、江苏、浙江、云南、河南等省区。

【识别特征】落叶灌木。小枝细瘦，圆柱形，呈拱形弯曲。单叶互生，菱状长椭圆形至菱状披针形，边缘自近中部以上有缺刻状锯齿，两面无毛。复伞房花序宽广平顶，具多数花朵；小花小，蔷薇花冠，白色。花期

4～5月，果期7～9月。

【生态习性】喜光；稍耐荫，喜温暖湿润气候；喜肥沃排水良好的土壤，稍耐寒，性强健，耐修剪。

【栽培资源】常见变种及种：

①重瓣麻叶绣线菊 var. *lanceata*　叶披针形，仅先端有少数稀疏细锯齿，花重瓣。

②粉花绣线菊（日本绣线菊）*S. japonica*　叶片卵形至卵状椭圆形，先端多渐尖，边缘有缺刻状重锯齿或单锯齿。复伞房花序，粉红色。

【景观应用】绣线菊枝叶细密，早春翠叶白花，繁密、似雪，是中国近代栽培名花之一，多丛植于池畔、山坡、路旁、崖边观赏，亦多作基础种植或布置花坛。

71. 紫荆 *Cercis chinensis* Bunge（彩图 67）

【别名】满条红、紫珠

【科属】苏木科　紫荆属

【产地与分布】产黄河流域及其以南各地。

【识别特征】落叶灌木，丛生或单生。叶纸质，近圆形，基部浅至深心形，两面通常无毛。假蝶形花，紫红色或粉红色，2～10余朵成束，簇生于老枝和主干上，主干上花束较多，通常先于叶开放，嫩枝或幼株上的花则与叶同时开放。荚果扁平带状。花期3～4月；果期8～10月。

【生态习性】喜光，稍耐荫，较耐寒；喜肥沃、排水良好的土壤，忌水湿。

【景观应用】紫荆是中国常见传统名花，其早春花先于叶开放，繁花簇生枝间，满树紫红，艳丽可爱，故又称为“满条红”，宜丛植于庭院、建筑物前或草坪边缘，是良好的庭园观花树种。因早春叶前开花，可做前景树植于常绿树前。

【其他用途】木材纹理细直，可制家具；树皮可入药。

72. 紫薇 *Lagerstroemia indica* L.（彩图 68）

【别名】痒痒树、百日红

【科属】千屈菜科　紫薇属

【产地与分布】原产亚洲至大洋洲，中国是其自然分布与栽培分布的中心，广布于中国长江流域各地，多达十余个省、市、自治区；河北、江西、湖南、四川、浙江等地低海拔山地及林缘地带仍有野生种。

【识别特征】落叶灌木至小乔木，高可达7 m。枝干多扭曲；树皮剥落后，树干特别光滑洁亮；小枝四棱，无毛。单叶对生或近对生，椭圆形至倒卵状椭圆形，全缘。花两性，鲜浅红色，花瓣6，皱缩；顶生圆锥花序。蒴果近球形，6瓣裂，基部有宿存花萼。花期6～9月；果期10～11月。

【生态习性】喜光、稍耐荫、喜温暖气候，耐寒性不强；喜肥沃、湿润且排水良好的石灰性土壤，耐旱，怕涝。萌蘖性强，生长较慢，寿命长。

【栽培资源】常见变种：

①银薇 var. *alba*　花白色或微带淡堇色；叶淡绿色。

②翠薇 var. *rubra*　花紫堇色；叶暗绿色。

【景观应用】紫薇在中国有1500多年的栽培历史，昆明、苏州、成都等地仍保存有500～700多年的古紫薇。紫薇树姿优美，树皮光滑，枝干扭曲，花朵繁密，花色艳丽，且花期极长，适应性强，是极具观赏价值的夏季观花树种，为中国历史传统名花之一，早在唐代就已作为重要的奇花异木栽植于皇宫、宫邸，并被认为是天上的花木落入人间。紫薇可孤植、群植、列植或林植于各类景观中，营造热烈、生动的景观效果。

紫薇萌蘖性强，耐修剪，靠接愈合能力强，造型应用极普遍，是优良的盆景、桩景材料。紫薇对多种有毒气体具有较强的抗性，对城市中的光化学烟雾及不良的生态环境有较强的适应能力，宜作行道绿化和工矿区绿化树种。

紫薇是贵阳、徐州、安阳、咸阳、自贡市的市花。

73. 结香 *Edgeworhia chrysantha* Lindl.（图 7-44）

【别名】打结花、黄瑞香、梦花、三椏皮

【科属】瑞香科　结香属

【产地与分布】原产我国长江流域以南各省及海南、陕西和西南等地区；生于海拔 500～1800 m 阴湿肥沃的灌丛中。

【识别特征】落叶灌木，高 0.7～1.5 m。韧皮纤维发达，枝通常三叉状，棕红色。单叶，常簇生于枝顶，披针形至倒披针形，两面均被银灰色绢状毛，下面较多。小花黄色，浓香，花被筒长瓶状，外被银白色绢状长柔毛；头状花序顶生或侧生，具花 30～50 朵成下垂的假头状花序绒球状，着生小枝顶端。核果长卵形。花期冬末春初，先叶开放；果期春夏间。

【生态习性】喜半荫，喜温暖、湿润环境及肥沃、排水良好的沙质壤土；耐寒性不强，不宜过干和积水。

【景观应用】结香姿态清雅，花芳香浓郁，观赏性高，加之枝条柔软，弯曲打结而不断，深受人们喜爱，是中国近代栽培名花之一，常整修呈各种形状，孤植、丛植或片植于各类景观中观赏，最宜在水边、石间、路旁栽植以满足游人“打结”之情趣；北方多盆栽编扎造型。

【其他用途】韧皮纤维可作造纸材料；根、茎、花可入药。

图 7-44　结香

74. 石榴 *Punica granatum* L.（彩图 69）

【别名】安石榴、海榴

【科属】石榴科　石榴属

【产地与分布】原产伊朗和阿富汗；汉代张骞通西域时引入我国，黄河流域及其以南地区均有栽培。

【识别特征】落叶灌木至小乔木。小枝有棱，无毛，先端常刺状。单叶，全缘，倒卵状长椭圆形，在长枝上对生，在短枝上簇生。花两性，整齐，朱红色，花萼钟形，紫红色，肉质，端 5～8 裂，宿存。浆果近球形，古铜黄色或古铜红色，具宿存花萼；外果皮革质；种子多数，外种皮肉质多汁。花期 5～6(7)月；果期 9～10 月。

【生态习性】喜光、喜温暖气候，有一定耐寒能力；喜肥沃湿润且排水良好的石灰质土壤，但可适应于 pH 4.5～8.2，有一定的耐旱能力，在平地和山坡均可生长；生长速度中等，寿命较长，可达 200 多年，山东有生长达 500 多年的“石榴王”。

【栽培资源】根据花的颜色以及重瓣或单瓣等特征可分为若干个栽培变种，在园林中主要供观赏的有：

①白石榴‘Albescens’　花白色，单瓣。

②重瓣白石榴‘Multiplex’　花白色，重瓣。

③玛瑙石榴‘Legrellei’　花重瓣，有红色或黄白色条纹。

④月季石榴'Nana' 植株矮小，枝条细致而上升，叶、花皆小，重瓣或单瓣，花期长，5～7月陆续开花不绝，故又称'四季石榴'。

⑤黄石榴'Flavescens' 花黄色。

⑥重瓣红石榴'Pleniflora' 花红色，重瓣。

【景观应用】石榴在我国已有2000多年的栽培历史，相传在汉时自西域传到我国，最早的文献记载见于东汉·张衡《南都赋》。其树姿优美，叶碧绿而有光泽，花色艳丽，盛夏开花，如火如荼，热情浪漫，秋季果实累累，十分可爱，是中国常见传统名花之一；古人曾有"春花落尽海榴开，阶前栏外遍植栽，红艳满枝染夜月，晚风轻送暗香来"的诗句；最宜成丛配植于各类景观中，亦可大量植于自然风景区或辟专类园营造优美壮观景色；石榴抗二氧化硫、氯气能力强，可用于工矿区绿化美化；石榴还宜盆栽或制各种桩景观赏和供瓶养插花。

石榴为西安、合肥、连云港、黄石、荆门、枣庄、十堰、新乡、嘉兴等市的市花。

【其他用途】石榴果可生食，有甜、酸、酸甜等品种，维生素C的含量比苹果、梨均高出1～2倍，又富含钙质及磷质，可入药；果皮可做染料。树皮、根皮和果皮均含多量鞣质(20%～30%)，可提制栲胶。

75. 红瑞木 *Cornus alba* L.(*Swida alba* Opiz)(彩图70)

【科属】山茱萸科 梾木属

【产地与分布】产东北、内蒙古、河北、陕西、甘肃、青海、山东、江苏等省区。

【识别特征】落叶灌木。老枝暗红色；幼枝有淡白色短柔毛，后即秃净而被蜡状白粉。单叶对生，纸质，椭圆形，稀卵圆形，边缘全缘或波状反卷，上面暗绿色，下面灰绿色，被白色平伏毛。花小，白色或淡黄白色，花瓣4；伞房状聚伞花序顶生。核果长圆形，微扁，成熟时乳白色或蓝白色。花期6～7月，果期8～10月。

【生态习性】喜光照充足、温暖潮湿的环境，也耐半荫、耐干旱。

【景观应用】红瑞木枝干和秋叶红色，颇为美观，是少有的观茎植物，也是优秀的切枝材料。园林中多丛植草坪上或与常绿乔木相间种植，得红绿相映之效果，是园林造景的异色树种。

【其他用途】种子含油量约为30%，可供工业用。

76. 火炬树 *Rhus typhina* L.(彩图71)

【别名】鹿角漆、火炬漆、加拿大盐肤木

【科属】漆树科 盐肤木属

【产地与分布】原产北美。中国科学院植物研究所于1959年引种，以黄河流域以北各省(区)栽培较多。

【识别特征】落叶灌木至小乔木。奇数羽状复叶互生，长圆形至披针形，叶缘有锯齿，叶轴无翅。圆锥花序顶生直立。果穗鲜红色；果扁球形，有红色刺毛，密集成火炬状。花期6～7月；果期8～9月，果实9月成熟后经久不落。

【生态习性】性强健，喜光，耐寒，耐干旱瘠薄，耐水湿，耐盐碱；萌蘖性强，浅根性，生长快，寿命短。

【景观应用】火炬树适应性广，果穗鲜红色，9月成熟后经久不落，而且秋叶红艳，十分壮观，具有很好的观赏价值，是优秀的荒山绿化兼作盐碱荒地风景林树种；广泛应用于人工林营建、退化土地恢复和景观建设。火炬树枝、叶含水率分别为30%、62%，其含水量与木荷相差无几，是优良的防火树种。少数接触火炬树枝叶的人会引起皮肤过敏，园林中慎用。

77. 紫珠 *Callicarpa bodinieri* Levl.

【科属】马鞭草科 紫珠属

【产地与分布】产我国东部及中南部地区；越南、日本、朝鲜也有分布。

【识别特征】落叶灌木。小枝四棱形，小枝、叶柄和花序均被粗糠状星状毛。单叶对生，卵状长椭圆形至椭圆形，边缘有细锯齿；叶背毛较密；两面密生暗红色或红色细粒状腺点，表面干后暗棕褐色。花冠紫色，聚伞花序，花序松散。核果球形，熟时紫色，有光泽，果实经冬不落。花期 6～7 月，果期 8～11 月。

【生态习性】喜光，耐寒，耐干旱瘠薄。喜肥沃湿润土壤，生长势强。

【栽培资源】其他常见种及变种：

①柳叶紫珠 var. *iteophylla*　叶较小而狭，披针形至倒披针形，基部狭楔形，两面近无毛，有暗红色腺点；花序较紧密，有暗红色腺点。

②老鸦糊 *C. giraldii*　叶片为椭圆形，表面黄绿色，稍有微毛，背面淡绿色，疏被星状毛和细小黄色腺点；果实较大。

③长叶紫珠 *C. longifolia*　小枝稍四棱形，两叶柄之间有横线联合；果实较小，成熟后被毛。

【景观应用】紫珠枝条细柔，入秋紫果缀满枝头，色美有光泽，似粒粒珍珠，经冬不落，是美丽的秋季观果树种，可植于草坪边缘、假山旁、建筑旁。果枝可作切花。

78. 连翘 *Forsythia suspense*（Thunb.）Vahl（彩图 72）

【科属】木犀科　连翘属

【产地与分布】产我国东北至西南，各地有栽培。

【识别特征】落叶灌木，高可达 3 m。枝开展，呈拱形下垂，小枝土黄色或灰褐色，略呈四棱形，节间中空。叶通常为单叶，或有时 3 出复叶，叶片卵形、宽卵形或椭圆状卵形至椭圆形，叶缘粗锯齿。花通常单生或 2 至数朵着生于叶腋，先叶开放；花冠黄色。蒴果卵球形、卵状椭圆形或长椭圆形。花期 3～4 月；果期 7～9 月。昆明地区花果期较华北地区早。

【生态习性】喜光，有一定程度的耐荫性；耐寒，耐干旱瘠薄，怕涝；不择土壤；抗病虫害能力强。

【栽培资源】同属其他常见种：

①金钟连翘 *F. intermedia*　为金钟花与连翘的杂交种，具一定的杂交优势，直立、强健。叶大、花多，耐寒性强。

②金钟花 *F. viridissima*　植株直立，小枝绿色或黄绿色，呈四棱形，具片状髓。单叶对生，长椭圆形至披针形。

【景观应用】连翘和金钟花是中国近代栽培名花，其早春先叶开花，满枝金黄，明丽可爱，为常见的早春观花灌木，丛植、片植、篱植均能创造优美的景观，配植时应考虑绿色背景及其他色彩的搭配以突出其金黄夺目的色彩。

【其他用途】根、茎叶、果壳可入药。户户皆备的银翘解毒丸，其主要成分之一便是连翘的干燥果实。

79. 金银木 *Lonicera maackii*（Rupr.）Maxim.（彩图 73）

【别名】金银忍冬

【科属】忍冬科　忍冬属

【产地与分布】分布于我国西南、西北、华北、华东及东北地区。

【识别特征】落叶灌木。枝髓黑色，后变中空。单叶对生，纸质，形状变化较大，通常卵状椭圆形至卵状披针形。花生于幼枝叶腋，花冠先白色后变黄色，芳香。果实为浆果，球形，成熟时红色。花期 5～6 月；果熟期 8～10 月。

【生态习性】喜强光，亦耐荫，稍耐旱，喜温暖的环境，亦较耐寒。

【景观应用】金银忍冬是中国近代栽培名花之一，其冬春末夏初繁花满树，金银相映，芳香四溢；秋后红果满枝头，鲜艳夺目，经冬不凋，是叶、花、果具美的植物。宜丛植于草坪、山坡、林缘、路边或点缀于建筑周围，观花赏果两相宜。

【其他用途】茎皮可制人造棉；花可提取芳香油；种子榨成的油可制肥皂。

80. 琼花 *Viburnum macrocephalum* Fort. f. *keteleeri*(Carr.) Rehd.（图 7-45）

【别名】八仙聚会、聚八仙花、蝴蝶木

【科属】忍冬科　荚蒾属

【产地与分布】分布于江苏南部、安徽西部、浙江、江西西北部、湖北西部及湖南南部。

【识别特征】落叶或半常绿灌木。芽、幼枝、叶柄及花序密被黄白色簇状短毛，后渐变无毛。单叶对生，纸质，卵形至椭圆形或卵状矩圆形，边缘有小齿，上面初时密被簇状短毛，后仅中脉有毛，下面被簇状短毛，叶脉略凹。聚伞花序，仅周围有大型白色不孕花，花序中央为两性的可育花。果实为核果，先红色而后变黑色，椭圆形。花期 4～5 月；果熟期 9～10 月。

【生态习性】喜光，稍耐荫，喜温暖湿润气候，宜在肥沃、湿润、排水良好的土壤中生长。长势旺盛，萌芽力、萌蘖力强。

【景观应用】琼花是中国近代栽培名花，其琼花叶绿、花白、果红，花朵形如群蝶飞舞，别有情趣，是春季观花、秋季观果的优良树种，宜孤植或丛植于建筑物前、墙下窗前、山石旁、草坪边或树林下形成优美景观。

琼花为扬州市的市花。

图 7-45　琼花

81. 锦带花 *Weigela florida* (Bunge) A. DC.（彩图 74）

【别名】锦带海仙

【科属】忍冬科　锦带花属

【产地与分布】原产华北、东北及华东北部；各地均有栽培。

【识别特征】落叶灌木，高达 3 m。单叶对生，椭圆形或卵状椭圆形，先端锐尖，缘有锯齿，表面脉上有毛，背面尤密。花两性，花冠紫红色或玫瑰红色，漏斗状钟形，端 5 裂；聚伞花序有小花 3～4 朵。蒴果柱形。花期 4～5(6)月。

【生态习性】喜光，耐寒；对土壤要求不严，能耐瘠薄土壤，但以深厚、湿润而腐殖质丰富的壤土生长最好，怕水涝；对 HCl 抗性较强；萌芽力、萌蘖力强，生长迅速。

【栽培资源】常见品种及变型：

①白花锦带花‘Alba’　花近白色。

②红王子锦带‘Red Prince’　花鲜红色，繁密而下垂；枝叶茂密；是杂种的起源。

③花叶锦带花‘Variegata’　花粉色；叶具黄色边缘及斑条。

【景观应用】锦带花枝叶繁茂，花色艳丽，花期长达两个多月，是中国常见传统名花之一，华北地区重要的春季观花灌木，适于庭园角隅、湖畔群植；也可在树丛、林缘作花篱、花丛配植；亦适宜点缀于假山、景石、坡地。

思考题

1. 说出以下 6 组植物分别属于什么科？它们在形态上有哪些主要区别？

(1)梅花和蜡梅　(2)牡丹和芍药　(3)米兰和九里香　(4)海桐和大叶黄杨

(5)含笑与云南含笑　(6)迎春和云南黄馨

2. 蔷薇科植物的主要特征是什么？如何区分 4 个亚科？

3. 简要说明杜鹃花科植物的主要识别特征、生态分布和园林用途。

4. 简要说明芸香科植物的主要识别特征、生态分布、园林用途和经济用途。

5. 小檗科植物在园林上有何用途？如何区别小檗属和十大功劳属？

6. 以你所居住的地区为例，列举 10 种常用的观花灌木。

7. 以你所居住的地区为例，列举 5 种常用的观果灌木。

第8章　观赏藤木

观赏藤木是指靠卷须、吸盘或吸附根等器官缠绕、攀附他物生长或匍匐地面生长的木本观赏植物。

在园林绿化中，观赏藤木主要用于装饰建筑物墙面、栏杆、棚架、杆柱及陡直的山坡等立体空间，起到遮蔽景观不佳的视面、防日晒、降低气温、吸附尘埃、增加绿视率的作用。垂直绿化占地少，能充分利用空间，在人口众多、建筑密度大、绿化用地不足的城市尤其重要。

1. 杂交铁线莲 *Clematis hybrida* Hort.（彩图 75）

【别名】大花铁线莲

【科属】毛茛科　铁线莲属

【产地与分布】本种是铁线莲、转子莲等的杂交种。

【识别特征】落叶藤木。叶对生，通常为 3 出复叶。花单生，花无花瓣，萼片花瓣状 6～8；花大，径可达 10～15 cm，花色丰富，有白、粉红、紫红、玫红、堇紫、蓝等色及重瓣和多季开花等品种。花期 7～10 月。

【生态习性】喜温暖、半荫的环境，喜肥沃、排水良好的壤土及石灰质壤土。

【栽培资源】其他常见种：

①铁线莲 *C. florida*　产中国。二回三出复叶对生；花单生叶腋，花柄中下部具有 2 叶状苞片，花瓣状萼片 6 枚，白色或淡黄白色，雄蕊紫色。花期 5～6 月。铁线莲抗旱性与适应性强，可用于环境较差的干旱、半干旱地区公路和铁路沿线作地被。因其攀援特性和对有害物的抗性而成为玫瑰、一些灌木丛和小树的良好伴生植物。

②杰克曼铁线莲 *C.* × *jackmanii*　羽状复叶或仅 3 小叶，在枝顶梢者常为单叶。花大，品种多，色彩丰富。本种于 19 世纪中期在英国培育而成，是最受欢迎的现代铁线莲之一。

【景观应用】杂交铁线莲花大美丽，为世界著名的藤蔓花卉，可点缀围墙、栅栏、棚架或作围篱，亦可配置于假山、岩石园中。也可用作盆栽和切花。

2. 光叶叶子花 *Bougainvillea glabra* Choisy（彩图 76）

【别名】宝巾、小叶九重葛、三角梅

【科属】紫茉莉科　叶子花属

【产地与分布】原产巴西。我国长江流域以南广泛栽培。

【识别特征】常绿藤状灌木。茎有枝刺，无毛或疏生柔毛。单叶互生，纸质，卵形或卵状披针形，全缘，上面无毛，下面被微柔毛。花小呈管状，黄绿色，通常 3 朵簇生，稀 3 朵均发育开放；苞片大，叶状 3 枚，紫红色长圆形或椭圆形，长成时与花几等长。温度适宜可常年开花，北方温室栽培 3～7 月开花，昆明地区常年开花，尤以夏季最盛。

【生态习性】喜温暖湿润和阳光充足的环境，不耐寒；萌芽力强，耐修剪。

【栽培资源】同属常见栽培种：

①毛叶叶子花(艳红叶子花) *B. spectabilis*　叶密生柔毛；苞片洋红色，鲜艳；花被管密生柔毛。耐寒性较光叶叶子花弱。

【景观应用】该属植物苞片形似叶，色彩丰富，观赏性较强，故称“叶子花”，是优良的垂直绿化材料；

也可丛植于草坪、路缘等处；还可作盆景、绿篱及修剪造型观赏。

3. 中华猕猴桃 *Actinidia chinensis* Planch.（图 8-1）

【别名】猕猴桃、几维果

【科属】猕猴桃科　猕猴桃属

【产地与分布】原产我国，广泛分布于长江流域，各地多有栽培。我国是优势主产区，集中产于秦岭以南和横断山脉以东的大陆地区。

【识别特征】落叶藤本。幼枝密被棕褐色茸毛，髓心片状，少实心。单叶互生，纸质，阔卵形至近圆形，先端圆或微凹，密被灰白色或淡褐色星状绒毛。花初开时白色，后变淡黄色，有香气，花瓣5片。浆果黄褐色，椭圆形、长圆形或近球形，密生棕色长毛。

【生态习性】喜光，但怕暴晒，较耐寒。适应性强，不择土壤，忌水湿，在湿润肥沃、排水良好的壤土中生长良好。

【景观应用】猕猴桃花色素雅，硕果累累，是优良的庭园垂直绿化植物，适于花架、绿廊、栅栏等美化。

【其他用途】猕猴桃在我国有文字记载历史已有两三千年。但作为一种果树进行人工栽培则仅是近三四十年的事。因它含维生素C特别丰富，比一般果蔬高十数倍至数十倍，而且甜酸适度，又具有鲜食和加工都适合的优点，不少国家引种栽培。

本属植物果实可食；叶可饲猪；枝条浸出液含胶质可供造纸业作调浆剂，并可用于建筑方面与水泥、石灰、黄泥、沙子等混合使用，用以铺筑路面、晒坪和涂封瓦檐屋脊起加固作用；根部可作杀虫农药；花是很好的蜜源。

图 8-1　中华猕猴桃

4. 西番莲 *Passiflora coerulea* L.（彩图 77）

【别名】时钟花、巴西果、蓝花鸡

【科属】西番莲科　西番莲属

【产地与分布】原产巴西，热带、亚热带地区常见栽培；我国广西、江西、四川、云南等地有栽培。

【识别特征】常绿攀缘木质藤本植物。叶互生，纸质，基部心形，掌状5深裂，裂片全缘；托叶较大、肾形，抱茎。花序退化，仅存1花，与卷须对生；花大，外副花冠裂片3轮，丝状，外轮与中轮裂片，顶端天蓝色，中部白色、下部紫红色，内轮裂片丝状；内副花冠流苏状，弯曲，裂片紫红色。浆果卵圆球形至近圆球形，熟时橙黄色或黄色。花期5～7月。

【生态习性】喜温暖湿润、光照充足的气候环境。对土壤要求不严，在疏松、富含有机质、排水良好的向阳园地生长最佳。

【栽培资源】同属其他常见栽培种：

①紫果西番莲（鸡蛋果）*P. edulis*　单叶互生，掌状3深裂；果实成熟时为紫色。在昆明地区4月开花，花期4～11月，花后结果。该种耐寒性较强。

②红花西番莲(洋红西番莲) *P. coccinea* 叶互生,长卵形,不开裂,缘有不规则浅疏齿。副花冠2轮,外轮粉色或白色,苞片较大,果实直立,梨形,熟时棕黄色。

【景观应用】西番莲是一种芳香可口的水果,有"果汁之王"的美誉,花果皆美,花大而奇特,既可观花,又可赏果,是一种十分理想的庭园垂直观赏植物,适于庭院、花廊、花架、花墙以及栅栏的美化,家庭种植也有较高的观赏及食用价值。

5. 木香花 *Rosa banksiae* Ait.(图8-2)

【别名】白木香

【科属】蔷薇科 蔷薇属

【产地与分布】原产中国四川、云南。生于溪边、路旁或山坡灌丛中,现各地园林中多有栽培。

图8-2 木香花

【识别特征】常绿藤本。小枝光滑,有短小皮刺;老枝上的皮刺较大,坚硬,经栽培后有时枝条无刺。奇数羽状复叶,小叶3~5片,少数7片,椭圆形至长椭圆状披针形,边缘有细锯齿。小花3~15,白色,重瓣至半重瓣,芳香,不结实;伞形花序。花期5~6月。

【生态习性】喜光,亦耐半荫,较耐寒,适生于排水良好的沙质壤土。对土壤要求不严,耐干旱,耐瘠薄,耐修剪。

【栽培资源】常见栽培变型:

①黄木香花 f. *lutea* 产江苏。花黄色重瓣,无香味。花朵较多,花期较长。

【景观应用】木香花密,香浓,是极好的垂直绿化材料,可布置花柱、花架、花廊和墙垣,也可植于草坪、林缘、园路转角等处。

【其他用途】花含芳香油,可供配制香精化妆品用。

6. 多花蔷薇 *Rosa multiflora* Thunb.(彩图78)

【别名】野蔷薇

【科属】蔷薇科 蔷薇属

【产地与分布】原产我国华北、华中、华东、华南及西南;朝鲜半岛、日本均有分布。

【识别特征】落叶攀援灌木。茎无毛,有短、粗稍弯曲皮刺。羽状复叶,小叶5~9,边缘有尖锐单锯齿,稀混有重锯齿,上面无毛,下面有柔毛。花多朵,排成圆锥状伞房花序,花瓣白色或略带红晕,芳香。果近球形,熟时红褐色或紫褐色。花期5~6月;果期10~11月。

【生态习性】性强健。喜光、亦耐半荫,耐寒,耐瘠薄,忌低洼积水。对土壤要求不严,以疏松肥沃的微酸性土壤最佳。

【景观应用】多花蔷薇枝繁叶茂,初夏开花,花团锦簇,花香馥郁,是中国近代栽培名花。可用于花架、花柱、绿门、花篱或墙面、山石绿化等,也可植于溪畔、路旁等处。

7. 常春油麻藤 *Mucuna sempervirens* Hemsl.(图8-3)

【别名】牛马藤、常绿油麻藤

【科属】蝶形花科 油麻藤属

【产地与分布】产中国西南部至华东。

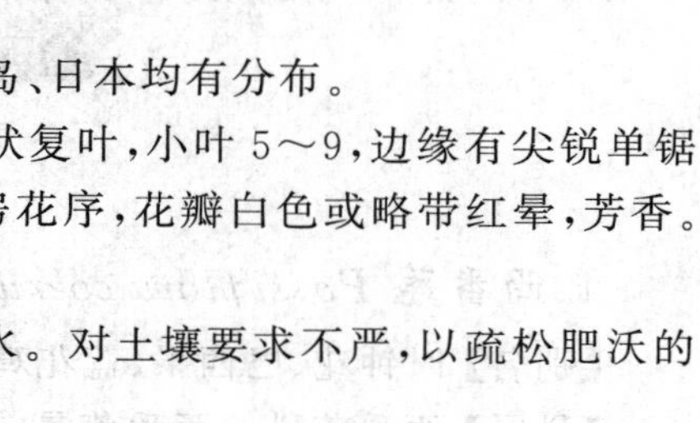

图8-3 常春油麻藤

【识别特征】常绿木质藤本,长可达25 m,老茎直径超过30 cm。三出羽状复叶,互生;小叶纸质或革质,全缘,无毛。花冠深紫色,总状花序生于老茎上,有臭味。荚果木质,扁平,密被金黄色粗毛。花期4~5月;果期8~10月。

【生态习性】耐荫、耐干旱，喜温暖湿润气候。

【景观应用】常春油麻藤叶浓密，花朵奇丽，如一只只紫色的鸟头，适于攀附建筑物、长廊、花门、围墙、悬崖等，是棚架和垂直绿化的优良藤本植物。

8. 紫藤 *Wisteria sinensis* (Sims)Sweet（彩图 79）

【别名】藤萝、藤花、朱藤

【科属】蝶形花科　紫藤属

【产地与分布】原产中国，现普遍栽培于庭园观赏；朝鲜、日本亦有分布。

【识别特征】落叶藤木。奇数羽状复叶互生；小叶 3～6 对，对生，纸质，全缘。总状花序，长 10～30 cm，花蓝紫色，芳香。荚果扁而长，表面密生棕黄色绒毛。花期 4 月中旬至 5 月上旬，昆明 2 月始花；果期 8～10 月。

【生态习性】适应性强，较耐寒，喜光，较耐荫，能耐水湿及瘠薄土壤，在土层深厚，排水良好，向阳避风的地方生长最佳。主根深，侧根浅，不耐移栽。

【景观应用】紫藤为长寿树种，先花后叶，开花繁多，紫穗满垂缀以稀疏嫩叶，十分优美，民间极喜种植，在我国的栽培历史有千年以上，为我国常见传统名花之一。一般应用于花架、绿廊、枯树、岩面等作垂直绿化；也可栽于草坪、湖畔、池边、假山等处，具独特风格；还可制作盆景。

9. 葡萄 *Vitis vinifera* L.

【科属】葡萄科　葡萄属

【产地与分布】分布于温带和亚热带地区。

【识别特征】木质藤本。有卷须。单叶互生，掌状 3～5 裂，缘有粗牙齿。花序多分枝。果序圆锥形，肉质浆果。花期 5～6；果期 7～9 月。

【生态习性】喜阳光充足、气候干燥、夏季昼夜温差大的气候环境，较耐寒；在土层深厚、排水良好的沙质壤土中生长良好。

【景观应用】葡萄叶浓果丰，果实晶莹，是优良的垂直绿化植物，多应用于私家园林或私家花园中，常在建筑物南侧向阳处栽培。

10. 欧洲常春藤 *Hedera helix* Linn.（图 8-4）

【别名】常春藤、洋常春藤

【科属】五加科　常春藤属

【产地与分布】原产欧洲至高加索，现各地普遍栽培。

【识别特征】常绿藤本。茎上有气生根，幼枝被星状柔毛。叶互生，革质，营养枝上的叶 3～5 裂。

【生态习性】喜温暖湿润环境，有一定耐寒性，耐荫性强，在充足阳光的环境也能生长；对土壤要求不严。

【栽培资源】常见栽培品种有：

①金边常春藤'Aureovariegata'　叶缘黄色。

②银边常春藤'Silver Queen'　叶碳绿，边缘乳白色，入冬后变粉红色。

③金心常春藤'Goldheart'　叶开 3 裂，中央部分黄色。

图 8-4　欧洲常春藤

【景观应用】常春藤叶色浓绿，四季常青，并有不同斑纹或斑块的栽培品种，耐荫性强，其茎上有许多气生根，容易吸附在岩石、墙壁和树干上生长，是庭园垂直绿化的理想材料；也可用作地被植物；室内绿化装饰时，作悬垂装饰，放在高脚花架、书柜顶部，给人以自然洒脱之美感。

11. 络石 *Trachelospermum jasminoides*（Lindl.）Lem.（图 8-5）

【别名】白花藤、石花藤、万字茉莉

【科属】夹竹桃科　络石属

【产地与分布】原产于中国黄河流域以南，南北各地均有栽培；日本、朝鲜也有分布。

【识别特征】常绿木质藤本。全株具白色乳汁；小枝被黄色柔毛，常有气生根。单叶对生，革质或近革质，椭圆形至卵状披针形，全缘，表面无毛，背面有柔毛。花冠白色，芳香，裂片 5，开展并右旋，形如“卐”字；聚伞花序腋生或顶生。蓇葖果双生，叉开，无毛，线状披针形。花期 3～7 月；果期 7～12 月。

图 8-5　络石

【生态习性】适应性强。喜光亦耐荫，喜温暖湿润气候，亦耐旱；对土壤要求不严。

【景观应用】络石四季常青，开花繁茂，且有香气，在园林中多植于枯树，假山之上；因其耐荫性强，也常作地被或盆栽观赏。

【其他用途】根、茎、叶、果实供药用，茎皮纤维拉力强，可制绳索、造纸及人造棉。花芳香，可提取“络石浸膏”。

12. 长春蔓 *Vinca major* L.（图 8-6）

【别名】蔓长春花、蝴蝶藤

【科属】夹竹桃科　蔓长春花属

【产地与分布】原产欧洲中部及南部；我国多地有栽培。

【识别特征】常绿蔓生亚灌木，丛生。植株具白色乳汁。叶对生，绿而有光泽，椭圆形，全缘。花单生叶腋，花冠蓝色，5 裂，高脚碟状。蓇葖果双生，直立。花期 4～5 月。

【生态习性】喜光，耐半荫，不耐寒。

【栽培资源】常见栽培品种：

①花叶蔓长春花‘Variegata’　叶边缘白色，并有黄白色斑点。

图 8-6　长春蔓

【景观应用】长春蔓叶色油亮浓绿，花朵典雅美丽，是优良的垂直绿化植物，也可配植于假山石、卵石或其他植物周边作地被植物；还可作室内观赏植物配置于楼梯边、栏杆上或盆栽置放在案台上。

13. 大纽子花 *Vallaris indecora*（Baill.）Tsiang et P. T. Li（图 8-7）

【别名】糯米饭花

【科属】夹竹桃科　纽子花属

【产地与分布】中国特有种，分布于中国西南及广西等地。

【识别特征】常绿木质藤本。全株具乳汁。单叶对生，宽卵形至倒卵形，具透明腺体，全缘，背面被短柔毛。聚伞花序伞房状，腋生，通常有花 3 朵；花冠土黄色，裂片 5，高脚碟状，具有糯米饭香味。蓇葖果双生，披针状圆柱形。花期 3～6 月；果期秋季。

【生态习性】喜生长在湿度较大、土壤肥沃和有攀援支撑物的环境。

图 8-7　大纽子花

【景观应用】大纽子花花形美丽，花香独特，花期较长，宜作棚架植物。

【其他用途】植株供药用，可治血吸虫病。

14. 粉香藤 *Mandevilla* × *amabilis*'Alice Du Pont'（彩图 80）

【别名】粉双喜藤、红皱藤

【科属】夹竹桃科　飘香藤属（双腺藤属）

【产地与分布】原种产中南美洲，热带地区广泛栽培。

【识别特征】常绿木质藤本。全株具乳汁。单叶对生，薄革质，披针状长圆形至长椭圆形，全缘，叶面皱褶。总状花序，由多数喇叭状花组成，花径 8～10 cm。花期夏季。

【生态习性】喜高温、高湿和阳光充足的环境。不耐寒，怕干旱，不耐水湿和阳光暴晒。宜富含腐殖质和排水良好的沙壤土。

【栽培资源】其他常见种：

①双腺花 *M. sanderi*　叶基部圆或近心形，全缘，两面光滑。花色玫瑰粉。

【景观应用】粉飘香藤花姿妍丽，色彩娇艳，粉红色的花朵缠绕在绿叶之中，给人以欢愉和喜庆的感觉，适合用作盆栽或吊篮栽培摆放阳台、窗台、或悬挂于走廊、台阶。

15. 素方花 *Jasminum officinale* L.（图 8-8）

【别名】清白素馨

【科属】木犀科　茉莉属

【产地与分布】产于四川、贵州西南部、云南、西藏。世界各地广泛栽培。

【识别特征】落叶木质藤本，高 0.4～5 m。小枝具棱或沟。叶对生，羽状深裂或羽状复叶，有小叶 3～9 枚，通常 5～7 枚，小枝基部常有不裂的单叶；叶轴常具狭翼。花冠白色，或外面红色，内面白色；聚伞花序伞状或近伞状，顶生，稀腋生，有花 1～10 朵。浆果球形或椭圆形，成熟时由暗红色变为紫色。花期 5～8 月；果期 9 月。

图 8-8　素方花

【生态习性】喜温暖湿润、光照充足的环境，在排水良好的湿润土壤中生长良好。

【栽培资源】同属常见种：

①清香藤 *J. lanceolarium*　三出复叶，花冠白色，高脚碟状；复聚伞花序呈圆锥状，顶生或腋生。果实熟时黑色。

【景观应用】素方花枝柔叶翠，花色素雅清香，是园林中垂直绿化的良好材料，也可植于岩边、台地边缘或堤岸。

16. 云南黄馨 *Jasminum mesnyi* Hance（彩图 81）

【别名】大叶迎春、野迎春、南迎春

【科属】木犀科　茉莉属

【产地与分布】原产于我国西南，长江流域以南各地。

【识别特征】常绿半蔓性灌木。枝条下垂，小枝四棱形。三出复叶，对生；小叶光滑，全缘。

花单生叶腋，花冠黄色，漏斗状。浆果椭圆形。花期 11 月至翌年 8 月；果期 3～5 月。

【生态习性】性耐荫，全日照或半日照均可，喜温暖湿润气候，耐寒性不强；萌枝力强，耐修剪。

【栽培资源】同属常见栽培的种有：

①迎春花 *J. nudiflorum*　与云南黄馨很相似，主要区别在于云南黄馨为常绿植物，花较大，花冠裂片极开展，长于花冠管；迎春为落叶植物，花较小，花冠裂片较不开展，短于花冠管；在地理分布上云南

黄馨限于我国西南部，而迎春分布至较北地区。

迎春枝条细长拱垂，冬季绿枝婆娑，早春黄花可爱，传递着春的讯息，是中国常见传统名花之一，中国园林中常用迎春与松、竹相邻，比喻人的高风亮节，卓然独立；在南方常用蜡梅、山茶、梅花、水仙等相配种植构成新春佳景；与银芽柳、山桃配置，早报春光；种植于柳树池畔、溪流石缝、路旁、山坡及窗下墙边；或作花篱密植，均具极好的观赏效果；亦宜作盆栽、盆景观赏；也可切花瓶插。

迎春为鹤壁市的市花。

【景观应用】云南黄馨枝条垂软柔美，四季常青，如柳条下垂，若植于假山上，绿色枝条和盛开的黄色花朵相衬别具特色，适合于花架或坡地高地悬垂栽培；也可作绿篱栽植。

17. 炮仗花 *Pyrostegia venusta*（Ker-Gawl.）Miers（彩图 82）

【别名】金雹花、火焰藤、黄鳝藤、炮仗藤

【科属】紫葳科　炮仗藤属

【产地与分布】原产南美洲巴西，现全球温暖地区已广泛作为庭园观赏藤架植物。我国华南、海南、云南、福建、台湾等地均有栽培。

【识别特征】常绿藤木。具有 3 叉丝状卷须。三出复叶，对生；小叶全缘。花萼钟状，有 5 小齿；花冠筒状，橙红色，裂片 5；圆锥花序。花期长，秋冬至初春。

【生态习性】喜温暖湿润气候和向阳环境，耐寒性不强。

【景观应用】炮仗花开花繁盛，红橙色的花朵累累成串，状如鞭炮，在景观中置于花架、露天餐厅、围墙、阳台等处，作建筑物顶面及墙面绿化，景色殊佳。

18. 凌霄 *Campsis grandiflora*（Thunb.）Schum.（彩图 83）

【别名】紫葳、女葳花、堕胎花、中国凌霄、大花凌霄

【科属】紫葳科　凌霄属

【产地与分布】产我国中东部，现各地栽培；日本也有分布。

【识别特征】落叶攀援藤木。以气生根攀附于它物之上。奇数羽状复叶对生；小叶对生，缘有锯齿。花萼钟状，花冠内面鲜红色，外面橙黄色；二强雄蕊；短圆锥花序顶生。蒴果顶端钝。花期 6～8 月。

【生态习性】凌霄喜光，也耐半荫；喜温暖湿润气候，亦耐旱、耐瘠薄；忌积涝、湿热。

【景观应用】凌霄干枝虬曲多姿，繁花艳彩，且花期长，为庭园中垂直绿化的良好绿化材料；用于攀援墙垣、枯树、点缀假山间隙、石壁，均极适宜。

19. 金银花 *Lonicera japonica* Thunb.（图 8-9）

【别名】忍冬、金银藤、鸳鸯藤

【科属】忍冬科　忍冬属

【产地与分布】中国南北均有分布；朝鲜和日本也有分布。

【识别特征】半常绿缠绕藤木。小枝细长中空。单叶对生，卵形或椭圆状卵形，全缘，幼时密生柔毛。总花梗通常单生于小枝上部叶腋；苞片大，叶状，卵形至椭圆形；花冠唇形，成对生于叶腋，初开为白色，渐变为黄色，芳香。浆果球形，熟时黑色。花期 5～7 月；果熟期 8～11 月。

【生态习性】适应性强。喜阳亦耐荫，耐寒性强，耐干旱和水湿；对土壤要求不严，但在湿润、肥沃的深厚沙质壤上生长最好。

【景观应用】金银花秋末虽老叶枯落，但叶腋间又簇生新叶，常呈紫红色，凌冬不凋，故名"忍冬"，春夏花不绝，先白后黄，黄白相映，名"金银花"。可攀缘于花架、花廊或附在山石上，植于沟边，爬于山坡，是良好的垂直绿化和地被植物。金银花老桩也是制作盆景的优良材料，姿态古雅，花叶可观，别具一格。

【其他用途】金银花为优良的蜜源植物和消暑良药，花可制成金银花露。

图 8-9　金银花

思考题

1. 简述我国观赏藤木的开发和应用现状。

2. 简述观赏藤木在垂直绿化中的应用。

3. 常春藤和长春蔓分别属于什么科？它们在形态上有哪些主要区别？

4. 列举 5 种你所在城市常见的观赏藤木。

第9章　观赏棕榈

棕榈科植物全世界有200余属，2800多种。棕榈植物中有很多是著名的经济植物，如椰子、槟榔等，更多的是著名的特色观赏植物，如大王棕、蒲葵、贝叶棕、棕竹等，其株型美观，形态各异，叶形优美，能营造出浓郁的热带风光。棕榈科植物是构成热带景观的重要植物类群，在园林景观营造中起着重要的作用，既可以作为棕榈景观主题，又可以用来点缀其他景观。既可列植、片植，又可与各类花卉、草地搭配种植。棕榈植物是热带、亚热带园林景观中出现频率最高的植物之一。

棕榈植物的形态多样，观赏部位很多，茎干、叶片、花序、果实都可以用作观赏。

1. 假槟榔 *Archontophoenix alexandrae*（F. Muell.）H. Wendl. et Drude（图9-1）

【别名】亚历山大椰子

【科属】棕榈科　假槟榔属

【产地与分布】原产澳大利亚。我国广东、海南、广西、台湾、云南等地多露地栽培。

【识别特征】乔木状，高10～25 m，茎干粗15 cm左右，有环纹，单生，挺直。叶羽状全裂，生于茎顶，长2～3 m；花序生于叶鞘下，呈圆锥花序式，下垂；花雌雄同株，白色；果实卵球形，红色。种子卵球形。花期4月；果期4～7月。

图9-1　假槟榔

【生态习性】喜高温、高湿的气候，适宜于避风、向阳的环境中生长，不耐低温。适宜排水良好的微酸性沙质土壤。

【景观应用】假槟榔树干挺直，叶片飘逸，具浓郁的热带风情，是一种树形优美的绿化树种，可应用于热带、亚热带地区的园林绿化。

2. 鱼尾葵 *Caryota ochlandra* Hance（图9-2）

【别名】青棕、假桄榔

【科属】棕榈科鱼尾葵属

【产地与分布】产福建、广东、海南、广西、云南等省区。生于海拔450～700 m的山坡或沟谷林中。亚洲热带地区有分布。

【识别特征】乔木状，高10～20 m，直径15～35 cm，茎绿色，具环状叶痕。叶长3～4 m。具多数穗状的分枝花序；雌雄异株。果实球形，成熟时红色或紫色，种子1颗，罕为2颗。花期5～7月；果期8～11月。

【生态习性】喜温暖湿润的环境，较耐寒，根系浅，不耐干旱，适宜于排水良好、疏松、肥沃的土壤，忌日光暴晒。

【景观应用】鱼尾葵树形美丽，茎干挺直，叶片奇特，色彩翠绿，花色鲜黄，果实如成串的圆珠，适宜于庭院绿化种植。

【其他用途】茎髓含淀粉，可作桄榔粉的代用品。

图9-2　鱼尾葵

3. 短穗鱼尾葵 *Caryota mitis* Lour.（图 9-3）

【别名】丛生孔雀椰子

【科属】棕榈科　鱼尾葵属

【产地与分布】产我国广东、广西、海南。生于山坡及山谷林中。印度以及东南亚地区有分布。

【识别特征】小乔木状，根状茎匍匐状，近地面处有棕褐色气生根；茎干竹节状，丛生，高 5～8 m，直径 8～15 cm；茎绿色；叶长 3～4 m，二回羽状全裂。花序短，具密集穗状的分枝花序；雄蕊 15～25 枚，几无花丝。果球形，成熟时紫红色，具 1 颗种子。花期 4～6 月；果期 8～11 月。

【生态习性】喜阳光充足的环境，较耐阴，生长迅速，对土壤要求不严，在温暖、湿润、肥沃的土壤中生长良好。

【景观应用】短穗鱼尾葵树形优美，花序、叶片、果实均具有很好的观赏价值，可丛植、行植，适宜于庭院绿化的观赏树种。

图 9-3　短穗鱼尾葵

4. 董棕 *Caryota urens* L.（图 9-4）

【别名】孔雀椰子、酒假桄榔

【科属】棕榈科　鱼尾葵属

【产地与分布】产广西、云南等地的石灰岩地区与沟谷林中，印度、斯里兰卡、缅甸至中南半岛也有分布。

【识别特征】乔木状，高 5～25 m，直径 25～45 cm，茎黑褐色，膨大或不膨大成花瓶状，具明显的环状叶痕。叶长 5～7 m，二回羽状复叶；叶鞘边缘具网状的棕黑色纤维。具多数、密集的穗状分枝花序；小花极多，花丝短，近白色。果实球形至扁球形，成熟时红色。种子 1～2 颗。花期 6～10 月；果期 5～10 月。

图 9-4　董棕

【生态习性】喜温暖、多雨、干湿季分明的气候。喜湿润、土层深厚的黑色石灰土，适于在排水良好、肥沃的土壤中生长。

【景观应用】董棕树形优美，叶片巨大，犹如孔雀尾羽，适宜作行道树或园林景观树。

【其他用途】木质坚硬，可作水槽与水车；髓心含淀粉，可代西谷米；叶鞘纤维坚韧可制棕绳；幼树茎尖可作蔬菜。

5. 散尾葵 *Chrysalidocarpus lutescens* H. Wendl.（图 9-5）

【别名】黄椰子

【科属】棕榈科　散尾葵属

【产地与分布】原产马达加斯加，我国南方部分地区有栽培。

【识别特征】丛生灌木，高 2～5 m，茎粗 4～5 cm，基部略膨大。叶羽状全裂，平展而稍下弯，长约 1.5 m；叶柄及叶轴光滑，黄绿色，上面具沟槽，背面凸圆；花序呈圆锥花序式；花小，卵球形，金黄色。果实略为陀螺形或倒卵形，鲜时土黄色，干时紫黑色。花期 5～6 月，果期 7～9 月。

图 9-5　散尾葵

【生态习性】喜温暖、湿润的气候，较耐荫，不耐低温。适宜在疏松、肥沃、排水良好的土壤中生长。

【景观应用】散尾葵株型优美，既可观叶，又可观果，观赏期长，是一种优良的园林观赏植物，可盆栽或种植于庭院中。

6. 椰子 *Cocos nucifera* L.（图 9-6）

【别名】椰树、可可椰子

【科属】棕榈科　椰子属

【产地与分布】椰子主要产于我国广东南部诸岛及雷州半岛、海南、台湾及云南南部热带地区。生于山坡与沟谷林中。东南亚热带地区都有分布。

【识别特征】乔木状，高 15～30 m，茎单生，粗壮，环状托叶痕显著。叶丛生于茎干顶端，羽状全裂，长 3～4 m；裂片多数，线状披针形。花序腋生，多分枝；果卵球状或近球形，顶端微具三棱，内果皮木质坚硬，基部有 3 孔，其中的 1 孔与胚相对，萌发时即由此孔穿出，其余 2 孔坚实，果腔含有胚乳（即“果肉”或种仁）、胚和汁液（椰子水）。花期几乎全年；果期 7～9 月。

图 9-6　椰子

【生态习性】喜高温，适宜湿润与阳光充足的环境，适宜种植于排水良好的海滨或河岸冲积土中。

【景观应用】椰子株型优美，可观叶、观果，可作行道树或园林绿化种植。

【其他用途】椰子浑身是宝，椰子水是一种可口的清凉饮料；椰肉可直接食用，成熟的椰肉含脂肪达 70%，可榨油，还可加工各种糖果、糕点；椰壳可制成各种工艺品，也可制活性炭；椰纤维可制毛刷、地毯、缆绳等；树干可作建筑材料；叶子可盖屋顶或编织；根可入药。椰子因此被誉为“生命之树”。

7. 中华蒲葵 *Livistona chinensis*（Jacq.）R. Br.（图 9-7）

【别名】蒲葵、葵树、扇叶葵

【科属】棕榈科　蒲葵属

【产地与分布】产我国南方各省区，生于山坡与沟谷林中。中南半岛也有分布。

【识别特征】乔木状，高 5～20 m，直径 20～30 cm，单干直立，基部常膨大。叶阔肾状扇形，直径达 1 m 余，掌状深裂至中部。花序呈圆锥状，花小，两性。果实椭圆形（如橄榄状），黑褐色。花期 3～4 月；果期 10～12 月。

【生态习性】喜阳光，较耐荫，喜温暖湿润的环境，能耐 0℃ 低温。适宜于排水良好、疏松、肥沃的土壤中生长。

图 9-7　中华蒲葵

【景观应用】蒲葵树干挺直、树形优美，是热带地区常见的园林绿化树种，可作行道树或用于园林绿化。

【其他用途】叶可制作蒲扇，种子可入药。

8. 加拿利海枣 *Phoenix canariensis* Chabaud（图 9-8）

【科属】棕榈科　刺葵属

【产地与分布】原产于非洲加拿利群岛，世界热带地区广泛栽培，近些年在我国华南地区、滇中一带有栽培。

【识别特征】乔木状，株高 10～15 m，茎干粗壮，具波状叶痕。羽状复叶，顶生丛出，较密集，长可达 6 m，每叶有 100 多对小叶（复叶），小叶狭条形，近基部小叶成针刺状，基部由黄褐色网状纤维包裹。穗状花序腋生；花小，黄褐色。浆果，卵状球形至长椭圆形，熟时黄色至淡红色。花期 5～6 月；果期 8～9 月。

图 9-8　加拿利海枣

【生态习性】性喜温暖湿润的环境，喜光又耐荫，抗寒、抗旱。热带、亚热带地区可露地栽培，在长江流域冬季需稍加遮盖，黄淮地区则需室内保温越冬。栽培土壤要求不严，但以土质肥沃、排水良好的壤土最佳。

【景观应用】加拿利海枣植株高大雄伟，可作行道树，也可以群植作景观树种，是一种优良的热带园林景观树种。

9. 江边刺葵 *Phoenix roebelenii* O'Brien（图 9-9）

【别名】美丽针葵、日本葵、罗比亲王海枣

【科属】棕榈科　刺葵属

【产地与分布】我国产云南。常见于江岸边，海拔 480～900 m。广东、广西等省（自治区）有引种栽培。缅甸、越南、老挝、印度亦产。

【识别特征】小乔木状或灌木状，茎丛生，栽培时常为单生，高 1～4 m，直径可达 10 cm，具宿存的三角状叶柄基部。叶长 1～2 m；羽片线形，较柔软，下部羽片变成细长软刺。花雌雄异株；花序腋生，淡黄色，有香味。果实长圆形，顶端具短尖头，成熟时枣红色，果肉薄而有枣味。花期 5～8 月；果期 8～9 月。

【生态习性】喜高温、多湿的气候，稍耐寒，生长快，对土壤要求不严。喜光，稍耐荫。

【景观应用】江边刺葵植株优美，叶柔软，是一种优良的观叶植物，既可用于园林绿化，也可在室内作盆栽。

图 9-9　江连刺葵

10. 林刺葵 *Phoenix sylvestris* Roxb.（图 9-10）

【别名】银海枣、中东海枣

【科属】棕榈科　刺葵属

【产地与分布】原产印度、缅甸。福建、广东、广西、云南等省区有引种栽培。

【识别特征】乔木状，高达 16 m，直径达 33 cm，叶密集成半球形树冠；茎具宿存的叶柄基部。叶长 3～5 m，完全无毛；叶柄短；叶鞘具纤维；羽片剑形，互生或对生，下部羽片较小，最后变为针刺。花序直立，花小。果实长圆状椭圆形或卵球形，橙黄色；果序长约 1 m，具节，密集。种子长圆形，两端圆，苍白褐色。果期 9～10 月。

【生态习性】喜光，喜高温、高湿的气候，抗旱能力较强，稍耐寒。

【景观应用】林刺葵株型优美，叶片银灰，树冠半圆形，可孤植或丛植于庭院中，是一种优良的景观树种。

图 9-10　林刺葵

11. 棕竹 *Rhapis excelsa*（Thunb.）Henry ex Rehd.（图 9-11）

【别名】观音棕竹、观音竹

【科属】棕榈科　棕竹属

【产地与分布】产我国广东、海南、广西、贵州、云南等省区。日本也有分布。

【识别特征】丛生灌木状，高 2～3 m，茎圆柱形，有节，直径 1.5～3 cm，上部被叶鞘，但分解成稍松散的马尾状淡黑色粗糙而硬的网状纤维。叶掌状深裂；具 2～3 个分枝花序；果实球状倒卵形。花期 5～7 月；果期 10 月。

图 9-11　棕竹

【生态习性】喜温暖、湿润，通风良好的环境，较耐荫，稍耐寒，适宜于疏松、肥沃的酸性土壤，不耐贫瘠与盐碱。

【栽培资源】常见栽培品种：

①斑叶棕竹'Variegata'，叶面具宽窄不一的黄色条纹。

② 大叶棕竹'Vastifolius'，裂片比原种宽，为 4～7 cm。

【景观应用】棕竹为丛生灌木状，叶形清秀，适于种植于花坛、窗边等地，也可盆栽。

12. 多裂棕竹 *Rhapis multifida* Burret（图 9-12）

【别名】金山棕竹、细叶棕竹、多裂竹棕

【科属】棕榈科　棕竹属

【产地与分布】产广东、广西西部及云南东南部，我国南方地区普遍栽培。

【识别特征】丛生灌木状，高 1～3 m，带鞘茎直径 1.5～2.5 cm。叶掌状深裂，扇形，长 28～36 cm，裂片线状披针形，通常具 2 条明显的肋脉；叶柄较长，边缘锐尖；叶鞘纤维褐色，较粗壮。花序二回分枝。花雌雄异株，花小；果实球形，熟时黄色至黄褐色，外果皮稍具小颗粒。花期 4～5 月；果期 11 月至翌年 4 月。

【生态习性】喜温暖、阴湿和通风良好的环境，耐荫，不太耐寒，喜排水良好，腐殖质丰富的沙质土壤。

图 9-12　多裂棕竹

【景观应用】株型美丽，叶形秀丽，可丛植或列植，也可盆栽，是一种优良的园林绿化树种。

13. 大王椰子 *Roystonea regia*（Kunth）O. F. Cook（图 9-13）

【别名】王棕

【科属】棕榈科　王棕属

【产地与分布】原产美国、古巴，我国热带、亚热带地区有栽培。

【识别特征】乔木状，植株高大挺直，高 10～20 m。茎幼时基部膨大，老时近中部不规则地膨大，向上部渐狭。叶羽状全裂，弓形并常下垂，长 4～5 m，羽片呈 4 列排列，线状披针形。花序长达 1.5 m，多分枝；花小，雌雄同株。果实近球形至倒卵形，暗红色至淡紫色。花期 3～6 月；果期 7～10 月。

【生态习性】喜高温、多湿、阳光充足的气候，以及疏松、肥沃的土壤。

【景观应用】树干高大挺直，是著名的观赏棕榈，适宜列植作行道树或群植。

图 9-13　大王椰子

14. 金山葵 *Syagrus romanzoffiana* (Cham.) Glassm.（图 9-14）

【别名】皇后葵

【科属】棕榈科　金山葵属

【产地与分布】原产巴西中部和南部，广泛栽培于热带和亚热带地区。我国南方各省广泛栽培。

【识别特征】乔木状，高 10～15 m，直径 20～40 cm。叶羽状全裂，长 4～5 m，羽片多，线状披针形，具 1 条明显的中脉，两面及边缘无刺。花序生于叶腋间，长达 1 m 以上，一回分枝，雌雄同株。果实近球形或倒卵球形，稍具喙，外果皮光滑，新鲜时橙黄色，干后褐色。花期 2～4 月，果期 11 月至翌年 3 月。

图 9-14　金山葵

【生态习性】喜温暖的气候，稍耐寒。

【景观应用】树干挺直，可作行道树，用于庭院绿化与园林造景。

15. 棕榈 *Trachycarpus fortunei* (Hook.) H. Wendl.（图 9-15）

【别名】棕树

【科属】棕榈科　棕榈属

【产地与分布】产我国长江以南各省区，日本也有分布。

【识别特征】乔木状，高 3～15 m。树干圆柱形，被不易脱落的老叶柄基部和密集的网状纤维包裹，树干直径 10～15 cm 甚至更粗。叶片扇形，簇生于树干顶端，掌状深裂。花序粗壮，多次分枝，从叶腋抽出，通常是雌雄异株，少雌雄同株。果实阔肾形，有脐，成熟时由黄色变为淡蓝色，有白粉。花期 4～5 月，果期 11～12 月。

图 9-15　棕榈

【生态习性】喜温暖、湿润的气候，较耐寒，耐荫。喜排水良好、肥沃的石灰质土壤或中性土壤。

【景观应用】叶形如扇，姿态优雅，适宜于庭院绿化。

【其他用途】棕皮纤维作绳索，编蓑衣、棕绷、地毡，制刷子和作沙发的填充料等；嫩叶经漂白可制扇和草帽；未开放的花苞可供食用；棕皮及叶柄（棕板）煅炭入药有止血作用，果实、叶、花、根等亦入药。

16. 丝葵 *Washingtonia filifera* (Lind. ex Andre) H. Wendl.（图 9-16）

【别名】华盛顿棕榈、加州蒲葵、老人葵

【科属】棕榈科　丝葵属

【产地与分布】原产美国、墨西哥，我国南方部分地区有引种栽培。

【识别特征】乔木状，树干通直高大，高达 18～21 m，直径 75～105 cm。叶近圆形，直径 2～3 m，掌状深裂黄绿至灰绿色，枯叶宿存于树干；叶柄约与叶片等长，约 1.8 m，在老树的叶柄下半部一边缘具小刺，其余部分无刺或具极小的几个小刺。花序大型，弓状下垂。果实卵球形，亮黑色。花期 7 月；果期 10 月。

【生态习性】喜温暖、湿润、阳光充足的环境，较耐寒，耐干旱、贫瘠的土壤。

【景观应用】叶形美丽，树生长速度快，可用于作行道树或庭院观赏树种。

图 9-16　丝葵

棕榈科还有以下著名的观赏种：

①糖棕 *Borassus flabellifer* L.　常绿乔木，植株粗壮高大，一般高 13～20 m；叶大型，掌状分裂；花单性，异株；果实多产，数十个围聚于树颈，大小如皮球，金黄光亮。

②贝叶棕 *Corypha umbraculifera* L.　植株高大粗壮，乔木状，高达 18～25 m，树冠像一把巨伞；直径 50～60 cm，具较密的环状叶痕；叶大型，呈扇状深裂；只开花结果一次后即死去，其生命周期为 35～60 年。

③红柄椰 *Cyrtostachys renda* Blume　乔木，高 8～12 m；叶柄及叶鞘暗红或红褐色；果卵球形，熟时黑色。为著名的观赏棕榈，具极大的观赏价值。

思考题

请根据当地气候特点确定当地是否可以用棕榈营造景观？如果可以，请列举 5 种当地景观中使用过的棕榈植物及其配置方式？并逐一说明每种棕榈的主要观赏部位与特点。

第10章　观赏竹类

竹子是禾本科(Poaceae)竹亚科(Bambusoideae)植物的统称,就狭义而言,有70余属1200种左右,如果算上主要分布于美洲与非洲的草本竹子,有1500种以上。竹子是一类非常重要的观赏植物,从广义上讲,所有的竹子都是有观赏价值的,不少品种既可以地栽,又可盆栽,甚至可以制作盆景。

竹子在园林景观中有着广泛的应用,可创造竹林景观,也可片植点缀,还可以孤植、做绿篱与地被。以竹子造景而闻名的园林有蜀南竹海、洞庭湖君山斑竹林、金佛山的方竹林、北京紫竹院等,世界上许多植物园与研究机构也建立了相关的竹子专类园,如中科院西双版纳热带植物园、中科院华南植物园、浙江安吉的竹种园、福建的华安竹种园、新加坡植物园、英国邱园等都建有专门的竹子收集区,既有很多具有重要观赏价值的竹种,也有经济价值较大的竹种。

由于竹子开花周期很长,并且大多数竹子开花后会死亡,一般的观赏竹大致可以分为观竿与观叶两类。

1. 凤尾竹 *Bambusa multiplex* 'Fernleaf' R. A. Young (图10-1)

【科属】禾本科　簕竹属

【产地与分布】原产我国,华东、华南、西南以至台湾、香港均有栽培。

【识别特征】灌木状丛生竹,植株较高大,竿高3～6 m,竿中空;小枝稍下垂,具叶9～13片,叶片线形。竿箨早落;箨耳极微小或不明显,边缘有少许縫毛;箨舌高1～1.5 mm,边缘呈不规则的短齿裂;箨片直立,易脱落,狭三角形,背面散生暗棕色脱落性小刺毛。

【生态习性】喜光,耐半荫,喜温暖、湿润的环境,耐寒,不耐干旱。

图10-1　凤尾竹

【栽培资源】常见变种及品种:

①观音竹 var. *riviereorum*　与凤尾竹区别在于竿实心,高1～3 m,直径3～5 mm,小枝具13～23叶,且常下弯呈弓状,叶片较原变种小,长1.6～3.2 cm。

②小琴丝竹 'Alphonse-Karr'　与凤尾竹区别在于竿和分枝的节间黄色,具不同宽度的绿色纵条纹,竿箨新鲜时绿色,具黄白色纵条纹。

【景观应用】茎竿纤细,枝叶浓密,适于作绿篱或庭院种植。

2. 黄金间碧玉 *Bambusa vulgaris* 'Vittata' McClure (彩图84)

【别名】黄金间碧竹

【科属】禾本科　簕竹属

【产地与分布】我国广西、海南、云南、广东和台湾等省区的南部地区庭园中有栽培。

【识别特征】乔木状丛生竹,竿高大,7～15 m,直径6～10 cm;竿黄色,具显著的宽窄不等的绿色条纹;箨鞘早落,竿箨背面密生暗棕色刺毛,箨叶直立或稍外翻,宽三角形至三角形,箨耳长圆形或肾形,箨舌高3～4 mm,边缘细齿裂;叶鞘初时疏生棕色糙硬毛,叶耳宽镰刀形。笋期8～10月。

【生态习性】喜光,耐半荫,喜高温,较耐寒,适于种植在肥沃、疏松、排水良好的壤土中。

【栽培资源】常见品种:

①大佛肚竹 'Wamin'　丛生竹,竿绿色,下部各节间极为短缩,并在各节间的基部肿胀。

【景观应用】黄金间碧竹的竹丛高大，株型美观，在园林中得到了大量的应用，深受人们的喜爱。适宜前庭造景或与其他花境搭配应用，是我国分布比较广泛的重要观赏竹种。

3. 菲黄竹 *Sasa auricoma* E. G. Camus（彩图 85）

【科属】禾本科　赤竹属

【产地与分布】原产日本。我国广东、广西、云南、上海、浙江、江苏、重庆、四川等地有栽培。

【识别特征】草本状混生竹，竿高 0.6～0.8 m，直径 0.1～0.2 cm，嫩叶黄白色，具绿色条纹，老后叶片常变为绿色；节间长 0.1～0.2 m，绿色，无毛，节下被白粉一圈；竿环稍隆起，不分枝或少有每节具 1 分枝；小枝具叶 3～4，叶片披针形。笋期 4 月。

【生态习性】喜光，较耐荫。喜温暖潮湿的气候，肥沃、疏松、排水良好的沙质土壤。

【栽培资源】同属常见种：

①菲白竹（花叶竹、白斑翠竹）*S. fortune* 混生竹，竿高 0.1～1 m，直径 0.1～0.2 cm，节间圆筒状，上部被灰白色细毛，节下方毛较密，被一圈白粉，中空；箨环隆起，无毛；竿节上不分枝或仅具一分枝；箨鞘宿存，长约节间的 1/2；叶片被白色柔毛，下面毛较密，上面具黄色或淡黄色至近白色的纵条纹。笋期 5 月。

【景观应用】植株矮小，枝叶密集，叶色淡黄具绿色条纹，是优良的园林地被竹种，并适宜做盆栽或制作盆景。

4. 人面竹 *Phyllostachys aurea* Carr. ex A. et C. Riv.（图 10-2）

【别名】罗汉竹

【科属】禾本科　刚竹属

【产地与分布】产福建、浙江。我国南方各省多有栽培，世界各地已引种栽培。

【识别特征】小乔木状散生竹，竿高 5～12 m，直径 2～5 cm，幼时被白粉，无毛；中部节间长 15～30 cm，基部或有时中部的数节间极缩短，缢缩或肿胀，或其节交互倾斜，中、下部正常节间的上端也常明显膨大；箨鞘背面黄绿色或淡褐黄带红色，无白粉，箨片狭三角形，开展或外翻而下垂；竿节上具二分枝；叶片狭长披针形或披针形。笋期 5 月中旬。

【生态习性】喜温暖、湿润的环境，耐寒，较耐旱，适应性强。

【景观应用】竹竿中下部数节节间极度缩短，倾斜、缢缩或肿胀，具有特殊的观赏价值，适宜于作盆景，也可用于与其他园林小品搭配造景。

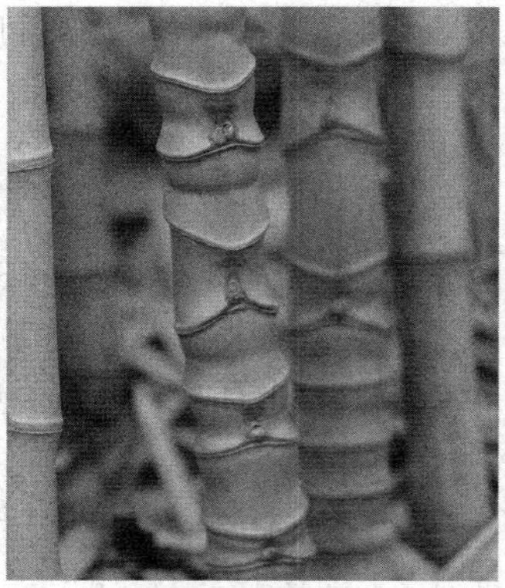

图 10-2　人面竹

5. 毛竹 *Phyllostachys heterocycla*（Carr.）Mitford ‘Pubescens’（图 10-3）

【别名】楠竹、江南竹、茅竹

【科属】禾本科　刚竹属

【产地与分布】分布于自我国秦岭、汉水流域至长江流域以南和台湾省，黄河流域也有多处栽培。

【识别特征】乔木状散生竹，竿高达 20 m，粗者可达 20 cm，幼竿密被细柔毛及厚白粉，箨环有毛，老竿无毛，并由绿色渐变为绿黄色；竿环不明显，低于箨环或在细竿中隆起。箨鞘背面黄褐色或紫褐色，具黑褐色斑点及密生棕色刺毛；箨耳微小，縁毛发达；箨舌宽短；箨片较短，长三角形至披针形，有波状弯曲，绿色，初时直立，以后外翻。叶片较小较薄，披针形。笋期 4 月。

【生态习性】喜温暖、湿润的环境，需充裕的水湿条件，但不耐水淹。喜肥沃、湿润、排水和透气性良好的酸性沙质土或沙质壤土。

图 10-3　毛竹

【景观应用】毛竹四季常青，挺拔秀伟，适宜群植作风景林、旅游林，或在园林中作点缀。

【其他用途】竿粗大，可供建筑用，如梁柱、棚架、脚手架等，篾性优良，供编织各种粗细的用具及工艺品，枝梢作扫帚，嫩竹及竿箨作造纸原料，笋味美，鲜食或加工制成玉兰片、笋干、笋衣等。

6. 紫竹 *Phyllostachys nigra*（Lodd. ex Lindl.）Munro（彩图 86）

【别名】乌竹、黑竹

【科属】禾本科　刚竹属

【产地与分布】原产我国湖南南部。我国南北方各地多有栽培。印度、日本及欧美国家有栽培。

【识别特征】灌木状散生竹，竿高 4～8 m，直径可达 5 cm，幼竿绿色，密被细柔毛及白粉，箨环有毛，一年生以后的竿逐渐出现紫斑，最后全部变为紫黑色，无毛；竿环与箨环均隆起，且竿环高于箨环或两环等高。箨鞘背面红褐色，无斑点或常具极微小的深褐色斑点；箨耳长圆形至镰形，紫黑色，边缘生有紫黑色缝毛；箨舌边缘生有长纤毛；箨片三角形至三角状披针形。叶片质薄。笋期 4 月下旬。

【生态习性】喜阳光充足、湿润、凉爽的环境，耐寒，耐旱。喜肥沃、疏松、排水良好的沙质土壤。

【景观应用】竿与枝条在老竿中为紫色，具特殊的观赏价值，是著名的观赏竹类。适宜群植，形成紫竹林景观，也可丛植，与其他园林小品搭配，还可以盆栽供观赏。

7. 金竹 *Phyllostachys sulphurea*（Carr.）A. et C. Riv.（彩图 87）

【别名】黄竹

【科属】禾本科　刚竹属

【产地与分布】原产我国，黄河至长江流域及福建均有分布。

【识别特征】灌木状散生竹，竿高 6～15 m，直径 4～10 cm；节间绿色或硫黄色，通常具黄色或绿色条纹；箨环微隆起；箨鞘背面呈乳黄色或绿黄褐色，有绿色脉纹，无毛，微被白粉，有褐色斑点及斑块；箨耳缺失；箨舌绿黄色，拱形或截形，边缘具纤毛；箨片狭三角形至带状，外翻，微皱曲，绿色，但具橘黄色边缘。叶片长圆状披针形或披针形。笋期 5 月中旬。

【生态习性】喜温凉的气候。

【景观应用】适宜作园景林或作风景竹，亦可片植点缀园林风景。

竹亚科还有以下著名的观赏种：

①帝汶黑竹 *Bambusa lako* Widjaja　丛生竹，竿初时绿色，成熟后变为黑紫色，有时带绿色条纹。

②青皮竹 *Bambusa textilis* McClure　丛生竹，竿高达 9～12 m，径 3～5 cm。竿直立，先端稍下垂，节间较长，幼时被白粉并密生向上淡色刺毛；竹壁薄；具有较高的观赏价值。

③粉单竹 *Bambusa chungii* McClure　丛生竹，高 3～7 m，直径约 5 cm，顶端下垂甚长，竿表面幼时密被白粉，节间长 30～60 cm。

思考题

竹子在园林景观中具有较广泛的应用，请列举 3～5 种当地景观营造中使用过的或你知道的竹子及其主要配置方式？这些竹子除了用作景观营造，当地老百姓还有没有其他的应用方式？请列举一到两种。

第11章　一二年生花卉

一二年生花卉狭义指的是在一个或两个生长季内完成生活史的草本花卉。广义的还包含多年生草本花卉作一二年生花卉栽培的类型。

(一) 一年生花卉

典型的一年生花卉是指在一个生长季内完成全部生活史的花卉。一般春季播种,夏、秋开花,冬季来临时死亡,又称春播花卉。如:凤仙花、鸡冠花。

(二) 二年生花卉

典型的二年生花卉是指在两个生长季完成生活史的花卉。一般秋季播种,次年的春季或初夏开花,在炎夏到来时死亡。如:羽衣甘蓝、紫罗兰。

(三) 多年生作一二年生花卉栽培

一些多年生花卉因应用的需要常作一二年生栽培。这类花卉在当地露地环境中多年生栽培时,对气候不适应,不耐寒或不耐热导致生长不良或观赏效果不佳而用作一二年生花卉栽培。如:一串红、三色堇。

一二年生花卉色彩鲜艳美丽,开花繁茂整齐,装饰效果好,重点美化时常常使用这类花卉,是花卉规则式应用形式如花坛、花带、种植钵等的常用花卉。

11.1　一年生花卉

1. 翠菊 *Callistephus chinensis* (L.) Nees.(彩图88)

【别名】江西腊、七月菊、蓝菊

【科属】菊科　翠菊属

【产地与分布】原产我国东北、华北以及四川、云南各地,目前世界各地广泛栽培。

【识别特征】一年生花卉,亦可作二年生栽培。株高15～100 cm,茎被白色糙毛,直立,粗壮,上部多分枝。叶互生,上部叶无柄,匙形,下部叶有柄,阔卵形。头状花序单生枝顶,花径3～15 cm;舌状花有红、蓝、紫、白、黄等深浅各色,管状花黄色。春播花期夏季,秋播花期春季。

【生态习性】长日照植物,喜阳光充足。喜温暖,不耐寒,忌酷暑。喜肥沃、湿润和排水良好的沙质壤土。

【栽培资源】园艺栽培品种丰富，按株型分为直立型、半直立型、分枝型和散枝型等；按株高分高型(50 cm 以上)、中型(30～50 cm)、矮型(30 cm 以下)；按花色可分为蓝紫、紫红、粉红、白、桃红、乳白、乳黄等色；按花型有平瓣类、卷瓣类，单瓣型、芍药型、菊花型、发射型、托桂型和驼羽型等多种花型；按花期早晚分有早花、中花和晚花 3 类。

【繁殖】播种繁殖。

【景观应用】翠菊花色鲜艳，花型多样，开花繁盛，花期颇长，古朴高雅，是国内外园艺界非常重视的观赏植物。矮型种用于盆栽、花坛观赏，中型品种适于布置花坛、花境，高型种主要用作切花。

2. 醉蝶花 *Cleome spinosa* Jacq.（彩图 89）

【别名】西洋白花菜、紫龙须、凤蝶草

【科属】白花菜科　醉蝶花属

【产地与分布】原产热带美洲，我国广泛栽培。

【识别特征】一年生花卉。高 1～1.5 m，全株被黏质腺毛，有强烈气味。叶为具 5～7 小叶的掌状复叶，互生；小叶草质，椭圆状披针形或倒披针形，全缘；总叶柄细长，基部有 2 枚托叶演变成的小钩刺。总状花序顶生球形，小花由下向上层层开放，具长梗；花瓣 4 片，倒卵状披针形，有长爪；雄蕊 6 枚，细长，为花瓣的 2～3 倍，长长地伸出花冠外；花初开白色后变成粉色至淡紫色，微香；花期初夏，花后立即结出圆柱状蒴果，花果同现。

【生态习性】喜阳光充足，耐半荫。喜高温，耐暑热，忌严寒，耐干旱，忌积水。喜肥沃疏松和排水良好的土壤。

【繁殖】播种繁殖，能自播繁衍，不耐移植。

【景观应用】醉蝶花花形优美别致，花瓣团圆如扇，形似蝴蝶飞舞，长长的雄蕊伸出花冠之外，形似蜘蛛，又如龙须，颇具观赏价值。可在夏秋季节布置花坛、花境或切花水养，也可进行矮化栽培作盆栽观赏。对二氧化硫、氯气均有良好的抗性，是非常优良的抗污花卉。

【其他用途】醉蝶花是一种蜜源植物，还可提炼优质精油。

3. 波斯菊 *Cosmos bipinnatus* Cav.（彩图 90）

【别名】秋英、大波斯菊

【科属】菊科　秋英属

【产地与分布】原产墨西哥及南美洲，现全世界各地均有栽培。

【识别特征】一年生花卉。株高 30～120 cm，株型洒脱，茎纤细而直立，分枝多。叶对生，长约 10 cm，二回羽状裂叶，裂片全缘无齿。头状花序顶生或腋生，舌状花一轮，花瓣 8 枚，尖端呈齿状；花色从白、粉红至紫红，管状花黄色；花期 9 月至霜降。

【生态习性】喜光，短日照植物。喜温暖，不耐寒，忌炎热。耐干旱瘠薄，肥水过多则茎叶徒长而少花。忌大风，易倒伏。宜排水良好的沙质土壤。

【栽培资源】

(1)园艺品种分早花型和晚花型两大类。有托桂型、重瓣和半重瓣品种。还有对日照不敏感的品种。

(2)本种常见变种：

①白花波斯菊 var. *albiflorus*　花纯白色。

②大花波斯菊 var. *grandiflorus*　花大，花色多。

③紫花波斯菊 var. *purpurea*　花紫红色。

(3)同属常见栽培种：

①硫华菊(黄波斯菊)*C. sulphureus*　一年生花卉。高 20～200 cm，叶裂片宽，花较小，舌状花金黄

或橘黄。

【繁殖】播种繁殖，具极强的自播繁衍能力。

【景观应用】波斯菊一经栽种，翌年可有大量自播苗，若稍加保护，还可逐年扩大，入秋繁花似锦，是优良的地被花卉。还可成片栽植作花境、花篱，营造野生自然情趣，也可作切花观赏。对氯气敏感，可作为氯气的指示植物。

4. 千日红 *Gomphrena globosa* L.（彩图 91）

【别名】千年红、千日草、火球花

【科属】苋科　千日红属

【产地与分布】原产美洲热带，中国各地广泛栽培。

【识别特征】一年生花卉。高 20～60 cm，全株被灰色硬毛；茎直立，上部多分枝。叶对生，纸质，椭圆形至倒卵形。头状花序球形或椭圆形，1～3 个着生于枝顶；花小而密生；膜质苞片为主要观赏部位，有光泽，干后不落，且色泽不褪，有紫红色、白色、粉色、黄色等。花期夏、秋季。

【生态习性】阳性花卉，喜阳光充足，缺乏光照株型不佳。耐热，不耐寒。喜疏松肥沃、排水良好的土壤。

【繁殖】播种繁殖。

【景观应用】千日红植株低矮，花繁色浓，是配置秋季花坛的优良材料。矮生种可用于布置花坛或盆栽观赏，高秆品种可用于布置花境或岩石园。花枝干燥后，可用作天然干燥花，经久不褪色。对有害气体氟化氢敏感，是氟化氢的监测植物。

5. 凤仙花 *Impatiens balsamina* L.（彩图 92）

【别名】金凤花、指甲花、小桃红、透骨草

【科属】凤仙花科　凤仙花属

【产地与分布】原产中国南部、马来西亚和印度，中国各地广泛栽培。

【识别特征】一年生花卉。株高 30～100 cm，茎肉质光滑，节部常膨大，呈绿色或深褐色，茎色与花色相关。单叶互生，阔或狭披针形，长达 10 cm 左右，顶端渐尖，边缘有锐齿，基部楔形，叶柄附近有几对腺体。花大，左右对称，单朵或数朵簇生于叶腋，花萼后伸为距；花冠蝶形，单瓣或重瓣；花色有粉红、大红、紫、白、黄、洒金等，有的品种同一株上能开数种颜色的花朵。花期夏季。

【生态习性】喜光，稍耐荫。喜温暖，不耐寒。喜疏松肥沃的微酸性土壤。

【栽培资源】同属常见栽培种：

①新几内亚凤仙 *I. hawker*　多年生花卉，该种为日本最新培育成功的矮性种。株高 25～30 cm，茎肉质；叶互生，披针形，绿色或古铜色，表面有光泽，叶脉清晰，叶缘有尖齿；花大，簇生叶腋。花开四季不绝，是作花坛、花境的优良素材，在昆明地区可见露地花坛栽培（彩图 93）。

②非洲凤仙（洋凤仙）*I. walleriana*　多年生花卉。全株肉质，茎具红色条纹，易折断。叶长卵形，有长柄，叶色翠绿有光泽。四季开花，花色丰富，是优良的花坛、花境花卉，还是种植钵的好材料（彩图 94）。

【繁殖】播种繁殖，可自播繁衍。

【景观应用】凤仙花形似彩凤，姿态优美，品种繁多，民间多栽植于庭院作观赏用。花色丰富，是美化花坛、花境的常用材料；高型品种可栽在篱边、庭前，矮型品种亦可盆栽。是氟化氢的检测植物。

【其他用途】种子在中药中称“急性子”。凤仙花其本身带有天然红棕色素，在印度、中东等地称为海娜，中东人很早就种植这种植物，用它的汁液来染指甲和修饰自己。

6. 万寿菊 *Tagetes erecta* L.（彩图 95）

【别名】臭芙蓉、万寿灯、蜂窝菊

【科属】菊科　万寿菊属

【产地与分布】原产墨西哥,中国各地均有栽培。

【识别特征】一年生花卉。株高 50～100 cm,茎光滑而粗壮,具纵细条棱,绿色。叶对生,羽状全裂,裂片披针形,裂片边缘有时呈锯齿状;叶缘背面有油腺点,具强臭味。头状花序单生,花黄色或橘黄色,舌状花有长爪,边缘皱曲。花期夏、秋季。

【生态习性】短日照植物,喜阳光充足,耐半荫。喜温暖,但稍能耐早霜。抗性强,耐移植,病虫害较少。

【栽培资源】

(1)常见栽培品种有高型种(株高 90 cm),中型种(株高 60～70 cm),矮型种(株高 20～30 cm)。矮型种非常受中国市场欢迎,按花色可分为黄、柠檬黄、橙黄和橙红四个品种。

(2)同属常见栽培种:

①细叶万寿菊 *T. tenuifolia*　一年生花卉。原产墨西哥。叶羽裂,裂片 13 枚,线形至长圆形,具锐齿缘。舌状花数少,常仅 5 枚。

②香叶万寿菊 *T. lucida*　一年生花卉。叶无柄,叶片长圆披针形,有尖细锯齿和有香味的腺点,头状花序顶端簇生。

【繁殖】播种和扦插繁殖。

【景观应用】万寿菊株型紧凑、花大色艳,开花繁多,花期长,适应性强,主要用于花坛、花境的布置,也是盆栽和切花的良好材料。万寿菊从播种到开花需 7～12 周,春播可用于"五一"花坛,夏播可用于"十一"花坛。

【其他用途】万寿菊是一种环保花卉,能吸收氟化氢和二氧化硫等有害气体,称为"蜂窝菊"。因叶有强烈气味,得名"臭芙蓉"。其自身病虫害少,也可保护周围其他花卉不生病虫。橙黄色的万寿菊鲜花中含有丰富的天然叶黄素,国际市场上 1 g 叶黄素的价格与 1g 黄金相当,素有"软黄金"的美誉。

7. 孔雀草 *Tagetes patula* L. (彩图 96)

【别名】小万寿菊、红黄草、西番菊

【科属】菊科　万寿菊属

【产地与分布】原产墨西哥,分布于四川、贵州、云南等地,现我国各地均有栽培。

【识别特征】一年生花卉。株高 20～50 cm,茎多分枝,细长而晕紫色。叶对生或互生,羽状全裂,裂片线状披针形,裂片边缘有锯齿,先端尖细芒状,叶背有腺点。头状花序顶生,有长梗,总苞片一层层联合成圆形长筒;舌状花黄色或橙色,带红色斑,顶端微凹,管状花先端 5 裂,通常多数转变为舌状花而形成重瓣类型。花期夏季。

【生态习性】喜阳光,耐半荫。对土壤要求不严。既耐移栽,又生长迅速,是一种适应性极强的花卉。

【栽培资源】园艺栽培品种按花色分为红黄色、纯黄色、橙色等品种。按花型分为单瓣、复瓣、鸡冠型等品种。

【繁殖】播种繁殖。

【景观应用】孔雀草花形与万寿菊相似,但花较小而繁多,花外轮为暗红色,内部为黄色,故名红黄草。因其极强的适应性,在华北地区既能承受"五一"的低温,又能忍耐"十一"的早霜,且在酷暑植株状态依旧能保持良好,孔雀草已逐步成为中国花坛、庭院的主体花卉,也可用于盆栽。

8. 百日草 *Zinnia elegans* Jacq. (彩图 97)

【别名】对叶梅、百日菊、步步高

【科属】菊科　百日草属

【产地与分布】原产北美洲，以墨西哥为分布中心，中国各地习见栽培。

【识别特征】一年生花卉。株高 30～100 cm，茎直立粗壮，上被短毛，侧枝呈叉状分生。叶对生，全缘，卵形至长椭圆形，基部抱茎。头状花序单生枝端，梗甚长，径 4～10 cm；舌状花多轮，近扁盘状，有白、绿、黄、粉、红、橙等色，管状花集中在花盘中央，黄橙色，边缘 5 裂。花期夏季。

【生态习性】喜阳光，耐半荫。喜温暖，不耐寒，忌酷暑。耐瘠薄，宜在肥沃深厚土壤中生长，忌连作。

【栽培资源】(1)同属常见栽培种：

①小百日草 *Z. angustifolia*　一年生花卉。株高 15～30 cm，多分枝。叶狭披针形。头状花序小，舌状花单轮，黄橙色，中盘花突起。花开后转暗褐色，株型零乱，观赏价值下降。

②细叶百日草 *Z. linearis*　一年生花卉。株高 30～40 cm，多分枝，叶线状披针形。花径 4～5 cm，舌状花单轮，浓黄色，中盘花不突起。其枝叶纤细，紧密丛生，是优美的花坛、花境材料。

(2)园艺栽培品种依花型分为纽扣型、驼羽型、大丽花型等；依株高分高、中、矮株型；有斑纹等各种花色。

【繁殖】播种繁殖。

【景观应用】百日草花大色艳，开花早，花期长，株型美观，是夏秋园林中的优良花卉。适合布置花坛、花境，矮生种可盆栽，高秆品种适合做切花，水养持久。

11.2　二年生花卉

9. 羽衣甘蓝 *Brassica Oleracea* var. *acephala* f. *tricolor*（彩图 98）

【别名】叶牡丹、牡丹菜

【科属】十字花科　芸薹属

【产地与分布】原产欧洲，现广泛栽培，主要分布于温带地区。

【识别特征】二年生花卉，为食用甘蓝卷心菜的园艺变种，不结球。根系发达，茎短缩。叶基生，大而肥厚，被有蜡粉；叶形多变，叶色丰富，整个植株形如牡丹，故名“叶牡丹”。

【生态习性】喜阳光充足，耐热性也很强。喜冷凉，极耐寒，可多次忍受短暂霜冻。生长势强，栽培容易。耐盐碱，喜肥沃土壤。

【栽培资源】园艺栽培品种丰富，按高度可分高型和矮型；按叶的形态分皱叶、不皱叶及深裂叶品种；按颜色，边缘叶有翠绿色、深绿色、灰绿色等，中心叶则有纯白、肉色、玫瑰红等品种。

【繁殖】播种繁殖。

【景观应用】羽衣甘蓝叶形多变，叶色鲜艳，观赏期长，是华中以南地区冬季花坛的重要材料，也可用于花坛镶边和组成各种美丽的图案，还可作盆栽；高型品种常用作切花。

10. 金盏菊 *Calendula officinalis* L.（彩图 99）

【别名】金盏花、黄金盏、长生菊

【科属】菊科　金盏菊属

【产地与分布】原产欧洲西部、地中海沿岸、北非和西亚，现世界各地均有栽培。

【识别特征】二年生花卉，亦可作一年生栽培。株高 30～60 cm，全株被白色茸毛。单叶互生，椭圆形或椭圆状倒卵形，全缘，基生叶有柄，上部叶基部抱茎。头状花序单生顶端，舌状花一轮或多轮平展，金黄或橘黄色，具香气，筒状花黄色或褐色。春播花期夏季，秋播花期春季。

【生态习性】喜阳光充足。喜冷凉，忌炎热，较耐寒。以疏松、肥沃、微酸性土壤最佳。

【栽培资源】园艺栽培品种多为重瓣,重瓣品种有平瓣型和卷瓣型。有长茎品种和矮生品种。还有绿色、深紫色、黑色、棕色"花心"的品种。

【繁殖】播种繁殖,能自播繁衍。

【景观应用】金盏菊植株矮生,花朵密集,色彩鲜明,金光夺目,花期长,为春季花坛常用花材,花坛栽植时应及时剪除残花,则开花不绝。也可作为草坪的镶边花卉或盆栽观赏,长梗大花品种可用于切花。金盏菊抗二氧化硫、氰化物及硫化物能力强,为优良的抗污花卉。

【其他用途】金盏菊可作为药用或食品染色剂,也可作化妆品或食用,还可以醒酒。

11.3 多年生常作一二年生栽培

11.3.1 多年生常作一年生栽培

11. 五色草 *Alternanthera bettzickiana* Nichols.(彩图 100)

【别名】五色苋、红绿草、锦绣苋

【科属】苋科 虾钳菜属

【产地与分布】原产南美巴西,中国各地普遍栽培。

【识别特征】多年生花卉常作一年生栽培。株高 5~40 cm;茎直立或斜生,多分枝,四棱形。单叶对生,全缘,呈披针形、椭圆形或倒卵形;叶色丰富,有绿、褐绿色及黄色彩斑;叶柄较长。头状花序生于叶腋,花序小而不明显。

【生态习性】喜阳光充足,略耐荫,光线充足能使叶色鲜艳。喜温暖湿润,不耐寒。在肥沃、干燥、排水良好的沙质土壤上生长较好。

【栽培资源】同属常见栽培种:

①红草五色苋(可爱虾钳菜)*A. amoena* 多年生花卉常作一年生栽培。茎平卧;叶狭,基部下延,叶柄短,叶绿色带暗紫红色或褐红色。

【繁殖】以播种繁殖为主,也可采用扦插繁殖。

【景观应用】五色草植株低矮、枝繁叶密、色彩丰富、极耐修剪,是布置模纹花坛和绿雕的优良材料,可配置成各种花纹、文字、图案等平面或立体造型。庭院栽培可用于花坛镶边及岩石园。

12. 藿香蓟 *Ageratum conyzoides* L.(彩图 101)

【别名】胜红蓟、一枝香

【科属】菊科 藿香蓟属

【产地与分布】原产中南美洲,中国南方广泛栽培。

【识别特征】多年生花卉常作一年生栽培。株高 30~60 cm,全株被毛,基部多分枝,丛生状。叶对生,卵形至三角状卵形,边缘有粗锯齿。头状花序呈聚伞状着生枝顶,小花全为筒状花,无舌状花,花色有淡蓝色、紫红色、粉色、白色等。花期夏季。

【生态习性】喜阳光充足。喜温暖,不耐寒,忌高温。以肥沃、排水良好的沙质壤土为好。

【栽培资源】同属常见栽培种:

①大花藿香蓟 *A. houstonianum* 多年生花卉常作一年生栽培。叶卵圆形,基部心形,表面有褶皱。头状花序,聚伞状着生于枝顶,花序较大。

【繁殖】播种和扦插繁殖。

【景观应用】藿香蓟花朵繁多,花色淡雅,株丛有良好的覆盖效果,是优良的花坛和地被植物,也可用于小庭院、路边、岩石旁点缀。矮生种可盆栽观赏;高秆种用作切花。

13. 鸡冠花 *Celosia cristata* L.（彩图 102）

【别名】笔鸡冠、鸡冠头、红鸡冠

【科属】苋科　青葙属

【产地与分布】原产非洲、美洲热带和印度，世界各地广为栽培

【识别特征】多年生花卉常作一年生栽培。株高 15～150 cm，茎直立粗壮，光滑具棱，分枝少。叶互生，有柄全缘，长卵形或卵状披针形，基部渐狭。穗状花序顶生，具丝绒般光泽，花序上部退化成丝状，中下部成干膜质状，生不显著小花；花序有鸡冠状和羽状；花色有紫红、鲜红、淡黄、金黄等，叶色与花色常有相关性。花期夏季。

【生态习性】喜阳光充足，不耐霜冻。喜疏松肥沃和排水良好的土壤。

【栽培资源】

(1)鸡冠花的园艺变种、变型很多。按花型分 2 类：即鸡冠类（花序不分枝，鸡冠状）和羽毛类（花序多分枝，分枝顶端着生大小、长短不一的羽毛状花序）。按高矮分为高型鸡冠（80～120 cm）、中型鸡冠（40～60 cm）和矮型鸡冠（15～30 cm）。

(2)同属常见栽培种：

①青葙 *C. argentea*　多年生花卉常作一年生栽培。茎紫色；叶晕紫，顶端急尖或渐尖，具小芒尖；穗状花序塔形或圆柱形，紫红色。

【繁殖】播种繁殖，可自播繁衍。

【景观应用】鸡冠花花期长，花色丰富多彩，观赏价值极高，是园林中重要的花坛花卉。矮型及中型鸡冠花用于花坛及盆栽观赏，高型鸡冠花可作花境及切花，也可制干花。鸡冠花对二氧化硫、氯化氢具良好的抗性，适宜作厂矿绿化用，是一种抗污花卉。

14. 矮牵牛 *Petunia hybrida* Vilm.（彩图 103）

【别名】碧冬茄、灵芝牡丹、杂种撞羽朝颜

【科属】茄科　碧冬茄属

【产地与分布】原产南美洲阿根廷，现世界各地广泛栽植。

【识别特征】多年生花卉常作一年生栽培。株高 15～60 cm，全株被黏毛，嫩茎直立，老茎匍匐状。单叶互生，卵形，全缘，近无柄，上部叶对生。花单生叶腋或顶生，花较大，花冠喇叭状，花色有红、白、粉、紫及各种斑纹。花期夏季。

【生态习性】喜光和温暖，不耐霜冻，属长日照植物。忌雨涝，喜疏松、肥沃和排水良好的微酸性土壤。

【栽培资源】园艺品种甚多，依花型有单瓣、重瓣、皱瓣等；依花大小有巨大轮（9～13 cm）、大轮（7～8 cm）和多花型小轮（5 cm）；依植株性状分为高性种、矮性种、丛生种、匍匐种、直立种、垂枝种；依花色有白、红、粉、紫至黑色以及各种斑纹。目前园林中常用大花型和多花型品种，还有垂吊型品种在室内外使用。

【繁殖】播种繁殖。

【景观应用】矮牵牛开花繁茂，花期长，花色丰富，是优良的花坛和种植钵花卉，也可自然式丛植；大花及重瓣品种供盆栽观赏或作切花。在气候适宜的地方或温室栽培可四季开花。

15. 一串红 *Salvia splendens* Ker-Gawl.（彩图 104）

【别名】西洋红、墙下红、撒尔维亚

【科属】唇形科　鼠尾草属

【产地与分布】原产南美巴西，中国各地广泛栽培。

【识别特征】多年生花卉常作一年生栽培。株高 30～80 cm，茎基部多木质化，茎多分枝，四棱形，光

滑。叶对生，卵圆形或三角状卵圆形，先端渐尖，边缘具锯齿。顶生总状花序似串串爆竹，花唇形，伸出萼外，花萼与花冠同色，花落后花萼仍有观赏价值，花有鲜红、红、粉、紫白、复色等多种颜色。花期夏季。

【生态习性】原为短日照植物，现已选育出日中性和长日照品种。喜阳光充足、温暖，对温度反应较敏感，忌霜雪和高温。喜疏松、肥沃和排水良好的沙质壤土。

【栽培资源】同属常见栽培种：

①朱唇（红花鼠尾草）*S. coccinea*　多年生花卉常作一年生栽培。全株有毛，花冠鲜红，下唇长于上唇 2 倍。适应性强，易自播繁衍。

②蓝花鼠尾草 *S. farinacea*　多年生花卉。植株多分枝，花冠蓝青色，被柔毛。花冠不易脱落，花色保持好，花期长，生长整齐。是花坛和种植钵的理想花卉，还可作切花。

③一串紫 *S. horminum*　一年生花卉。全株具长软毛，具长穗状花序，花小，紫、堇、雪青等色。变种多。

【繁殖】播种和扦插繁殖。

【景观应用】一串红植株紧密，开花时覆盖全株，花序修长，花色亮丽，花期长，适应性强，是优良的花坛主体材料，也常植于林缘、篱边或作为花坛镶边；矮生品种还可用于盆栽。

16. 美女樱 *Verbena* × *hybrida* Voss.（彩图 105）

【别名】美人樱、铺地马鞭草、四季绣球

【科属】马鞭草科　马鞭草属

【产地与分布】原产巴西、秘鲁、乌拉圭等地，现世界各地广泛栽培。

【识别特征】多年生花卉常作一年生栽培，亦可作二年生栽培。全株具灰色柔毛，高 30～50 cm，茎四棱，丛生而匍匐地面。叶对生，长卵圆形或披针状三角形，边缘具缺刻状粗齿或整齐的圆钝锯齿。穗状花序顶生，多数小花密集排列呈伞房状；花冠漏斗状，花有白、粉红、深红、紫、蓝等不同颜色，也有复色品种，略具芬芳。花期 4 月至霜降。

【生态习性】喜光，不耐荫。喜温暖，较耐寒。喜湿，不耐干旱。喜疏松肥沃的中性土壤。

【栽培资源〗同属常见栽培种：

①加拿大美女樱 *V. canadensis*　多年生花卉常作一年生栽培。茎直立多分枝。叶卵形至卵状长圆形，基部截形，常具 3 深裂，花色丰富。适宜作花坛、花境。

②细叶美女樱 *V. tenera*　多年生花卉。基部木质化，茎丛生，倾卧状。叶二回深裂或全裂，裂片狭线形。叶形细美，株丛整齐，适宜草坪边缘自然带状栽植。

【繁殖】播种和扦插繁殖，能自播繁衍。

【景观应用】美女樱株丛矮密，花繁色艳，姿态优美，盛开时形如花海，可用作花坛、花境，亦可作地被；矮生品种也适作盆栽观赏。

11.3.2　多年生常作二年生栽培

17. 雏菊 *Bellis perennis* L.（彩图 106）

【别名】春菊、延命菊、马兰头花

【科属】菊科　雏菊属

【产地与分布】原产欧洲，现广泛栽植于各地园林。

【识别特征】多年生花卉常作二年生栽培。株高 7～20 cm，植株矮小，全株具毛。叶基部簇生，长匙形。花葶自叶丛中抽出，头状花序单生，花径 3～5 cm；舌状花一轮或多轮，条形，有白、粉、红、紫、洒金等色，筒状花黄色。花期春季。

【生态习性】喜阳光充足，不耐荫。宜冷凉气候，较耐寒，重瓣品种耐寒力较弱。喜肥沃、富含腐殖质的壤土。

【栽培资源】园艺栽培品种丰富，依瓣型分为单瓣和重瓣品种；依花型大小分为大花和小花型品种；依花型分为蝶形、球形、扁球形等。

【繁殖】播种、分株和扦插繁殖。

【景观应用】雏菊花朵像未成形的菊花，故在中国取名"雏菊"。植株矮小，色彩丰富，花朵整齐，明媚素净，是优良的地被花卉，多用于装饰花坛和花境，还可用来装点岩石园。若在居室盆栽观赏，能吸收家居有害气体。

18. 紫罗兰 *Matthiola incana* R. Br.（彩图 107）

【别名】春桃、草桂花

【科属】十字花科　紫罗兰属

【产地与分布】原产欧洲地中海沿岸，目前我国大部分地区广泛栽培，北方多温室观赏。

【识别特征】多年生花卉常作二年生栽培。株高 30～60 cm，全株被灰色柔毛，茎直立，基部稍木质化。叶互生，长椭圆形或倒披针形，全缘，先端圆钝。总状花序顶生，花梗粗壮；萼片 4 枚，花瓣 4 枚，单瓣或重瓣；花有紫红、淡红、淡黄、白等颜色；具香气。花期春季。

【生态习性】喜冷凉，冬季能耐－5℃低温，忌燥热。喜肥沃湿润及深厚的中性或微酸性土壤。

【栽培资源】园艺栽培品种极多，依株高分为高、中、矮三类，高型品种是重要的草本切花；依花型分为单瓣和重瓣两种品系，重瓣品系观赏价值高；依花期不同分为夏紫罗兰、秋紫罗兰及冬紫罗兰。

【繁殖】播种繁殖，也可扦插。

【景观应用】紫罗兰花朵茂盛，香气浓郁，花期长，花序也长，是花坛、花境的主要花卉，也是重要切花，还可供盆栽观赏。

19. 冰岛虞美人 *Papaver nudicaule* L.（彩图 108）

【别名】冰岛罂粟、冰岛舞草

【科属】罂粟科　罂粟属

【产地与分布】原产北欧及亚洲，中国各地均有栽培。

【识别特征】多年生花卉常作二年生栽培。全株疏被毛，丛生，株高约 30 cm；茎极短缩。叶基生，卵形至披针形，羽状深裂或浅裂。花单生于茎顶端，花蕾初时下垂，被褐色刚毛，开放时花梗直立；花冠浅杯状，花色以白、黄、橙色为主，少见纯红色。花期春季。

【生态习性】喜冷凉，忌高温。不择土壤，不宜湿热过肥之地。

【栽培资源】同属常见栽培种：

①虞美人 *P. rhoeas*　一二年生花卉常作二年生栽培，植株细弱，茎细长。花瓣 4 片，近圆形，全缘，也有重瓣；花色有深红至粉红、白色等。花期春季。

②东方罂粟 *P. orientale*　多年生花卉常作二年生栽培，叶片羽状分裂，裂片披针形或长圆形；花瓣 4～6 片，红色，基部呈紫黑色斑块，有时为橙色或淡粉红色，也有重瓣。花期春季。

【繁殖】播种繁殖，可自播繁衍。

【景观应用】冰岛虞美人花大色艳，花蕾较多，此谢彼开，是晚春至初夏园林绿地优良草花，适用于花坛、花境栽植，也可盆栽或作切花用。花梗、花蕾及开花过程颇有观赏价值，直立的花茎在微风中摇曳，其薄如蝉翼的花瓣似舞裙一般，故有"冰岛舞草"之称。

20. 瓜叶菊 *Senecio cruentus* DC.（彩图 109）

【别名】千日莲、瓜叶莲

【科属】菊科　瓜叶菊属

【产地与分布】原产地中海加那利群岛，现各国温室普遍栽培。

【识别特征】多年生花卉常作二年生栽培，亦可作一年生栽培。株高 30～70 cm，全株被微毛。叶片大，心脏形卵状如瓜叶，绿色光亮，叶缘呈波状，具细齿。头状花序多数聚合成伞状，顶生，舌状花具有各种颜色及斑纹，管状花紫色，少数黄色；春播花期夏季，秋播花期春季。

【生态习性】喜阳光充足和通风良好。喜凉爽湿润，忌烈日暴晒。要求疏松、肥沃、排水良好的土壤。

【栽培资源】园艺品种极多，可分为大花型、星形、中间型和多花型四类，不同类型中又有不同重瓣和高度不一的品种。

【繁殖】播种繁殖。

【景观应用】瓜叶菊叶片肥厚鲜绿，开花繁茂，花色清新，是优良的中小型盆栽花卉，多用于装饰阳台、窗台和居室，适宜在春节期间送给亲友，体现合家欢喜的花语。也可用于早春栽植花坛和供切花用。

21. 三色堇 *Viola tricolor* L.

【别名】猫脸花、蝴蝶花、鬼脸花

【科属】堇菜科　堇菜属

【产地与分布】原产欧洲，现分布世界各地。

【识别特征】多年生花卉常作二年生栽培。茎直立，分枝或不分枝。基生叶多，卵圆形，茎生叶长卵形；叶缘有整齐的钝锯齿。托叶大型，叶状，羽状深裂。花顶生或腋生，挺立于叶丛之上；花瓣5枚，花朵外形近圆形，平展；花径4～5 cm，花色丰富，花心常具放射状细条深色线，有短距；花量大，花期春季。

【生态习性】喜冷凉，较耐寒，忌高温多湿。喜光，略耐半荫。要求肥沃湿润的壤土，在贫瘠、水涝地生长不良，品种易退化。

【栽培资源】同属常见栽培种：

①大花三色堇 *Viola* × *wittrockiana*　多年生花卉常作二年生栽培，园艺杂种，是三色堇和耕地堇菜的杂交后代（V. tricolor × V. arvensis）。花大，花径3.5～12.5 cm，花瓣常相互重叠；花单色或复色，花色有黄、白、蓝、褐、红等，大部分品种有深色花心。花期可从早春至初秋。耐寒性较三色堇弱（彩图110）。

②角堇 *V. cornuta*　多年生花卉常做一年生栽培，原产西班牙和比利牛斯山脉。花径较小，仅2～4 cm；花朵繁密，花中间无深色圆点，只有猫胡须一样的黑色直线；花形偏椭圆。较大花三色堇耐热。花期夏季。

【繁殖】播种繁殖。

【景观应用】三色堇因花有三种颜色对称地分布在五个花瓣上，构成的图案形同猫的两耳、两颊和一张嘴，故名“猫脸花”；又因整个花被风吹动时，如翻飞的蝴蝶，所以也称“蝴蝶花”。

大花三色堇株型低矮，花繁色浓，适应性强，耐粗放管理，是布置冬、春季花坛、花境的主要花卉之一，多用于广场及街头组合花坛的镶边植物，或作春季球根花卉的“衬底”栽培。大花、斑色系特别适合作盆花或组合盆栽，小花品种可作为悬挂栽培，或花钵的镶边材料。

思考题

1. 实际栽培应用中的一二年生花卉含义是什么？
2. 简述一二年生花卉的园林用途。
3. 举出当地10种常用一二年生花卉，说明它们主要的形态特征、生态习性和应用特点。

第12章 宿根花卉

宿根花卉是指地下器官形态正常的多年生草本花卉。根据其生态类型，可把宿根花卉分为耐寒性宿根花卉和不耐寒性宿根花卉两大类。耐寒性宿根花卉主要原产温带，可露地栽培，花后地上部分或全部枯萎，地下部分休眠，以地下部分着生的芽或萌蘖越冬或越夏后再度开花。不耐寒性宿根花卉原产热带、亚热带，为常绿性，冬季茎叶仍为绿色，在寒冷地区不能露地越冬，需移入室内或温室。

宿根花卉种类（品种）繁多，使用方便经济，一次种植可多年观赏，是花境应用的主要材料，还适于多种应用方式，如花坛、种植钵、花带、花丛花群、地被、切花、干花、垂直绿化等。

12.1 耐寒性宿根花卉

1. 杂交耧斗菜 *Aquilegia hybrida Hort*.（彩图 111）

【别名】杂种耧斗菜

【科属】毛茛科　耧斗菜属

【产地和分布】为园艺杂交种，主要亲本有花色艳丽的加拿大耧斗菜 *A. canadensis* 和花期较长的黄花耧斗菜 *A. chrysantha*。

【识别特征】宿根花卉。茎多分枝，2～3 回三出复叶。花朵侧向开展，花大，花瓣 5 枚，先端圆唇状，有囊状长距向后延伸；萼片(5)花瓣状，萼片和花瓣均色彩鲜艳；花色有黄、红、紫、粉、白各色及复色。花期 5～8 月。

【生态习性】喜半荫，忌酷暑。喜疏松、湿润、肥沃及排水良好的土壤。

【栽培资源】同属常见栽培种：

①加拿大耧斗菜 *A. canadensis*　原产加拿大和美国。高型种，二回三出复叶。花数朵着生于茎上，萼及距均为红色，距近直伸；花瓣淡黄色；花期 5～6 月。

②黄花耧斗菜 *A. chrysantha*　原产北美。高型种，多分枝，稍被短柔毛。二回三出复叶，茎生叶数个。花瓣深黄色，短于萼片；萼片暗黄色，先端有红晕。花期稍晚，7～8 月。

③耧斗菜 *A. vulgaris*　原产欧洲和西伯利亚地区。茎直立，多分枝。二回三出复叶，具长柄，裂片浅而微圆。一茎着生多花，花瓣下垂，距与花瓣近等长、稍内曲。有众多花型和花色的变种和杂交品种。

④华北耧斗菜 *A. yabeana*　原产中国华北山地草坡。基生叶有长柄，1～2 回三出复叶；茎生叶小。花顶生下垂；萼片紫色，与花瓣同色。

【繁殖】分株、播种繁殖。

【景观应用】杂种耧斗菜叶形优美，花朵硕大，花色丰富，花形奇特，是重要的园林花卉。可丛植、片植在林缘和疏林下或山坡草地，形成美丽的自然景观，表现群体美，大量使用非常壮观，是花境、岩石园的好材料，也是插花的优良花材。

2. 风铃草 *Campanula medium* L.

【别名】钟花、瓦筒花、风铃花

【科属】桔梗科　风铃草属

【产地和分布】原产南欧，分布于北温带、地中海地区和热带山区，中国分布在西南部和北部。

【识别特征】宿根花卉。全株具粗毛，茎粗壮而直立，稀分枝。基生叶卵状披针形，叶缘圆齿状波形，粗糙；茎生叶小而无柄，披针状矩形。总状花序顶生，着生多数花；花冠钟状，5 浅裂，基部略膨大；花色有白、蓝、紫及淡桃红等；花期 4～6 月。

【生态习性】喜光，喜湿润，不耐旱。喜疏松、肥沃且排水良好的壤土。

【栽培资源】其他常见栽培种：

①欧风铃草 *C. carpatica*　全株无毛或仅下部有毛。茎软，上部披散。叶丛生，卵形，基部叶柄较长，叶缘有齿。花单生，直立，杯状，鲜蓝色、白色和由蓝至淡紫各色。

②聚花风铃草 *C. glomerata*　全株被细毛。叶片长卵形至心状卵形，叶片边缘有尖锯齿。花数朵集成头状花序，花冠紫色、蓝紫色或蓝色，管状钟形，5 裂至中部。

③桃叶风铃草 *C. persicifolia*　全株无毛。基生叶多数，长椭圆形具长柄。茎生叶为数不多，线状披针形似桃叶，无柄。花冠阔钟形，蓝至蓝紫色，单瓣或重瓣。

④紫斑风铃草 *C. punctata*　全株被毛。叶片卵形或卵状披针形，叶柄具翼。花单个顶生或腋生，下垂，具长花柄，花冠黄白色，具多数的紫色斑点，钟状，5 浅裂。

【繁殖】播种繁殖。

【景观应用】风铃草株型粗壮，花朵钟状似风铃，花色明丽素雅，在欧洲十分盛行，是春末夏初小庭园中常见的草本花卉。可用于花坛、花境背景及林缘丛植，也可作盆栽和切花。

3. 菊花 *Chrysanthemum morifolium* L.（彩图 112）

【别名】黄花、更生、九花

【科属】菊科　菊属

【产地与分布】原产中国，至今约有 3000 年栽培历史，现世界各地广泛栽培。

【识别特征】宿根花卉。茎直立，基部木质化，上部多分枝，略具棱。单叶互生，有柄，羽状浅裂或深裂；叶缘有粗大锯齿或深裂，基部楔形，托叶有或无。花梗高出叶面，头状花序单生或数朵聚生枝顶；舌状花雌性，管状花两性；花序的大小、颜色、形态及花期等依品种、品系变化极大；现花期可以延续全年，微香。

【生态习性】短日照植物。喜凉爽、较耐寒；耐旱，最忌积涝。喜肥沃、排水良好的土壤。

【栽培资源】菊花品种丰富，全世界有 2 万～3 万个，我国有 3000 多个，品种可按自然花期、花（序）径、花瓣形态、整枝方式和应用方式进行分类。

（1）根据自然花期分类

夏菊：6～9 月开花，日照中性，10℃左右花芽分化。

秋菊：10～11 月开花，花芽分化与花蕾发育都需要短日照，15℃以上花芽分化。

寒菊：12 月至翌年 1 月开花，花芽分化与花蕾发育都需要短日照，高温下花芽分化。

四季菊：四季开花，花芽分化及花蕾发育对日照反应均为中性。

（2）根据花（序）径分类

小菊：花（序）径 6 cm 以下。

中菊：花（序）径 6～10 cm。

大菊：花（序）径 10 cm 以上。

一般常将大菊与中菊并称大、中菊，而小菊则自成一类。

（3）根据花瓣形态分类　目前中国使用的主要是中国园艺学会、中国花卉盆景协会于 1982 年在上海的菊花品种分类学术会议上，对花径在 10 cm 以上晚秋菊的分类方案。把菊花分为五个瓣类，包括 30 个花型和 13 个亚型。但在实际应用中没有使用亚型，并且对 30 个花型中一些相似花型做了合并。

(4)根据整枝方式和应用方式分类

①盆栽菊　普通盆栽菊按培养枝数不同分为：

独本菊(标本菊)：一株一茎一花。又称为标本菊或品种菊。

案头菊：与独本菊相似，但低矮，株高 20 cm 左右，花朵硕大，供桌面上摆设。

立菊：一株多干数花。

②造型艺菊　一般也作盆栽，但常做成特殊艺术造型。

大立菊：一株数百至数千朵花。

悬崖菊：通过整枝、修剪，整个植株体成悬垂式。

嫁接菊：在一株花卉的主干上嫁接各种花色的菊花。

菊艺盆景：由菊花制作的桩景或盆景。

中国目前栽培的观赏菊花主要有切花菊、花坛菊、盆花菊和庭院菊四大类，各类又有很多栽培品种。

【繁殖】扦插、嫁接、播种以及组织培养。

【景观应用】菊花是中国的传统名花，重要的秋季园林花卉，适用于花坛、花境、花丛及盆栽用花。此外，菊花花朵美丽，水养持久，是国际上销售量最大的鲜切花之一。

菊花文化丰富，被赋予高洁品性，为世人称颂。菊花是中国十大名花之一；花中四君子之一；也是世界四大切花之一。菊花具有清寒傲霜的品格，陶渊明有诗："采菊东篱下，悠然见南山"；唐·孟浩然《过故人庄》"待到重阳日，还来就菊花"。在古神话传说中菊花还被赋予了吉祥、长寿的含义，因此中国人有重阳节赏菊和饮菊花酒的习俗。

4. 毛地黄 *Digitalis purpurea* L.（彩图 113）

【别名】洋地黄、自由钟

【科属】玄参科　毛地黄属

【产地和分布】原产欧洲西部，中国各地均有栽培。

【识别特征】宿根花卉。植株高大，高 90～120 cm，全株被灰白色短柔毛，茎直立，少分枝。叶粗糙、皱缩；基生叶具长柄，卵形至卵状披针形；茎生叶柄短或无，长卵形，叶形由下至上而渐小。顶生总状花序着生一串下垂的钟状小花，花冠紫红色，花筒内侧浅白有暗紫色斑点及长毛；花期 6～8 月。

【生态习性】喜阳，耐荫。较耐寒，忌炎热，较耐干旱。喜湿润且排水良好的土壤。

【繁殖】播种、分株繁殖。

【景观应用】毛地黄植株高大，花序挺拔，花形优美，色彩鲜艳，为优良的花境竖线条材料，丛植更为壮观。盆栽多为促成栽培，早春赏花。亦可作切花，是重要的草本切花。

5. 萱草类 *Hemerocallis* spp.

【别名】黄花、忘忧草、宜南草

【科属】百合科　萱草属

【产地和分布】原产中国，现世界各地广泛栽培。

【识别特征】宿根花卉。叶多数，基生，二列状，宽线形。花茎高出叶丛，上部有分枝，花大，花冠漏斗形至钟形，盛开时花瓣裂片反卷，原种花色为黄至橙黄色。萱草单花开放 1 d，有朝开夕凋的昼开型，也有夕开次晨凋谢的夜开型及夕开次日午后凋谢的夜昼开型。

【生态习性】喜阳光，耐半荫；耐寒，华北可露地越冬。喜湿润，亦耐旱。喜富含腐殖质，排水良好的土壤。

【栽培资源】(1)同属常见栽培种：

①黄花菜(黄花) *H. citrina* Baroni　叶较宽，深绿色。花序上着生花多达 30 朵，花蕾为著名的"黄花菜"，干花蕾可供食用，是作为蔬菜种植的主要种。

②黄花萱草(金针菜)*H. flava* L.　叶片深绿色带状，拱形弯曲。花 6～9 朵，柠檬黄色，浅漏斗形。花蕾可食。

③萱草 *H. fulva L.*　原产中国南部，欧洲南部及日本有分布。叶披针形，排成 2 列状。圆锥花序，着花 6～12 朵，花冠阔漏斗形，边缘稍微波状，盛开时裂片反曲，花色橘红至橘黄色，无芳香。花期 6～8 月(彩图 114)。

④大花萱草 *H. middendorffii* Trautv. et Mey.　叶低于花葶。花 2～4 朵，黄色，有芳香，花长 8～10 cm，花梗极短，花朵紧密，具有大形三角状苞片。大型变种 var. *major* 生长健壮，花更多。

⑤童氏萱草 *H. thunbergii* Baker　叶深绿色而狭，生长健壮而紧密。花顶端分枝着花 12～24 朵，杏黄色，喉部较深，短漏斗形，具芳香。

(2)常见栽培品种：

现代萱草品种非常丰富，至少由 15 个左右亲本育成，全世界登录在册的品种多达 5 万种以上，其色彩多样，花色除白色、蓝色外均有。分为落叶、半常绿、常绿 3 种类型(与栽培地气候有关)。花型有单瓣、复瓣、重瓣、蜘蛛瓣、特殊瓣等类型。

①'紫蝶'萱草 *H.* 'Little bumble bee'　株高 50～60 cm，叶丛直径 70～90 cm 。花单瓣，黄色，花心棕红色，花丝黄色。较适合做花丛、花境。

②'金娃娃'萱草 *H.* 'Stella de Oro'　株高 30 cm，叶丛直径 40～50 cm，花小，初夏开亮黄色花，单瓣。多作地被栽培。

【繁殖】分株、播种繁殖。

【景观应用】萱草春季萌芽，叶丛美丽，花葶高出叶丛，花色鲜艳，栽培容易，是优良的夏季园林花卉。适宜花境应用，也可丛植、片植于公园、路旁、绿地观赏，可作疏林地被运用，还可作切花。

萱草早在康乃馨成为母爱的象征之前，中国已把它作为母亲之花。

6. 玉簪 *Hosta plantaginea* Aschers.(图 12-1)

【别名】玉春棒、白鹤花

【科属】百合科　玉簪属

【产地和分布】原产中国，现全世界广泛栽培。

【识别特征】宿根花卉。叶基生成丛，卵形至心状卵形，先端急尖，基部心形；叶脉呈弧状，叶柄长。总状花序顶生，着花 9～15 朵，高于叶丛；花为白色，管状漏斗形；花期 6～8 月。

【生态习性】喜荫，忌阳光直射。性强健，耐寒冷。喜湿润。喜土层深厚，排水良好且肥沃的沙质壤土。

【栽培资源】同属常见栽培种：

①狭叶玉簪 *H. lancifolia*　叶灰绿色，披针形至长椭圆形，两端渐狭。花茎中空，花淡紫色。

图 12-1　玉簪

②紫萼 *H. ventricosa*　叶丛生，卵圆形，两端渐尖；叶柄边缘常下延呈翅状，叶柄沟槽较玉簪浅。花茎中空，花淡紫色。

③圆叶玉簪 *H. sieboldiana*　叶巨大，卵圆形，绿色，上面有白粉，蜡质。花白色，亦带有淡紫色。该种园艺品种全世界有 2000 多种。叶色、叶形变化丰富，是重要的观叶类宿根花卉。

【繁殖】分株、播种繁殖。

【景观应用】玉簪类叶色苍翠，花洁白如玉或淡紫温良，叶片青翠宜人或具有美丽的色彩、斑纹，是良好的观叶、观花、地被植物和荫生植物，宜成片种植于林下、岩石园或建筑物北侧庇荫处，也可盆栽观赏，亦可作切花、切叶。

【其他用途】嫩芽可食、全草入药，鲜花可提制芳香浸膏。

7. 鸢尾类 *Iris* spp.

【科属】鸢尾科　鸢尾属

【识别特征】叶基生，多革质，剑形或线形。花茎从叶丛中抽出，蝎尾状聚伞花序或圆锥状聚伞花序；花从基部的苞片组成的佛焰苞内抽出，花被片6，外轮3片大而外弯或下垂是垂瓣（无附属物或具有鸡冠状及须毛状的附属物），内轮3片较小，多直立或呈拱形是旗瓣。花期春夏季。

【生态习性】根茎类鸢尾耐寒性强，一些种类可耐－40℃低温。大多数种类喜光，有些种类耐荫性强。不同的种类对水分、土壤要求不同。

【栽培资源】人们对鸢尾花的认知、栽培历史非常久远。公元6世纪的《Viema codex of Dioscorides》一书中已有鸢尾花的绘图，我国《神农本草经》上也有鸢尾、马蔺的记载。Dykes 和 Simonet 也在20世纪初对鸢尾属进行了系统的分类，分为根茎类、块茎类和鳞茎类共3大类13个组。在园林中常用根茎类鸢尾，依据其对水分和土壤的要求分为3类：

(1)喜肥沃、湿润、排水良好、含石灰质的微碱性土壤

①香根鸢尾 *I. pallida* Lam.　根茎粗壮，有香味。叶剑形，质厚，革质，绿色被白粉而成灰绿色。花大，垂瓣中央有黄色须毛；苞片银白色，全部膜质。可作花境、丛植和香料花卉。花期5月。

②德国鸢尾 *I. germanica* L.　根茎粗壮，叶与香根鸢尾相似；花垂瓣中央有黄白色须毛；苞片绿色，草质，边缘膜质。可作花坛、花境、丛植。花期4～5月。

③鸢尾 *I. tectorum* Maxim.　原产云南、四川、江苏等地。植株低矮，根茎粗短。叶剑形，薄纸质，排列如扇形，淡绿色。花茎稍高于叶丛，有1～2分枝，着花1～3朵；垂瓣具蓝紫色条纹，瓣基具褐色条纹，中央有一行鸡冠状突起；旗瓣较小，淡蓝色，呈拱形直立；花色有蓝紫、白色（彩图115）。

(2)喜水湿和酸性土壤

①花菖蒲 *I. ensata* Thunb.　又名玉蝉花。根茎粗壮，叶较窄，中脉明显。花茎稍高于叶丛，着花2朵，垂瓣光滑。是本属园艺化程度较高的种，有数百品种。可作水边丛植、专类园和切花。

②蝴蝶花 *I. japonica* Thunb.　又名日本鸢尾。根茎较细，入土浅。叶嵌叠着生成阔扇形，深绿色有光泽。花垂瓣边缘具波状锯齿，中部有橙色斑点及鸡冠状突起；旗瓣稍小，上部边缘有齿；花大。可作花境和地被。

③黄菖蒲 *I. pseudocorus* L.　植株高大，根茎短粗。叶剑形，挺拔，中脉明显，黄绿色。花茎稍高于叶丛；垂瓣光滑，有斑纹或无。可作水边或水中丛植、花境。

④溪荪 *I. sanguinea* Hornem　叶窄，仅1.5 cm，中脉明显，叶基红色。花茎与叶等高；苞片晕红色；垂瓣中央有深褐色条纹，浅紫色旗瓣基部黄色并有紫斑。可作水边丛植。

(3)适应性强，在任何土壤上均生长良好。

①马蔺 *I. lacteal* var. *chinensis*(Fisch.)Koidz　根茎粗短，须根细而坚韧。叶丛生，革质而硬，灰绿色，很窄，基部具纤维状老叶鞘，叶下部带紫色。花茎与叶等高，着花2～3朵；垂瓣光滑，花瓣窄。根系发达，可用于水土保持和盐碱地改良。

【繁殖】分株、播种繁殖。

【景观应用】鸢尾叶片碧绿青翠，花宛若翩翩彩蝶，观赏价值高，可依据不同的株高、花色、花期布置专类园。是花境和水生植物园的重要材料，可作花丛、花群，也是优美的盆花，一些矮型种类（鸢尾、蝴蝶花、马蔺等）可作地被。另外，高型种类可作切花，根茎类水养2～3 d，球根类水养1周左右。

法国的国徽上有鸢尾花的图案，视为国花。

【其他用途】鸢尾类根茎可入药。有的种类根茎可提取香精，如香根鸢尾。

图 12-2　火炬花

8. 火炬花 *Kniphofia uvaria* Hook.（图 12-2）

【别名】火把莲、火杖

【科属】百合科　火把莲属

【产地和分布】原产非洲南部和东部，中国长江中下游地区有分布。

【识别特征】宿根花卉。株高 90～150 cm，具粗壮直立的根茎，地上茎极短。叶基生，丛生状。总状花序着生数百朵小花，花茎高于叶丛；小花筒状，裂片极短，小花梗短，在花序轴上倒挂；花冠橘红色，花色有红、黄，下部开放的花色浅；花期 6～7 月。

【生态习性】喜光，耐半荫。耐寒又耐旱。喜温暖湿润、土层深厚、肥沃及排水良好的轻黏质壤土。

【栽培资源】同属常见栽培种：

①杂种火炬花 *K. hybrida*　种间杂种，品种很多。花色从淡黄到白、橘黄，花瓣尖端变为橘黄色和褐色。

②小火炬花 *K. triangularis*　植株明显矮小，叶细长，花茎短，是一种小花穗的多花性种。

【繁殖】分株繁殖。

【景观应用】火炬花花茎挺直，花序着花密集丰满，颜色红黄并存，是花境中优秀的竖线条花材。可丛植于草坪之中或植于建筑物前，也适合布置多年生混合花境，亦可作切花。

9. 多叶羽扇豆 *Lupinus polyphyllus* Lindl.（彩图 116）

【别名】羽扇豆、鲁冰花

【科属】蝶形花科　羽扇豆属

【产地和分布】原产北美，中国多有栽培。

【识别特征】宿根花卉。茎粗壮直立，分枝成丛。掌状复叶多基生，叶柄长；小叶 9～16 枚，披针形至倒披针形；叶质厚，叶面平滑，背面具粗毛。总状花序顶生，高度 40～60 cm，尖塔形；小花萼片 2 枚，唇形，花色丰富艳丽；花期 6～8 月。

【生态习性】喜光，略耐荫。喜凉爽，较耐寒，忌炎热。喜湿润，也耐干旱。喜肥沃、排水良好的沙质土壤，碱性土不能生长。不耐移植。

【繁殖】播种、扦插繁殖。

【景观应用】多叶羽扇豆植株挺拔高大，叶形秀美，花序醒目，花色丰富，观赏价值极高，是花境中优良的竖线条花卉，亦可盆栽或作切花。

【其他用途】其根系具有固肥的机能，在中国台湾地区的茶园中广泛种植，被台湾当地人形象地称为“母亲花”，即音译的名字“鲁冰花”。

10. 紫茉莉 *Mirabilis jalapa* L.（彩图 117）

【别名】草茉莉、胭脂花、地雷花、官粉花

【科属】紫茉莉科　紫茉莉属

【产地和分布】原产南美热带地区，现中国各地均有栽培。

【识别特征】宿根花卉。植株开展，多分枝，节稍膨大。单叶对生，卵形或卵状三角形，全缘。花数朵集生枝端，花萼呈花瓣状；花冠漏斗形，高脚杯状，边缘有波状浅裂；花色有紫红、黄、红粉及间色；花期 6～10 月，具淡雅的茉莉香气，花午后开次晨凋萎。瘦果球形，黑色，形似地雷状。

【生态习性】喜半荫。喜温暖、湿润，不耐寒。喜土层深厚、疏松肥沃的壤土。

【繁殖】播种繁殖，能自播繁衍，外来入侵物种之一。

【景观应用】紫茉莉花色丰富，色彩艳丽，从夏至秋开花不绝，为著名的庭院花卉。宜于林缘周围大片自然栽植，或房前、屋后、篱垣、路边、居住小区的院落丛植点缀。

11. 芍药 *Paeonia lactiflora* Pall.（彩图 118）

【别名】将离、离草、殿春、娄尾春

【科属】毛茛科　芍药属

【产地和分布】原产中国北部、日本及西伯利亚地区，现世界各地广泛栽培。

【识别特征】宿根花卉。地下具粗壮肉质纺锤形根，每年从其上发一年生的细根，早春新芽从根颈部抽出地面。初出叶红色，茎基部常有鳞片状变形叶；中部叶对生，二回三出复叶；小叶狭卵形、披针形或椭圆形，边缘有小齿。花 1 至数朵生于枝顶，有长花梗及叶状苞，苞片三出；花大且美，花径 13～18 cm；花色丰富，单瓣或重瓣；花期 5～6 月，有芳香。

【生态习性】喜光。极耐寒，北方可露地越冬。宜肥沃、湿润及排水良好的沙质壤土，忌盐碱及低洼地。

【栽培资源】园艺栽培品种根据颜色可分为白、黄、绿、粉、粉蓝、红、紫红、紫、黑、复色等。根据花型可分为蔷薇型、皇冠型、千层台阁型、托桂型、金环型、菊花型、绣球型、楼子台阁型、单瓣型等。

【繁殖】分株、播种繁殖。

【景观应用】芍药适应性强，能露地越冬，管理较粗放，花开时十分壮观，是近代公园和庭院的主要花卉，常与牡丹共同组成牡丹芍药园；芍药栽植得宜，则开花繁盛，胜于牡丹，花期较牡丹稍长。水养持久，是优良的切花。

芍药是中国传统名花之一，具悠久的栽培历史，与牡丹并称"花中二绝"，自古有"牡丹为花王，芍药为花相"的说法。因其花形妩媚，花色艳丽，故占得形容美好容貌的"婥约"之谐音，名为"芍药"，较牡丹开花迟，故又称为"殿春"。《诗经》里便有："维士与女，伊其相谑，赠之以芍药"之说。古代男女交往常互赠芍药，芍药是人们先于玫瑰表达爱慕的爱情花语，并起了一个缠绵的名字"将离草"，寄寓了人们惜别的情意。

【其他用途】芍药根是著名的中药材，早在一千多年前的医药著作《本经》里已有记载。

12. 桔梗 *Platycodon grandiflorum* A. DC.（彩图 119）

【别名】僧帽花、六角荷、梗草

【科属】桔梗科　桔梗属

【产地和分布】原产日本，中国南北各地均有分布。

【识别特征】宿根花卉。株高 40～90 cm，植株体内有乳汁，全株光滑无毛。叶互生或 3 枚轮生，无柄或有极短的柄；叶卵形或卵状披针形，先端锐尖，基部宽楔形，边缘有锐锯齿。花单生枝顶或数朵组成疏生的总状花序；花冠钟形，蓝紫色或蓝白色；花期 6～9 月。

【生态习性】喜光，略耐荫。耐寒。喜湿润，忌积水。喜土层深厚、排水良好、土质疏松且含腐殖质的沙质壤土。

【繁殖】播种、分株繁殖。

【景观应用】桔梗花形优美，花大，花期长，花在含苞欲放时，花瓣密合，六角状，恰似和尚帽，亦称"僧冠花"。自然界多生长于山坡草丛间，富有极强的田园气息。高型品种可用于花境；中矮型品种可配置于花坛、路缘、岩石园、草坪上；矮生品种常用于切花生产。

13. 加拿大一枝黄花 *Solidago canadensis* L.（彩图 120）

【别名】一枝黄花、黄莺

【科属】菊科　一枝黄花属

【产地与分布】原产北美洲东部。

【识别特征】宿根花卉。植株高大，可达 150 cm，全株被粗毛。叶互生，披针形，质薄，有 3 行明显的叶脉,表面粗糙,叶缘有锯齿。圆锥花序生于枝端,稍弯向一侧,小头状花序黄色,多而密集。花期夏、秋。

【生态习性】喜光;喜凉爽、耐寒。耐瘠薄、干旱,在沙质壤土中生长良好。

【繁殖】分株、播种繁殖。

【景观应用】加拿大一枝黄花植株高大,质感温和,花色纯正,是优良的高型花境材料和切花花材。应注意控制生长,防止地下茎迅速蔓延造成危害,在中国长江以南地区成为入侵植物。

12.2 不耐寒性宿根花卉

14. 蜀葵 *Althaea rosea* Cav.(彩图 121)

【别名】一丈红、熟季花、端午锦、棋盘花

【科属】锦葵科 蜀葵属

【产地和分布】原产中国四川,现中国各地广泛栽培。

【识别特征】宿根花卉。全株被毛,株高 2～3 m;茎直立挺拔,不分枝。单叶互生,具长柄;叶心形,5～7 掌状浅裂或波状角裂,叶面粗糙多皱。花大,腋生,呈顶生总状花序;花径 6～12 cm,花色有白、粉、大红、朱红、深红、墨红、紫、墨紫、黄、雪青等;花期 6～8 月。

【生态习性】喜光,耐半荫。性强健,耐寒。喜疏松肥沃,排水良好,富含有机质的沙质土壤;耐盐碱能力强。

【栽培资源】园艺品种较多,有千叶、五心、重台、剪绒、锯口等名贵品种,国外也培育出不少优良品种。

【繁殖】播种繁殖,可自播繁衍。

【景观应用】蜀葵花大色艳,一年栽植可连年开花,是中国著名的夏季庭院花卉。可在建筑物前、假山旁、墙垣前丛植或列植,或点缀花坛、草坪,也是优良的花境材料,在其中作竖线条花卉;也可作切花。

《尔雅》曰:“蜀葵,似葵,花似木槿花。”它原产于中国四川,故名曰“蜀葵”。又因其可达丈许,花多为红色,故名“一丈红”。于 6 月间麦子成熟时开花,而得名“大麦熟”。郭沫若描述为“箭茎条条直射,琼花朵朵相继”。

【其他用途】嫩叶及花可食,皮为优质纤维,全株可入药,从花中提取的花青素,可为食品的着色剂。

15. 蓬蒿菊 *Argyranthemum frutescens* (L.) Sch.-Bip.(图 12-3)

【别名】茼蒿菊、木春菊、木茼蒿

【科属】菊科 木茼蒿属

图 12-3 蓬蒿菊

【产地与分布】原产南欧和加拿列岛。

【识别特征】宿根花卉。全株光滑无毛,多分枝,茎基部呈木质化。单叶互生,二回羽状深裂,裂片线形;下部叶倒卵状披针形,中部叶长圆形至披针形,上部叶渐小,披针形或线状披针形。头状花序着生于上部叶腋中,花梗较长;舌状花 1～3 轮,白色或淡黄色,筒状花黄色;花期周年,盛花期 4～6 月。

【生态习性】喜光亦耐荫。喜凉爽湿润,有一定抗寒力,不耐炎热。喜富含腐殖质、肥沃疏松、排水良好的土壤。易移植。

【栽培资源】常见栽培变种:

①黄花木茼蒿 var. *chrysaster* 舌状花黄色,生长旺盛,适于冬季促

成栽培用。

②重瓣木茼蒿 var. *florepleno*　花重瓣，着花少，用于盆栽和切花。

【繁殖】扦插繁殖。

【景观应用】蓬蒿菊茎部木质化，取名木春菊，又因植株会发出类似蓬蒿菜(即茼蒿菜)的特殊香味，所以得名蓬蒿菊。其生长强健，株丛整齐，花繁色洁，花期甚长，多用于冬春切花或盆栽，在温暖地区常用于布置花坛或花境。

16. 四季海棠 *Begonia semperflorens* Link et Otto(图 12-4)

【别名】四季秋海棠、玻璃翠、玻璃海棠、虎耳海棠

【科属】秋海棠科　秋海棠属

图 12-4　四季秋海棠

【产地和分布】原产于南美巴西，中国各地普遍栽培。

【识别特征】宿根花卉。株高 15～40 cm，茎直立，稍肉质。叶对生，有光泽，卵圆至广卵圆形，边缘有锯齿，绿色或带淡红色。雌雄同株，雄花常先开放，花被片 4，雌花花被片 5；花顶生或腋生，聚伞花序，有单瓣或重瓣；花色有红、粉红、白等色。花期四季。

【生态习性】喜光，稍耐荫。喜温怕寒，忌炎热。喜湿润，怕水涝。喜排水良好、富含腐殖土的沙质土壤。

【栽培资源】同属常见栽培种：

①丽格秋海棠 *B. elatior*　具肉质根茎，根系细弱。单叶，互生，心形叶，叶基歪斜；叶缘为重锯齿状或缺刻，掌状脉；叶表面光滑具有蜡质，叶色为浓绿色。花序腋生，多重瓣，花色丰富。

②铁十字秋海棠 *B. masoniana*　根茎横卧，肉质。叶柄直接长在根茎上，上有长绒毛。叶近心形，黄绿色叶面嵌有红褐色十字形斑纹。花小，黄绿色。

③蟆叶秋海棠 *B. rex* 植株低矮，具根茎。叶基生，盾状；叶形多变，叶基歪斜；叶面上有美丽的色彩和不同的图案。

【繁殖】播种、分株、扦插繁殖。

【景观应用】四季海棠株型圆整，花多而密集，观赏期长，盛花时植株表面可全为花朵所覆盖，是重要的花坛材料，亦可作盆栽观赏。

17. 长春花 *Catharanthus roseus*(L.)G. Don(图 12-5)

【别名】日日草、山矾花、五瓣莲

【科属】夹竹桃科　长春花属

图 12-5　长春花

【产地和分布】原产南非、非洲东部及美洲热带，中国主要在长江以南地区栽培。

【识别特征】宿根花卉。茎直立，近方形，多分枝。叶对生，长圆形或倒卵形，全缘或微波状，两面光滑无毛，主脉白色明显。聚伞花序腋生或顶生，花冠高脚蝶状，花色有红、紫、粉、白、黄等；花期近全年。

【生态习性】喜光，亦耐荫；喜温暖，抗热性强；喜干燥，忌湿涝。喜肥沃、疏松和排水良好的中性至微酸性土壤。

【繁殖】播种、扦插繁殖。

【景观应用】长春花花期较长，开花繁茂，姿态优美，适合布置花坛、花境，也可作盆栽、种植钵观赏。

18. 大花君子兰 *Clivia miniata* Regel（彩图 122）

【别名】剑叶石蒜

【科属】石蒜科　君子兰属

【产地和分布】原产南非，中国多地普遍栽培。

【识别特征】宿根花卉。株高 30～50 cm，根系肉质粗大，少分枝。茎短粗，假鳞茎状。叶革质，全缘，深绿色，宽大扁平带状，二列交叠互生。花茎直立、扁平，高出叶面；伞形花序顶生，着花 7～50 朵；小花有柄，漏斗状，黄或橘黄色；花色有橙黄、淡黄、橘红、浅红、深红等。一年可 1～2 次开花，第一次为春节前后，第二次在 8～9 月，只有一部分植株能开两次花。浆果成熟时红色。

【生态习性】喜半荫，忌强光；喜凉爽，忌高温。喜湿润、肥厚、排水性良好的土壤。

【栽培资源】同属常见栽培种：

①垂笑君子兰 *C. nobilis*　叶较君子兰稍窄，叶缘有坚硬小齿；花被片也较窄，花呈狭漏斗状，开放时下垂；花期夏季。

【繁殖】分株、播种繁殖。

【景观应用】君子兰株型端庄优美，叶片苍翠挺拔，花大色艳，果实红亮，花、叶、果兼美，有一季观花、三季观果、四季观叶之称，昆明的翠湖公园、金殿公园内可见用君子兰、垂笑君子兰在林下作地被或丛植，黄河以北地区多作盆栽观赏，可布置大型厅堂、会议室，也可家庭室内摆放。

君子兰是长春市的市花。

19. 大花金鸡菊 *Coreopsis grandiflora* Hogg.（彩图 123）

【别名】剑叶波斯菊、狭叶金鸡菊

【科属】菊科　金鸡菊属

【产地与分布】原产美国南部，现中国各地广泛栽培。

【识别特征】宿根花卉。株高 60～80 cm，全株稍被毛。茎直立，有分枝。基生叶全缘，上部或全部茎生叶 3～5 裂，裂片披针形。头状花序大，具有长总梗，内外总苞近等长；花单瓣或重瓣，呈鲜黄色，舌状花先端有 4～5 齿；花期 5～8 月。

【生态习性】喜光、稍耐荫；耐寒，亦耐热。耐干旱瘠薄，对二氧化硫有较强的抗性。

【栽培资源】同属常见栽培种：

①剑叶金鸡菊 *C. lanceolata*　叶多簇生基部，茎生叶少，长匙形或披针形，全缘，基部有 1～2 个小裂片。

②轮叶金鸡菊 *C. verticillata*　全株无毛，少分枝。叶轮生，无柄，掌状 3 深裂，各裂片又细裂。

【繁殖】分株或播种繁殖，可自播繁衍。

【景观应用】大花金鸡菊花色鲜黄亮丽，植株轻盈，特别适合露地栽培布置花坛、花境，也可大面积栽培作地被，还可作切花。属于外来物种，是一种侵占性非常强的植物，大面积引种时需注意其入侵性。

20. 香石竹 *Dianthus caryophyllus* L.（彩图 124）

【别名】康乃馨、麝香石竹

【科属】石竹科　石竹属

【产地和分布】原产地中海北岸、南欧、法国和希腊，当前世界各地广泛栽培。

【识别特征】宿根花卉。全株被白粉，灰绿色。茎直立，多分枝。叶对生，线状披针形，基部抱茎。花常单生枝端，或 2～5 朵成聚伞花序；花瓣扇形，边缘有齿，单瓣或重瓣；花色有红、黄、粉、白等；花期 5～8 月，稍芳香。

【生态习性】喜阳光充足。喜温暖，不耐寒。喜排水良好、腐殖质丰富、保肥力强的土壤。

【栽培资源】

(1)常见栽培种：

①石竹梅 *D. latifolius* 为石竹与须苞石竹的杂交种。多年生常作二年生栽培。叶长披针形，对生。聚伞花序顶生呈伞房状，大型；花瓣边缘有锯齿，花色丰富，单瓣或重瓣。主要用作切花，也可布置花坛、花境。

(2)香石竹的栽培品种分为切花品种和花坛品种两大类。切花品种四季开花，作多年生或一年生栽培，有单朵大花的标准型和多朵小花的散枝型。花坛品种为多头花，作二年生栽培。

【繁殖】扦插繁殖、组织培养。

【景观应用】香石竹花色品种繁多，花期长，以切花应用为主，是世界上产量最大、产值最高、应用最普遍的切花之一，也可用于花坛。

按照欧美的习惯，母亲节这天，要把粉红色的香石竹献给健在的母亲，把白色香石竹献给已故的母亲。

21. 石竹 *Dianthus chinensis* L.

【别名】中国石竹、洛阳石竹、石竹兰

【科属】石竹科　石竹属

【产地和分布】原产中国、韩国、朝鲜；现全世界广泛栽培。

【识别特征】宿根花卉。植株直立或成垫状，株高 30～50 cm。茎具节，膨大似竹。叶对生，条形或线状披针形。花单生枝端或数花集成聚伞花序，花萼圆筒形，花瓣顶缘不整齐齿裂，喉部有斑纹，疏生髯毛；花色有白、粉、红、粉红、大红、紫、淡紫、黄、蓝等；花期 5～9 月，微具香气。

【生态习性】喜阳光充足。性耐寒，喜凉爽。喜湿润，耐干旱。喜肥沃、疏松、排水良好的沙质土壤。

【栽培资源】同属常见栽培种：

①须苞石竹 *D. barbatus* 又名美国石竹、五彩石竹。多年生草本常作二年生栽培。茎直立，有棱。叶较宽，中脉明显。花小而多，有短梗，密集成头状聚伞花序；花苞片先端须状，花色丰富。主要用作花坛，还可作切花(彩图 125)。

②锦团石竹 *D. chinensis* var. *heddewigii* 又名繁花石竹。多年生草本常作一二年生栽培。植株低矮，茎叶被白粉呈蓝绿色。叶较窄，条状。花大，直径 4～6 cm，单生或数朵簇生成团块状，花瓣先端齿裂或羽裂；花色极为丰富，微有香气。主要用作花坛和盆栽。

③西洋石竹 *D. deltoids* 又名少女石竹。植株低矮，灰绿色。营养茎匍匐丛生；着花的茎直立、稍被毛。叶小，密而簇生，线状披针形。花单生于茎端，具长梗，有须毛，喉部常有"一"或"V"形斑；花色丰富，芳香四溢。主要用作花坛和盆栽。

④常夏石竹 *D. plumarius* 又名羽裂石竹。株丛密集低矮，植株光滑被白霜，灰绿色。茎蔓状簇生，上部分枝，越年呈木质状。叶细而紧密，叶缘具细齿，中脉在叶背隆起。花 2～3 朵顶生，花瓣剪绒状，芳香浓郁。因其作地被"冬不枯、夏不伏"而得名，主要用作花境、花坛、切花。

⑤瞿麦 *D. superbus* 植株不具白霜，浅绿色。叶披针形平展。花单生或数朵集成疏聚伞花序，有香气；花瓣先端深细裂成丝状，喉部有须毛。主要用作花坛，还可作切花。

【繁殖】播种、扦插或分株繁殖。

【景观应用】石竹花枝纤细，叶似竹，青翠成丛，故得名。其株型低矮，花朵繁茂，此起彼伏，观赏期较长，花色极其丰富，是传统的园林花卉。可用于花坛、花境或盆栽，也可用于岩石园和草坪边缘点缀，大面积成片栽植时可作景观地被材料，切花观赏亦佳。

22. 非洲菊 *Gerbera jamesonii* Bolus（彩图 126）

【别名】扶郎花、灯盏花

【科属】菊科　大丁草属

【产地与分布】原产南非及亚洲温暖地区，现世界各地广泛栽培。

【识别特征】宿根花卉。全株被茸毛。叶自根基簇生，长椭圆状披针形，具羽状浅裂或深裂，叶柄长 12～30 cm。花茎高出叶丛，头状花序顶生；舌状花 1～2 轮或多轮，管状花常与舌状花同色，管端二唇状，花色丰富；周年开花。

【生态习性】喜温暖、阳光充足。喜疏松、肥沃、微酸性沙质土壤。

【栽培资源】栽培品种主要分为矮生盆栽型和现代切花型。盆栽类型主要是 F_1 代杂交种。切花类品种花梗笔直、花径大的可达 15 cm。切花型又可分为单瓣型、半重瓣型、重瓣型。根据颜色可分为鲜红色系、粉色系、纯黄色系、橙黄色系、纯白色系等。根据瓣形宽窄分为窄瓣型和宽瓣型。

【繁殖】播种、分株繁殖和组织培养。

【景观应用】非洲菊风韵秀美，花色艳丽，花期甚长，是世界著名切花。矮生品种适宜布置花境、花坛或布置专类园，也可盆栽及用作镶边花卉。在南方地区可露地夹植在道路两旁，或密植于花坛里，终年可开花。

23. 芭蕉 *Musa basjoo* Sieb. et Zucc（图 12-6）

【别名】绿天、扇仙

【科属】芭蕉科　芭蕉属

【产地和分布】原产中国。

【识别特征】宿根花卉。茎高 3～4 m，不分枝，丛生，略被白粉。叶大，长椭圆形，质厚，基部圆形；有粗大的主脉，两侧具有平行脉；叶表面浅绿色，叶背粉白色。穗状花序顶生，苞片红褐色或紫红色；花期夏季。

【生态习性】喜光，耐半荫；喜温暖，耐寒力弱。喜湿润、疏松、肥沃、透气性良好的土壤。

【繁殖】分株繁殖。

【景观应用】芭蕉叶大美观，为我国古典园林中常见栽培的植物之一，可配置于庭中、窗前或假山石及池畔观赏，多丛植。

图 12-6　芭蕉

24. 地涌金莲 *Musella lasiocarpa* C. Y. Wu et H. W. Li.（彩图 127）

【别名】地金莲、地母金莲、千瓣莲花

【科属】芭蕉科　地涌金莲属

【产地和分布】中国特有，原产中国云南中部，四川省也有分布。

【识别特征】宿根花卉。株高 60～80 cm，茎丛生。叶大，粉绿色，长椭圆形，顶端锐尖，基部近圆形，两侧对称，有白粉。花序直立，莲座状，顶生或腋生，生于假茎上，密集如球穗状；苞片干膜质，黄色或淡黄色，花被淡紫色。

【生态习性】喜光，喜温暖，不能忍耐 0℃以下低温。喜湿润、肥沃、疏松土壤。

【繁殖】播种、分株繁殖。

【景观应用】地涌金莲六枚苞片为一轮，顶生或腋生，金光闪闪，形如花瓣，层层由下而上逐渐展开，能较长时间不枯萎，且鲜艳美丽而有光泽，恰如一朵盛开的莲花，可植于花坛中心，也可与山石配置成景或植于窗前，角隅。是佛教“五树六花”之一，也是傣族文学作品中善良的化身和惩恶的象征。

【其他用途】云南民间还利用其茎汁解酒、解毒，作止血药物。

25. 天竺葵 *Pelargonium hortorum* Bailey（彩图 128）

【别名】洋绣球、洋葵、石腊红

【科属】牻牛儿苗科　天竺葵属

【产地和分布】原产南非，现世界各地普遍栽培。

【识别特征】宿根花卉。全株有强烈气味，株高 20～40 cm，全株被细毛和腺毛。茎粗壮多汁，直立或半蔓性。单叶互生，有长柄；叶圆肾形，基部心脏形，叶缘多锯齿；叶色有绿、黄绿、斑叶、紫红。伞状花序顶生，花冠通常五瓣，花色有红、白、粉、紫等；花期 5～7 月。

【生态习性】喜光，喜温暖、湿润，耐寒性差。喜肥沃、疏松和排水良好的沙质壤土。

【栽培资源】同属常见栽培种：

①大花天竺葵 *P. domesticum*　茎直立，全株具软毛。叶上无蹄纹，广心脏状卵形至肾形，叶缘齿牙尖锐，不整齐。花大，径可达 5 cm，数朵簇生在总梗上，花的上 2 瓣较宽，各有 1 块深色的块斑；花色丰富，花期 4～6 月，为一季开花种。

②盾叶天竺葵 *P. peltatum*　茎半蔓性，多分枝。叶盾形，有 5 浅裂，稍有光泽。花期冬春。

③香叶天竺葵 *P. graveolens*　茎直立，基部木质化，上部肉质，密被具光泽的柔毛。叶掌状，5～7 深裂，裂片羽状，裂片边缘具不整齐的齿裂。花期夏季，茎叶含芳香油。

【繁殖】扦插、播种繁殖。

【景观应用】天竺葵株丛紧密，花色丰富，花团锦簇，花期长，是春夏季重要的园林花卉，为优良的花坛和种植钵花卉。

26. 银叶菊 *Senecio cineraria* DC.（彩图 129）

【别名】雪叶菊、雪叶莲、白妙菊

【科属】菊科　千里光属

【产地和分布】原产地中海沿岸，中国多地均有栽培。

【识别特征】宿根花卉。株高 50～80 cm，全株具白色绒毛，呈银灰色。叶质厚，一至二回羽状分裂。头状花序成紧密的伞房状，花小、黄色；花期 6～9 月。

【生态习性】喜温暖，光照充足。不耐高温。喜湿润、疏松、肥沃的土壤。

【栽培资源】常见的栽培品种：

①细裂银叶菊'Silver'　叶质较薄，叶裂图案如雪花。

【繁殖】扦插、播种繁殖。

【景观应用】银叶菊全株覆盖白毛，犹如披被白雪，是观叶花卉中观赏价值很高的花卉，也是花卉中难得的银色色调，常用于布置花坛、花境或丛植。

27. 鹤望兰 *Strelitzia reginae* Banks（彩图 130）

【别名】天堂鸟、极乐鸟之花

【科属】旅人蕉科　鹤望兰属

【产地和分布】原产南非，中国各地常见栽培。

【识别特征】宿根花卉。根粗壮，肉质，株高 1～2 m。茎短，不明显。叶近基生，对生成两侧排列，革质，长椭圆形或长椭圆状卵形；叶柄比叶片长 2～3 倍，中央有纵槽沟。花茎与叶等长，穗状花序顶生或腋生，每个花序着花 6～8 朵；小花花形奇特，开放有顺序，状如仙鹤；花期 5～11 月。

【生态习性】喜光，喜温暖，不耐寒。喜湿润、疏松、肥沃的富含有机质和黏质土壤。

【繁殖】分株、播种繁殖。

【景观应用】鹤望兰叶大姿美，四季常青，花形奇特，成株一次能开花数十朵，有极高的观赏价值。在中国华南地区可用于庭院丛植或花境，颇增天然景趣，其他地区多作室内栽培观赏；盆栽点缀于厅堂、门侧或作室内装饰，具清新、高雅之感。作切花花期长达一个月，有"鲜切花之王"的美誉。

鹤望兰花茎高于叶片，花序水平伸长，花外瓣橘黄色，内瓣亮蓝色，柱头纯白色，形似仙鹤昂首远望，故得名，此名也是为纪念英王乔治三世王妃夏洛特皇后而取。

思考题

1.宿根花卉是指什么？有哪些类型？

2.简述宿根花卉的园林用途？

3.举出当地 10 种常用宿根花卉，说明它们主要的形态特征、生态习性和应用特点。

第13章 球根花卉

球根花卉是指地下器官变态的多年生草本花卉。按其地下器官的变态形态特征可分为鳞茎、球茎、块茎、根茎和块根类;依生态习性可分为春植球根和秋植球根花卉。

球根花卉色彩艳丽丰富,观赏价值高,是园林中色彩的重要来源。球根花卉在园林中是各种花卉应用形式的优良材料,尤其是花坛、花丛花群、缀花草坪的优秀材料;还可用于混合花境、种植钵、花台、花带等多种形式。有许多种类是重要的切花、盆花生产用花卉。

13.1 鳞茎类

1. 文殊兰 *Crinum asiaticum* var. *sinicum* Baker

【别名】十八学士、白花石蒜

【科属】石蒜科　文殊兰属

【产地与分布】原产亚洲热带,中国南方热带和亚热带地区有栽培。

【识别特征】常绿球根花卉。株高 1～1.5 m,地下鳞茎长圆柱形。叶多数密生,在鳞茎顶端莲座状排列;叶片宽大肥厚,条状披针形,边缘波状,常年浓绿。花葶从叶腋抽出,高于叶丛;伞形花序顶生,着花 10～20 朵;花漏斗形,花被片窄线形,花被筒细长;花白色,芳香。花期 7～9 月。

【生态习性】喜光照充足;喜温暖,不耐寒。喜湿润、肥沃沙质壤土,耐盐碱。

【栽培资源】同属常见栽培种:

①红花文殊兰 *C. amabile*　株高 60～100 cm,鳞茎小,叶鲜绿色。花大,有强烈芳香;花瓣背面紫红色,内面白色带有明显的白红色条纹。花期夏季(彩图 131)。

【繁殖方法】分株、播种繁殖。

【景观应用】文殊兰植株洁净美观,常年翠绿色,花秀丽脱俗,芳香馥郁,具有较高的观赏价值。宜盆栽,布置厅堂、会场,在南方及西南诸地可露地栽培,丛植于建筑物附近及路旁,也可布置花境。

云南西双版纳栽培甚多,是西双版纳傣族小乘佛教的“五树六花”(五树是指菩提树、高山榕、贝叶棕、槟榔和糖棕。六花是指荷花(莲花)、文殊兰、黄姜花、鸡蛋花、缅桂花和地涌金莲)之一。

2. 杂种朱顶红 *Hippeastrum hybridum* Hort.(彩图 132)

【别名】杂种百枝莲、孤挺花

【科属】石蒜科　朱顶红属

【产地与分布】原产美洲热带,从阿根廷北部到墨西哥均有分布,中国各地广泛栽培。

【识别特征】球根花卉。本种为园艺杂交种,是现在广泛栽培的园艺改良种的总称。地下鳞茎卵状球形。叶 4～8 枚,二列状着生,略肉质,与花同时或花后抽出。花茎自叶丛外侧抽出,粗壮而中空,扁圆柱形,伞形花序;小花大型,漏斗状,花色繁多。花期从 12 月至翌年 4 月。

【生态习性】喜光照适中,喜温暖,稍耐寒。喜湿润,富含腐殖质、疏松肥沃而排水良好的沙质壤土。云南大部分地区可露地越冬。

【栽培资源】同属常见栽培种：

①朱顶红 *H. rutilum*　叶 6～8 枚。伞形花序着花 2～4 朵；花被片长圆形，端尖，洋红带绿色。

【繁殖方法】分球、播种繁殖。

【景观应用】杂种朱顶红花大色艳，花型奇特，叶片鲜绿洁净，特别适合盆栽，还可用作切花。在温暖地区常用于花境、花坛配置。

3. 风信子 *Hyacinthus orientalis* L.（彩图 133）

【别名】洋水仙、五色水仙

【科属】百合科　风信子属

【产地与分布】原产南欧、非洲南部及小亚细亚一带，以荷兰栽培最多，中国多地广泛栽培。

【识别特征】秋植球根花卉。株高 20～30 cm。地下鳞茎球形或扁球形，具有光泽的皮膜，常与花色相关。叶基生，4～6 枚，带状披针形，质肥厚，有光泽。总状花序密生在花茎顶端，着花 6～20 朵；小花钟状，斜伸或下垂，裂片端部向外反卷；花色有红、黄、蓝、白、紫等；多数园艺品种具芳香。花期 3～5 月。

【生态习性】喜冬季温暖湿润，夏季凉爽稍干燥，阳光充足的环境。喜排水良好、肥沃的沙壤土。

【栽培资源】园艺栽培品种主要分为“荷兰种”和“罗马种”两类。前者绝大多数每株只长 1 支花葶，体势粗壮，花朵较大。而后者则多是变异的杂种，每株能着生 2～3 支花葶，体势幼弱，花朵较细，多数消费者喜购荷兰风信子。

【繁殖方法】分球繁殖。

【景观应用】风信子植株低矮整齐，花序端庄，花色丰富，花姿美丽，是早春开花的著名球根花卉之一，也是重要的盆花种类。适于布置花坛、花境和花槽，也可作切花或水养观赏。

4. 蜘蛛兰 *Hymenocallis americana* Roem.（图 13-1）

【别名】水鬼蕉、蜘蛛百合

【科属】石蒜科　水鬼蕉属

【产地与分布】原产中南美洲热带，中国多地广泛栽培。

【识别特征】常绿球根花卉。地下鳞茎卵形。叶片长剑形，多直立，柔软肉质，深绿色而有光泽。花葶扁平，伞形花序顶生，花无梗；花筒部长短不一；花被片线状，一般比筒短，略向下翻卷；副冠钟形或阔漏斗形，具齿牙缘；花白色，芳香。花期春末夏初。

【生态习性】喜光。喜温暖、喜湿润。喜富含腐殖质、疏松肥沃、排水良好的沙质壤土。

图 13-1　美丽蜘蛛兰

【栽培资源】同属常见栽培种：

①美丽蜘蛛兰 *H. speciosa*　花被片线形，比筒部长；副冠齿状漏斗形；花雪白色，有香气。花期秋末，昆明地区 5 月始花。

【繁殖方法】分球繁殖。

【景观应用】蜘蛛兰花形奇特，花姿潇洒，色彩素雅，又具芳香，是布置庭园和室内装饰的佳品，温暖地区可在林缘、草地边带植、丛植，还可作夜花园配置。

5. 百合类 *Lilium* spp.

【科属】百合科　百合属

【产地与分布】原产中国南部沿海各地及西南地区，多野生于山坡林缘草地上。

【识别特征】秋植球根花卉。地下鳞茎扁平球形，由多数鳞片抱合而成。地上茎直立，不分枝。单叶互生或轮生，狭线形，无叶柄，具平行脉。花着生于茎秆顶端，呈总状花序，1～4 朵单生或簇生；花冠较大，花筒较长，呈漏斗形或喇叭状或杯状；花色丰富，有乳白色、黄色、粉红等色，花常具芳香。

【生态习性】短日照植物。喜凉爽、湿润的半荫环境。喜肥沃、腐殖质丰富、排水良好的沙质土壤。忌连作。

【栽培资源】

(一)我国园林中著名的主要种：

①天香百合 *L. auratum* Lindl.　鳞茎扁球形，径 6～7 cm，黄绿色。总状花序着花 4～5 朵或 20 余朵；花大型，白色，具赤褐色斑点；花被片中央有辐射状黄色纵条纹；花期夏秋季，香味浓郁。本种宜作切花，鳞茎可供食用。

②山丹 *L. lancifolium* Salisb.　鳞茎卵圆形，径 2～2.5 cm，鳞片较少，白色。花 1 至数朵顶生，开花后反卷，花橘红色，内散生紫黑色斑点；花期 6～8 月。主要作食用百合。

③川百合 *L. davidii* Duch.　鳞茎扁卵形，较小，径 4 cm。叶多而密集，线形。花 2～20 朵下垂，砖红色或橘红色，带黑点，花被片反卷。其变种兰州百合 var. *unicolor* 花瓣橙色无斑点，鳞茎大，是著名的食用百合。

④麝香百合 *L. longiflorum* Thunb.　鳞茎扁球形。地上茎高 45～100 cm。叶多数，散生；狭披针形。花单生或 2～3 朵生于短花梗上；平伸或稍下垂，蜡白色，筒长，上部扩张呈喇叭状；具浓香。该种是世界主要切花之一。

⑤卷丹 *L. tigrinum* Ker.　鳞茎圆形至扁圆形，径 5～8 cm，白至黄白色。地上茎被网状白色绒毛，叶狭披针形。圆锥状总状花序，花梗粗壮；花朵下垂，花被片披针形，开后反卷；花橘红色，内散生紫黑色斑点；花期 7～8 月。主要作食用百合。

⑥王百合 *L. regale* Wilson　鳞茎卵形至椭圆形，紫红色，茎 5～12 cm。地上茎绿色带斑点。叶密生，线形，深绿色，细软而下垂。花数朵横生，喇叭状，白色，内侧基部黄色；花期 6～7 月，极芳香。为混合花境中的优良花卉。

⑦鹿子百合 *L. speciosum* Thunb.　鳞茎高而大，径 8 cm，紫色或褐色。叶对生，宽而疏，又名大叶百合。花 4～10 朵或多至呈穗状，下垂或斜上开放；花白色，带粉红晕，基部有紫红色突起斑点；花期 7～8 月，具香气。

(二)切花百合系

百合从功能上分成三大类：食用百合、庭院百合和切花百合。切花百合根据杂交亲本来源不同可分为以下三个杂种系：

①麝香百合杂交系(Longiflorum hybrids)是由麝香百合和台湾百合杂交产生的品种及其杂种系。株型端直，株高可达 1 m。花顶生，数朵至十余朵，喇叭形，花色纯白，有香味。其形状优美，给人以洁白、纯雅之感，又寓有百年好合的吉祥之意。如‘雪皇后’(‘Snow Queen’)、‘白狐狸’(‘White Fox’)等。

②亚洲百合杂交系(Asiatic hybrids) 由卷丹、川百合、大花卷丹、山丹等原产于亚洲的几个百合种及其杂交种群中选育出来。花形反卷或碗形，少有喇叭形，花色丰富，花无芳香气味。如‘凤眼’(‘Pollyanna’，俗称黄百合)、‘新中心’(‘Nove Cento’)等(图 13-2)。

③东方百合杂交系(Oriental hybrids)百合杂种系里最大最美丽的一个种群，包括所有天香百合、鹿子百合、日本百合衍生的品种以及它们与湖北百合的杂交种。花形为碗形或星状碗形。花色丰富，以红、粉、白为主，花具浓香。如‘火百合’(‘Stargazer’)、‘西伯利亚’(‘Sieberia’)、‘香水’(‘Casa Blanca’)等。

图 13-2　亚洲百合

【繁殖方法】分球、分珠芽、扦插鳞片以及播种繁殖。

【景观应用】百合花姿雅致，叶子青翠娟秀，茎干亭亭玉立，花色鲜艳，是盆栽、切花和点缀庭园的名贵花卉。在园林中，适合布置成专类花园。是花境中独特的花枝，可于稀疏林下或空地上片植或丛植。

宋《尔雅》记载："百合小者如蒜，大者如碗，数十片相累，状如白莲花，故名百合，言百片合成也。"历来受全世界人民喜爱，我国认为百合有"百事合心"之意，故民间每逢喜庆日，常以百合相赠和装扮。在法国，百合是古代王室权力的象征，早在 2 世纪，法国人便把百合花作为国徽图案。

【其他用途】百合鳞茎多可食用，还可入药，为滋补上品。国内外多有专门生产基地，如中国南京、兰州等地对百合的食用栽培已有较好的基础和经验。食用百合主要包含卷丹、川百合、龙芽百合、兰州百合及沙紫百合。花具芳香的百合尚可提制芳香浸膏。

6. 石蒜类 *Lycoris* spp.

【科属】石蒜科　石蒜属

【产地与分布】原产中国，中国多地广泛栽培。

【识别特征】落叶球根花卉。地下具鳞茎，球形。叶线形或带状，基生，花前或花后抽生。伞形花序顶生；花冠漏斗状或上部开张反卷；雌雄蕊长并伸出花冠外；花色有白、粉、红、黄、橙等色。

【生态习性】喜半荫。耐寒力因产地不同而异。喜湿润。喜腐殖质丰富、排水良好的土壤。

【栽培资源】常见栽培种：

①忽地笑 *L. aurea* Herb.　又名黄花石蒜。叶阔线形，粉绿色，花后抽生。花葶高 30～50 cm；花大型，花被裂片反卷，花黄色；花期 7～8 月。

②长筒石蒜 *L. longituba* Hsu. et Fan.　原产江苏、浙江一带。本种花茎最高，花型较大，花冠筒亦最长，4～6 cm。花朵纯白色，花被裂片腹面稍有淡红色条纹；花期 7～8 月。

③石蒜 *L. radiata*（L'Her.）Herb.　又名红花石蒜、龙爪花、蟑螂花。叶线形，深绿色，有白粉，中央具一条淡绿色条纹，花后抽生。花葶高 30～60 cm；花被裂片上部开张并向后反卷，边缘波状而皱缩，鲜红色；雌雄蕊很长，伸出花冠外并与花冠同色；花期 9～10 月（彩图 134）。

④换锦花 *L. sprengeri* Comes　原产中国云南和长江流域。本种形似鹿葱，鳞茎较小。叶亦较窄。花淡紫红色，花被裂片顶端带蓝色。

⑤鹿葱 *L. squamigera* Maxim.　叶阔线形。叶枯开花；花葶高 60～70 cm；花粉红色具莲青色或水红色晕，芳香；雄蕊与花被片等长或稍短，花柱稍外伸；花期 8 月。本种极耐寒。

【繁殖方法】分球繁殖。

【景观应用】石蒜夏、秋季鲜花怒放，最宜作林下地被植物，也是花境中的优良材料，可丛植或用于溪边石旁自然式布置，需要注意的是石蒜开花时无叶，露地栽培应注意与植株低矮且枝叶密生的一二年生草花混植。亦可盆栽水养或做切花。

7. 葡萄风信子 *Muscari botryoides* Mill.（彩图 135）

【别名】蓝壶花、葡萄百合、蓝瓶花

【科属】百合科　蓝壶花属

【产地与分布】原产欧洲中部和南部，中国仅在部分大城市有栽培。

【识别特征】秋植球根花卉。地下鳞茎卵状球形，外被白色皮膜。叶基生，线形，稍肉质，暗绿色，边缘常内卷或伏生地面。花茎自叶丛中抽出；总状花序顶生，圆筒形，长约 15 cm；小花多数，密生而下垂，碧蓝色；花被片顶端紧缩，联合呈壶状或坛状，故有"蓝壶花"之称。花期 3～5 月。

【生态习性】喜光，耐半荫；喜温暖，亦耐寒。喜富含腐殖质、疏松肥沃、排水良好的沙质土壤。

【栽培资源】

(1)葡萄风信子还有不同花色的品种，如'Album'开白花、'Carneum'开肉红色花及淡蓝色花等品种。

(2)同属常见栽培种：

①亚美尼亚蓝壶花 *M. armeniacum*　鳞茎较小，球形，皮膜灰褐色。叶软，表面灰绿色，有深沟。花深蓝色，端部白色。

【繁殖方法】分球繁殖。

【景观应用】葡萄风信子株丛低矮，花色明丽，花期长，绿叶期也较长，是园林绿化优良的地被植物。常作疏林下的地面覆盖或用于花境、草坪的成片、成带与镶边种植，也用于岩石园作点缀丛植，家庭花卉盆栽亦有良好的观赏效果，还可作切花。

8. 水仙类 *Narcissus* spp.

【科属】石蒜科　水仙属

【产地与分布】原产中国，主要分布于我国东南沿海温暖、湿润地区，现已遍及全国和世界各地。

【识别特征】球根花卉。地下鳞茎肥大，大小因种而异。叶基生，多数互生两列状。花葶直立；花单生或多朵成伞形花序着生于花茎端部，下具膜质总苞；花色多为黄色、白色或晕红色；花被片6，花被中央有高脚碟状或喇叭状的副冠，这是种和品种分类的重要依据。

【生态习性】喜光，喜温暖，以冬无严寒、夏无酷暑、春秋多雨的环境最为适宜。喜疏松肥沃、土层深厚的黏壤土。

【栽培资源】常见栽培种及变种：

①中国水仙 *N. tazetta* var. *chinensis* Roem.　又名凌波仙子、雅蒜、雅葱、天葱。地下鳞茎肥大似洋葱，卵圆形，外被棕褐色皮膜。叶基生，带状，多数互生两列状，绿色或灰绿色。花葶中空直立；伞房花序，着花3～11朵；小花花被片6枚，白色，芳香；副冠高脚碟状或喇叭状，较花被短得多。花期12月至翌年3月(图13-3)。

②红口水仙 *N. poeticus* L.　原产法国、希腊至地中海沿岸。鳞茎较细，卵形。叶4枚，线形。花单生，少数二朵；花被纯白色；副冠浅杯状，黄色或白色，边缘波皱带红色。花期4～5月。耐寒性较强。

③喇叭水仙(西洋水仙) *N. pseudo-narcissus* L.　原产英国、瑞典、西班牙。鳞茎球形。叶扁平线形，灰绿色。花单生，淡黄色，稍具香气；副冠与花被片等长或稍长，钟形至喇叭形，边缘具不规则齿牙和皱褶。花期2～3月。极耐寒(彩图136)。

图13-3　中国水仙

【繁殖方法】分球繁殖。

【景观应用】水仙类株丛低矮，花形雅致，花色淡雅，芳香，叶清秀，是早春重要的园林花卉，可用于花坛、花境，尤其适宜片植。适应性强的种类，一经种植，不必每年挖起，可多年开花，是很好的地被花卉。水养持久，可水培置于书房或几案上。还可用作切花。

中国水仙已有一千多年栽培历史，为中国历史传统名花之一，其亭亭玉立水中，故有凌波仙子的雅号。漳州水仙花以其球茎头大，花香馥郁，雕刻造型独特而享誉中外。水仙开花时正值春节期间，以水盘盛之，置于案头窗台，格外高雅，更增添了节日气氛。

9. 郁金香 *Tulipa gesneriana* L.（图13-4）

【别名】洋荷花、草麝香

【科属】百合科　郁金香属

【产地与分布】原产地中海沿岸和我国西部至中亚细亚、土耳其等地，现世界各地广为栽培。

【识别特征】秋植球根花卉。地下鳞茎扁锥形，外被淡黄或棕褐色皮膜。茎、叶光滑被白粉。叶3～5枚，长椭圆状披针形至卵状披针形，全缘并呈波状。花单生茎顶，直立，大型，形状多样；花型有杯型、碗型、卵型、球型、钟型、漏斗型、百合花型等；花被片 6 枚，离生；花色有白、黄、橙、红等或复色；花期 3～5 月，白天开放，傍晚或阴雨天闭合。

【生态习性】长日照花卉。喜冬季温暖、湿润，夏季凉爽、稍干燥的环境。喜肥沃、腐殖质丰富、排水良好的沙质土壤。忌碱土和连作。

【繁殖方法】分球繁殖。

【栽培资源】郁金香在世界上已有 2000 多年的栽培历史。郁金香属植物有 150 多种，中国产 15 种。现世界各国栽培的郁金香是高度杂交的园艺品种，其花色、花形是春季球根花卉中最丰富的，其株型、花期、花色、花形都有丰富的品种。目前，郁金香品种已达到 8000 多个，国际郁金香新品种登录委员会——荷兰皇家球根生产协会（1981）将郁金香划分为 4 类 15 型：早花类（花期较早，大多适合花坛或盆栽）、中花类（自然花期 4 月中下旬，植株属于中到大型，适合切花生产）、晚花类（自然花期较晚，适合切花生产）、原种及杂种（大多数种类植物矮小，适合作为花坛和盆栽）。

图 13-4　郁金香

【景观应用】郁金香花形高雅，花色丰富，开花非常整齐，贵为“花中皇后”，是最重要的春季球根花卉。常丛植草坪、林缘、灌木间，作为优秀的花坛或花境用花卉；也是切花的优良材料及早春重要的盆花。

第二次世界大战期间，世界上许多国家惨遭洗劫，当时荷兰也没能幸免于难，荷兰民不聊生，几乎无食物充饥。由于荷兰民族种植郁金香的数量巨大，饥饿中的人们开始挖掘郁金香地下部分的种球食用充饥，才使人们渡过难关。第二次世界大战结束后，为了纪念郁金香挽救了整个国家，就将其定为荷兰的国花。伊朗、土耳其等许多国家将其视为胜利和美好的象征并珍为国花。

10. 葱兰 *Zephyranthes candida* Herb.（图 13-5）

【别名】葱莲、白玉莲、白花菖蒲莲

【科属】石蒜科　葱兰属

【产地与分布】原产墨西哥及南美各国，中国各地广泛栽培。

【识别特征】常绿球根花卉。地下鳞茎圆锥形，具细长颈部。叶基生，狭线形，稍肉质，具纵沟。叶浓绿色，与花同时抽出。花葶中空，稍高于叶面；花单生，花被片 6 枚，漏斗状，白色；花药黄色，较大；苞片白色或膜质苞片红色。花期 7～10 月。

【生态习性】喜光，亦耐半荫；喜温暖，亦耐寒；喜湿润，耐低湿。喜排水良好、肥沃的土壤。

图 13-5　葱兰

【栽培资源】同属常见栽培种：

①韭兰 *Z. carinata*　又名韭莲、风雨花、菖蒲莲。地下鳞茎卵球形。叶基扁平线形，基部具紫红晕，极似韭菜。花葶自叶丛中抽出；花形较葱兰大，漏斗形，呈粉红色或玫瑰红色，苞片粉红色。花期 4～9 月。耐荫性较葱兰差（彩图 137）。

【繁殖方法】分球繁殖。

【景观应用】葱兰株丛低矮整齐，终年常绿，花朵繁茂，花期长，性强健，繁茂的白色花朵高出叶端，在丛丛绿叶的烘托下，异常美丽。适用于林下、边缘或半荫处作园林地被植物；也可作花坛、花境的镶边材料或组成缀花草坪；还可盆栽供室内观赏；亦可在水族箱中栽种。

13.2　球　茎　类

11. 唐菖蒲 *Gladiolus hybridus* Hort.（图 13-6）

【别名】剑兰、十样锦、菖兰、十三太保

【科属】鸢尾科　唐菖蒲属

【产地与分布】原产南非，现世界各地广泛栽培。

【识别特征】球根花卉。地下球茎扁圆球形，被膜质皮。叶基生，剑形，基部抱茎，草绿色，互生成二列，有数条纵脉及 1 条明显而突出的中脉。花茎自叶丛中抽出；穗状花序顶生，每穗着花 12～24 朵；花朵硕大，质薄如绸，花冠漏斗状，花瓣边缘有皱褶或波状等变化。花期夏秋。

图 13-6　唐菖蒲

【生态习性】喜光；喜冬季温暖、夏季凉爽的气候，不耐寒。喜排水良好、富含有机质的沙壤土。

【繁殖方法】分球繁殖。

【景观应用】唐菖蒲花茎挺拔修长，着花多，花期长，花型变化多，花色艳丽多彩，是花境中优良的竖线条花卉，可栽植于建筑、草坪边缘，也可用作专类园，还是重要的切花。

13.3　块　茎　类

12. 百子莲 *Agapanthus africanus* Hoffmg.（彩图 138）

【别名】百子兰、蓝君子兰、非洲百合、紫穗兰

【科属】石蒜科　百子莲属

【产地与分布】原产南非，中国各地均有栽培。

【识别特征】落叶球根花卉。地下部分具短缩根状茎。叶二列状基生，线状披针形至舌状带形，浓绿色，光滑。花葶自叶丛中抽出，粗壮直立，高出叶丛；伞形花序顶生，着花 10～30 朵；花序外被两片大型苞片，花开后即落；花被片长圆形(6)，联合呈钟状漏斗形，鲜蓝色。花期 7～8 月。

【生态习性】喜温暖湿润，不耐寒；稍耐荫。喜排水良好、透性好、富含腐殖质的沙壤土。

【繁殖方法】分球繁殖。

【景观应用】百子莲叶色浓绿光亮，花色明快，花型优雅，花繁密，在炎炎夏季是很受欢迎的花卉。适于盆栽作室内观赏，亦可布置花坛、花境，还可做切花。

13. 球根秋海棠 *Begonia tuberhybrida* Voss.（*B. tuberosa* Hort.）（彩图 139）

【别名】球根海棠、茶花海棠

【科属】秋海棠科　秋海棠属

【产地与分布】本种为种间杂交种，是以原产秘鲁和玻利维亚的一些秋海棠经 100 多年杂交育种而成。

【识别特征】球根花卉。地下部具块茎，呈不规则扁球形。株高 30～100 cm，茎直立或铺散，有分枝，半透明状，肉质，有毛。叶互生，不规则心形，先端锐尖，基部偏斜，缘具齿牙和缘毛。聚伞花序腋生，雌雄同株异花；雄花大而美丽，径 5 cm 以上，具单瓣、半重瓣和重瓣；雌花小，5 瓣；花色有白、淡红、红、

紫红、橙、黄及复色等，尚无蓝色。花期夏秋。

【生态习性】喜半荫。喜温暖，亦不耐高温。喜湿润，空气相对湿度保持在70%～80%最适宜其生长发育。喜疏松肥沃而又排水良好的微酸性沙质壤土。

【栽培资源】园艺上的栽培品种分为三个类型：大花类、多花类、垂枝类。

【繁殖方法】播种、扦插、分块茎繁殖。

【景观应用】球根秋海棠姿态优美，花大色艳或花小繁密，是世界著名的夏秋盆栽花卉。垂枝类品种，最宜室内吊盆观赏。多花类品种，适宜盆栽和布置花坛，是北欧露地花坛和冬季室内盆花的重要花材。

14. 仙客来 *Cyclamen persicum* Mill.（彩图 140）

【别名】兔耳花、萝卜海棠、一品冠

【科属】报春花科　仙客来属

【产地与分布】原产地中海东北部，从以色列、叙利亚至希腊的沿海低山森林地带，中国多地广泛栽培。

【识别特征】常绿球根花卉。地下具扁圆形球状块茎，紫红色，肉质，外被木栓质。叶丛生，心脏状卵形，边缘光滑或有浅波状锯齿；叶绿色或深绿色，有白色斑纹。花梗自叶腋处抽出，肉质，褐红色；花大，单生而下垂；萼片5裂，花瓣5枚，花瓣基部联合呈短筒状，开花时花瓣向上反卷而直立，形似兔耳；花色有白、粉、绯红、玫红、紫红、大红等色，基部常有深红色斑；花期12月至翌年3月，有些品种有香气。

【生态习性】喜阳光充足；喜凉爽，生长适温为15～18℃。喜湿润、微酸性土壤。叶片须保持洁净，以利光合作用。

【繁殖方法】播种繁殖。

【景观应用】仙客来株态翩翩，花形别致，娇美秀丽，观赏价值极高，是冬春季优美的名贵盆花；亦可作切花，花期甚长。

15. 杂种大岩桐 *Sinningia hybrida* Hort.（彩图 141）

【别名】落雪泥

【科属】苦苣苔科　大岩桐属

【产地与分布】这是同属种间杂种及其品种的统称，原产巴西，世界各地广泛栽培。

【识别特征】常绿球根花卉。地下块茎扁球形，地上茎极短。株高15～25 cm，全株密被白色绒毛。叶对生，肉质较厚，椭圆形，平伸，边缘有钝锯齿，叶背稍带红色。花茎肉质而粗，比叶长；花冠阔钟形，裂片矩圆形，花瓣质呈丝绒毛状；花色有红、白、粉红、紫、蓝等色或复色。花期夏季。

【栽培资源】历经育种学家上百年的培育，现杂种大岩桐主要有四大类型：

厚叶型(Crassifolia)、大花型(Grandiflora)、重瓣型(DoubleGloxinia)、多花型(Multiflora)。

【生态习性】生长期要高温，潮湿及半荫环境，冬季休眠期需保持干燥。喜肥沃疏松的微酸性土壤。

【繁殖方法】播种、扦插、分球或组织培养。

【景观应用】杂种大岩桐花朵大，花色浓艳多彩，一株可开花数十朵，花期持续数月之久，在广西、云南滇中以南林下可见露地栽培。大岩桐也是节日点缀装饰室内及窗台的理想盆花，在北京、上海等地是夏季室内装饰的重要盆栽花卉。

16. 马蹄莲 *Zantedeschia aethiopica* Spreng.（图 13-7）

【别名】水芋、观音芋

【科属】天南星科　马蹄莲属

【产地与分布】原产非洲南部，现世界各地广为栽培。

【识别特征】常绿球根花卉。地下具块茎，褐色，肥厚肉质。叶基生，箭形或戟形，具平行脉；叶片鲜绿有光泽，全缘。花茎与叶丛等高或稍高于叶丛；佛焰苞乳白色，状若马蹄形；肉穗花序圆柱形，鲜黄色；花序上部着生雄花，下部则为雌花；开花期依气候不同，冬、春季开花，夏季休眠；或夏秋开花，冬季休眠；在冬不冷、夏不干热的亚热带地区，全年不休眠；整个花期达6～7个月。

【生态习性】喜冬季光照充足，否则着花少，其他季节可半荫。喜温暖，不耐寒。喜湿润，不耐旱。喜疏松肥沃、腐殖质丰富的黏壤土。

【栽培资源】同属常见栽培种：

①黄花马蹄莲 *Z. elliottiana*　叶戟形，鲜绿色，有半透明的白色斑点，叶柄较长；佛焰苞深黄色，基部没有斑纹，外侧常带黄绿色。

②红花马蹄莲 *Z. rehmannii*　植株较矮，叶片窄戟形；佛焰苞桃红色。

③银星马蹄莲 *Z. albo-maculata*　叶片上有银白斑点，柄短且无毛；佛焰苞乳白色或淡黄色，基部具有紫红色斑。

图 13-7　马蹄莲

④黑喉马蹄莲 *Z. tropicalis*　叶箭形，有白色斑点；佛焰苞深黄色，亦有淡黄、杏黄、粉色等变化，佛焰苞的喉部有黑色斑块。

【繁殖方法】分球繁殖。

【景观应用】马蹄莲花茎挺拔，叶色翠绿，叶柄修长，佛焰苞洁白硕大，宛如马蹄，形状奇特，给人以纯洁感，是国际市场主要的切花之一，在欧美国家是新娘捧花的常用花。矮生和小花型品种盆栽用于摆放台阶、窗台、阳台、镜前。亦可丛植于庭园水池或堆石旁，开花时极为美丽。

13.4　根　茎　类

17. 美人蕉类 *Canna* spp.

【科属】美人蕉科　美人蕉属

【产地与分布】原产于美洲、亚洲及非洲热带地区，中国多地均有栽培。

【识别特征】常绿球根花卉。地下具块状根茎。地上茎肉质，不分枝，由叶鞘互相抱合而成假茎。茎叶具白粉，叶互生，宽大，长椭圆状披针形，全缘，有粉绿、亮绿和古铜色，也有黄绿镶嵌或红绿镶嵌的花叶品种。总状花序自茎顶抽出，花瓣直伸，雄蕊瓣化成艳丽的花瓣；花色有乳白、鲜黄、橙黄、橘红、粉红、大红、紫红或复色及带斑点。蒴果球形具刺突起。花期北方6～10月，南方全年。

【生态习性】喜光。喜温暖，全年温度高于16℃的地区可周年开花。对土壤要求不严，但喜土壤深厚、肥沃、排水良好的沙壤土。

【栽培资源】

美人蕉科仅有美人蕉属一属，约51种。美人蕉育种始于1848年，目前园艺上栽培的美人蕉绝大多数为园艺杂交种。它们的主要亲本原种有美人蕉（*C. indica*）、粉美人蕉（*C. glauca*）、黄花美人蕉（*C. flaccida*）、鸢尾美人蕉（*C. iridiflora*）以及紫叶美人蕉（*C. warscewiezii*）。经过100多年的杂交育种，现代美人蕉形成了如下两大系统：①法国美人蕉系统。植株矮生，高60～150 cm。花大，花瓣直立而不反曲，易结实。②意大利美人蕉系统。植株较高大，高1.5～2 m。花比前者大，花瓣向后反曲，不结实。

目前常见栽培的有如下种类：

①蕉藕 *C. edulis* Ker.　又名食用美人蕉。原产西印度和南美洲。植株粗壮高大，2～3 m，茎紫色；叶表面绿色，叶背及叶缘晕紫色。花期8～10月，但在中国大部分地区不开花，作背景花卉。

②大花美人蕉 *C. generalis* Bailey 本种是法国美人蕉的统称,主要由原种美人蕉(*C. indica*)杂交改良而来。株高约1.5 m。茎叶均被白粉,叶大,阔椭圆形。总花梗长,小花大,色彩丰富,花萼、花瓣被白粉,瓣化花瓣直立不弯曲。常见品种有:'蓓蕾'美人蕉('Bailey')、'紫叶'美人蕉('America')、'花叶'美人蕉('Striatus')。

③黄花美人蕉 *C. flaccida* Salisb. 又名柔瓣美人蕉。原产美国佛罗里达州至南卡罗莱纳州。株高1.2～1.5 m。茎绿色。花序单生而疏松,着花小,苞片极小,花大而柔软,向下反曲,下部呈筒状,淡黄色,唇瓣圆形。

④美人蕉 *C. indica* L. 又名小花美人蕉,是现代美人蕉的原种之一。原种产美洲热带。株高1～1.3 m,茎叶绿而光滑。花序总状;小花常2朵簇生;形小,瓣化花瓣狭细而直立,鲜红色,唇瓣橙黄色,上有红色斑点。

⑤紫叶美人蕉 *C. warscewiezii* Dietr. 别名红叶美人蕉。原产哥斯达黎加、巴西。株高1 m左右,茎叶均紫褐色并被白粉。总苞褐色,花萼及花瓣均紫红色,瓣化瓣深紫红色,唇瓣鲜红色(彩图142)。

【繁殖方法】分株繁殖。

【景观应用】美人蕉叶丛高大、浓绿,花色艳丽,适合大片的自然栽植,宜作花境背景或花坛中心栽植,也可丛植于草坪边缘或绿篱前,展现群体美,还可用于基础栽植,遮挡建筑死角。矮生美人蕉可作斜坡或阳性地被,亦可盆栽观赏。

美人蕉能吸收二氧化硫、氯化氢、二氧化碳等有害物质;抗性较好,叶片虽易受害,但在受害后又重新长出新叶,是绿化、美化、净化环境的理想花卉。

13.5 块 根 类

18. 大丽花 *Dahlia pinnata* Cav.(彩图143)

【别名】大理花、大丽菊、天竺牡丹

【科属】菊科 大丽花属

【产地与分布】原产墨西哥、危地马拉及哥伦比亚一带,世界各地均有栽培。

【识别特征】落叶球根花卉。地下具纺锤形肉质块根。株高100～150 cm,茎较粗,多直立,中空,绿色或紫褐色。单叶对生,1～2回羽状全裂,裂片卵形或椭圆形,边缘具粗钝锯齿。头状花序顶生,具长梗,其大小、色彩及形状因品种不同而不同;舌状花中性或雌性,有单色及复色;管状花黄色,两性。瘦果黑色。花期夏秋季。

【生态习性】短日照花卉。喜凉爽,不耐寒,忌酷暑。喜富含腐殖质和排水良好的沙质壤土。

【栽培资源】大丽花品种丰富,多达万种,是园艺上庞大而重要的花卉。多数国家和地区主要依据植株高度、花径的大小以及花色、花型为主要的品种分类依据进行分类。

目前栽培的为园艺杂种,品种极多,国内常用以下的分类方法:

(1)依植物高度分类:高型(植株粗壮,高约2 m)、中型(株高1～1.5 m)、矮型(株高0.6～0.9 m)、极矮型(0.2～0.4 m)。

(2)依花色分类:红、粉、黄、橙、紫、堇、淡红和白色等单色及复色。

(3)花型分类:单瓣型、领饰型、托桂型、牡丹型、球型、小球型、装饰型、仙人掌型。

【繁殖方法】扦插、分株繁殖。

【景观应用】大丽花植株粗壮,花期长,花色、花型多变,品种丰富,是全世界夏秋季节重要的园林花卉,尤其适宜于花境或庭前种植。其中矮生品种可布置花坛,高型品种可作切花。此外,在植物园、公园还可布置大丽花专类园。

【其他用途】根内含菊糖，在医药上有与葡萄糖同样的功效。

19. 蛇鞭菊 *Liatris spicata* Willd.（彩图 144）

【别名】猫尾花、舌根草

【科属】菊科　蛇鞭菊属

【产地与分布】原产北美洲墨西哥湾及附近大西洋沿岸一带，世界各地均有栽培。

【识别特征】球根花卉。地下茎具黑色块根。全株无毛或散生短柔毛。叶互生，线形或披针形，全缘，上部叶片较小。多数小头状花序聚集成密长穗状花序，花穗长 15～30 cm，小花由上而下次第开放，好似响尾蛇那沙沙作响的鞭形尾巴。花期 7～9 月。

【生态习性】喜光，稍耐荫；耐寒亦耐热。喜疏松、肥沃、排水好的土壤。

【栽培资源】同属常见栽培种：

①矮蛇鞭菊 *L. spicata* var. *montana*　株高 25～30 cm，叶较原种宽，花穗稍短，头状花序大，花色蓝紫色。

【繁殖方法】分株繁殖。

【景观应用】蛇鞭菊姿态优美，色彩艳丽，花期长，马尾式的穗状有限花序直立向上，颇具特色，适宜布置花境或路旁带状栽植和庭院自然式丛植。也是重要的插花材料，寓意鞭策、鼓舞。

20. 花毛茛 *Ranunculus asiaticus* L.（彩图 145）

【别名】波斯毛茛、陆莲花、芹菜花

【科属】毛茛科　毛茛属

【产地与分布】原产欧洲东南部及亚洲西南部，中国各地均有栽培。

【识别特征】球根花卉。块根纺锤形，常数个聚生根颈部。茎单生或少数分枝，具毛。基生叶阔卵形或椭圆形或三出状，缘有齿，具长柄；茎生叶羽状细裂，无柄。花单生枝顶或数朵生于长柄上；花常高度瓣化为重瓣型，有丝质光泽，原种为鲜黄色，品种花色丰富，有白、橙、红、大红、紫色及栗色等。花期 4～5 月。

【生态习性】喜半荫；喜凉爽，忌炎热。喜腐殖质多、肥沃而排水良好的沙质或略黏质土壤，pH 以中性或微碱性为宜。

【繁殖方法】分株、播种繁殖。

【景观应用】花毛茛花朵硕大，花瓣重叠，花色丰富，花期较长，是一种荫蔽环境下优良的美化材料。可用于布置花坛及花境，也可用于盆栽观赏，还可用于鲜切花生产，深受消费者喜爱。

思考题

1. 球根花卉是指什么？有哪些类型？

2. 简述球根花卉的园林用途？

3. 举出当地 10 种常用球根花卉，说明它们主要的形态特征、生态习性和应用特点。

第14章 水生花卉

水生花卉指生长于水中的草本花卉。主要分为挺水花卉、浮水花卉、漂浮花卉和沉水花卉四类，园林中作为景观的水生花卉主要是挺水和浮水花卉，也使用少量飘浮花卉。沉水植物全株能吸收水分和营养物质，目前多用于水族箱或模拟海底世界的海洋公园景观中，实际在园林中可适当利用沉水花卉改善水质。

（1）挺水花卉　根或根状茎生于水底泥中，植株茎叶高挺出水面，如荷花、香蒲。主要分布在沼泽地及湖、河、塘等近岸的浅水处，是水生植物和陆生植物之间的过渡类型。挺水花卉涵盖了园林水景应用中的挺水、湿生、沼生花卉。

（2）浮水花卉　根或茎生于泥中，叶片通常浮于水面上。如：睡莲。浮水花卉分布的区域一般水深0.5～2.5 m，其中菱科有些种类分布最深，可达4 m。

（3）漂浮花卉　根悬浮在水中，植物体漂浮于水面，随水流四处漂泊，可生活在水较深的地方。如：凤眼莲、浮萍。

（4）沉水花卉　根或根状茎扎生或不扎生水底泥中，植物体沉没于水中，不露出水面，如：水苋菜、黑藻等。

水生花卉形态优美、色彩丰富、种类繁多，既能美化环境，又能净化水源，是现代园林水体周围及水中植物造景的重要花卉。

14.1 挺水花卉

1. 菖蒲 *Acorus calamus* Linn.（图 14-1）

【别名】臭菖蒲、水菖蒲、白菖蒲

【科属】天南星科　菖蒲属

【产地与分布】原产中国及日本，广布世界温带和亚热带地区。

【识别特征】多年生挺水花卉。根状茎横走，粗壮，有香气。叶二列状着生，剑状线形，端尖；叶基部成鞘状，对折抱茎，革质具光泽；中肋明显并在两面隆起。叶状佛焰苞长20～40 cm，内具圆锥状肉穗花序，黄绿色。花期6～9月。

【生态习性】耐寒性差，10℃以下停止生长，冬季地上部枯死，以地下茎潜入泥中越冬。喜生于沼泽、池塘、湖泊岸边浅水区。

【栽培资源】同属常见栽培种：

①石菖蒲 *A. gramineus*　多年生宿根、挺水植物。原产中国及日本。根茎质硬，气味芳香。分枝丛生。叶基生，细带状，翠绿色，柔软而光滑，无中肋。佛焰苞与花序等长。

【繁殖】分株繁殖。

图 14-1　菖蒲

【景观应用】菖蒲叶丛翠绿，端庄秀丽，具有香气，适宜水景岸边及水体绿化，是水景中主要的观叶植物。常丛植于湖、塘岸边，或点缀于庭园水景和临水假山一隅，有良好的观赏价值，也可盆栽观赏。叶、花序还可以作插花材料。

菖蒲在中国古代是一种代表祥瑞的吉草，端午节时老百姓常将菖蒲、艾叶编结成束，悬挂门上，以期辟邪驱痛。

【其他用途】全株可入药，可提制香料。

2. 纸莎草 *Cyperus papyrus* L.（图 14-2）

【别名】埃及莎草

【科属】莎草科　莎草属

【产地与分布】原产非洲，中国各地多有栽培。

【识别特征】多年生常绿水生植物。茎秆直立丛生，三棱形，不分枝。叶退化成鞘状，棕色包裹茎秆基部。总苞叶状，顶生，带状披针形。花小，淡紫色，花期 6～7 月。

【生态习性】较耐荫，也适应全日照。喜温暖，在温暖地区冬季可以自然越冬。喜湖泊、池塘湿地、河岸或排水沟渠。

【栽培资源】同属常见栽培种：

①风车草（旱伞草）*C. alternifolius*　株高 60～150 cm；茎近圆柱形，直立无分枝；叶顶生为伞状；聚伞花序，有多数辐射枝，小穗多数，密生于辐射分枝的顶端，花两性，花果期 8～11 月（图 14-3）。

【繁殖】分株繁殖。

【景观应用】纸莎草植株密集成丛，茎叶优雅，顶端放射状排列的苞叶犹如爆开的烟花，群体种植造型独特，主要用于水景边缘种植，可以多株丛植、片植，单株成丛孤植，景观效果颇佳。还可用于切枝。

【其他用途】纸莎草是古埃及文明的一个重要组成部分，古埃及人利用这种草制成的书写载体曾被希腊人、腓尼基人、罗马人、阿拉伯人使用，历 3000 年不衰。至 8 世纪，中国造纸术传到中东，才取代了莎草纸。

图 14-2　纸莎草

图 14-3　风车草

3. 千屈菜 *Lythrum salicaria* L.（彩图 146）

【别名】水枝柳、水柳、对叶莲

【科属】千屈菜科　千屈菜属

【产地与分布】原产欧洲和亚洲暖温带，中国各地广泛栽培。

【识别特征】多年生挺水花卉。植株丛生状，地下根茎粗壮；地上茎直立，多分枝，四棱形。叶对生或三叶轮生，披针形或阔披针形，略抱茎，全缘，无柄。穗状花序顶生，小花多数密集，紫红色。花期 7～9 月。

【生态习性】喜强光，耐寒性强，在我国南北各地均可露地越冬。喜通风良好，喜富含腐殖质的浅水环境。

【栽培资源】常见栽培变种：

①紫花千屈菜 var. *atropurpureum*　花穗大，花深紫色。

②大花桃红千屈菜 var. *roseum*　花穗大，花桃红色。

③毛叶千屈菜 var. *tomentosum*　全株被白绵毛，花穗大。

【繁殖】分株、播种、扦插繁殖。

【景观应用】千屈菜株丛整齐，耸立而清秀，花朵繁茂，花序长，花期长，是水景中优良的竖线条材料。最宜在浅水岸边丛植或池中栽植，对水面和岸上的景观起到协调作用，也可作花境材料及切花。

【其他用途】全草入药。嫩茎叶可作野菜食用，在中国民间已有悠久历史。

4. 荷花 *Nelumbo nucifera* Gaertn.（图 14-4）

【别名】莲花、水芙蓉

【科属】睡莲科　莲属

【产地与分布】原产中国，分布在中亚，西亚、北美，印度、中国、日本等亚热带和温带地区。

图 14-4　荷花

【识别特征】多年生挺水花卉。根茎肥大多节，内有多数纵行通气孔道；节间膨大，节部缢缩，上生黑色鳞叶，下生须状不定根。叶圆形盾状，全缘稍呈波状；叶表面深绿色，被蜡质白粉，背面灰绿色，叶脉明显隆起；幼叶常自两侧向内卷。叶柄粗壮，圆柱形，中空，外面散生小刺。花单生于花梗顶端、高出水面之上，径 10～25 cm，具清香，有单瓣、复瓣、重瓣及重台等花型；花色有白、粉、深红、淡紫、黄色或间色等变化。花托表面具多数散生蜂窝状孔洞，受精后逐渐膨大为莲蓬，每一孔洞内生一小莲子。花期 6～9 月，果期 9～10 月。

【生态习性】长日照植物。喜光，极不耐荫；喜温暖，亦耐寒。喜肥及相对稳定的平静浅水、湖沼、泽地、池塘，不能脱水，水深不超过 1 m 为限。

【栽培资源】荷花品种资源丰富，依用途不同可分为藕莲、子莲和花莲三大系统。藕莲类以生产食用藕为主，植株高大，根茎粗壮，生长势强健，但不开花或开花少。子莲类开花繁密，单瓣花，但根茎细。花莲根茎细而弱，生长势弱，但花的观赏价值高，开花多，花期长。

【繁殖】分株、种子繁殖。

【景观应用】我国栽培荷花具有悠久的历史，也是世界上栽培荷花最普遍的国家之一，除西藏、内蒙古、青海等地外，绝大部分地区均有栽培，荷花是中国历史传统名花。荷花碧叶如盖，花大色艳，是园林水景造景的重要材料。现代风景园林中，常做荷花专类园广植水面，形成“接天莲叶无穷碧，映日荷花别样红”的壮丽景观，还能盆栽或池栽布置庭院。小型品种碗莲可种在碗或缸里，别有情趣。此外，荷花、荷叶、莲藕和莲实等素材都可作切花。

荷花被誉为“花中君子”，其出污泥而不染之品格恒为世人称颂。荷花“中通外直，不蔓不枝，出淤泥而不染，濯清涟而不妖”的高尚品格，历来是古往今来诗人墨客歌咏绘画的题材之一。

【其他用途】荷花全身皆宝，藕和莲子能食用，莲子、根茎、藕节、荷叶、花及种子的胚芽等都可入药。

5. 芦苇 *Phragmites australis* Trin.（图 14-5）

【别名】苇、芦、芦荠

【科属】禾本科　芦苇属

【产地与分布】分布范围广，世界各地均有栽培。

【识别特征】多年生湿生或水生高大花卉。匍匐根状茎发达，茎秆直立，秆高 1～3 米。叶鞘圆筒形，叶舌有毛，叶片长线形或长披针形，排列成两行，叶长 15～45 cm，宽 1～3.5 cm。圆锥花序分枝稠密，花序长 10～40 cm；小穗含 4～7 朵花，雌雄同株，白绿色或褐色。花期夏秋季。

【生态习性】对水分的适应幅度很宽，从土壤湿润到长年积水，从水深几厘米至 1 m 以上，都能形成芦苇群落。

图 14-5　芦苇

【栽培资源】同属常见栽培种：

①日本苇 *P. japonicas*　多年生湿生或水生高大植物。叶鞘与其节间等长或稍长，叶舌膜质，两侧有少许易落的缘毛，小穗带紫色。

【繁殖】分根茎、种子繁殖。

【景观应用】芦苇茎秆直立，植株高大，迎风摇曳，花序柔美，野趣横生。正如余亚飞诗称："浅水之中潮湿地，婀娜芦苇一丛丛；迎风摇曳多姿态，质朴无华野趣浓"。其生命力强，易管理，适应环境广，生长速度快，是景点旅游、水面绿化、河道管理、净化水质、沼泽湿地、置景工程、护土固堤、改良土壤之首选。其具有发达的匍匐根状茎，还是保土固堤的好材料。此外，花序还可以作插花材料，别有情趣。大面积种植不仅可调节气候，涵养水源，所形成的良好的湿地生态环境，也为鸟类提供栖息、觅食、繁殖的家园。

【其他用途】芦苇含有纤维素，可用作造纸、建材等工业原料，根部可入药。茎内的薄膜可做笛子的笛膜。穗可作扫帚，花絮可以充填枕头。

6. 梭鱼草 *Pontederia cordata* L.（彩图 147、图 14-6）

【别名】北美梭鱼草、海寿花

【科属】雨久花科　梭鱼草属

【产地与分布】原产北美，中国多地均有栽培。

【识别特征】多年生挺水或湿生花卉。地下茎粗壮。叶基生，具圆筒形长叶柄；叶形多变，多为倒卵状披针形，叶基广心形，叶面光滑。花葶直，常高出叶面；穗状花序顶生，小花密集，蓝紫色带黄斑点。花期 7～10 月。

【生态习性】喜阳光充足，喜温暖，不耐寒，忌强风。宜在 20 cm 以下的浅水中生长，繁殖能力强。

图 14-6　梭鱼草

【繁殖】分株繁殖。

【景观应用】梭鱼草叶色翠绿，串串紫花在片片绿叶的映衬下，别有情趣。可用于人工湿地、池塘四周、河道两侧绿化，也可用于盆栽。

【其他用途】种子可食，制成面粉。全株入药，可提炼收缩剂类药。

7. 慈姑 *Sagittria sagittifolia* L.（图 14-7）

【别名】茨菰、箭搭草、燕尾草

【科属】泽泻科　茨菇属

【产地与分布】原产中国，世界多地广为栽培。

【识别特征】多年生挺水花卉。地下具根茎，其先端形成球茎即慈姑。叶基生；出水叶戟形，端部箭头状，基部具二长裂片，全缘；叶柄特长，肥大而中空；沉水叶线状。圆锥花序白色。花期 7～9 月。

【生态习性】喜阳光充足。喜温暖、富含腐殖质的黏质浅水环境。不宜连作。

【繁殖】分生、播种繁殖。

【景观应用】慈姑叶形奇特，宜作水面、岸边绿化造景，以衬景为主，也常盆栽观赏。

图 14-7　慈姑

【其他用途】球茎可作蔬菜食用或制作淀粉。

8. 三白草 *Saururus chinensis*（Lour.）Baill.（图 14-8）

【别名】塘边藕、白头翁、水茎叶

【科属】三白草科　三白草属

【产地与分布】分布于河北、河南、山东和长江流域及其以南各地。

【识别特征】多年生水生或湿生花卉。茎粗壮，有纵长粗棱和沟槽。叶柄长，基部与托叶合生成鞘状，略抱茎。叶纸质，密生腺点，阔卵形至卵状披针形；顶端的 2～3 枚叶片呈花瓣状，常为白色。穗状花序白色，花期 4～6 月。

【生态习性】较耐荫，喜温暖湿润。宜栽培在塘边、沟边、溪边等浅水处或低洼地。

图 14-8　三白草

【繁殖】种子繁殖。

【景观应用】三白草叶色翠绿，顶端叶白色颇具观赏特性，用于沼泽园林绿化，在水边条状配置或湿地成片作地被种植均有良好的景观效果。

9. 水葱 *Scirpus tabernaemontani* Maxim.（图 14-9）

【别名】莞、翠管草、冲天草

【科属】莎草科　藨草属

【产地与分布】广布全世界，中国各地广泛栽培。

【识别特征】多年生挺水花卉。地下根茎粗壮横走；地上茎直立，圆柱形，中空，粉绿色。叶褐色，鞘状，生于茎基部。聚伞花序顶生，稍下垂，由许多卵圆形小穗组成；小花淡黄褐色，下具苞叶。花期 6～8 月。

【生态习性】喜光亦耐荫。喜温暖亦耐寒。喜湿地、沼泽地或池畔浅水中。

【栽培资源】常见变种：

①花叶水葱 var. *zebrinus*　茎上有白色环状带，观赏价值极高。

【繁殖】分株繁殖。

图 14-9　水葱

【景观应用】水葱株丛翠绿直挺，色泽淡雅洁净，常用于水面绿化或作岸边池旁点缀，甚为美观，是极好的水生竖线条花卉，夏季常引蜻蜓等昆虫驻足平添乐趣。也可盆栽观赏，还可切茎用于插花。

10. 再力花 *Thalia dealbata* Fraser（彩图 148，图 14-10）

【别名】水莲蕉、塔利亚、水竹芋

【科属】竹芋科　再力花属

【产地与分布】原产于美国南部和墨西哥，中国多地有栽培。

【识别特征】多年生水生或湿生花卉。株高可达 1 m 以上，全株附有白粉。叶基生，长卵状披针形，叶色青绿，具长叶柄。花柄高达 2 m 以上，复总状圆锥花序，小花无柄，紫堇色，苞片形如飞鸟。花期 7～9 月。

【生态习性】喜阳光充足。喜温暖，不耐寒。对土壤适应性强，耐微碱性土壤。

【繁殖】分株繁殖。

【景观应用】再力花植株高大美观，硕大的绿色叶片形似芭蕉叶，叶色翠绿可爱，花絮高出叶面，亭亭玉立，蓝紫色的花朵素雅别致，有“水上天堂鸟”的美誉，既能观叶，又能赏花，是水景绿化的上品花卉。常成片种植于水池或湿地，也可盆栽观赏或种植于庭院水体中。

图 14-10　再力花

11. 香蒲 *Typha angustata* Bory et Chaub.（彩图 149）

【别名】毛蜡烛、水烛、长苞香蒲

【科属】香蒲科　香蒲属

【产地与分布】原产中国，菲律宾、日本、俄罗斯及大洋洲等地均有分布。

【识别特征】多年生挺水或沼生花卉。地下根状茎粗壮，茎直立，高 1～2 m。根状茎粗壮；叶长带形，二列状着生；叶基部鞘状，抱茎，具白色膜质边缘。穗状花序蜡烛状，浅褐色；雄花序在上，雌花序在下，中间有间隔的裸露花序轴，又称长苞香蒲。花果期夏秋。

【生态习性】喜阳光充足。喜温暖。喜湿润、肥沃的池塘边或浅水环境。

【栽培资源】其他常见栽培种：

①东方香蒲 *T. orientalis*　叶条形，雌雄花序紧密连接。

②小香蒲 *T. minima*　植株矮小，叶线形，花序小巧且雌雄花序不连接。

【繁殖】分株繁殖。

【景观应用】香蒲叶丛秀丽潇洒，雌雄花序形似蜡烛，别具风格，适宜水景岸边及水体绿化，丛植或片植于庭园水景和临水假山一隅，可以观花和观叶。蒲棒也是东方式插花的好材料。

【其他用途】香蒲可以有效净化城市生活污水及工矿废水中的污染物质。此外，花粉即蒲黄入药；叶片用于编织、造纸等；幼叶基部和根状茎先端可作蔬菜；雌花序可作枕芯和坐垫的填充物。

12. 菰 *Zizania latifolia*（Griseb.）Stapf（图 14-11）

【别名】茭瓜、水笋、茭白

【科属】禾本科　菰属

【产地与分布】原产中国，中国从东北至华南都有栽培，以太湖流域最多。

【识别特征】多年生挺水花卉。秆高大直立，高 1～2 m，具多数节，基部节上生不定根。叶片扁平宽大，长披针形，先端芒状渐尖，基部微收或渐窄，中脉在背面凸起；叶鞘长于其节间，长而肥厚，自地面向上层层左右互相抱合，形成假茎。圆锥花序大。颖果圆柱形。花期秋冬。

【生态习性】喜温，生长适温 10～25℃，不耐寒和干旱。喜土壤肥沃、富含有机质、保水保肥能力强的黏壤土。

【繁殖】分株繁殖。

【景观应用】茭白细长叶片洒脱飘逸，常用于园林水景边缘种植，可以多株丛植、片植，均具有良好的景观效果。

【其他用途】菰的经济价值大，秆基嫩茎为真菌 *Ustilago edulis* 寄生后，粗大肥嫩，称茭瓜，是美味的蔬菜。颖果称菰米，作饭食用，有营养保健价值。全草为优良的饲料，是鱼类的越冬场所，也是固堤造陆的先锋植物。古代菰生长正常，秋季结实，称雕胡米，为六谷之一，后因黑穗菌寄生成畸形，不能开花结实，成为蔬菜利用。

图 14-11　菰

14.2　浮水花卉

13. 萍蓬莲 *Nuphar pumilum*（Timm.）DC.（彩图 150）

【别名】萍蓬草、荷根、水栗子

【科属】睡莲科　萍蓬草属

【产地与分布】原产北半球寒温带，我国东北、华北、华南均有分布。

【识别特征】多年生浮水花卉。根状茎肥厚块状，横卧。叶二型，浮水叶纸质或近革质，圆形至卵形，全缘，基部开裂呈深心形，叶面绿而光亮；沉水叶薄而柔软。花单生叶腋，伸出水面；花瓣窄楔形，多且小；萼片花瓣状(5)，金黄色。花期 5～7 月。

【生态习性】喜阳光充足，喜温暖、湿润。喜肥。喜深厚、肥沃的河泥土。

【繁殖】种子、分株繁殖。

【景观应用】萍蓬莲叶片小巧，花金黄色，花心红色，有很好的观赏价值。多用于池塘水景布置，是夏季水景园中极为重要的观花、观叶植物，通常多与睡莲、荷花、水柳配植，也可用作鱼缸水草。萍蓬莲的根可以净化水体，在湖泊环境生态恢复工程中，可作为先锋植物进行配置和应用。

14. 荇菜 *Nymphoides peltatum* O. Kuntze（彩图 151）

【别名】莕菜、水荷叶

【科属】龙胆科　荇菜属

【产地与分布】原产中国绝大多数省区，世界多地有分布。

【识别特征】多年生浮水花卉。茎圆柱形，多分枝，密生褐色斑点，节下生根。叶片飘浮，近革质，圆形或卵圆形；上部叶对生，下部叶互生，基部心形，全缘。伞形花序腋生，小花鲜黄色；花萼、花冠 5 裂，裂片椭圆形，边缘具睫状毛。花期 4～10 月。

【生态习性】耐寒又耐热。喜静水，适应性很强。

【繁殖】分生繁殖，可自播繁衍。

【景观应用】荇菜叶形似缩小的睡莲，小黄花艳丽繁盛，在园林水景中大片种植可形成“水行牵风翠带长”之景观。造景中应注意荇菜的动态美，留有足够的空间。

15. 睡莲类 *Nymphaea* spp.

【科属】睡莲科　睡莲属

【产地与分布】大部分原产北非和东南亚热带地区，少数产于南非、欧洲和亚洲的温带和寒带地区，中国各地均有栽培。

【识别特征】多年生浮水花卉。根茎生于泥中，有横生或直生。叶丛生浮于水面上。莲座状花单生于细长的花柄顶端，浮在水面或高出水面；花瓣白色、蓝色、黄色或粉红色，多轮。花期夏秋季，单朵花花期 3～4 d，依种类不同而开放时间不同。

【生态习性】喜强光。喜通风良好、富含有机质、洁净的浅水环境。

【栽培资源】根据耐寒性不同可分为热带睡莲和耐寒睡莲：

(1)热带睡莲　又名不耐寒睡莲，分布在热带和亚热带地区。成熟的叶子边缘呈锯齿或波浪状，花梗挺出水面，花白天和晚上均能开放，在叶基部于叶柄之间有时会生产小植株，称“胎生”。

①蓝睡莲 *N. caeruloa* Sav.　原产北非、埃及、墨西哥。叶全缘。花中型，花色浅蓝，白天开放。

②埃及白睡莲 *N. lous* L.　原产埃及尼罗河。叶缘具尖齿。花大型，花色白，傍晚开放，午前闭合。

③红睡莲 *N. rubra* Roxb.　原产印度、孟加拉一带。花大型，花色深红，夜间或白天开放。

④黄花睡莲 *N. Mexicana* Zncc.　原产北美洲南部墨西哥、美国佛罗里达州。叶面浓绿具密褐色斑，叶缘具浅锯齿。花中型，浮生或稍出水面，花色浅黄，白天开放。

(2)耐寒睡莲　分布广泛，能耐零下温度，叶子全缘，大部分花浮在水面，均属白天开花类型，是园林中栽培应用较多的种类。

①睡莲(子午莲)*N. tetragona* Georgi　原产中国。叶小而圆，背面紫红色。花较香睡莲小，白色，午后至傍晚开放。耐寒性极强，是培育耐寒品种的重要亲本(图 14-12)。

②香睡莲 *N. odorata* Ait.　叶革质全缘，叶背紫红色。花白色，具浓香，午前开放。有很多杂种，是现代睡莲的重要亲本。

③白睡莲(欧洲白睡莲)*N. alba* L.　叶圆形，幼时红色。花白色，大花型，是现代睡莲的主要亲本。

图 14-12　睡莲

【繁殖】分株、播种繁殖。

【景观应用】睡莲飘逸悠闲，花叶俱美，花色丰富，花期长，是现代园林水景造景中最重要的浮水花卉。最适宜丛植于湖、塘岸边，或点缀于庭园水景和临水假山一隅，有良好的观赏价值，也可盆栽装饰居室或庭院，还是优良的切花花材。

在古埃及神话里，睡莲被奉为“神圣之花”，成为遍布古埃及寺庙廊柱的图腾。根能吸收水中的铅、汞、苯酚等有毒物质，是优良的水体净化材料。

16. 亚马逊王莲 *Victoria amazonica* Sowerby (图 14-13)

【别名】王莲

【科属】睡莲科 王莲属

【产地与分布】原产南美洲热带水域，现已引种到世界各地大植物园和公园，我国西双版纳有分布。

【识别特征】多年生大型浮水花卉。根状茎直立；具发达的不定根。叶片是水生有花植物中叶片最大的，初生叶呈针状；成熟叶叶缘上翘呈盘状，直径 1～2.5 m；叶面绿色略带微红，有皱褶，背面紫红色；叶脉为放射网状，背面具刺；叶柄粗有刺。花单生，花瓣多数，芳香；每朵花开 2 d，第 1 天白色，第二天变为淡红色至深红色，第 3 天闭合并沉入水中。

【生态习性】喜阳光充足。喜高温，生长适温为 25～35℃。喜水质清洁、土壤肥沃的环境。

【栽培资源】同属常见栽培种：

①克鲁兹王莲 *V. cruziana*　多年生大型浮水植物。叶径小于亚马逊王莲，叶缘直立部分高于前种，叶背亦为绿色，花色也淡。

【繁殖】种子繁殖。

【景观应用】亚马逊王莲叶巨大肥厚而别致，漂浮水面，十分壮观，在园林水景中成为水生花卉之王。常与荷花、睡莲等水生植物搭配布置，是现代园林水景中必不可少的观赏水生花卉，形成独特的热带水景。

图 14-13　亚马逊王莲

【其他用途】种子含丰富淀粉，可供食用，有“水中玉米”之称。

14.3 漂浮花卉

17. 凤眼莲 *Eichhornia crassipes*（Mart.）Solms-Laub.（图 14-14）

【别名】水葫芦、凤眼蓝、水葫芦苗、水浮莲

【科属】雨久花科　凤眼莲属

【产地与分布】原产于南美洲亚马逊河流域，世界各地广泛栽培。

【识别特征】多年生漂浮花卉。须根发达，悬垂水中。单叶丛生于短缩茎的基部，每株 6～12 叶片；叶卵圆形，叶面光滑，深绿色，蜡质；叶柄中下部有膨胀如葫芦状的气囊。穗状花序单生茎顶，淡蓝紫色或粉紫色；上部花被表面具蓝色斑块，中心有一亮黄色斑点形似凤眼。花期 7～8 月。

图 14-14　凤眼莲

【生态习性】喜阳光充足。喜温暖，有一定的耐寒能力。喜生浅水、静水中，在流速不大的水体中也能够生长，随水漂流，繁殖迅速。对氮、磷、钾、钙等多种无机元素有较强的富集作用，其中对钾的富集作用尤为突出。

【栽培资源】常见栽培变种：

①大花凤眼莲 var. *major*　花大，粉紫色。

②黄花凤眼莲 var. *aurea*　花黄色。

【繁殖】分株繁殖。

【景观应用】凤眼莲叶色光亮，花色美丽，叶柄奇特，是重要的水生花卉。可片植或丛植于于公园、湿地的水体绿化，还可栽植于浅水池或作盆栽、缸养，观花观叶总相宜，也可作水族箱的装饰材料，亦可做切花。

凤眼莲具有较强的水质净化作用，故此可以植于水质较差的河流及水池中作净化材料，但在生长适宜区，常由于过度繁殖，阻塞水道，影响交通，亦被列入世界百种外来入侵种之一，使用中应注意限定生长范围。

【其他用途】全株可入药，有清热解暑、利尿消肿的作用。叶含有较高的粗蛋白、粗纤维及粗脂肪，可用作饲料。

18. 大薸 *Pistia stratiotes* L.（图 14-15）

【别名】水白菜、芙蓉莲

【科属】天南星科　大薸属

【产地与分布】本属仅此 1 种。原产中国长江流域，广布热带、亚热带地区，中国华南和华东地区广泛栽培。

【识别特征】多年生漂浮花卉。具横走茎，须根细长，从叶腋间向四周分出匍匐茎，茎顶端发出新植株。叶基生，莲座状着生，无柄，倒卵形或扇形，两面具白色绒毛，草绿色；叶脉明显，使叶呈折扇状。花序生叶腋间，佛焰苞白色。花期 6～7 月。

图 14-15　大薸

【生态习性】喜光。喜高温，不耐寒，低于 5℃时则枯萎死亡。喜清水，流动水对其生长不利。

【繁殖】分株繁殖。

【景观应用】大薸株型美丽，质感柔和，叶色翠绿，犹如朵朵绿色莲花漂浮水面，别具风趣，是夏季美化水面的良好材料，还可盆栽观赏。

大薸根系发达，直接从污水中吸收有害物质和过剩营养物质，可净化水体。在应用中和凤眼莲一样，需不断清理控制数量和生长范围，否则其繁殖迅速易对水体造成二次污染。大薸是农业环保的头号天敌，现已被列入我国最危险入侵物种名单。

14.4 沉水花卉

19. 狐尾藻 *Myriophyllum verticillatum* L.（图 14-16）

【别名】布拉狐尾、轮叶狐尾藻

【科属】小二仙草科　狐尾藻属

【产地与分布】全球广泛分布，世界各地广泛栽培。

【识别特征】多年生沉水花卉。根状茎发达，节部生根。茎软，细长，圆柱形，多分枝。叶无柄，褐绿色，通常 4～5 枚轮生；叶羽状全裂，裂片丝状。花雌雄同株或杂性，单生于水上叶腋处，无柄，4 枚轮生，略呈十字排列；一般水上叶的上部为雄花，下部为雌花，雌花有小的花瓣，苞片篦齿状分裂。花期夏末秋初。

【生态习性】喜光，喜温暖，不耐寒，入冬后地上部分逐渐枯死。喜微碱性的水湿环境。

【栽培资源】同属常见栽培种：

①穗状狐尾藻 *M. spicatum*　穗状花序常生于水面之上的茎顶端或叶腋中；雌花不具花瓣，苞片全缘或有齿。常与狐尾藻混在一起生长。

图 14-16　狐尾藻

【繁殖】扦插繁殖。

【景观应用】狐尾藻叶型奇特，观赏性强，可用于布置水景。常丛植于湖、塘岸边，在湖泊生态修复工程中作为净水工具种和植被恢复先锋物种。也可用于室内观赏水族箱。

【其他用途】全草可作为饲料。

20. 海菜花 *Ottelia acuminata*（Gagnep.）Dandy（图 14-17）

【别名】海菜

【科属】水鳖科　水车前属

【产地与分布】中国独有的珍稀濒危水生植物，主要分布于云南、贵州、广西和海南等地区。

【识别特征】多年生沉水花卉。茎短缩。叶基生，沉水，叶形态大小变异很大，披针形、线状长圆形、卵形或广心形。叶片形状、叶柄和花葶的长度因水的深度和水流急缓有明显的变异。花单性，雌雄异株，花后连同佛焰苞沉入水底。花期 5～10 月。

【生态习性】喜温暖。喜水体清晰、透明，水深 4 m 以内的高原湖泊中。

【景观应用】海菜花叶翠绿欲滴，茎白如玉，花朵清香宜人，温暖地区全年可见开花，常作为园林水体判别水质是否受到污染的"环保花卉"，这种"富贵"菜，生长条件苛刻，只能生长在纯净的活水中，水质稍有污染或农田里施有化肥都会影响其生长。

【其他用途】海菜花是一种蛋白质丰富和富有多种维生素及微量元素的野生水菜。

图 14-17　海菜花

思考题

1. 水生花卉是指什么？有哪些类型？

2. 简述水生花卉的园林用途？

3. 举出当地 10 种常用水生花卉，说明它们主要的形态特征、生态习性和应用特点。

第 15 章 肉质花卉

肉质花卉是指植物的茎、叶具有发达的贮水组织，在外形上呈现肥厚多浆的一类植物，也称多浆植物。全世界共有肉质花卉 10000 余种，隶属 50 多个科。常见栽培的肉质花卉多分属于仙人掌科、景天科、百合科、菊科、大戟科、萝藦科、龙舌兰科、马齿苋科和番杏科等。

肉质花卉种类繁多，体态清雅而奇特，颇具趣味性，在园林中可布置专类园、地被和花坛，也可用于盆栽观赏，深受人们喜爱。

15.1 仙人掌科

1. 山影拳 *Cereus peruvianus* var. *monstrosus* DC.（图 15-1）

【别名】山影、仙人山

【科属】仙人掌科　天轮柱属

【产地与分布】原产西印度群岛、南美洲北部及阿根廷东部，现世界各地广泛栽培。

【识别特征】肉质草本。植株肋棱交错，生长参差不齐，呈岩块状。茎暗绿色，肥厚，分枝多，具褐色刺；茎生长发育不规则，棱数不定，棱的发育也有差异。花大型，喇叭状或漏斗形，白或粉红色，20 年以上的植株才开花，夜开昼闭。花期夏秋季。

【生态习性】喜光，亦耐荫。耐贫瘠，喜通气、排水良好、富含石灰质的沙壤土。

【栽培资源】主要原种：

①神代柱 *C. variabilis*　高可达 4 m，茎深蓝绿色，刺黄褐色，有 4～5 个石化品种。

②秘鲁天轮柱 *C. peruvianus*　高可达 10 m，茎多分枝，暗绿色，刺褐色，有 3～4 个石化品种。

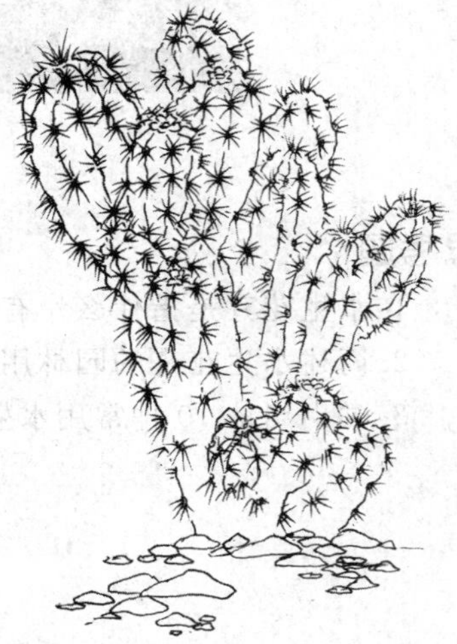

图 15-1　山影拳

【繁殖】扦插、嫁接繁殖

【景观应用】山影拳外形峥嵘突兀，形似山峦，为仙人掌植物中的葵形石化品种。可盆栽布置厅堂、书室或窗台等处，犹如一盆别具一格的"山石盆景"。也可用山影拳作砧木，嫁接彩色仙人球，构成多彩盆栽。还可用于布置专类园，营造干旱沙漠景观。

2. 金琥 *Echinocactus grusonii* Hildm.（图 15-2）

【别名】象牙球、金琥仙人球

【科属】仙人掌科　金琥属

【产地与分布】原产墨西哥中部干旱沙漠及半沙漠地带，世界各地广为栽培。

【识别特征】肉质草本。植株圆球形，常单生，直径可达 80 cm 或更大。球顶部密被黄色绵绒毛，具棱 21～37 条，排列整齐。刺座长，有金黄色或淡黄色短绒毛；刺长 3～5 cm，硬且直，金黄色，有光泽，形似象牙。钟形花生于球顶部绵毛丛中，浅黄色，花筒被尖鳞片。寿命 50 年左右。

【生态习性】喜光照充足，夏季适当遮荫。喜高温，尤其冬季温度不能过低。喜肥沃、富含石灰质的沙壤土。

【栽培资源】常见栽培变种：

①白刺金琥 var. *albispinus*　刺叶雪白，比原种珍贵。

②狂刺金琥 var. *intertextus*　中刺较原种宽大，刺叶弯曲。

③裸刺金琥 var. *subinermis*　刺叶为不显眼的短小钝刺，属珍贵的稀有品种。

图 15-2　金琥

【繁殖】播种繁殖。

【景观应用】金琥形大端圆，金刺辉煌，是珍贵的观赏仙人掌类植物。大型个体适宜群植，布置专类园，极易营造沙漠地带独特的自然风光；小型个体盆栽适宜放置书桌、案几，能够提高居室内的环境质量。

3. 仙人球 *Echinopsis tubiflora* Zucc.（图 15-3）

【别名】刺球、雪球、草球、花盛球

【科属】仙人掌科　仙人球属

【产地与分布】原产南美洲沙漠地区，现全世界广泛栽培。

【识别特征】肉质草本。茎球形或椭圆形，肉质，绿色，有纵棱 12～14 条；棱上有丛生的针刺 6～15 枚，硬直，黄色或黄褐色。长喇叭状花大形，侧生，白色具清香，夜间开放，单花约开放 36 h。浆果球形或卵形，无刺。花期 5～6 月。

【生态习性】喜阳光充足。耐低温、耐旱。喜排水，通气好的沙壤土。

【繁殖】分球繁殖。

【景观应用】仙人球茎和花均有较高观赏价值，造型美，适宜盆栽观赏，也可以布置专类园。还是水培花卉的艺术精品。

图 15-3　仙人球

【其他用途】仙人球光合作用产生的氧气在夜间气孔打开后才放出，可补充氧气，利于睡眠，还是吸附灰尘的高手，具有净化空气的作用。可入药，也可食用，有着“菜中之王”、“药中之王”的美称。

4. 昙花 *Epiphyllum oxypetalum*（DC.）Haw.（图 15-4）

【别名】琼花、月下美人、昙华

【科属】仙人掌科　昙花属

【产地与分布】原产墨西哥至巴西热带雨林。

【识别特征】附生肉质灌木。茎附生性，叉状分枝，地栽呈灌木状。老茎圆柱状，木质化；新茎扁平叶状，长椭圆形，面上有二棱，边缘波状，具圆齿；刺锥生圆齿缺刻处，幼枝有毛状刺，老枝无刺。漏斗状花，大型，生于叶状枝的边缘，无花梗；花萼筒状，红色；花重瓣，纯白色。花夜间开放，数小时后凋谢。

图 15-4　昙花

【生态习性】喜半荫，忌强光暴晒。喜温暖，不耐霜冻。喜湿润、含腐殖质丰富的沙壤土。

【繁殖】扦插、播种繁殖。

【景观应用】昙花花蕾颔首低垂，娇态动人，盛开时婷婷袅袅，芳香扑鼻，宛如白衣仙子降临人间，是一种珍贵的盆栽观赏花卉。当花渐渐展开后，过 1～2 h 又慢慢枯萎，整个过程仅 4 h 左右，享有“月下美人”之誉。

“昙花一现”中的昙花并非此昙花，实指无花果类的一类植物(也有考证是木兰科植物)，全名叫优昙钵华，见于《法华经》“如是妙法，诸佛如来，时乃说之，如优昙钵华，时一现耳。”

【其他用途】昙花花、叶可入药，花还可做菜肴，浆果可食。

5. 令箭荷花 *Nopalxochia ackermannii* Kunth.（图 15-5）

【别名】红花孔雀、孔雀仙人掌、孔雀兰

【科属】仙人掌科　令箭荷花属

【产地与分布】原产墨西哥中南部及玻利维亚，中国多地广泛栽培。

【识别特征】肉质草本。全株鲜绿色，茎多分枝呈灌木状。叶状枝扁平，较窄，披针形，基部细圆呈柄状，缘具波状粗齿，齿凹处有刺，嫩枝边缘为紫红色，基部疏生毛。漏斗状花生于茎先端两侧，花被开张而翻卷，玫瑰红色。花期 4 月，白天开放，单花期 2 d。

【生态习性】喜阳光充足，耐半荫。喜温暖，不耐寒。喜湿润、含有机质丰富的肥沃、疏松、排水良好的微酸性土壤。

【栽培资源】同属常见栽培种：

①小花令箭荷花 *N. phyllanthoides*　常绿附生植物。花小，着花繁密。

【繁殖】扦插、嫁接繁殖。

【景观应用】令箭荷花姿态轻盈，香气幽郁，茎扁平呈披针形似令箭，花似睡莲，故得此名，是重要的室内盆栽花卉，可用来点缀客厅、书房的窗前、阳台、门廊。

图 15-5　令箭荷花

传说在很久以前，西双版纳密林里的两个傣族部落连年混战，伤亡惨重，但是这两个部落头人的儿女却正在热恋中。一天，部落一方的头人要他的儿子拿着令箭召集族人翌日去偷袭对方。头人的儿子坚决反对这场战争，却又阻止不了。他便带着令箭去密林深处会见自己的情人，商量如何能够化解矛盾。东方欲晓时他们也没想出有效的方法。无奈之下，他们俩就手持象征美丽与和平的荷花，双双自刎而死。双方的头人获悉这个消息之后，都悔恨不已。于是焚香为誓，从此不再为敌。不久，在那对青年的坟上，长出了一簇簇像令箭一般的绿色植物，上面开满了类似于荷花一样的花朵。当地的人们把它取名为令箭荷花，并纷纷移栽在自己的竹楼前，纪念他们以死换来的和平。

6. 仙人指 *Schlumbergera bridgesii*（Lem.）Lofgr.（图 15-6）

【别名】仙人枝、圣烛节

【科属】仙人掌科　仙人指属

【产地与分布】原产巴西和玻利维亚，世界各地多有栽培。

【识别特征】附生肉质草本。茎多分枝，直立或下垂。茎节常晕紫色，长椭圆形至倒卵形；茎节较短，边缘浅波状，先端钝圆，顶部平截。筒状花顶生，着花较少，分两轮；花色丰富。花期 2～4 月。

【生态习性】短日照花卉。喜半荫、喜温暖，不耐寒。喜湿润、疏

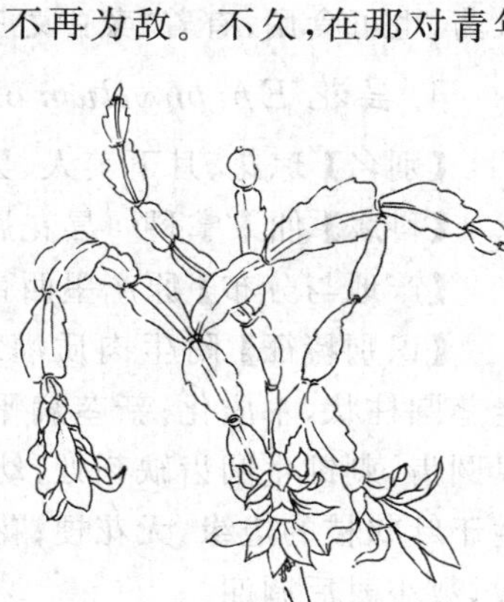

图 15-6　仙人指

松、透气、富含腐殖质的土壤。

【繁殖】扦插、嫁接繁殖。

【景观应用】仙人指株型优美，花朵艳丽，花期长，正值春节前后开放，是优秀的盆栽观赏花卉，可入室摆设或悬挂。

7. 蟹爪兰 *Zygocactus truncactus* K. Schum.（图 15-7）

【别名】蟹爪、蟹爪莲、螃蟹兰

【科属】仙人掌科　蟹爪属

【产地与分布】原产南美巴西，现中国各地均有栽培。

【识别特征】附生肉质草本。茎多分枝，地栽常铺散下垂。茎节扁平，倒卵形，先端截形，边缘具有 2～4 对尖锯齿，如蟹钳。漏斗形花生茎节顶端，着花密集，紫红色，花瓣数轮，愈向内部管侧愈长，上部向外反卷。花期 11～12 月。

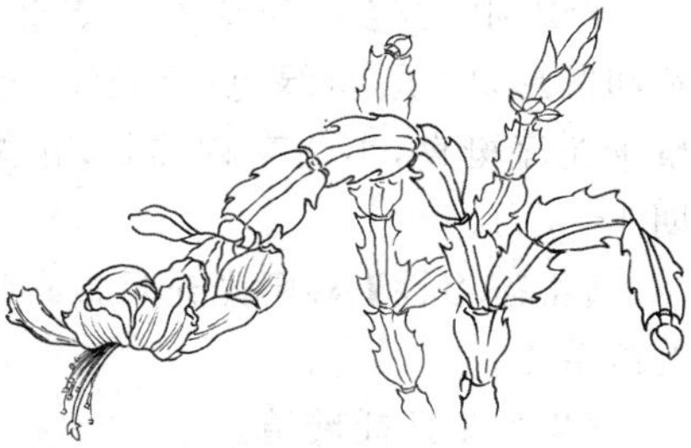

图 15-7　蟹爪兰

【生态习性】典型的短日照花卉。喜半荫，喜温暖不耐寒。喜湿润，忌积水或过分干燥。喜疏松、透气的土壤。

【繁殖】扦插、嫁接繁殖。

【景观应用】蟹爪兰株型优美，形态奇趣，花朵娇柔婀娜，正值西方圣诞节前后大量开花，有喜庆祥和的气氛，最适宜冬季室内吊盆观赏。

15.2 景　天　科

8. 石莲花属 *Echeveria* spp.（图 15-8）

【科属】景天科　石莲花属

【产地与分布】原产墨西哥，现世界各地均有栽培。

【识别特征】肉质草本。全株光滑，无茎或具短茎。种类不同，叶片的肉质化程度不一致，有厚有薄，形状有匙形、圆形、圆筒形、船形、披针形、倒披针形等多种，部分品种叶片被有白粉或白毛。叶色多样，有绿、紫黑、红、褐、白、蓝等颜色，而每种颜色又有深浅的变化，有些叶面上还有美丽的花纹，叶尖或叶缘呈红色。此外，还有叶面上有白色或黄色斑纹的斑锦变异品种，或植株呈扇状或鸡冠状的缀化变异品种。根据种类的不同，有总状花序、穗状花序、聚伞花序等，花小型，瓶状或钟状，花色以红、橙、黄色为主。

【生态习性】喜阳光充足，耐半荫，忌烈日。喜温暖，不耐寒。喜干燥，怕积水。以肥沃、排水良好的沙壤土为宜。

【繁殖】扦插繁殖。

图 15-8　石莲花

【景观应用】石莲花属约有 167 个原始种，此外还有许多杂交种、栽培变种、优选种等园艺种。因莲座状叶盘酷似一朵盛开的莲花而得名，被誉为“永不凋谢的花朵”，适合家庭栽培。置于桌案、几架、窗台、阳台等处，充满趣味，如同有生命的工艺品，是近年来较流行的小型多肉植物之一。在热带、亚热带地区可露地配植或点缀在花坛边缘、岩石孔隙间，可作插花用。

除石莲花属外，景天科的莲花掌属、风车草属、仙女杯属、瓦松属、长生草属中也有不少品种的肉质叶是呈莲座状排列，形态与石莲花属植物很相似，但花形却有很大的差别。

9. 长寿花 *Kalanchoe blossfeldiana* Poelln.（图 15-9）

【别名】寿星花、伽蓝花

【科属】景天科　伽蓝菜属

【产地与分布】原产马达加斯加，中国各地均有栽培。

【识别特征】肉质草本。茎直立，株高 10～30 cm。单叶交互对生，宽卵圆形，肉质，深绿色，有光泽；上部叶缘具波状钝齿，下部全缘。圆锥聚伞花序挺直，小花高脚碟状，花瓣 4 片；花色粉红、绯红或橙红色。花期 1～4 月。

【生态习性】喜阳光充足。喜温暖，不耐寒。喜湿润，较耐旱，喜肥沃的沙壤土。

【繁殖】扦插繁殖。

【景观应用】长寿花株型紧凑，叶片晶莹透亮，花朵稠密艳丽，花期长且易控制，观赏效果极佳，为大众化的优良盆花。具很好的净化空气的作用，尤其是在夜间，可以净化封闭的室内空气。

图 15-9　长寿花

10. 落地生根 *Bryophyllum pinnata*（L. f.）Oken

【别名】灯笼花、不死鸟、墨西哥斗笠

【科属】景天科　伽蓝菜属

【产地与分布】原产非洲，中国各地广为栽培。

【识别特征】肉质草本。全株蓝绿色，茎单生直立，圆柱状，褐色。羽状复叶交互对生，肉质，椭圆形或长椭圆形；叶边缘有圆齿，圆齿底部容易生芽，芽长大后落地即成一新植株。圆锥花序顶生，筒状花下垂倒吊，初期绿色，慢慢成熟后变成红褐色。花期 1～3 月。

【生态习性】喜光，稍耐荫。喜温暖、湿润，亦耐寒。喜排水良好的肥沃沙壤土。

【繁殖】扦插、播种繁殖。

【景观应用】落地生根叶片肥厚多汁，边缘长出整齐美观的不定芽，形似一群小蝴蝶，飞落于地，立即扎根繁育子孙后代，颇有奇趣。常用作盆栽，点缀书房和客室也具雅趣。还可作花坛和庭院露地栽培。

11. 翡翠景天 *Sedum morganianum* E. Walth.（图 15-10）

【别名】松鼠尾、串珠草、玉米景天、角景天

【科属】景天科　景天属

【产地与分布】原产墨西哥，世界各国多有栽培。

【识别特征】肉质草本。植株匍匐状，茎基部产生分枝。肉质叶抱茎生长，小而多分枝，紧密重叠在一起。花小，深玫瑰红色。花期夏季。

【生态习性】喜光，稍耐荫。喜温暖，不耐寒。喜疏松、肥沃、排水良好的沙质壤土。

【繁殖】扦插、分株繁殖。

【景观应用】翡翠景天细圆的肉质叶紧密长在茎上，很像人工制作的玛瑙串珠，又似松鼠尾，串状的茎、叶悬垂铺在花盆四周，显得格外雅致，是一种悬垂吊挂的盆栽珍品。

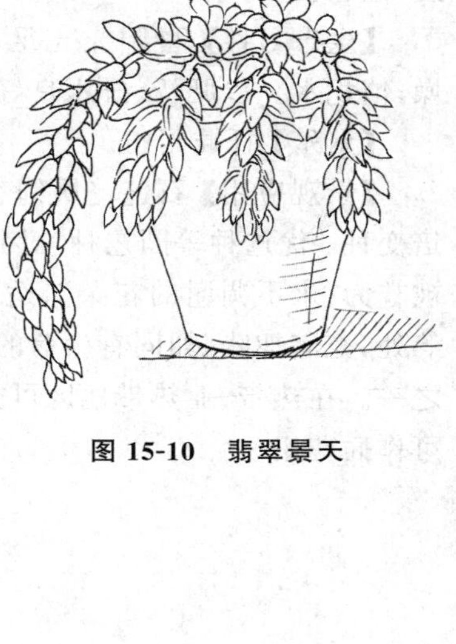

图 15-10　翡翠景天

12. 垂盆草 *Sedum sarmentosum* Bunge（图 15-11）

【别名】狗牙齿、三叶佛甲草、狗牙瓣

【科属】景天科　景天属

【产地与分布】原产中国、朝鲜、日本，中国各地广泛栽培。

【识别特征】肉质草本。茎匍匐，易生根。叶 3 片轮生，倒披针形至长圆形，顶端尖，基部渐狭，全缘。聚伞花序疏松，花淡黄色，无梗。花期 5～6 月。

图 15-11　垂盆草

【生态习性】喜半荫。喜温暖，耐高温亦抗寒。耐干旱、耐湿、耐盐碱、耐贫瘠。喜排水良好的沙壤土。抗病虫害能力强。

【繁殖】分株、扦插繁殖。

【景观应用】垂盆草色绿如翡翠，生长快，颇为整齐壮观，具备作为草坪草的优良性状以及耐粗放管理的特性。常用作地被植物，值得在屋顶绿化、地被、护坡、花坛等城市景观工程中进行广泛推广应用，并可作为北方屋顶绿化的专用草坪草。

15.3 菊　　科

13. 翡翠珠 *Senecio rowleyanus* Jacobsen（图 15-12）

【别名】佛珠、珍珠吊兰、绿之铃、绿铃

【科属】菊科　千里光属

【产地与分布】原产非洲南部，世界各地广为栽培。

【识别特征】肉质草本。茎蔓生铺散，细弱下垂。叶肉质，圆球形，先端急尖，具一条淡绿色斑纹，整齐排列在茎蔓上，呈串珠状。花小，白色或褐色。花期 10 月。

【生态习性】喜阳光充足，稍耐荫。喜温暖，不耐寒。较耐旱，忌雨涝。喜富含有机质、疏松肥沃的沙质壤土。

【栽培资源】同属常见栽培种：

①大弦月城 *S. herreianus*　又叫大弦月。叶肉质，卵圆形，表有多条透明纵线，整齐排列在茎蔓上，下垂。大弦月城小叶饱满翠绿，似一串串鼓鼓的珠子，是家庭悬吊栽培的理想花卉(图 15-13)。

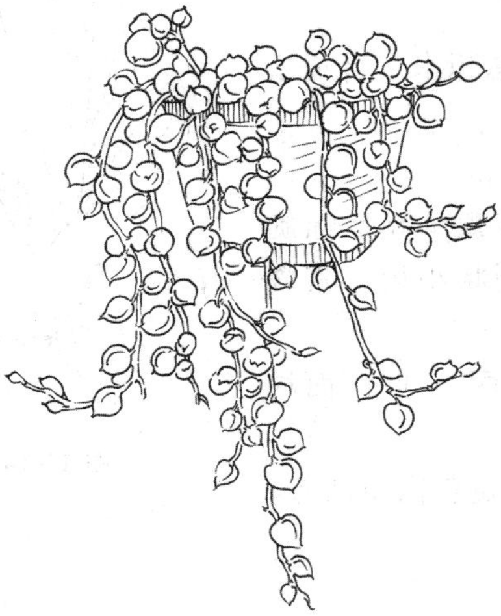

图 15-12　翡翠珠

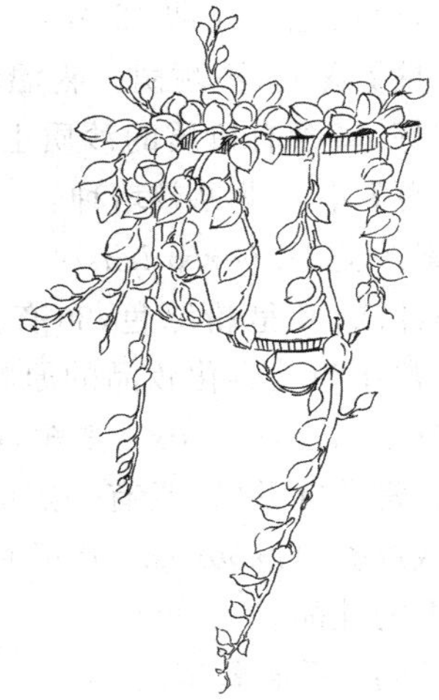

图 15-13　大弦月城

【繁殖】扦插繁殖。

【景观应用】翡翠珠叶形奇特、晶莹、玲珑雅致，着生于茎上似一串串绿色珠子而得名“翡翠珠”，是奇特的室内小型悬吊植物，似风铃在风中摇曳，观赏价值极高。

15.4 百合科

14. 虎尾兰 *Sansevieria trifasciata* Prain

【别名】虎皮兰、千岁兰、虎尾掌

【科属】百合科　虎尾兰属

【产地与分布】原产非洲和印度干旱地区，世界各地广为栽培。

【识别特征】肉质草本。具匍匐的根状茎，每一根状茎上长叶2～6片，独立成株。叶基生，肉质线状披针形，硬革质，直立，基部稍呈沟状；叶暗绿色，两面有浅绿色和深绿相间的横向斑带。总状花序，花白色至淡绿色。浆果。花期11～12月。

【生态习性】喜光，不耐荫。喜温暖，不耐寒。耐旱，忌积水。喜疏松肥沃、排水良好、富含有机质的沙质土。

【栽培资源】常见栽培品种：

①金边虎尾兰‘Laurentii’　具金黄色边缘，比虎尾兰更具观赏价值。

②短叶虎尾兰‘Hahnii’　低矮，叶片由中央向外回旋而生，彼此重叠，形成鸟巢状；叶长卵形，叶短具短尾尖；叶色深绿，具黄绿色云形横纹。是优良的迷你型观叶植物。

【繁殖】分生、扦插繁殖。

【景观应用】虎尾兰叶片直立，叶色常青，斑纹奇特，是良好的盆栽观叶植物，还可作切叶。

【其他用途】虎尾兰叶片具丰富的纤维素，在西非大量作纤维作物栽培。

15. 芦荟 *Aloe vera* var. *chinensis*(Haw.)Berg.(图15-14)

【科属】百合科　芦荟属

【产地与分布】原产于地中海、非洲，世界各地广为栽培。

【识别特征】肉质草本。幼苗期叶片为2列状排列，植株长大后叶片呈莲座状着生；叶条状披针形，肥厚多汁，边缘疏生刺状小齿。圆锥状花序，小花筒状，橙红色。花期12月。

【生态习性】喜光，不耐荫。喜温暖，不耐寒。耐旱，忌积水。喜疏松肥沃、排水良好、富含有机质的沙质土。

【栽培资源】本属常见栽培种：

①库拉索芦荟 *A. barbadensis*　茎干短，叶簇生在茎顶。叶呈螺旋状排列，肥厚汁浓；叶呈粉绿色，布有白色斑点，四周长刺状小齿。其含丰富的胶质，常作为美容化妆品的原料。

②中华芦荟 *A. chinensis*　茎短，叶近簇生，幼苗叶成两列，叶两面均有白色斑点。常花叶并赏，具有一定的药用价值。

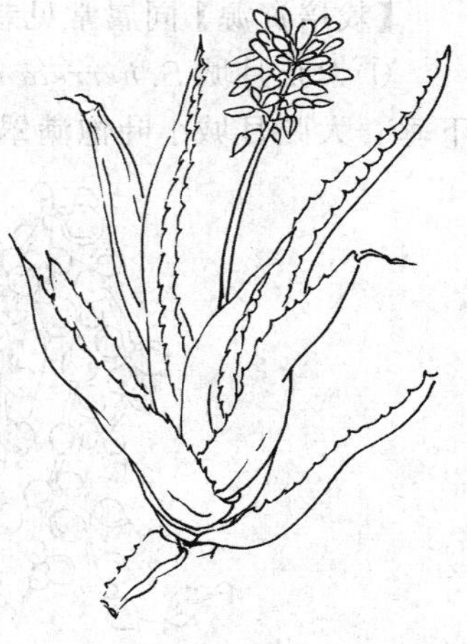

图15-14　芦荟

③不夜城芦荟 *A. nobilis*　叶正面及叶背有散生的淡黄色肉质凸起，是观赏芦荟中的佳品。

【繁殖】分生、扦插繁殖。

【景观应用】芦荟株型优美紧凑，叶色碧绿宜人，适宜作中、小型盆栽，点缀窗台、几架、桌案等处，清新雅致，别有情趣。

【其他用途】芦荟集食用、药用、美容、观赏于一身，有杀菌、抗炎作用。其蕴含 75 种元素，与人体细胞所需物质几乎完全吻合，有着明显的保健价值。

15.5 其　他　科

16. 虎刺梅 *Euphorbia milii* Ch. Des Moulins（图 15-15）

【别名】铁海棠、麒麟花、老虎筋

【科属】大戟科　大戟属

【产地与分布】原产非洲马达加斯加岛，现世界各地广泛栽培。

【识别特征】肉质草本。茎直立或略带攀缘性，具纵棱，密生硬而尖的锥状刺，排成 3～5 列。叶互生，集中于嫩枝上，倒卵形，先端圆而具小凸尖，全缘，无柄或近无柄。聚伞花序生于枝顶，花绿色，小型；总苞片两枚，扁肾形，红色或黄色，经久不落，为主要观赏部位。花果期全年。

【生态习性】喜阳光充足，稍耐荫。喜温暖，不耐寒。喜疏松、排水良好的腐叶土。

【繁殖】扦插繁殖。

【景观应用】虎刺梅株型奇特，有诸多园艺栽培类型，苞片色彩鲜艳，观赏期长，适宜做盆花观赏。露地栽培中可适时修剪作花坛中心或花境，也可作刺篱。由于虎刺梅全株有锐刺，而且茎中的白色乳汁有毒，应避免儿童碰伤中毒。

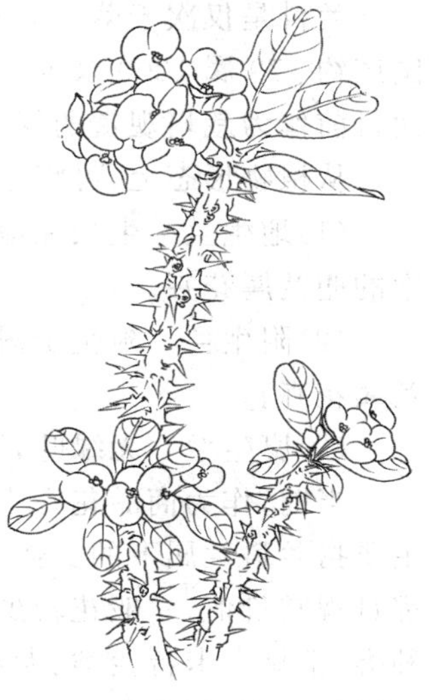

图 15-15　虎刺梅

17. 吊金钱 *Ceropegia woodii* Schltr.（图 15-16）

【别名】腺泉花、心心相印、吊灯花、爱之蔓

【科属】萝藦科　吊灯花属

【产地与分布】原产南非，中国各地均有栽培。

【识别特征】肉质草本。茎细软下垂。叶对生，肉质，心形或肾形，叶面上具白色条纹。花 2 朵生于同一花柄上，蕾期似吊灯，盛开似伞形，粉红色或浅紫色。花期夏秋。

【生态习性】喜阳光充足，耐半荫。喜疏松、排水良好、稍干燥的土壤。

【繁殖】扦插繁殖。

【景观应用】吊金钱藤蔓绕盆下垂，密布如帘，随风摇曳，风姿轻盈，多作吊盆悬挂观赏，十分有趣。从茎蔓看，好似古人用绳串吊的铜钱，得名“吊金钱”。又因其垂吊的心形叶对生，得名“心心相印”，在台湾又名“爱之蔓”。

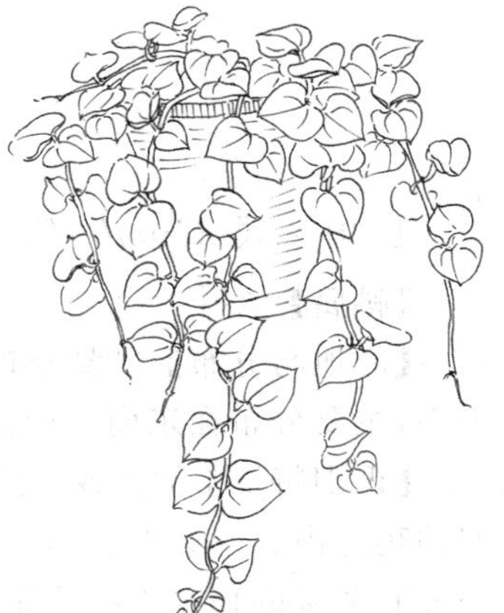

图 15-16　吊金钱

思考题

1. 肉质花卉是指什么？主要分布在哪些科？
2. 简述肉质花卉的园林用途。
3. 举出当地 8 种常用肉质花卉，说明它们主要的形态特征、生态习性和应用特点。

第16章　兰科花卉

兰科是仅次于菊科的第二大植物家族，是单子叶植物中最大的科，全世界有800余属2万多种。中国产约179属1300余种(《中国兰科植物鉴别手册》)，以云南、台湾、海南、广东、广西等省区种类最多，而目前作为栽培观赏的仅是其中的一小部分。

从植物形态上，可将兰科植物分为三类：

(1)地生兰　生长在地上，花序通常直立或斜上生长。多产于亚热带和温带地区，如国兰和热带兰中的兜兰属花卉。

(2)附生兰　附生于树干或石缝中，花序弯曲或下垂。多产于热带阴湿环境中。如卡特兰属、万代兰属花卉。

(3)腐生兰　无绿叶，终年寄生在腐烂的植物体上生活。如中药材天麻。

当前，作为商品花卉广泛生产的兰花有八个类群，主要有国兰类和洋兰类。国兰类(又称为地生兰)主要指兰科兰属下的少数种，多指以下七个种：春兰、蕙兰、寒兰、墨兰、建兰、春建兰、莲瓣兰，国兰花叶都具观赏价值，一般花较少，但芳香。洋兰类(又称为热带兰)主要指生于热带和亚热带地区的热带兰花种类，常见有卡特兰类、大花蕙兰类、蝴蝶兰类、万代兰类、石斛兰类、兜兰类、文心兰类等七个类群，洋兰以观花为主，花大色艳，但大多无香味。热带兰主要是观赏其独特的花形和艳丽的颜色，可作盆栽观赏，也是高档切花花材。

16.1　国　兰　类

1. 国兰类 *Cymbidium* spp.

【科属】兰科　兰属

【产地与分布】主要分布在亚洲热带和亚热带地区，少数分布在大洋洲和非洲。中国是本属的分布中心，主要分布在东南和西南地区。

【识别特征】附生或地生草本，罕有腐生，通常具假鳞茎，假鳞茎卵球形、椭圆形或梭形，包藏于叶基部的鞘之内。叶数枚至多枚，生于假鳞茎基部或下部节上，二列，带状或罕有倒披针形至狭椭圆形，基部一般有宽阔的鞘并围抱假鳞茎，有关节。花葶侧生或发自假鳞茎基部，直立、外弯或下垂；总状花序具数花或多花，或仅为单花；花苞片长或短，在花期不落(图16-1、图16-2)。常见国兰分种检索表：

1. 在花序中部的花苞片长度不及花梗和子房长度的1/3，至少不到1/2。

　2. 叶绿色，关节距基部2～4 cm；花葶通常短于叶；花序具3～9(～13)朵花。花期6～10月。……………………………………………………………………………… (1)建兰 *C. ensifolium*

　2. 叶暗绿色，关节距基部3.5～7 cm；花葶通常长于叶；花序具10～20朵花。花期10月至次年3月。…………………………………………………………………… (2)墨兰 *C. sinense*

1. 在花序中部的花苞片长度超过花梗和子房长度的1/2或至少1/3以上。

　3. 萼片狭长，宽3.5～5(7) mm；花苞片狭长，宽1.5～2 mm；花期8～12月。……………………………………………………………………………………………… (3)寒兰 *C. kanran*

3. 萼片较宽，宽 6～12 mm；花苞片宽 2～5 mm 或更宽。

4. 花葶略弯曲；花序中部的花苞片短于花梗和子房；叶脉通常透明；假鳞茎不明显。

5. 叶 4～6，花 5～12 朵，花期 2～4 月。 …………………………………… (4)蕙兰 *C. faberi*

5. 叶 5～7，花 3～7，花期 1～3 月。 ……………………………… (5)春剑 *C. longibracteatum*

4. 花葶挺直；花序中部的花苞片明显长于花梗和子房；叶脉不透明；假鳞茎小，但明显存在。

6. 叶较宽(宽 1.0～1.5 cm)，花单生或 2 朵。花期 1～3 月。 …… (6)春兰 *C. goeringii*

6. 叶较窄(宽 0.3～1.0 cm)，花 2～5 朵。花期 12～3 月。……… (7)莲瓣兰 *C. lianpan*

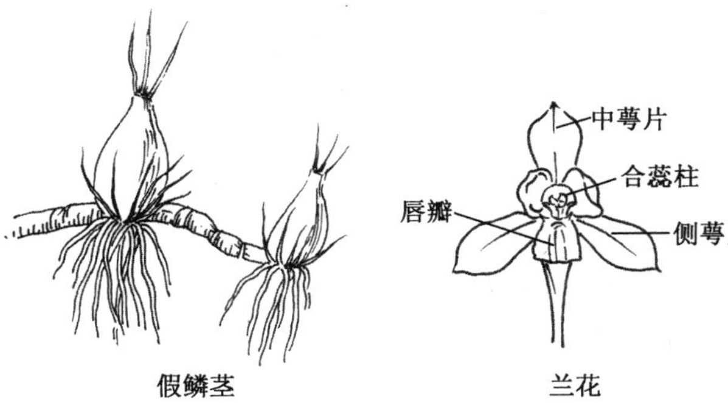

图 16-1　兰花形态

图 16-2　国兰

【生态习性】喜温暖湿润，耐寒性差。喜半荫环境，怕强光直射。不耐水涝和干旱。喜疏松肥沃和排水良好的腐叶土。

【繁殖】分株繁殖、组培培养。

【景观应用】国兰无花时叶态飘逸，四季常青，有“看叶胜看花”的誉称；开花时花荣清秀，色彩淡雅，幽香四溢，耐人品味，是我国的历史传统名花之一，也是著名的珍贵盆花。还可作名贵的切花，花期长达 1 个多月。

我国古代吟咏兰花的诗词最早可追溯到第一部诗歌总集《诗经》，“溱与洧，方涣涣兮！士与女，方乘阑(兰)兮！”。屈原是写兰花最多的诗人，常以兰花自拟。此后历朝历代也有许多著名诗人咏兰颂兰。

【其他用途】花、叶可入药。花可食用，还可用于熏制兰花茶。

16.2　洋　兰　类

2. 卡特兰类 *Cattleya* spp.（图 16-3）

卡特兰类是指卡特兰属(*Cattleya*)内原种和园艺杂交种及近缘种的总称。

【别名】嘉德利亚属

【科属】兰科　卡特兰属

【产地与分布】原产中南美洲，以哥伦比亚和巴西分布最多。

【识别特征】常绿宿根草本，附生。具地下根茎，茎基部有气生根。假鳞茎肉质呈棍棒状或圆柱状(图 16-4)，顶端着生 1～3 枚革质叶片；叶片厚实呈长卵形，中脉下凹。花茎从假鳞茎顶端伸出，较短，着花 1 至数朵；花径 5～10 cm，有特殊香气，花色丰富。单叶类冬春开花，双叶类夏末至初秋开花，花期持续 3～4 周。

图 16-3　卡特兰

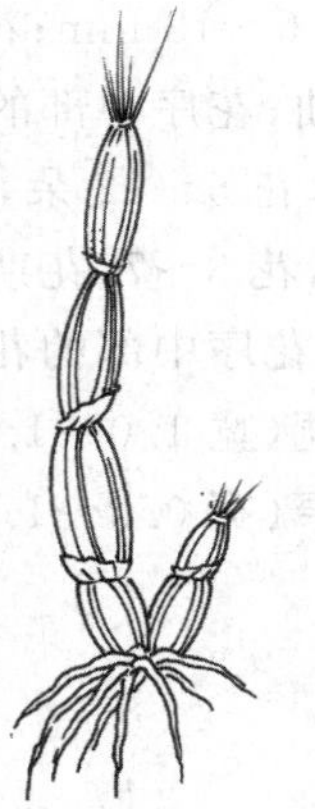

图 16-4　肉质茎

【生态习性】喜温暖、湿润、半荫环境。生长时期需要较高的空气湿度，适当施肥和通风。常用蕨根、苔藓、树皮块等栽培。

【繁殖】分株繁殖、组织培养。

【景观应用】卡特兰花色娇艳多变，花朵芳香馥郁，花期长，在国际上有"洋兰之王"、"兰花皇后"的美誉，与石斛、蝴蝶兰、万带兰并列为观赏价值最高的四大观赏兰类。常用作室内名贵盆花，还是高档切花。

3. 大花惠兰类 *Cymbidium* Group（图 16-5）

大花蕙兰为园艺栽培类群，是由原产于中国西南部及东南亚地区兰属中的大花附生种、小花垂生种以及一些地生兰经过一百多年的多代人工杂交育成的品种群。世界上首个大花蕙兰品种为 *Cymbidium* 'Eburneo-lowianum'，是用原产于中国的独占春作母本，碧玉兰作父本，于 1889 年在英国首次培育而成。

【科属】兰科　兰属

【产地与分布】属人工杂交种，为兰属中一些附生性较强的大花种和少量地生类杂交培育而成。

【识别特征】常绿宿根草本，附生。根粗壮。叶 6～8 枚带状丛生，革质。总状花序长 6～10 cm，花大而多；花色丰富，有黄、白、绿、红、粉红及复色等。花期长达 50～80 d。

【生态习性】喜光。喜冬季温暖和夏季凉爽，生长适温为 10～25℃。喜微酸性水，以雨水浇灌最为理想，生长期需较高的空气湿度。喜疏松、透气、排水好、肥分适宜的微酸性基质。

【繁殖】组培培养、分株繁殖。

图 16-5　大花惠兰

【景观应用】大花蕙兰花型整齐且质地坚挺，经久不凋，属豪华高雅型兰花。它具有国兰的幽香典雅，又有洋兰的丰富多彩，在国际花卉市场十分畅销，深受花卉爱好者的倾爱。主要用作盆栽观赏，适用于室内花架、阳台、窗台摆放。若多株组合成大型盆栽，适合宾馆、商厦、车站和空港厅堂布置，气派非凡，惹人注目。此外，大花蕙兰还是高档切花。

4. 石斛兰类 *Dendrobium* spp.（图 16-6）

石斛兰类是指石斛兰属（*Dendrobium*）内原种和近缘园艺杂交种总称。

【科属】兰科　石斛兰属

【产地与分布】原产亚洲和大洋洲的热带和亚热带地区。现以泰国、新西兰、马来西亚为栽培中心，中国广泛栽培。

【识别特征】宿根草本，附生。假鳞茎丛生。茎细长，不分枝，具多节，节处膨大。叶革质或柔软，落叶或常绿。总状花序着生于上部节处，上外花被片与内花被片近同形，侧外花被片与蕊柱合生，形成长距或短囊；唇瓣形状富于变化，基部有鸡冠状突起；花色丰富。花期 3～6 月。

【生态习性】喜光，夏季需要遮光。喜温暖，不耐寒。喜湿润、疏松透气的栽培基质，常用粗泥炭、松树皮、蛭石、珍珠岩、木炭屑配制而成。

【繁殖】分株繁殖、组织培养。

【景观应用】石斛花姿优雅，玲珑可爱，花色鲜艳，气味芳香，是优良的观赏植物。常用盆栽、腐木栽培，还可做切花。欧美常用石斛兰花朵制成胸花，配上丝石竹和天冬草，幽雅别致。石斛具有秉性刚强、祥和可亲的气质，被誉为“父亲节之花”。

图 16-6　石斛兰

图 16-7　兜兰

5. 兜兰类 *Paphiopedilum* spp.（图 16-7）

兜兰类是对兜兰属（*Paphiopedilum*）内原种和园艺栽培种类的总称。

【别名】拖鞋兰

【科属】兰科　兜兰属

【产地与分布】产于亚洲热带和亚热带地区，中国多生于广东、广西、云南、贵州等地。

【识别特征】常绿地生兰，少数附生。根细而有根毛，根量少。茎甚短。叶丛生，较薄，二列状套叠着生，多数种类叶面有斑点或红褐色花纹。花茎从叶丛中抽出，着花 1 朵，偶有 2 朵；花背萼极发达，有各种艳丽的花纹，两片侧萼合生在一起；唇瓣呈拖鞋形。单花花期 2～3 个月。

【生态习性】喜半荫，忌强光暴晒。喜温暖、湿润的环境。喜疏松、排水好的基质。

【繁殖】播种、分株繁殖和组织培养。

【景观应用】兜兰植株矮小，花型奇特，花色丰富，花大色艳，是世界上栽培最早最普及的兰花之一。常作盆栽观赏，是极好的高档室内盆栽观花植物，也是新型高档切花。

6. 蝴蝶兰类 *Phalaenopsis* spp.（图 16-8）

蝴蝶兰类是对蝴蝶兰属（*Phalaenopsis*）内原种与园艺杂交种的总称。

【科属】兰科　蝴蝶兰属

【产地与分布】分布于亚洲与大洋洲热带和亚热带地区，中国台湾、泰国、菲律宾、马来西亚、印度尼西亚等地均有分布。

【识别特征】常绿或落叶宿根草本，常见栽培种为常绿，附生。茎很短，常被叶鞘所包。叶基生，宽椭圆形，肥厚扁平，稍肉质。花序侧生于茎的基部，长达 50 cm，少分枝，具数朵由基部向顶端逐朵开放的花；花形似蝴蝶，中萼片近椭圆形，具网状脉。多数春季开花，部分夏、秋开花；单花期 1～4 个月。

【生态习性】喜半荫。喜高温、高湿，不耐寒。喜富含腐殖质、排水好、疏松的基质。

【栽培资源】商品栽培的蝴蝶兰多是人工杂交选育品种，杂交品种有白花系、红花系、黄花系、条纹花系、斑点花系。

【繁殖】组织培养。

【景观应用】蝴蝶兰花姿优美，颜色华丽，为热带兰中的珍品，深受人们喜爱，是珍贵的盆栽花卉，可悬吊式种植，也是国际上流行的名贵切花。

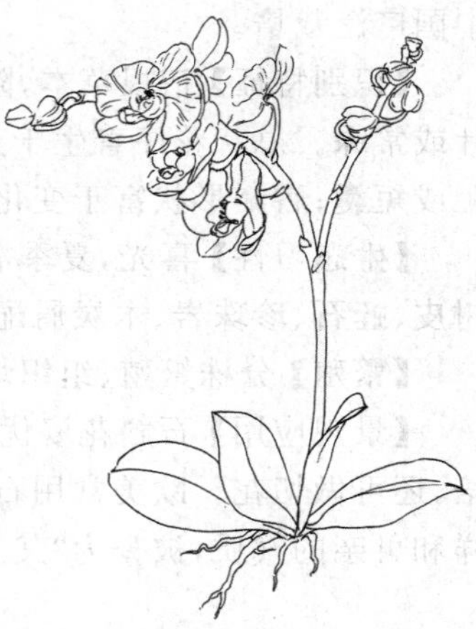

图 16-8　蝴蝶兰

7. 万代兰类 *Vanda* spp.（图 16-9）

万代兰是对万代兰属（*Vanda*）内原种与园艺杂交种的总称。该属的模式种是网格万代兰，其中卓锦万代兰（V. ‘Miss Joaquim’）是新加坡的国花。

【科属】兰科　万代兰属

【产地与分布】分布于热带、亚热带的亚洲和大洋洲，广泛分布于中国、印度、马来西亚、菲律宾、美国夏威夷、新几内亚、澳大利亚等地。

【识别特征】常绿宿根草本，附生。地下根粗壮，地上节处具气生根。茎直立向上，节间极短而成套叠状。叶片带状，质厚，中脉下陷，无柄，左右互生。花序从叶腋间抽出，着花 10～20 朵，花较大；花色丰富，具香气。花期 12 月至翌年 5 月。

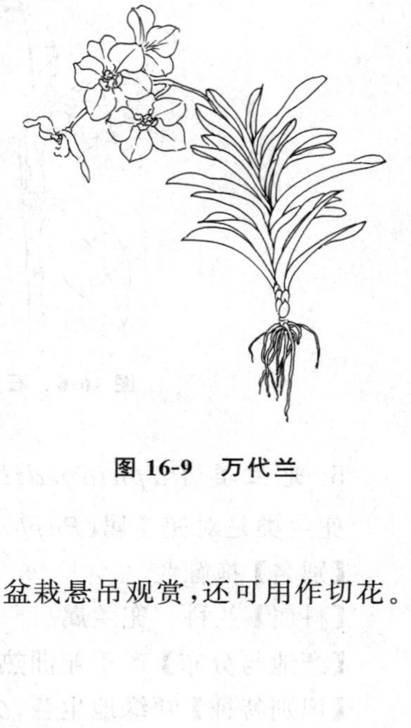

图 16-9　万代兰

【生态习性】喜高温，低于 5℃冻死。喜湿润，不耐旱。喜通风良好。喜排水好的基质，常用水苔栽植。

【繁殖】分株繁殖。

【景观应用】万代兰植株高大，开花茂盛，花期长，是重要的盆花。可盆栽悬吊观赏，还可用作切花。

思考题

1. 国兰、洋兰、地生兰、热带兰的含义是什么？有哪些不同？
2. 简述兰科花卉的园林用途。
3. 举出当地 5 种常用兰科花卉，说明它们主要的形态特征、生态习性和应用特点。

第三部分　室内装饰植物

随着人们对于回归大自然的渴望，室内环境中装饰植物应用种类也更加的丰富，它们美化、绿化建筑空间，为人们的家居、办公空间、商业空间等增添了许许多多缤纷绚烂的色彩与姿态，给室内空间平添了自然的芬芳与趣味。室内植物不仅能够保持室内空气清新、湿润，还能美化环境，对于舒缓现代人工作紧张、忙碌的生活状态与精神情绪具有重要的作用。

一般室内装饰植物多选用常绿、耐荫的植物，能够适应室内局限的环境，不仅观赏价值高，并具有一定的文化内涵或者象征吉祥、富贵等美好寓意，常常以观赏绿色叶、彩色叶或既能观叶、观花又能观果的装饰植物为佳。

第 17 章　室内木本植物

1. 孔雀木 *Dizygotheca elegantissima* L.（图 17-1）

【别名】美叶楤木、秀丽假五加

【科属】五加科　孔雀木属

【产地与分布】原产大洋洲和太平洋群岛。

【识别特征】常绿灌木至小乔木，株高 1.8 m。树干和叶柄都有乳白色斑点。叶革质，互生，掌状复叶；小叶 7～11 枚，线形，边缘有锯齿；幼叶呈铜红色，成熟后叶深绿色或带白边，有特殊的金属光泽。

【生态习性】喜光耐半荫。喜温暖、湿润、光照充足的环境，能耐高温，生育适温 20～28℃，越冬 15℃以上。以疏松、肥沃的沙质壤土为好。

【景观应用】孔雀木树形和叶形优美、雅致，叶窄而奇特，姿态自然洒脱，为名贵的观叶植物。适合盆栽观赏，常用于居室、厅堂和会场布置。

图 17-1　孔雀木

2. 马拉巴栗 *Pachira macrocarpa* L.（图 17-2）

【别名】瓜栗、大果木棉、美国土豆、发财树

【科属】木棉科　中美木棉属

【产地与分布】原产中美洲和南美洲

【识别特征】常绿或半落叶小乔木，株高可达 6 m。播种苗干基部膨大。叶多密生于茎上部，具长柄；掌状复叶，长椭圆形至倒卵圆形，小叶 4～7 枚。花大，杯状，花瓣条裂，花色有红、白或淡黄色，色泽艳丽。蒴果。花期 4～5 月；果熟期 9～10 月。

【生态习性】喜阳光充足，耐半荫。喜温暖，不耐寒，生育适温 20～30℃，越冬 10℃以上。不择土壤,耐旱,但更喜肥沃、排水好的壤土。在原生境生长于沼泽地。

【栽培资源】常见品种:

①斑叶马拉巴栗'Variegata'小叶具斑纹,黄绿相间。

【景观应用】马拉巴栗在华南地区可作庭园观赏树和行道树,现南方大部分地区多作室内观叶植物,也可作桩景式盆栽,除作单干株型外,常见在幼时将3～5干编织成辫子呈多干株型。多用于宾馆、饭店、商场内部的装饰与美化,寓意财源广进、吉祥如意。

【其他用途】种子可食用,味道似花生。

图 17-2　马拉巴栗

图 17-3　海南菜豆树

3. 海南菜豆树 *Radermachera hainanesis* Merr.(图 17-3)

【别名】绿宝树、富贵树、幸福树

【科属】紫葳科　菜豆树属

【产地与分布】产东南亚热带,我国两广及云南有分布,即广东(阳江)、海南、云南(景洪),在次生阔叶林中常见。

【识别特征】常绿乔木,高达20 m。1～2回羽状复叶(或仅有小叶5片)对生,叶卵形至卵状椭圆形。花萼2～5裂;花冠较小,漏斗状5裂,淡黄色;2～4朵腋生总状花序。蒴果长40～45 cm。花期4～7月和11月至次年1月;果期秋季及春季。

【生态习性】喜光,喜生于石灰岩山地,在酸性红壤上也生长良好。

【栽培资源】同属常见种:

①菜豆树 *R. sinica*　落叶乔木,高达12 m。2～3回奇数羽状复叶。花萼钟状5裂,花冠较大;顶生圆锥花序。蒴果细长,长达85 cm。花期5～9月,果期10～12月。

【景观应用】海南菜豆树树形美观,花色淡雅,现多作室内盆栽观赏,商品名"大富贵"、"幸福树"意幸福、美好。菜豆树在华南地区可作园林绿化树及行道树。

【其他用途】菜豆树根、叶、果入药;木材供建筑、板料等用。

4. 袖珍椰子 *Chamaedorea elegans* Mart .(图 17-4)

【别名】矮生椰子、矮棕、玲珑椰子

【科属】棕榈科　袖珍椰子属

【产地与分布】原产墨西哥与危地马拉。

【识别特征】常绿小灌木。茎直立,高可达2 m左右,盆栽一般30～60 cm,不分枝。叶细软弯曲下垂，长达 60 cm，羽状复叶，顶端两片羽叶的基部常合生为鱼尾状，叶鞘筒状抱茎。雌雄异株，肉穗花序腋生，雄花序稍直立，雌花序稍下垂，花淡黄色呈小球形。浆果橙黄色或黄色，成熟时蓝黑色。花期春季。

图 17-4　袖珍椰子

【生态习性】喜半荫，喜温暖至高温环境，生育适温 18～30℃，越冬 10℃以上，耐旱。怕强光直射。吸水能力强，尤其夏季应供给充足水分。

【景观应用】袖珍椰子植株矮小，是棕榈科植物中体型最小的植物之一，其株型酷似热带椰子树，形态小巧玲珑，也是室内椰子型植物应用最广泛的物种。袖珍椰子属于中、小型盆栽，可装饰客厅、书房、会议室、宾馆服务台等室内环境，增添热带风光的气氛和韵味。

5. 香龙血树 *Dracaena fragrans*（L.）Ker-Gawl.（图 17-5）

【别名】巴西木、巴西铁

【科属】百合科　龙血树属

【产地与分布】原产非洲几内亚、埃塞俄比亚及东南热带。

【识别特征】常绿小灌木，高可达 4 m，盆栽 50～200 cm。植株高大挺拔，少有分枝。叶长椭圆状披针形，集生茎端，绿色，革质，叶缘波浪状起伏。花淡黄色，芳香。品种较多。

图 17-5　香龙血树

【生态习性】喜高温、多湿，喜光，也耐荫。

【栽培资源】

(1)常见品种：

①金心龙血树'Massangeana'　叶中心有宽的金黄色条纹。

②金边龙血树'Virescens'　叶缘有宽的金黄色条纹，中间有窄的金黄色条带。

(2)同属其他常见种及品种：

①密叶朱蕉 *D. deremensis*'Compacta'　叶片密集轮生，排列整齐，叶色青翠优良。

②富贵竹 *D. sanderiana*　盆栽多 40～60 cm。植株细长；叶片披针形。园艺品种多，如金边富贵竹'Virescens'叶缘具有黄色宽条纹、银边富贵竹'Margaret'叶缘具有白色宽条纹。

【景观应用】香龙血树是常见的室内观叶植物，适于盆栽供宾馆、会场、客厅装饰。在家庭中可将老干切成数段水养。盆栽常用达到一定粗度的茎干切成数段，按不同高度配置在盆中，形成错落有致的大型盆栽花卉，富有热带情调。

其他常见室内木本观赏植物见附表 17-1。

附表 17-1　其他常见室内木本观赏植物（按拉丁字母顺序排列）

序号	中名	拉丁名	科属	产地	类别	观赏特点
1	三药槟榔	*Areca triandra*	棕榈科 槟榔属	产印度、中南半岛及马来半岛等亚洲热带地区	常绿灌木	茎干细长如竹，有环状叶痕；羽状复叶。植株丛生优美
2	非洲茉莉	*Fagraea ceilamica*	灰莉科 灰莉属	产南亚、澳大利亚、太平洋岛屿	常绿灌木	叶长椭圆形，厚革质，表面暗绿色，光亮。花冠白色，蜡质，芳香
3	金钱榕	*Ficus deltoidea*	桑科 榕属	原产印度和马来西亚	常绿乔木	叶片宽大呈矩圆形或椭圆形，有光泽，厚革质，先端尖，全缘
4	柳叶榕	*Ficus stenophylla*	桑科 榕属	产热带、亚热带的亚洲地区	常绿 小乔木	小枝下垂；叶长椭圆披针形似柳叶
5	江边刺葵	*Phoenix roebelenii*	棕榈科 刺葵属	原产老挝、印度、中南半岛及中国西双版纳	常绿灌木	羽状复叶常垂拱；株型轻柔美丽
6	金脉爵床	*Sanchezia nobilis*	爵床科 黄脉爵床属	原产南美、墨西哥，热带地区广泛栽培	常绿亚灌木	叶脉橙黄色或乳白色

第18章　室内草本植物

1. 豆瓣绿 *Peperomia magnoliafolia* A. Dietr.（图 18-1）

【别名】圆叶椒草

【科属】胡椒科　草胡椒属

【产地与分布】原产巴西。

【识别特征】多年生常绿丛生肉质观叶植物。无主茎，高 20～40 cm，茎肉质较肥厚，基部匍匐，多分枝。叶簇生密集，叶片阔卵形或圆卵形，近肉质，光滑，小花绿白色。浆果。

【生态习性】喜散射光耐半荫，喜温暖湿润，生长适温 20～25℃，越冬不低于 10℃。喜肥沃排水良好沙质壤土。

【栽培资源】

(1)常见品种：

①花叶豆瓣绿'Argyreia'　叶脉间有较宽的银绿色条纹。

(2)同属常见种：

①皱叶椒草 *P. caperata*　株丛紧凑，株高 15 cm。叶心形至卵圆，浓绿至灰绿色，具深皱。

②卵叶豆瓣绿 *P. obtusifolia*　茎常横卧，叶子肥厚，有蜡质，浓绿色，卵状心形，柄短红色。

③西瓜皮椒草 *P. sandersii*　叶心形，叶尾端尖，叶面绿色；叶脉浓绿色，叶脉间为白色，半月形花纹状似西瓜皮(图 18-2)。

【景观应用】豆瓣绿株型矮小，枝叶繁密，宜作室内装饰盆栽或吊盆布置，任枝条蔓延垂下，悬吊于室内窗前或浴室处。

【其他用途】豆瓣绿对甲醛、二甲苯、二手烟有一定的净化作用，是防辐射最好的植物；亦具有药用价值。

图 18-1　豆瓣绿

图 18-2　西瓜皮椒草

2. 花叶冷水花 *Pilea cadierei* Gagnep. et Guill.（图 18-3）

【别名】白雪草、青冷草、花叶荨麻

【科属】荨麻科　冷水花属

【产地与分布】原产越南中部山区。

【识别特征】多年生常绿草本或亚灌木。全株无毛;具匍匐根茎,茎肉质。叶片卵状椭圆形,交互对生,先端尖,基部楔形或钝圆,叶缘上部具有疏钝锯齿,三出脉下陷,脉间具银白色斑块,有光泽。头状花序,花小,淡粉白色。花期9～11月。

【生态习性】喜半荫,喜高温高湿,生育适温20～28℃,越冬5℃以上;较耐水湿。

【景观应用】耐修剪,栽培容易,是耐阴性强的室内装饰植物。盆栽或吊盆栽培,点缀几架、桌案,显得翠绿光润,清新秀丽。又可在室内花园作带状或片状地栽布置。南方常作地被植物,展现出青翠光亮的天然野趣。

图 18-3　花叶冷水花

3. 网纹草类 *Fittonia* spp.

【科属】爵床科　网纹草属

【产地与分布】原种产南美。

【识别特征】多年生常绿草本,常绿宿根花卉。植株低矮,茎呈匍匐状,落地茎节易生根;茎枝、叶柄、花梗均密被茸毛。叶十字对生,卵圆形至椭圆形,叶脉有颜色,形成网状,因种类不同而色泽不同。顶生穗状花序,小花黄色,一般春季开花。

【生态习性】喜高温、多湿和半荫环境。越冬温度不低于15℃;忌干燥;怕强光;要求疏松、肥沃、通气良好的沙质壤土。

【栽培资源】常见种及变种:

①红网纹草 *F. verschaffeltii*　叶深绿色,网纹脉红色。

②白网纹草 *F. verschaffeltii* var. *argyroneura*　叶翠绿色,叶脉呈银白色(图18-4)。

③小叶白网纹草 *F. verschaffeltii* var. *minima*　为矮生品种,叶片翠绿色,网纹银白色。

【景观应用】网纹草类是观叶植物中的小型盆栽植物,其叶片花纹美丽独特,小巧别致,常作室内盆栽、吊盆和瓶景观赏,用于装饰、美化室内环境,点缀书桌、茶几、窗台、案头、花架等。

图 18-4　白网纹草

4. 花烛类 *Anthurium* spp.

【科属】天南星科　花烛属(安祖花属、火鹤花属)

【产地与分布】原产美洲热带。

【识别特征】常绿宿根花卉。有茎或无茎。叶革质,全缘或开裂。佛焰苞卵圆形、椭圆形或披针形,革质,色彩多样。肉穗花序直立或卷曲。

【生态习性】喜光耐半荫。喜高温多湿,生育适温20～30℃,越冬15℃以上。

【栽培资源】常见种:

①花烛 *A. andraeanum*　又名烛台花、安祖花、蜡烛花。典型的半肉质须根系,并具气生根,肉质。茎极短,近无茎。叶柄细,较叶片长,叶片长圆至长圆卵状心形。花腋生,佛焰苞蜡质,正圆形至卵圆形,色泽有鲜橙红色、粉、玫红以至白色品种。肉穗花序直立,黄色,四季开花(彩图152)。

②迷你花烛 *A. hybridum*　与花烛相比,其植株矮小,花、叶均较小。

③火鹤花 *A. scherzerianum*　又名卷尾花烛、红苞芋。叶细窄,长椭圆状心脏形或长圆披针形,先端尖,基部圆形。肉穗花序扭曲,佛焰苞猩红色(彩图153)。

【景观应用】属于中、小型盆栽花卉。花烛的花朵独特,为佛焰苞,色泽鲜艳华丽,色彩丰富,为世界名贵花卉、重要的热带切花和盆栽花卉。

5. 龟背竹 *Monstera deliciosa* Liebm.（图 18-5）

【别名】电线兰、蓬莱蕉

【科属】天南星科　龟背竹属

【产地与分布】原产墨西哥，各热带地区多引种栽培供观赏。

【识别特征】常绿攀援灌木。茎高大粗壮，茎上生有索状、肉质气生根。叶呈矩圆形，革质，多数具有长圆或椭圆状穿孔，边缘不规则羽状深裂，深绿色或暗绿色，幼叶心形，无孔。佛焰苞白色，肉穗花序。浆果。

【生态习性】喜半荫且耐荫。喜温暖多湿，生育适温 20～25℃，越冬 5℃以上。

【栽培资源】同属常见种及变种：

①迷你龟背竹'Minima'　叶片长仅 8 cm。

②石纹龟背竹'Marmorata'　叶片淡绿色，叶面具黄绿色斑纹。

③白斑龟背竹'Albo-Variegata'　叶片深绿色，叶面具乳白色斑纹。

④蔓状龟背竹'Borsigiana'　茎叶的蔓生性状特别强。

图 18-5　龟背竹

【景观应用】龟背竹常种在廊架或建筑物旁，是极好的垂直绿化材料，或于花园的水池和大树下，颇具热带风光；可在室内盆栽作观叶植物。居家莳养龟背竹有一定净化空气的作用，室内常用中小盆种植，置于室内客厅、卧室和书房，也可用大盆栽培置于宾馆、饭店、大厅及室内；叶片还能作插花叶材。

【其他用途】肉穗花序鲜嫩肉质，可用作菜；花序外佛焰苞可生食。果实成熟时暗蓝色，被白霜，具有香蕉的香味，可当水果食用。

6. 黄金葛 *Scindapsus aureum* Engl.（彩图 154）

【别名】花叶绿萝、绿萝

【科属】天南星科　藤芋属

【产地与分布】原产亚洲热带

【识别特征】常绿草质藤本植物。茎蔓长数米、粗壮，茎节处有气根。叶椭圆形或长卵心形，叶基部浅心形，叶端渐尖，全缘。叶片大小不一，若悬吊栽培，叶片向下生长，则叶片会变小。园艺品种多。

【生态习性】喜光亦耐荫，喜高温高湿，生育适温 15～25℃，越冬 5～8℃；不耐旱，要求疏松、肥沃、排水良好的沙质壤土，可以水培。

【栽培资源】常见品种：

①金葛'Golden Queen'　叶有金色条纹。

②银葛'Marble Queen'　叶有银色条纹。

【景观应用】终年常绿，有光泽。冬季，户外草木枯萎凋零，而室内的绿萝却郁郁葱葱，可作绿柱式盆栽、吊盆、水培装饰室内环境，其叶也是插花配叶的佳品。

【其他用途】有药用价值，具有活血散瘀的功效。

7. 水塔花 *Billbergia pyramidalis*(Sims)Lindl.（图 18-6）

【别名】红苞凤梨、红笔凤梨

【科属】凤梨科　水塔花属

【产地与分布】原产巴西

【识别特征】多年生常绿草本植物。茎极短。莲座叶丛基部抱合，呈杯状，可以储水而不漏，故称水塔花。成株叶片 10～15 枚，叶阔披针形，上端急尖，边缘有细锯齿，肥厚宽大，表面有较厚的角质层和鳞片。穗状花序直立，高出叶面；苞片披针形，粉红色；萼片有粉被，暗红色；花冠鲜红色，花瓣反卷，边缘带紫色，多于冬春季开花。

【生态习性】喜光耐半荫、稍耐旱；喜温暖、湿润和光照较好的环境。不耐寒，生育适温 20～25℃，越冬温度 10℃以上。忌强光暴晒。要求疏松、肥沃、排水良好的土壤，以沙与泥炭或腐殖土混拌为宜。

【栽培资源】常见变种：

①火炬水塔花 var. *concolor*　花瓣、苞片均为红色。

②条纹水塔花 var. *strata*　叶片上有乳黄色乃至绿色的纵纹。

③美叶水塔花 var. *sanderiana*　叶缘密生黑色刺状锯齿，花葶细长平滑，顶端着生稀疏圆锥花序，花瓣绿色，先端蓝色，萼上有蓝色斑点。

图 18-6　水塔花

【景观应用】水塔花叶片青翠亮泽，花色鲜艳夺目，是优良的观花赏叶的室内盆栽花卉，其别致的杯形叶筒，可储水不漏，趣味无穷。是点缀阳台、厅室的佳品。也适宜庭院、假山、池畔等场所摆设，烘托节日气氛。

其他常见室内草本观赏植物见附表 18-1。

思考题

1. 室内装饰植物是指什么？作用是什么？

2. 举出 10 种常用的室内装饰植物，说明它们主要的生态习性以及景观应用。

3. 举出 5 种彩色叶装饰植物，说明它们的识别特征及景观应用。

附表 18-1　其他常见室内草本观赏植物(按拉丁字母顺序排列)

序号	中名	拉丁名	科属	产地	类别	观赏特点
1	铁线蕨	*Adiantum capillus-veneris*	铁线蕨科 铁线蕨属	原产美洲热带及欧洲温暖地区	蔓生蕨类	茎细长且颜色似铁丝；叶小，叶色青翠
2	万年青	*Aglaonema modestum*	天南星科 花叶万年青属	原产中国南方、马来西亚和菲律宾等地	宿根花卉	叶宽大苍绿，椭圆状卵圆形或宽披针形，边缘波状。浆果殷红圆润。常见品种：金边万年青 'Pseudobracteatum'、银边万年青 'Silver King'
3	大海芋	*Alocasia macrorrhiza*	天南星科 海芋属	产亚洲热带	宿根花卉	叶大型，盾形且阔宽；叶柄长而粗壮。佛焰苞开展呈舟型；肉穗花序芳香
4	狐尾武竹	*Asparagus densiflorus* 'Myers'	假叶树科 天门冬属	原产南非	宿根草本	植株蓬松似狐狸尾巴，茎直立生长不下垂，叶片细小
5	文竹	*Asparagus plumosus*	百合科 天门冬属	原产南非	攀缘宿根花卉	叶状枝纤细，水平排列呈羽毛状
6	五彩芋	*Caladium bicolor*	天南星科 花叶芋属	原产西印度群岛至巴西	球根花卉	基生叶，纸质，戟状卵形、卵状三角形至圆卵形；叶有白、绿、橙红、粉、银白、红、黄等斑点与斑块

续附表 18-1

序号	中名	拉丁名	科属	产地	类别	观赏特点
7	箭羽肖竹芋（箭羽竹芋）	*Calathea insignis*	竹芋科 肖竹芋属	原产热带美洲	宿根花卉	叶片斜立，形似箭形；主脉两侧与侧脉平行嵌有白色带与暗绿色带交替的深绿色斑纹，呈羽状排列，叶背及叶柄紫红色或棕色
8	孔雀肖竹芋（孔雀竹芋）	*Calathea makoyana*	竹芋科 肖竹芋属	原产热带美洲	宿根花卉	叶片薄主脉两侧有羽状、暗绿色的长椭圆形绒状斑纹并有金属光泽，叶背面为紫色
9	吊兰	*Chlorophytum comosum*	百合科 吊兰属	原产南非	宿根花卉	四季常绿，其叶细长似兰花，茎端簇生的叶片由盆沿向外下垂，形似展翅跳跃的仙鹤
10	果子蔓	*Guzmania lingulata* ‘Remenbrance’	凤梨科 果子蔓属	原产美洲热带雨林	宿根花卉	叶长带状，背面微红，薄而光亮。穗状花序高出叶丛，花茎、苞片和基部的数枚叶片呈鲜红色或紫红色
11	巢蕨	*Neottopteris nidus*	铁角蕨科 巢蕨属	原产非洲热带、亚洲热带，中国分布南部	附生蕨类	叶辐射状环生于根状短茎周围，中空如鸟巢。其叶片密集，碧绿光亮
12	羽裂喜林芋	*Philodendron selloum*	天南星科 喜林芋属	原产巴西和巴拉圭	宿根花卉	叶片呈粗大的羽状深裂似手掌状，浓绿而有光泽
13	心叶蔓绿绒	*Philodendron schott*	天南星科 喜林芋属	原产巴西、牙买加、西印度群岛	宿根花卉	叶质厚而翠绿，绿色有光泽
14	合果芋	*Syngonium podophyllum*	天南星科 合果芋属	原产中、南美洲，墨西哥至巴拿马热带雨林	蔓性宿根花卉	茎节处有气生根，可攀附他物生长。幼叶长圆形、箭形或戟形，老叶呈 3～9 掌状裂，叶片表面常具各种白色斑纹
15	蓝花铁兰（紫花铁兰）	*Tillandsia cyanea*	凤梨科 铁兰属	原产厄瓜多尔、危地马拉、秘鲁。	宿根附生花卉	叶片簇生，基部呈紫褐色条形斑纹。苞片粉红色，苞片间开出蓝紫色小花，状似蝴蝶
16	长苞铁兰（长苞凤梨）	*Tillandsia lindenii*	凤梨科 铁兰属	原产热带	宿根附生花卉	穗状花序扁平；苞片鲜红色，排成二列。小花蓝色，具白色的喉部

第四部分　观赏地被植物

观赏地被植物是指株丛低矮、密集、绿化覆盖效果好，能够防止水土流失，吸附尘土、净化空气、减弱噪声、消除污染并具有一定观赏价值、经济价值的植物。它不仅包括多年生低矮草本植物，还有一些适应性较强的低矮、匍匐型的灌木和藤本植物。

第19章　木本地被植物

1.地石榴 *Ficus tikoua* Bur.（图 19-1）

【别名】地果、地瓜

【科属】桑科 榕属

【产地与分布】产西南各省区。

【识别特征】常绿匍匐木质藤本。茎上生细长不定根，节短，膨大。叶坚纸质，倒卵状椭圆形，先端急尖，基部圆形至浅心形，边缘具疏浅圆锯齿，叶面深绿色，背面浅绿色；表面被短刺毛，背面沿脉有细毛。榕果成对或成簇生于匍匐茎上，常埋于土中，球形至圆卵形，成熟时深红色。花期 5～7 月，果期 7～8 月。

【生态习性】喜光亦耐荫，喜温暖湿润，耐瘠薄、耐热抗寒。

【景观应用】地石榴的叶片翠绿且覆盖地面效果非常好，具有很好的美化、绿化、装饰和遮挡作用；也是优良的水土保持植物。

图 19-1　地石榴

【其他用途】根、果可入药；果熟时可食。

2.萼距花 *Cuphea hookeriana* Walp.（彩图 155）

【别名】雪茄花

【科属】千屈菜科 萼距花属

【产地与分布】原产墨西哥至牙买加。

【识别特征】常绿灌木或亚灌木状。仅小枝被柔毛。叶对生，薄革质，披针形或卵状披针形，稀矩圆形，顶部的叶线状披针形。花瓣 6，深紫色，不等大，上方 2 枚特大，其余 4 枚极小，锥形。

【生态习性】喜光耐半荫；喜高温湿润，生育适温 22～28℃。

【栽培资源】同属常见种及品种：

①细叶萼距花 *C. hyssopofolia*　叶线状披针形；花紫色。

②白花萼距花 *C. hyssopofolia*‘Alba’　叶卵状披针形；花白色。

③火红萼距花 *C. platycentra*　叶片披针形或卵状披针形；花单生叶腋；萼筒细长，火焰红色，口部白色；无花瓣。

④披针叶萼距花 *C. lanceolata*　全株密被柔毛；叶片矩圆形或披针形；花瓣玫瑰色或紫色，大小不等，上方两枚稍大；花萼较大。

【景观应用】萼距花的用途很广。适合在庭园石块旁作矮绿篱，也可在花丛、花坛边缘种植。若空间开阔的地方还可群植、丛植或带植。绿色丛中，繁星点缀，十分怡人。栽培在乔木下或与常绿灌木及其他花卉配置，都能形成优美的景观。亦可作地被栽植，阻挡杂草的蔓延和滋生，作盆栽观赏效果也非常好。

3. 西洋杜鹃 *Rhododendron indicum* Group.（彩图 156）

【别名】印度杜鹃、比利时杜鹃、四季杜鹃

【科属】杜鹃花科　杜鹃花属

【产地与分布】原产印度。

【识别特征】常绿灌木。枝、叶表面疏生柔毛，分枝多。叶互生，叶片卵圆形至长椭圆形，叶缘具细圆齿状锯齿，深绿色。总状花序，花顶生，花冠阔漏斗状，雄蕊 5；花有单瓣、半重瓣和重瓣，花色有大红、紫红、黑红、洋红、玫瑰花、橘红、桃红、肉红、白、绿以及红白相间的各种复色。花期主要在冬、春季。

【生态习性】喜光亦耐荫；喜冷凉湿润，生育适温 15～20℃；不耐旱。

【栽培资源】常见品种：

①夏鹃‘Natusatugi’　夏季开花，花色红艳。

【景观应用】西洋杜鹃植株低矮，四季开花，四季常绿，有黄、红、白、紫四色，作林荫下、树丛、溪边、池畔及草坪边缘的花篱、绿篱美化环境，也可修剪成伞形灌木，增添庭院美景，另外还可作盆栽、盆景观赏。

4. 马缨丹 *Lantana camara* L.（彩图 157）

【别名】五色梅、红黄花、臭草

【科属】马鞭草科 马缨丹属

【产地与分布】原产美洲热带；世界热带地区均有分布。

【识别特征】常绿半藤状灌木，高 1～2 m。全株具粗毛，有强烈气味；茎四方形。叶对生，卵形至卵状椭圆形，边缘有齿，叶面略皱。花小，无梗；密集成腋生头状花序，具长总梗。花初开时黄色或粉红色，渐变橙黄或橘红色，最后成深红色。核果肉质，熟时紫黑色。几乎全年开花，而以夏季花最盛。

【生态习性】喜光；喜暖热湿润，生育适温 20～32℃，越冬 5℃以上；耐干旱瘠薄；耐碱性土壤。

【景观应用】马缨丹花色美丽，观花期长，绿树繁花，常年艳丽，可植于公园、庭院中作花篱、花丛，也可于道路两侧、旷野形成绿化覆盖植被；还可作花坛；也可盆栽观赏。

【其他用途】根、茎、叶、花可入药。

其他常见木本地被植物见附表 19-1。

附表 19-1 其他常见木本地被植物（按拉丁字母顺序排列）

序号	中名	学名	科属	产地	类别	观赏特点
1	黄金串钱柳（千层金）	*Callistemon hybridus* 'Golden Ball'	桃金娘科红千层属	原产新西兰、荷兰	常绿灌木或小乔木	枝条细长柔软，叶片秋、冬、春三季为金黄色，夏季温度高为鹅黄色，叶片芳香；花红色
2	茶梅	*Camellia sasanqua*	山茶科山茶属	产中国长江流域以南地区	常绿亚灌木	叶革质，叶面具光泽。花有白色、粉红、红色，芳香
3	福建茶	*Carmona microphylla*	厚壳树属基及树属	原产中国广东、海南及台湾	常绿灌木	树形矮小，枝繁叶茂，株型紧凑，绿叶白花，叶翠果红。也是制作盆景的好材料
4	地被银桦	*Cuphea hyssopofolia* 'Dwarf'	山龙眼科银桦属	原产大洋洲	匍匐灌木	叶呈条形稍肉质。总状花序，花呈粉红色
5	龟甲冬青	*Ilex crenata* 'Convexa'	冬青科冬青属	原种产中国、日本	常绿灌木	叶面凸起，厚革质，有光泽；枝干苍劲古朴，株型密集浓绿
6	板凳果（粉蕊黄杨）	*Pachysandra axillaris*	黄杨科板凳果属	产秦岭以南至西南和东部	常绿或半常绿亚灌木	叶片繁茂，色泽嫩绿。果腋生，成熟时红色，先端具有3个细长且外卷的宿存花柱似凳脚，故名"板凳果"（彩图157）
7	石岩杜鹃	*Rhododendron obtusum*	杜鹃花科杜鹃花属	原产日本	常绿矮灌木	株型低矮；叶小细密；花色亮丽繁茂
8	铺地柏（匍地柏）	*Sabina procumbens*	柏科圆柏属	原产日本南部	匍匐灌木	枝茂密柔软，匍地伸展，枝梢及小枝向上斜展；叶均为刺形叶，蓝绿色
9	倭竹	*Shibataea kumasasa*	禾本科鹅毛竹属	原产日本	灌木状竹类	植株低矮，叶色亮绿

第20章　草本地被植物

1. 白花车轴草 *Trifolium repens* L.（图 20-1）

图 20-1　白花车轴草

【别名】白花三叶草、白三叶

【科属】蝶形花科　车轴草属

【产地与分布】原产欧洲和北非，世界各地均有栽培。

【识别特征】宿根花卉。植株低矮，分枝多，匍匐枝匍地生长，节间着地即生根，并萌生新芽。掌状三出复叶，小叶倒卵形或倒心形，叶面中心具V形的白晕。头状花序，小花蝶形，花较小，白色，具苞片，有花梗。荚果。花期夏秋开花。

【生态习性】喜光耐半荫，喜高温多湿，抗热抗寒性强。在酸性土壤中旺盛生长，也可在沙质中生长。

【栽培资源】同属常见种：

①红花三叶草 *T. pratense*　头状花序，着花30～70朵，红紫色；花序无总花梗，包于顶生叶的托叶之内；无总苞。

【景观应用】三叶草覆盖作用好，景观上作地被草坪，可有效避免雨水对土壤的冲刷和沉积作用，保持土壤结构良好，有利于各种肥料的分解和有害物质的降解，同时可抗旱保墒，稳定空气湿度，降低夏季土壤温度。

【其他用途】本种为优良牧草，含丰富的蛋白质和矿物质，抗寒耐热，在酸性和碱性土壤上均能适应，是本属植物中在我国很有推广前途的种。可作为绿肥、堤岸防护草种、草坪装饰，以及蜜源和药材等用。

2. 红花酢浆草 *Oxalis corymbosa* DC.

【科属】酢浆草科　酢浆草属

【产地与分布】原产南美热带地区，现全国大部分皆有分布。

【识别特征】球根花卉。无地上茎。叶基生，指状复叶，小叶3，扁圆状倒心形，小叶在闭光时闭合下垂。花淡紫色至紫红色。

【生态习性】喜光耐半荫；喜温暖湿润；抗旱能力较强，不耐寒，越冬5℃以上；一般园土均可生长，但以腐殖沙质壤土生长旺盛，夏季有短期的休眠。

【景观应用】酢浆草可作观叶观赏，适宜于庭园林荫下作草坪及地被植物。

【其他用途】全草入药。

3. 马蹄金 *Dichondra repens* Forst.

【别名】荷苞草、铜钱草

【科属】旋花科　马蹄金属

【产地与分布】我国长江以南各省及台湾省均有分布；广布于两半球热带亚热带地区。

【识别特征】多年生匍匐草本。茎、叶被毛；节上生根。叶肾形至圆形，先端宽圆形或微缺，基部阔心形，全缘；具长的叶柄。花单生叶腋，钟状，黄色。蒴果。

【生态习性】耐荫、耐湿，稍耐旱，只耐轻微的践踏。温度降至－7～－6℃时会冻伤。

【景观应用】马蹄金植株低矮，根、茎发达，四季常青，抗性强，覆盖率高，堪称“绿色地毯”，适用于公园、机关、庭院绿地等栽培观赏，也可用于沟坡、堤坡、路边等固土材料。

【其他用途】全草可入药。

4. 吊竹梅 *Zebrina pendula* Schnizl.（彩图 159）

【别名】吊竹草、吊竹兰

【科属】鸭跖草科　吊竹梅属

【产地与分布】原产墨西哥。

【识别特征】常绿蔓性宿根花卉。茎细长。叶片长卵形，叶面绿色，有两条宽阔银白色纵条纹。花生于 2 片紫红色叶状苞内。蒴果。花期 6～8 月。

【生态习性】喜温暖湿润、半荫环境，忌强光暴晒，生长期保持土壤湿润，不耐旱，耐水湿；适疏松、肥沃、排水良好的腐殖土。

【栽培资源】同属常见种及变种：

①四色吊竹梅 var. *quadricolor*　叶片小，叶面灰绿色，夹杂有粉红、红、银白色条纹，叶缘有暗紫色镶边，叶背紫红色。

②紫吊竹梅 *Z. purpusii*　叶形及花与吊竹梅基本相同。紫吊竹梅的株型比四色吊竹梅的略大，叶子基部多毛。叶面为深绿色和红葡萄酒色，没有白色条纹。

【景观应用】吊竹梅耐荫性好，是优良的地被植物，在湿润的环境生长迅速覆盖效果极佳；其叶形似竹叶，可作盆栽悬挂于室内观赏。

【其他用途】茎和叶可入药。

5. 沿阶草 *Ophiopogon bodinieri* Levl.（图 20-2）

【科属】百合科　沿阶草属

【产地与分布】产云南、贵州、四川、湖北、河南、陕西（秦岭以南）、甘肃（南部）、西藏和台湾。

【识别特征】宿根草本。根纤细，在近末端或中部常膨大成为纺锤形肉质块根，地下根茎细。茎短，叶基生成丛，禾叶状。花葶较叶短或近等长，总状花序，具几朵至十几朵花；花白色或淡紫色，花柱细长，圆柱形，基部不宽阔；花被片在花盛开时多少展开。浆果，近球状，亮蓝色。花期 5～8 月，果期 8～10 月。

【生态习性】喜半日照，耐湿耐热，耐荫蔽环境，耐旱，耐寒，耐贫瘠，一般生于海拔 2000 m 以下的山坡阴湿处、林下或溪旁。

【栽培资源】常见种及变种：

①矮小沿阶草 var. *pygmaeus*　植株矮小，叶、花葶均较沿阶草短；花被黄色，稍带红色。

图 20-2　沿阶草

②麦冬 *O. japonicas*　花柱一般粗短，基部宽阔，略呈长圆锥形；花被片几不展开；花葶通常比叶短得多，极少例外。

【景观应用】沿阶草长势强健，耐阴性强，植株低矮，根系发达，覆盖效果较快，是良好的地被植物，可成片栽于风景区的阴湿空地和水边湖畔做地被植物；也是室内盆栽观叶植物。

【其他用途】全株可入药。

6. 玉竹 *Polygonatum odoratum*（Mill.）Druce（图 20-3）

【科属】百合科　黄精属

图 20-3　玉竹

【产地与分布】原产中国西南及日本。欧亚大陆温带地区广布。

【识别特征】宿根花卉。叶互生，椭圆形至卵状矩圆形，先端尖，叶面绿色。花生叶腋间，通常 1～3 朵簇生，花黄绿色至白色，花被筒较直，钟状，先端 6 裂。浆果，熟时蓝黑色。花期 5～6 月，果期 7～9 月。

【生态习性】喜光亦耐阴湿；喜冷凉，耐寒，生长适温 10～20℃。

【景观应用】玉竹耐荫性强，是优良的林下地被植物。

【其他用途】根茎可供药用。

其他常见草本地被植物见附表 20-1。

思考题

1. 观赏地被是指什么？有哪些类型？
2. 举出 10 种常用地被植物，说明它们主要的景观应用。

附表 20-1　其他常见草本地被植物（按拉丁字母顺序排列）

序号	中名	学名	科属	产地	类别	观赏特点
1	蔓花生（遍地黄金）	*Arachis duranensis*	蝶形花科 蔓花生属	原产亚洲热带及南美洲	匍匐状宿根花卉	蔓生茎；叶色鲜绿；蝶形花金黄色。在适生地生长繁茂，管理粗放
2	天冬草（天门冬）	*Asparagus densiflorus* 'Sprengeri'	百合科 天门冬属	原产南非，分布于华南、西南、华中及河南、山东等省	宿根草本	叶状枝线形，青绿色，柔软
3	一叶兰	*Aspidistra elatior*	百合科 蜘蛛抱蛋属	原种产中国	宿根草本	叶柄细，坚挺；叶大，革质。地面覆盖效果好
4	地毯草（大叶油草）	*Axonopus compressus*	禾本科 地毯草属	现广泛分布于世界热带和亚热带地区	宿根草本	小叶柔嫩
5	狗牙根（绊根草）	*Cynodon dactylon*	禾本科 狗牙根属	广布于温带地区	宿根草本	叶披针形或线形
6	山菅兰	*Dianella ensifolia*	百合科 山菅兰属	产中国西南部至台湾	宿根草本	叶线形或狭条形；分枝疏散
7	小鹭鸶兰（小鹭鸶草）	*Diuranthera minor*	百合科 鹭鸶兰属	产云南	宿根草本	叶较窄，条形；花白色
8	蛇莓（地杨梅）	*Duchesnea indica*	蔷薇科 蛇莓属	原产中国	匍匐状宿根花卉	三出复叶互生，小叶倒卵形至菱状长圆形；果实红色。植株低矮，枝叶茂密，地面覆盖效果好，但不耐践踏
9	假俭草	*Eremochloa ophiuroides*	禾本科 假俭草属	主要分布于我国长江以南各省区	宿根草本	叶片线形

续附表 20-1

序号	中名	学名	科属	产地	类别	观赏特点
10	蕺菜 (鱼腥草)	*Houttuynia cordata*	三白草科 蕺菜属	产我国中部以南地区	宿根草本	叶片纸质,心形、卵状心形或宽卵状心形
11	舞点枪刀药 (星点鲫鱼胆)	*Hypoestes phyllostachya*	爵床科 枪刀药属	原产亚洲东南部,马达加斯加等地	宿根草本	叶对生,卵形;叶面淡绿色具深绿色斑点,或粉红色具紫红色斑点等
12	血草 (日本血草)	*Imperata cylindrical* 'Rubra'	禾本科 白茅属	四川东部、湖北西部和陕西南部	宿根草本	剑形叶常年保持血红色(彩图 160)
13	番薯	*Ipomoea batatas*	旋花科 番薯属	现广泛分布全世界的热带、亚热带地区	宿根草本	叶片心形,园艺栽培品种叶色变化丰富。常见品种有:金叶番薯'Aurea'、紫叶番薯'Purpurea'、彩色番薯'Rainbow'
14	花叶野芝麻	*Lamium galeobdolon* 'Florentinum'	唇形科 野芝麻属	原产欧洲	蔓性宿根花卉	叶卵圆形或肾形,叶面上具有白色斑纹
15	阔叶山麦冬 (阔叶麦冬)	*Liriope muscari* var. *platyphy*	百合科 山麦冬属	产中国及日本	宿根草本	叶较宽,密集成丛;花紫色或红紫色
16	肾蕨 (蜈蚣草)	*Nephrolepis cordifolia*	骨碎补科 肾蕨属	原产热带、亚热带地区	宿根草本	叶片修长浓绿,是耐荫性极好的地被
17	二月兰 (诸葛菜)	*Orychophragmus violaceus*	十字花科 诸葛菜属	原产中国北部和东部	宿根草本	农历二月前后开蓝色花,故名"二月兰",是优良的早春林下地被
18	两耳草	*Paspalum conjugatum*	禾本科 雀稗属	原产于热带美洲	宿根草本	叶质糙,耐践踏,生长旺盛
19	繁星花	*Pentas lanceolata*	茜草科 五星花属	原产中东及非洲热带	宿根花卉	顶生聚伞形花序,花瓣 5 裂成五角星形,故名五星花。花色有粉红、绯红、桃红、白色等
20	吉祥草 (玉带草)	*Reineckea carnea*	百合科 吉祥草属	原产中国西南地区及日本	宿根草本	叶条形至披针形,深绿色,是耐荫亦耐寒的地被植物
21	紫背万年青 (蚌花)	*Rhoeo discolor*	鸭跖草科 紫背万年青属	原产墨西哥和西印度群岛	宿根草本	叶质硬,叶背深紫色,呈丛生状。在暖热地区是优良的有色地被
22	虎耳草 (金钱吊芙蓉)	*Saxifraga stolonifera*	虎耳草科 虎耳草属	原产中国、朝鲜、日本	宿根草本	叶片近心形、肾形至扁圆形,形态可爱。常见品种:花叶虎耳草'Tricolor'叶片有花色斑纹
23	翠云草 (龙须)	*Selaginella species*	卷柏科 卷柏属	原产亚洲热带	宿根草本	叶翠蓝色,较耐阴湿

续附表 20-1

序号	中名	学名	科属	产地	类别	观赏特点
24	紫锦草（紫鸭跖草）	*Tradescantia pallida* 'Purpurea'	鸭跖草科紫露草属	原产墨西哥	宿根花卉	茎和叶均为紫褐色；叶披针形，抱茎，卷曲；小花生于顶端，鲜红色，柔美可爱，春夏季开花
25	旱金莲（金莲花）	*Tropaeolum majus*	金莲花科旱金莲属	原产秘鲁、智利、巴西、墨西哥	宿根草本	叶近圆形似莲叶，花色主要有黄、红、橙
26	结缕草（锥子草）	*Zoysia japonica*	禾本科结缕草属	原产亚洲东南部	宿根草本	叶片革质、扁平，具一定韧性，常用来铺建运动场地
27	马尼拉草（台北草）	*Zoysia matralla*	禾本科结缕草属	广泛分布于亚洲、大洋洲的热带和亚热带地区	宿根草本	植株耐践踏，叶片质硬，内卷
28	中华细缕草	*Zoysia sinica*	禾本科结缕草属	中国大部分地区有分布	宿根草本	叶片条状披针形，质地稍坚硬，具有抗踩踏、弹性良好、再生力强、病虫害少、养护管理容易、寿命长等优点
29	细叶结缕草	*Zoysia tenuifolia*	禾本科结缕草属	产于中国南部地区，现分布于热带亚洲及欧美地区	宿根草本	叶质细腻，多作观赏草坪

第五部分　奇花异卉

奇花异卉植物就是那些在特殊生态环境中，部分植物在进化和物种竞争的过程当中，为了获得环境资源和与其他物种的协调发展，而使植物的某一部分如根、茎、叶、花、果等的外形识别特征发生了改变甚至是变异，或者是对光线、声音、震动等产生特殊的反应。这些奇花异卉植物给人类带来了知识性和趣味性。

第21章　奇花异卉

1. 相思子 *Abrus precatorius* L.

【科属】蝶形花科　相思子属

【产地与分布】主产广东、广西，现分布福建、台湾、云南等地。生长于丘陵地或山间、路旁灌丛中。

【识别特征】攀援灌木或乔木。枝细弱，有平伏短刚毛。偶数羽状复叶，小叶3～9枚，革质，互生，长椭圆形。花淡紫色或白色；圆锥花序腋生，总花梗、花梗、序轴均密生黄柔毛。荚果，菱状长圆形。种子1粒，脐的下端黑色，上端朱红色，扁圆形，长6.5 mm，有光泽，种子有剧毒。花期5月，果期9～10月。

【生态习性】性喜暖热气候。

【景观应用】相思子可作庭院攀援灌木或乔木，种子红色可供装饰用，或作纪念品。

【奇趣】种子坚硬，有的外形似“心形”，常用此豆作饰品表达爱意。

2. 瓶干树 *Brachychiton rupestris*（Lindl.）k. Schum（图 21-1）

【别名】沙漠水塔、昆士兰瓶干树、瓶树

【科属】梧桐科　澳洲梧桐属

【产地与分布】原产澳大利亚昆士兰；华南一些城市引种栽培。

【识别特征】常绿乔木，高达12 cm。树干粗壮，中部膨大，径达1 m以上，灰褐色，十分壮观。叶条形，不裂或掌状5～7深裂。花钟形，簇生叶间。

【生态习性】喜光；喜高温高湿，生育适温15～28℃；耐旱。

【景观应用】瓶干树可作庭荫奇异观赏树种。

图 21-1　瓶干树

3. 舞草 *Codariocalyx motorius*（Houtt.）Ohashi（图 21-2）

【别名】跳舞草、钟萼豆

【科属】蝶形花科　山蚂蝗属

【产地与分布】原产亚洲，分布广东、四川、云南、贵州、广西、福建、台湾等地；东南亚国家有分布。

图 21-2　跳舞草

【识别特征】常绿直立小灌木。茎单一或分枝，圆柱形，微具条纹，无毛。叶为 3 出复叶，顶生小叶长椭圆形或披针形，先端圆形或急尖，基部钝或圆，叶表无毛，叶背面被贴伏短柔毛；小托叶钻形，通常偏斜，无毛。圆锥花序或总状花序顶生或腋生；蝶形花，红色。荚果。花期 7～9 月，果期 10～11 月。

【生态习性】喜光耐半荫；喜高温，生育适温 20～28℃；耐旱，耐瘠薄土壤；常生长在丘陵山坡或山沟灌丛中，或至海拔 2000 m 的山地。

【景观应用】舞草是濒临绝迹的珍稀植物，可应用于园艺观赏，是制作盆景的优良材料，观赏价值高。

【其他用途】全株供药用。

【奇趣】跳舞草的叶片两侧生有大量的线形小叶，对声波非常敏感，在气温不低于 22℃时并在 70 分贝声音刺激下，特别是在阳光下，受声波刺激时会随之连续不断地上下摆动，似翩翩起舞的蝴蝶。

4. 绞杀榕类 *Ficus* sp.（图 21-3）

【科属】桑科　榕属

【产地与分布】产热带、亚热带，分布于广西、广东、云南、贵州、福建、台湾；生于山谷湿润的森林中。

【识别特征】常绿木本。植株有乳汁；小枝具有环状托叶痕。叶长椭圆形或卵状椭圆形，先端渐尖，互生，革质，羽状脉，全缘或边缘中部以上疏生粗锯齿。具有隐花果。

【生态习性】喜光；喜温暖至高温湿润。

【景观应用】作庭荫奇异观赏树种。

【奇趣】榕属植物有些种如：高山榕、钝叶榕、菩提榕等，都具有强壮气生根，这些“寄生根”能够紧紧缠住被绞杀植株的茎干生长，并生出网状根将其紧紧包围，网状根不断向下扩展，伸入土壤吸收养分和水分，将依附的植物“绞杀”而死，这种热带雨林中常见的典型生长现象称为“绞杀现象”。

5. 生石花 *Lithops* spp.（彩图 161）

【别名】石头玉、屁股花

【科属】番杏科　生石花属

【产地与分布】原产非洲南部、南非纳米比亚及西非干旱少雨的岩床裂隙或沙漠砾石土地带。

【识别特征】肉质植物。全株肉质，茎很短，呈球状，外形如卵石。叶质肥厚，两片对生联结而呈倒圆锥体，叶有淡灰棕、蓝灰、灰绿和灰褐等颜色，顶部近卵圆性，平或凸起，上有树枝状凹纹，半透明。花白色、粉色或黄色，状如菊花，且一株 1 朵花，由顶部中间的一条小缝隙中长出，午后开放、傍晚闭合，可延续 7～10 d。花期秋季。

【生态习性】喜冬暖夏凉气候，喜温暖干燥和阳光充足环境；怕低温，忌强光；生长适温为 10～30℃。

【景观应用】生石花作室内阳台、窗台上的盆栽观赏植物。

图 21-3　绞杀榕

【奇趣】生石花这个名字的意思是“有生命的石头”，植株大多埋在地面下而只露出上半部的叶面，叶面上有些半透明的花纹称为“窗”，形成很好的保护色，若不仔细看的确很像路边的石子。生石花的这种酷似石子的现象在生物学上称为“拟态”，以防止夏季干旱时节被食草动物啃食。

6. 猪笼草 *Nepenthes* spp.（彩图 162 ）

【别名】杂交猪笼草

【科属】猪笼草科　猪笼草属

【产地与分布】杂交种，原产地为大陆热带地区。

【识别特征】宿根花卉。茎木质或半木质。叶椭圆形，末端有笼蔓，以便攀援；卷须尾部扩大反卷形成瓶状或漏斗状的捕虫笼，并带有笼盖。猪笼草生长多年后才会开花，花小，略香，晚上味道浓烈，转臭；总状花序，少数圆锥花序。蒴果。

【生态习性】喜半荫；喜高温多湿，生育适温 22～30℃；不耐旱。

【栽培资源】猪笼草全世界有野生种 170 多种，园艺种超过 1000 种。现栽培的多是园艺种。常见的园艺种有绯红猪笼草 *N.* × *Coccinea*，戴瑞安娜猪笼草 *N.* × *Dyeriana*，红灯猪笼草 *N.* × *Rebecca Soper* 等。

【景观应用】猪笼草可作室内吊盆观赏。

【奇趣】猪笼草拥有一个独特的吸取营养的器官——捕虫笼，捕虫笼呈圆筒形，下半部稍膨大，笼口上具有盖子，因其形状像猪笼而得名。捕虫笼是捕食昆虫的工具，瓶状体捕虫笼的瓶盖内面能分秘香味，引诱昆虫。瓶口光滑，昆虫会滑落瓶内，被瓶底分泌的液体淹死，并分解虫体营养物质，逐渐消化吸收。

7. 瓶子草 *Sarracenia* spp.（彩图 163）

【别名】紫瓶子草

【科属】瓶子草科　瓶子草属

【产地与分布】原产北美，加拿大东海岸附近至美国佛罗里达州北部。

【识别特征】宿根常绿草本。根状茎匍匐，有许多须根；叶基生成莲座状，叶瓶状、喇叭状或管状。

【生态习性】喜光；喜温暖湿润，生育适温 18～28℃，越冬 5℃以上，不耐旱；生长在盐碱贫瘠的荒地区域、低地沼泽地带、湿草地上。

【景观应用】瓶子草可作室内盆栽，或作奇花观赏地被。

【奇趣】瓶状叶有一捕虫囊，囊壁开口光滑，并生有蜜腺，分泌香甜的蜜汁，以引诱昆虫前来并掉入囊中，囊壁分泌的消化酶可将昆虫分解。

其他奇花异卉植物见附表 21-1。

思考题

1. 奇花异卉是指什么？

2. 举出常见 3 种奇花异卉植物，说明它们主要的生态习性。

附表 21-1　其他奇花异卉植物（按拉丁字母顺序排列）

序号	中名	学名	科属	产地	类别	观赏特点
1	佛手（佛手柑）	*Citrus medica* var. *sarcodactylis*	芸香科 柑橘属	原产中国南部、西南部	常绿灌木	果实各心皮分裂如拳或开展如手指，黄色并有香气
2	捕蝇草（捕虫草）	*Dionaea muscipula*	茅膏菜科 捕蝇草属	原产美国东部的沼泽地	宿根草本	叶呈莲座状丛生，内侧两边各有 3 根细小的感觉毛，内侧表面光亮且呈鲜艳的红色、橙色、橘红色或紫红色（彩图 164）
3	大叶蚁塔	*Gunnera manlcata*	小二仙草科 根乃拉草属	原产南美洲	常绿灌木	叶片巨大，茎基部有圆锥塔状花序，黄绿色带棕红斑点，其形状似蚂蚁巢穴而得名
4	酒瓶椰（酒瓶棕）	*Hyophorbe lagenicaulis*	棕榈科 酒瓶椰子属	原产印度洋马斯克林群岛，我国南部沿海地区有引种栽培	常绿灌木	茎干中下部膨大如酒瓶；羽状复叶集生茎端
5	酒瓶兰	*Nolina recurvata*	百合科 酒瓶兰属	原产墨西哥干热地区，现中国长江流域广泛栽培，北方多作盆栽	常绿小乔木	茎基部膨大似酒瓶，颇具特色。叶集生茎端，线状披针形，向下弯垂
6	神秘果	*Synsepalum dulcificum*	山榄科 神秘果属	原产地在西非、加纳、刚果一带	常绿灌木	果实红色，因只要吃了神秘果后的几小时内味觉便变为甜，故称神秘果
7	四数木	*Tetrameles nudiflora*	四数木科 四数木属	产云南南部。亚洲热带其他地区也有分布	落叶大乔木	具明显巨大的板状根。东南亚热带石灰岩地区特有单种属植物，该科在中国仅此一种

附　录

附录 A　常见木本植物隶属科属主要识别特征(本书中)

一、裸子植物(按郑万钧系统排列)

G1. 苏铁科　Cycadaceae

树干多不分枝,棕榈状;叶二型,鳞叶和营养叶,营养叶大,深裂为羽状;雌雄异株,雄球花单生于树干顶端,直立;大孢子叶扁平,生于树干顶部。种子核果状。全世界 9 属约、110 种;中国 1 属、8 种,产于台湾、华南及西南各省区;云南(包括栽培)有 1 属 5 种。

(1)苏铁属 *Cycas* Linn.

树干圆柱形,直立,常密被宿存的木质叶基。叶有鳞叶与营养叶两种,二者成环的交互着生;鳞叶小,褐色,密被粗糙的毡毛;营养叶大,羽状深裂,稀叉状二回羽状深一裂,革质,集生于树干上部,呈棕榈状;羽状裂片窄长,条形或条状披针形,中脉显著,基部下延,叶轴基部的小叶变成刺状,脱落时通常叶柄基部宿存;幼叶的叶轴及小叶呈拳卷状。雌雄异株,雄球花(小孢子叶球)长卵圆形或圆柱形,小孢子叶扁平,楔形。

G2. 银杏科　Ginkgoaceae

落叶乔木,树干高大,分枝繁茂;枝分长枝与短枝。叶扇形,有长柄,具多数叉状并列细脉,在长枝上螺旋状排列散生,在短枝上成簇生状。球花单性,雌雄异株;雌球花具长梗,梗端常分 2 叉,稀不分叉或分成 3～5 叉。种子核果状,具长梗,下垂,外种皮肉质,中种皮骨质,内种皮膜质。全世界仅 1 属、1 种;中国浙江天目山有野生状态的树木,其他各地栽培很广。

(1)银杏属 *Ginkgo* Linn

属特征同科。

G3. 南洋杉科　Araucariaceae

常绿乔木;大枝轮生。叶多为鳞形、披针形或针形;雌雄异株,稀同株;球果大,发育苞鳞具 1 粒种子;种鳞与苞鳞离生或合生,扁平,无翅或两侧具翅,或顶端具翅。全世界共 2 属、约 40 种;中国引入栽培 2 属、4 种,栽植于室外或盆栽于室内;云南引入栽培 2 属 4 种。

(1)南洋杉属 *Araucaria* Juss.

常绿乔木。叶鳞形、钻形、披针形或卵状三角形,顶端尖锐,基部下延。球果大,直立,熟时苞鳞木质、扁平,顶端具尖头反曲或向上弯曲。种子无翅或具两侧与珠鳞合生的翅。

G4. 松科　Pinaceae

常绿或落叶乔木,仅有长枝,或兼有长枝与生长缓慢的短枝,短枝通常明显。叶针形或扁平条形,螺旋状排列或簇生或 2、3、5 针一束。苞鳞和种鳞(珠鳞)分离,也有结合的,但仅基部结合。种鳞的腹面基部有 2 粒种子,种子通常上端具一膜质翅,稀无翅。全世界 10 属、230 余种;中国 10 属、113 种及 29 变种(其中引种栽培 24 种和 2 变种),分布几遍全国;云南 9 属、35 种及 3 变种。

1. 叶条形、针形或四棱形,螺旋状排列,或在短枝上成簇生状。
  2. 仅具有长枝,无短枝;叶在枝上螺旋状排列。
    3. 球果通常下垂,稀直立。
      4. 小枝有显著隆起的叶枕;叶四棱状或扁棱状条形;球果顶生。 ………… 1. 云杉属 *Picea*
      4. 小枝无叶枕;叶条形;球果腋生。 ………………………………………… 2. 银杉属 *Cathaya*
    3. 球果直立,宿存;叶扁平,上面中脉隆起。 ……………………………… 3. 油杉属 *Keteleeria*
  2. 有长枝和短枝;叶在长枝上螺旋状排列,在短枝上端成簇生状。
      5. 叶扁平条形,柔软,展开呈金钱状;落叶。 …………………… 4. 金钱松属 *Pseudolarix*
      5. 叶针形,坚硬;常绿。 ……………………………………………………… 5. 雪松属 *Cedrus*
1. 叶针形,2、3、5 针一束,种鳞宿存,背面上方具鳞盾和鳞脐。 …………………… 6. 松属 *Pinus*

G5. 杉科 Taxodiaceae

常绿或落叶乔木,树干端直,大枝轮生或近轮生;叶鳞状、披针形、钻形或条形,多螺旋状排列,少数交互对生,同一树上的叶同型或异型。球花单性,雌雄同株,苞鳞与珠鳞(种鳞)半合生(仅先端分离)或完全合生或珠鳞甚小或苞鳞退化,每珠鳞(种鳞)有直立或倒生胚珠(种子)2~9 枚。球果当年成熟,熟时张开,种鳞扁平或盾形。全世界 10 属、16 种;中国 5 属、7 种,引入栽培 4 属、7 种;云南连引种栽培有 9 属 10 种 2 变种。

1. 叶、芽鳞、雄蕊、苞鳞及种鳞均螺旋状排列。
  2. 球果种鳞(或苞鳞)扁平。
    3. 常绿性;叶条状披针形,边缘有锯齿,球果大,种鳞革质。 ……… 1. 杉木属 *Cunninghamia*
    3. 半常绿,有条形叶的小枝冬季脱落,有鳞形叶的小枝不脱落;叶鳞形、条形或条状钻形;球果小,种鳞木质。 ……………………………………………………… 2. 水松属 *GLyptostrobus*
  2. 球果的种鳞盾形。
      4. 常绿;雄球花单生或簇生枝顶;种子扁平,周围有翅或两侧有翅。
        5. 叶钻形;球果近于无柄,直立,种鳞上部有 3~7 裂齿。 …… 3. 柳杉属 *Cryptomeria*
        5. 叶条形;球果有柄,下垂,种鳞无裂齿,顶部有横凹槽。 ……… 4. 北美红杉属 *Sequoia*
      4. 落叶或半常绿,侧生小枝冬季脱落;雄球花排列成圆锥花序状;种子三棱形,棱脊上有厚翅。 ……………………………………………………………… 5. 落羽云杉属 *Taxodium*
1. 叶、芽鳞、雄蕊、苞鳞及种鳞均交互对生。 ……………………………… 6. 水杉属 *Metasequoia*

G6. 柏科 Cupressaceae

常绿乔木,或为直立或匍匐状灌木,叶鳞形或刺形,在同一植株上同型或异型,鳞叶交互对生,刺叶 3~4 轮生,稀螺旋状着生,鳞形或刺形,或同一树本兼有两型叶。种鳞(珠鳞)与苞鳞完全合生;种鳞木质或肉质,为木质者呈扁平或盾形,熟时张开;为肉质者则种鳞合生,发育种鳞有 1 至多粒种子;种子周围具窄翅或无翅,或上端有一长一短之翅。

全世界 22 属、约 150 种;中国 8 属、29 种及 7 变种,分布几遍全国,另引入栽培 1 属、15 种;云南 8 属、19 种、1 变种及 9 栽培变种。

1. 仅有鳞叶;小枝直展或斜展,排成一平面,扁平。
  2. 鳞叶两面同型,小枝侧面生长。 …………………………………… 1. 侧柏属 *Platycladus*
  2. 鳞叶两面异形,明显成节并上下等宽。 ……………………………… 2. 翠柏属 *Calocedrus*
1. 叶刺形或鳞形。
    3. 种鳞木质,成熟后开裂,叶鳞形。 ……………………………………… 3. 柏木属 *Cupressus*
    3. 种鳞肉质,不开裂,叶麟形、刺形或二者兼有。 …………………………… 4. 圆柏属 *Sabina*

G7. 罗汉松科 Podocarpaceae

常绿乔木或灌木。叶多型:叶条形、披针形、椭圆形、钻形、鳞形,或退化成叶状枝,螺旋状散生、近对生或交叉对生。球花单性,雌雄异株;雄球花穗状,单生或簇生,雄蕊多数;雌球花单生,稀穗状,具多数至少数螺旋状着生的苞片。种子核果状或坚果状,全部或部分为肉质或较薄而干的假种皮所包。全世界8属、约130余种;中国2属、14种及3变种,分布于长江以南各省区;云南1属、8种及1变种。

(1)罗汉松属 *Podocarpus* L. Her. ex Persoon

常绿乔木或灌木。叶线形、披针形、椭圆形或鳞形,螺旋状排列,近对生或对生,有时基部扭转排成两列。雌雄异株,雄球花穗状或分枝,单生或簇生叶腋,雌球花通常单生叶腋或苞腋,有数枚螺旋状着生或交互对生的苞片。种子核果状,全部为肉质假种皮所包,生于肉质种托上或梗端。

G8. 红豆杉科 Taxaceae

常绿乔木或灌木。叶披针形、针形或鳞片状,螺旋状排列或交互对生,基部扭转成2列,下面沿中脉两侧各具1条气孔带。球花单性异株,稀同株;雄球花常单生或成穗状花序状;雌球花腋生。种子浆果状或核果状。全世界5属、约23种,除 *Amentotaxus spicata* Campton 1种分布于南半球外,其他属种均分布于北半球;中国4属、12种、1变种及1栽培种;云南3属、5种及1变种。

(1)红豆杉属 *Taxus* Linn.

常绿乔木或灌木;叶条形,螺旋状着生,基部扭转排成二列,直或镰状,下延生长,上面中脉隆起,下面有两条淡灰色、灰绿色或淡黄色的气孔带。雌雄异株,球花单生叶腋;雄球花圆球形,有梗,基部具覆瓦状排列的苞片;雌球花几无梗,假种皮杯状、红色。种子坚果状,当年成熟,生于杯状肉质的假种皮中,稀生于近膜质盘状的种托(即未发育成肉质假种皮的珠托)之上,成熟时肉质假种皮红色,有短梗或几无梗。

二、被子植物(按克朗奎斯特系统排列)

1. 木兰科 Magnoliaceae

木本;小枝具有环状托叶痕;单叶全缘,极少分裂;花顶生、腋生、罕成为2~3朵的聚伞花序,花被片通常花瓣状,花托伸长,雄蕊多数,聚合蓇葖果或具翅的聚合小坚果,蓇葖果中种子具红色肉质种皮,成熟时悬垂于一延长丝状而有弹性的假珠柄上。全世界18属、335种;中国14属、165种,主要分布于东南部至西南部,向东北及西北而渐少;云南12属、65种。

1. 叶常4~6裂,聚合小坚果,具翅 ………………………………… 1. 鹅掌楸属 *Liriodendron*
1. 叶全缘,不分裂;聚合蓇葖果。
  2. 花腋生 ……………………………………………………………… 2. 含笑属 *Michelia*
  2. 花顶生。
    3. 每心皮具2枚胚珠;聚合果常为长圆柱形 ……………………… 3. 木兰属 *Magnolia*
    3. 每心皮具4~14枚胚珠;聚合果常球形 …………………………… 4. 木莲属 *Manglietia*

2.蜡梅科 Calycanthaceae

落叶或常绿灌木;单叶对生,全缘或近全缘,无托叶;花两性,顶生或腋生,通常芳香;花被片多数,螺旋状着生于杯状花托外围,花被片形状各式,最外轮似苞片,内轮呈花瓣状;雄蕊两轮,外轮发育,内轮败育;花托杯状。聚合瘦果,生于坛状果托之中,瘦果有种子1粒。全世界2属、7种及2变种;中国2属、4种、2变种及1栽培种,分布于山东、江苏、安徽、浙江、江西、福建、湖北、湖南、广东、广西、云南、贵州、四川、陕西等省区;云南2属、3种。

(1)蜡梅属 *Chimonanthus* Lindl.

落叶或常绿灌木;叶对生,纸质或近革质,叶面粗糙。花腋生,芳香;花被片黄色或黄白色,有紫红色条纹,膜质。果托坛状,被短柔毛;瘦果长圆形,内有种子1粒。

3.樟科 Lauraceae

常绿或落叶,乔木,灌木,稀藤本,具油细胞,有香气。单叶,全缘稀有裂片,羽状脉或三出脉。花序各种。全世界45属、2000余种;中国20属、420多种,主产秦岭、淮河以南地区,多为组成常绿阔叶林树种;云南18属、191种、17变种及3变型。

1. 叶常有2～3浅裂 ………………………………………………………… 1. 檫木属 *Sassafras*
1. 叶常不分裂。
  2. 圆锥花序,不具总苞;两性花。
    3. 果时花被裂片脱落;具杯状或盘状果托 ………………………… 2. 樟属 *Cinnamomum*
    3. 果时花被裂片宿存,花被裂片质薄,直展或向下反曲 ……………… 3. 润楠属 *Machilus*
  2. 多为伞形花序,具总苞;单性花。
    4. 花药4室 ………………………………………………………… 4. 木姜子属 *Litsea*
    4. 花药2室 ………………………………………………………… 5. 山胡椒属 *Lindera*

4.毛茛科 Ranunculaceae

多年生或一年生草本,少灌木或木质藤本。单叶或复叶,通常掌状分裂,互生或基生,少对生,无托叶;叶脉掌状,偶尔羽状。花两性,少单性,雌雄同株或异株,辐射对称,稀为两侧对称;单生或组成各种聚伞花序或总状花序;萼片4～5(或较多,或较少),绿色,有时特化成花瓣状,有颜色;花瓣有或无,4～5(或较多),常有蜜腺并常特化成分泌器官,比萼片小,呈杯状、筒状、二唇状,基部常有囊状或筒状的距;雄蕊多数,有时少数,螺旋状排列。蓇葖或瘦果,少数蒴果或浆果。全世界50属、2 000余种,在世界各洲广布;中国有42属、约720种(包含引种的黑种草属),在全国广布,大多数属、种分布于西南部山地;云南28属、约309种。

1. 多年生或少数一年草本。
  2. 聚合蓇葖果,多少直立,顶端有细喙。 ……………………………… 1. 耧斗菜属 *Aquilegia*
  2. 聚合瘦果,无毛或有毛,或有刺及瘤突,喙较短。 …………………… 2. 毛茛属 *Ranunculus*
1. 多年生木质或草质藤本,或为直立灌木或草本。 ……………………… 3. 铁线莲属 *Clematis*

5.小檗科 Berberidaceae

灌木或多年生草本。单叶或复叶,互生或基生。花两性,花序各式;萼片和花瓣覆瓦状排列,离生,2～3轮,每轮3(2～4),花瓣有或无蜜腺;雄蕊常与花瓣同数而对生,或为花瓣的2倍。全世界17属、约有650种;中国11属、约320种,全国各地均有分布,但以四川、云南、西藏种类最多;云南8属、108种及 28 变种。

1. 枝无刺。
  2. 羽状复叶 2～3 回,小叶全缘;浆果红色或橙红色。 …………………… 1. 南天竹属 *Nandina*
  2. 奇数羽状复叶 1 回,小叶边缘具粗疏或细锯齿;浆果深蓝色至黑色。 …………………………………………………………………………………………………… 2. 十大功劳属 *Mahonia*
1. 枝通常具刺,单生或 3～5 分叉。 …………………………………………………… 3. 小檗属 *Berberis*

6. 悬铃木科 Platanaceae

落叶乔木,树皮呈片状剥落。嫩枝和叶常被星状毛。单叶,互生,掌状分裂,具柄下芽,托叶早落。花雌雄同株,密集成下垂的单性球形头状花序。聚花坚果呈球形。全世界 1 属、约 11 种;中国未发现野生种,南北各地有栽培,多作行道树;云南各地有栽培。

(1)悬铃木属 *Platanus* Linn.

属特征同科。

7. 金缕梅科 Hamamelidaceae

乔木或灌木。单叶互生,稀对生,掌状脉或羽状脉,托叶线形或苞片状。花单性或两性,排成头状、穗状或总状花序;萼片、花瓣、雄蕊常为 4～5,有时无花萼或无花瓣。蒴果木质,室间开裂或室背开裂;种子多数。全世界 27 属、约 140 种,主要分布于亚洲东部,特别是我国中部至南部;中国 17 属、约 70 种;云南 11 属、33 种,滇西北及滇东南最多,滇中极少见。

1. 落叶乔木;叶大,掌状分裂,掌状脉。 ………………………… 1. 枫香属(枫香树属)*Liquidambar*
1. 常绿或半落叶灌木至小乔木;叶小全缘,稍偏斜,羽状脉。 …………… 2. 檵木属 *Loropetalum*

8. 杜仲科 Eucommiaceae

落叶乔木。小枝髓心片状,植物体各部有胶丝。单叶,互生,羽状脉;无托叶,花单性,雌雄异株;先叶开放或与叶同时开放。翅果,扁平,不开裂,长椭圆形先端 2 裂;种子 1 个。全世界仅 1 属、1 种;中国特有,分布于华中、华西、西南及西北各地,现广泛栽培;云南也有栽培。

(1)杜仲属 *Eucommia* Oliver

属特征同科。

9. 榆科 Ulmaceae

落叶乔木或灌木。单叶,常 2 列互生,叶缘有锯齿,稀全缘,基部通常不对称;托叶早落。花小,两性、单性或杂性,单生或簇生,或聚伞花序。核果、翅果、坚果。全世界 16 属、约 230 种;中国 8 属、46 种及 10 变种,分布遍及全国,另引入栽培 3 种;云南 6 属、28 种及 5 变种,引种 1 属。

1. 叶羽状脉;翅果或坚果。
  2. 叶缘常为不整齐单锯齿;花两性;翅果。 …………………………………… 1. 榆属 *Ulmus*
  2. 叶缘为整齐的单锯齿;花单性;坚果,歪斜,无翅。 ………………………… 2. 榉属 *Zelkova*
1. 叶具三出脉;核果,外果皮肉质。 …………………………………………………… 3. 朴属 *Celtis*

10. 桑科 Moraceae

乔木、灌木或木质藤本,稀草本,植株各部有乳汁。单叶互生,稀对生;托叶 2,早落。花小,单性,成头状、柔荑或隐头花序。聚花果或隐花果，单果为瘦果、核果或坚果，通常外被宿存肉质的花萼。全世界 53 属、1400 种；中国 12 属、153 种或亚种及 59 个变种或变型，主要分布于长江以南各省区；云南 9 属、104 种及 36 变种。

1. 小枝有环状托叶痕；隐头花序。 …………………………………… 1. 榕属 *Ficus*
1. 小枝无环状托叶痕；葇荑花序或头状花序。
  2. 雌雄花序均为柔荑花序；聚合瘦果圆柱形，小果肉质部分由花萼发育而来。 ………………
  ……………………………………………………………… 2. 桑属 *Morus*
  2. 雌花序为头状花序，雄花序为柔荑或头状花序；聚花果，球形，小果肉质部分由子房发育而来。
  ……………………………………………………………… 3. 构属 *Broussonetia*

11. 胡桃科 Juglandaceae

落叶稀常绿乔木，常富树脂，芳香。一回羽状复叶，互生；无托叶。花单性，雌雄同株；雄花为下垂的柔荑花序，稀直立；雌花数朵簇生，或成直立或下垂的柔荑花序。核果或坚果，外果皮肉质，内果皮常硬骨质，或 4 瓣裂，或有翅。全世界 8 属、60 种；中国 7 属、27 种及 1 变种，主要分布在长江以南，少数种类分布到北部；云南 7 属，20 种，含引种栽培 2 种。

1. 枝具片状髓心。
  2. 核果，无翅。 ……………………………………… 1. 胡桃属(核桃属)*Juglans*
  2. 坚果，有翅。
    3. 雄花序单生叶腋；坚果果两侧具翅。 ………………………… 2. 枫杨属 *Pterocarya*
    3. 雄花序 2～4 条集生叶腋短梗上；坚果具圆盘状翅。 …………… 3. 青钱柳属 *Cyclocarya*
1. 枝具实心髓；雄花序和两性花聚生为复合花序束；坚果扁平，具翅。…… 4. 化香属 *Platycarya*

12. 杨梅科 Myricaceae

常绿或落叶，乔木或灌木。单叶，互生，具油腺点，芳香；常无托叶。花单性，雌雄同株或异株，葇荑花序，无花被；雄花序单生、簇生或形成复花序；雌花序多腋生。核果，外被蜡质瘤点及油腺点。全世界 2 属、50 余种；中国 1 属、4 种及 1 变种；云南 1 属、3 种。

(1)杨梅属 *Myrica* L.

常绿灌木或乔木。叶互生，单叶，全缘、有齿缺或分裂，无托叶；花通常单性异株，无花被，具小苞片；雄花排成圆柱状的葇荑花序；雌花排成卵状或球状的葇荑花序；核果卵状或球形，外果皮干燥或肉质，常有具树脂的颗粒或蜡被。

13. 壳斗科(山毛榉科) Fagaceae

常绿或落叶，乔木稀灌木。单叶，互生，全缘，有锯齿或裂片；有托叶。花单性同株或同序，雄花序为柔荑花序下垂，直立穗状或头状下垂；单被花；雌花序直立穗状，常 3(～5)朵成小聚伞花序生于总苞内。坚果，为总苞发育的壳斗包着，每总苞内具 1～3(～5)个坚果；种子富含淀粉，少数富含油脂。全世界 7 属、900 余种；中国有 7 属、约 320 种，分布几乎遍全国；云南 6 属、150 种左右，全省均有分布。

1. 雄花序直立。
  2. 壳斗被短刺状或鳞片状苞片，内有坚果 1～3(7)，全包坚果，稀为杯状或碗状而仅包坚果的下

部;叶常二列互生。 ………………………………………………………… 1. 栲属(锥属)*Castanopsis*

2. 壳斗被鳞片状(稀钻形)苞片,内有坚果1,常为杯状或碗状且仅包坚果一部分,稀全包;叶互生,不为2列。 ……………………………………………………………………… 2. 石栎属 *Lithocarpus*

1. 雄花序下垂。

3. 壳斗苞片组成同心环带;常绿。 ……………………………………… 3. 青冈属 *Cyclobalanopsis*

3. 壳斗苞片覆瓦状排列,紧贴或张开;落叶稀常绿。 ……………………… 4. 栎属 *Quercus*

14. 桦木科 Betulaceae

落叶乔木或灌木。单叶互生,羽状脉,侧脉直伸,常具重锯齿,托叶2,早落。花单性,雌雄同株;雄花为下垂的柔荑花序,常先叶开放;雌花为圆柱形柔荑花序,无花被。果序圆柱形或卵球形。全世界6属、100余种;中国6属,共约70种,全国都有分布;云南6属、36种及2变种。

(1)赤杨属(桤木属)*Alnus* Mill.

乔木或灌木;树皮多光滑,薄纸质分层剥落,皮孔线形横生。叶下面常有腺点。果序呈短圆柱状,坚果具膜质翅;果苞革质,先端3裂,熟时脱落。

15. 紫茉莉科 Nyctaginaceae

草本、灌木或乔木。单叶对生,少互生,全缘,无托叶。花两性,单生或簇生,或形成聚伞花序;花基部的苞片形似萼片;萼片呈花瓣状,合生呈钟状、管状或漏斗状;无花瓣。瘦果,有棱,有时具翅。全世界30属、300种;中国7属、11种及1变种,其中常见栽培或有逸生者3种,主要分布于华南和西南;云南5属7种(包含引种栽培)。

1. 灌木或小乔木,有时攀援;枝有刺;叶互生。 ……………………… 1. 叶子花属 *Bougainvillea*

1. 一年生或多年生草本;枝无刺;叶对生。 ……………………………… 2. 紫茉莉属 *Mirabilis*

16. 芍药科 Paeoniaceae

多年生草本或灌木。单叶或2回3出羽状复叶,互生,全缘或掌状、羽状分裂,无托叶,叶柄长。花大,美丽,顶生,单朵或几朵;花瓣5或10(栽培者多为重瓣);雄蕊多数。聚合蓇葖果,成熟时沿腹缝线开裂;具较发达的珠柄形成的假种皮。全世界1属、约35种;中国有1属、11种,主要分布在西南、西北地区,少数种类在东北、华北及长江两岸各省也有分布;云南1属、5种及2变种。

(1)芍药属 *Paeonia* L.

属特征同科。

17. 山茶科 Theaceae

乔木或灌木,多为常绿。单叶互生,羽状脉;无托叶。花常为两性,多单生叶腋,稀形成花序;花瓣5,稀4或更多;雄蕊多数,有时基部合生或成束。蒴果,室背开裂,浆果或核果状而不开裂。全世界36属、700种,尤以亚洲最为集中;中国15属、480余种;云南9属、120种。

1. 蒴果浆果状,常不开裂,稀可作不规则开裂。 ……………………… 1. 厚皮香属 *Ternstroemia*

1. 蒴果木质,开裂。

2. 种子无翅。

3. 蒴果从上部向下开裂;种皮角质。 ……………………………………… 2. 山茶属 *Camellia*

3. 蒴果从下部向上开裂;种皮骨质。 ……………………………………… 3. 石笔木属 *Tutcheria*

2. 种子扁平,肾形,周围有薄翅。 ……………………………………………… 4. 木荷属 *Schima*

18. **猕猴桃科** Actinidiaceae

乔木、灌木或藤本，常绿、落叶或半落叶；毛被发达，多样。单叶，互生，无托叶。花序腋生，聚伞式或总状式，或简化至1花单生。花两性或雌雄异株，辐射对称；花瓣5片或更多，分离或基部合生；雄蕊10（～13），分2轮排列，或多数，轮列式排列。浆果或蒴果；种子具肉质假种皮。全世界4属、370余种；中国4属、96种以上，主产长江流域、珠江流域和西南地区；云南4属、35种及4变种。

（1）猕猴桃属 *Actinidia* Lindl

落叶、半落叶至常绿藤本；无毛或被毛，毛为简单的柔毛、茸毛、绒毛、绵毛、硬毛、刺毛或分枝的星状绒毛；髓实心或片层状。单叶，互生，膜质、纸质或革质，多数具长柄，有锯齿，很少近全缘；托叶缺或废退。雌雄异株，单生或排成简单的或分歧的聚伞花序，腋生或生于短花枝下部；雄蕊多数。浆果，秃净，少数被毛，球形，卵形至柱状长圆形，有斑点（皮孔显著）或无斑点（皮孔几不可见）；种子多数，细小，扁卵形，褐色，悬浸于果瓤之中。

19. **藤黄科** Guttiferae

乔木或灌木，稀为草本。单叶，全缘，对生或有时轮生，一般无托叶。花序各式，聚伞状，或伞状，或为单花。花两性或单性，轮状排列或部分螺旋状排列，通常整齐；花瓣（2）4～5（6），离生，覆瓦状排列或旋卷。雄蕊多数。蒴果、浆果或核果；种子1至多颗，假种皮有或不存在。全世界40属、1 000种；中国8属、87种，几遍布全国各地，主要分布区是华南和西南；云南8属、约47种及5亚种，多集中在南部和西部。

（1）金丝桃属 *Hypericum* Linn.

灌木或多年生至一年生草本，无毛或被柔毛，具透明或常为暗淡、黑色或红色的腺体。叶对生，全缘，具柄或无柄。聚伞花序；花两性；萼片（4）5，等大或不等大；花瓣（4）5，黄至金黄色，偶有白色，有时脉上带红色，通常不对称；雄蕊联合成束或明显不规则且不联合成束，前种情况或为5束而与花瓣对生，或更有合并成4束或3束的，此时合并的束与萼片对生，每束具多至80枚的雄蕊，花丝纤细，几分离至基部。蒴果。

20. **杜英科** Elaeocarpaceae

常绿或半落叶木本。单叶，互生或对生，具柄，托叶存在或缺。花单生或排成总状或圆锥花序，两性或杂性；花瓣4～5片，镊合状或覆瓦状排列，有时不存在，先端撕裂或全缘；雄蕊多数，分离，生于花盘上或花盘外。核果或蒴果，有时果皮外侧有针刺。全世界12属、约400种；中国2属、51种，分布于云南、广西、广东、四川、贵州、湖南、湖北、台湾、浙江、福建、江西和西藏；云南2属、40种及6变种，主产东南部及南部。

（1）杜英属 *Elaeocarpus* Linn.

乔木。叶通常互生，边缘有锯齿或全缘，下面或有黑色腺点，常有长柄。总状花序腋生或生于无叶的去年枝条上，两性，有时两性花与雄花并存；萼片4～6片，分离，镊合状排列；花瓣4～6片，白色，分离，顶端常撕裂，稀为全缘或浅齿裂；雄蕊多数，10～50枚，稀更少。核果，1～5室，内果皮硬骨质，表面常有沟纹。

21. **椴树科** Tiliaceae

乔木、灌木或草本。单叶互生，稀对生，具基出脉，全缘或有锯齿，有时浅裂。花两性或单性雌雄异株，聚伞花序或再组成圆锥花序；萼片通常5数，有时4片；花瓣与萼片同数，分离，有时或缺；或有花瓣状退化雄蕊，与花瓣对生；雄蕊多数，稀5数，离生或基部连生成束。核果、蒴果、裂果，有时浆果状或翅果状。全世界52属、500种；中国13属、85种，除新疆和青海外，几遍布全国，尤以南部至西南部最盛；云南7属、38种，以南部为多。

(1)椴树属 *Tilia* Linn.

落叶乔木。单叶,互生,有长柄,基部常为斜心形,全缘或有锯齿;托叶早落。花两性,白色或黄色,排成聚伞花序,花序柄下半部常与长舌状的苞片合生;雄蕊多数,离生或连合成5束。果实圆球形或椭圆形,核果状,稀为浆果状。

22. 梧桐科 Sterculiaceae

乔木或灌木,稀草本或藤本。单叶,偶为掌状复叶,互生;常有托叶。花单性、两性或杂性:花序各式。蒴果或蓇葖果,稀浆果或核果。全世界有60~68属、700~1 100种;中国19属、82种及3变种,主要分布在华南和西南各省,而以云南为最盛;云南17属、59种。

1. 全株树皮光滑;杂性花;蓇葖果果皮膜质。 ………………………………… 1. 梧桐属 *Firmiana*
1. 主干树皮不光滑;单性花,雌雄同株;蓇葖果果皮革质。…… 2. 澳洲梧桐属(瓶树属)*Brachychiton*

23. 木棉科 Bombacaceae

落叶乔木,茎枝常具皮刺。乔木,常具板状根。叶互生,掌状复叶或单叶。花两性,大而美丽,单生或成圆锥花序。花萼3~5裂,花瓣5,雄蕊5~多数。蒴果,种子常被内果皮的丝状棉毛所包围。全世界20属、180种;中国原产1属、2种,引种栽培5属、5种;云南共5属、6种。

1. 落叶乔木或半常绿。
 2. 落叶乔木,幼枝、树干常具圆锥状粗刺,灰白色;花单生,常为红色;花萼革质,顶端平截或具短齿。……………………………………………………………………………… 1. 木棉属 *Bombax*
 2. 落叶或半常绿乔木,树干有瘤刺或缺,绿色;花单生或2~15簇生,常为淡红色或黄白色;花萼不为革质,不规则的3~12裂。 ………………………………………………… 2. 吉贝属 *Ceiba*
1. 常绿乔木,干无刺;花单生;种子大型。 ……………………… 3. 中美木棉属(瓜栗属)*Pachira*

24. 锦葵科 Malvaceae

草本或木本,常披星状毛或鳞片状毛。单叶互生。花两性,辐射对称;萼片5,常有副萼;花瓣5片,旋转状排列;雄蕊多数,花丝连合成单体雄蕊。蒴果或分果。全世界约50属、1000种;中国16属、81种及36变种或变型,产全国各地,尤以热带和亚热带地区种类较多;云南13属、约56种及21变种或变型,产全省各地。

1. 小苞片3;子房有心皮9~15,每心皮有胚珠1个;分果。 ………………………… 1. 锦葵属 *Malva*
1. 小苞片5或多数;子房心皮5,每心皮具胚珠3至多数;蒴果。 …………… 2. 木槿属 *Hibiscus*

25. 大风子科(刺篱木科) Flacourtiaceae

常绿或落叶乔木或灌木,多数无刺,稀有枝刺和皮刺。单叶,互生,稀对生和轮生,有时排成二列或螺旋式,全缘或有锯齿。花通常小,稀较大,两性,或单性,雌雄异株或杂性同株,稀同序;花瓣2~7片,稀更多或缺,通常与萼片互生;雄蕊多数,稀少数,有的与花瓣同数而和花瓣对生,花丝分离,稀联合成管状和束状与腺体互生;雌蕊由2~10个心皮形成。浆果或蒴果,稀为核果和干果。全世界约93属、1300余种;中国13属及2栽培属、25种及2变种,主产华南、西南,少数种类分布到秦岭和长江以南各省、区;云南9属、18种及2变种,另引进1属2种。

(1)山桐子属 *Idesia* Maxim.

落叶乔木。单叶,互生,大型,边缘有锯齿;叶柄细长,有腺体。花雌雄异株或杂性同株;多数呈顶生圆锥花序;花瓣通常无;雄花:花萼3～6片,绿色,有柔毛;雄蕊多数,着生在花盘上;雌花:淡紫色,花萼3～6片。浆果;种子多数,红棕色。

26. **柽柳科** Tamaricaceae

灌木、半灌木或乔木。叶小,多呈鳞片状,互生,通常无叶柄,多具泌盐腺体。花通常集成总状花序或圆锥花序,稀单生,通常两性,整齐;花萼4～5深裂,宿存;花瓣4～5,分离,花后脱落或有时宿存;雄蕊4、5或多数,常分离。蒴果,圆锥形,室背开裂。全世界3属、约110种;中国3属、32种,主要产于我国西北,西南,华北也有分布;云南2属、4种。

(1)柽柳属 *Tamarix* Linn.

灌木或乔木,多分枝;枝条有两种;一种是木质化的生长枝,经冬不落,一种是绿色营养小枝,冬天脱落。叶小,鳞片状,互生,无柄。总状花序或圆锥花序;花两性,稀单性(中国不产),4、5(～6)数,通常具花梗;苞片1枚;花萼草质或肉质,深4～5裂,宿存,裂片全缘或微具细牙齿;花瓣与花萼裂片同数,花后脱落或宿存。蒴果圆锥形。

27. **西番莲科** Passifloraceae

草质或木质藤本,稀为灌木或小乔木。腋生卷须卷曲。单叶、稀为复叶,互生或近对生,全缘或分裂,具柄,常有腺体,通常具托叶。聚伞花序腋生,有时退化仅存1～2花;通常有苞片1～3枚。花辐射对称,两性、单性、罕有杂性;萼片5枚,偶有3～8枚;花瓣5枚,稀3～8枚,罕不存在;外副花冠与内副花冠形式多样,有时不存在;雄蕊4～5枚,偶有4～8枚或不定数。浆果或蒴果,不开裂或室背开裂;种子数颗,种皮具网状小窝点。全世界约有16属、500余种;中国2属、约23种,产于西南和南部;云南2属,野生有12种,栽培和逸生4种计有16种。

(1)西番莲属 *Passiflora* Linn.

草质或木质藤本,罕灌木或小乔木。单叶,少有复叶,互生,偶有近对生,全缘或分裂,叶下面和叶柄通常有腺体;托叶线状或叶状,稀无托叶。聚伞花序,腋生,有时退化仅存1～2花,成对生于卷须的两侧或单生于卷须和叶柄之间,偶有复伞房状;花两性;萼片5枚,常成花瓣状,有时在外面顶端具1角状附属器;花瓣5枚,有时不存在;外副花冠常由1至数轮丝状、鳞片状或杯状体组成;内副花冠膜质,扁平或褶状、全缘或流苏状,有时呈雄蕊状,其内或下部具有蜜腺环,有时缺;在雌雄蕊柄基部或围绕无柄子房的基部具有花盘,有时缺;雄蕊5枚,偶有8枚,生于雌雄蕊柄上,花丝分离或基部连合。浆果肉质。

28. **四数木科** Tetramelaceae

落叶乔木,通常具板状根,各部被毛或被鳞片。单叶,互生,全缘或具锯齿,掌状脉。花单性异株,稀杂性,具苞片,早落;穗状花序或圆锥花序;雄花萼片4或6～8,等大或不等大;无花瓣或有时具花瓣,插生于萼片上面。蒴果。全世界2属、2种;中国1属、1种,分布于云南;云南1属、1种。

(1)四数木属 *Tetrameles* R. Br.

落叶乔木或大乔木,具板状根。单叶,互生,掌状脉。花单性异株,穗状花序(雌花)或圆锥花序(雄花)顶生;雄花萼筒极短,裂片4;雄蕊4,与萼裂片对生;雌花具长而明显的萼筒,微四棱形,不具雄蕊。蒴果。

29. **杨柳科** Salicaceae

落叶乔木或直立、垫状和匍匐灌木。树皮光滑或开裂粗糙,通常味苦,有顶芽或无顶芽;芽由1～多数鳞片所包被。单叶互生,稀对生,不分裂或浅裂,全缘,锯齿缘或齿牙缘;托叶鳞片状或叶状,早落或宿存。花单性,雌雄异株,罕有杂性;葇荑花序,直立或下垂,先叶开放,或与叶同时开放,稀叶后开放,花着生于苞片与花序轴间,苞片脱落或宿存;基部有杯状花盘或腺体,稀缺如;雌花子房无柄或有柄。蒴果,

2～4(5)瓣裂。全世界 3 属、620 余种；中国 3 属、320 余种，各省(区)均有分布，尤以山地和北方较为普遍；云南 2 属、约 101 种、27 变种及 4 变型，其中引种栽培有 3 种、2 变种及 1 变型，主要分布于西北部横断山脉地区。

1. 无顶芽；葇荑花序直立或斜展，花药暗红色黄色；主干不通直。 ………………… 1. 柳属 *Salix*

1. 有顶芽(胡杨无)；葇荑花序下垂，花药暗红色；主干明显通直。 ……………… 2. 杨属 *Populus*

30. 杜鹃花科 Ericaceae

灌木或乔木，体型小至大；地生或附生；多常绿，少有半常绿或落叶；有具芽鳞的冬芽。叶革质，少有纸质，互生，极少假轮生，稀交互对生，全缘或有锯齿，不分裂，被各式毛或鳞片，或无覆被物。花单生或组成总状、圆锥状或伞形总状花序，顶生或腋生，两性，辐射对称或略两侧对称；花瓣合生成钟状、坛状、漏斗状或高脚碟状，稀离生，花冠通常 5 裂，稀 4、6、8 裂，裂片覆瓦状排列；雄蕊为花冠裂片的 2 倍，少有同数，稀更多。蒴果或浆果，少浆果状蒴果。全世界 103 属、3350 种，全世界分布，除沙漠地区外；中国 15 属、约 757 种，分布全国各地，主产地在西南部山区，尤以四川、云南、西藏三省区相邻地区为盛；云南 10 属、277 种，多数分布于西部至西北部。

1. 伞形总状或短总状花序，稀单花，常顶生；花冠漏斗状、钟状、管状或高脚碟状。 ……………………………………………………………………… 1. 杜鹃花属 *Rhododendron*

1. 圆锥花序或总状花序，顶生或腋生；花冠坛状或筒状坛形。 ……………… 2. 马醉木属 *Pieris*

31. 柿科(柿树科) Ebenaceae

常绿或落叶，乔木或灌木。单叶互生，稀对生，全缘。花单性，雌雄异株或杂性，辐射对称，单生或组成短的聚伞花序，腋生；萼 3～7 裂，宿存；花冠 3～7 裂。浆果，种子具硬质胚乳。全世界 3 属、500 余种；中国 1 属、约 57 种，分布于；云南 1 属、22 种及 3 变种。

(1)柿属(柿树属) *Diospyros* Linn.

落叶或常绿，乔木或灌木。无顶芽。单叶互生。雌雄异株或杂性，雄花常较雌花小，组成聚伞花序；雌花常单生叶腋；萼 4 深裂，稀 3～7 裂；花冠壶形或钟形，4～5 裂，稀 3～7 裂，白色或黄白色。浆果肉质，基部通常有增大的宿存萼。

32. 野茉莉科(安息香科) Styracaceae

乔木或灌木，常被星状毛或鳞片状毛。单叶互生。总状花序、聚伞花序或圆锥花序，很少单花或数花丛生，顶生或腋生；花两性，很少杂性；花萼杯状、倒圆锥状或钟状；花冠合瓣，极少离瓣，裂片通常 4～5，很少 6～8。核果，外果皮肉质，或蒴果，稀浆果，具宿存花萼。全世界约 11 属、180 种；只有少数分布至地中海沿岸；中国 9 属、50 种及 9 变种，分布北起辽宁东南部南至海南岛，东自台湾，西达西藏；云南 7 属、35 种。

(1)野茉莉属 *Styrax* Linn.

乔木或灌木。单叶互生，多少被星状毛或鳞片状毛，极少无毛。总状花序、圆锥花序或聚伞花序，极少单花或数花聚生，顶生或腋生；花萼杯状、钟状或倒圆锥状，与子房基部完全分离或稍合生；顶端常 5 齿；花冠常 5 深裂，裂片在花蕾时镊合状或覆瓦状排列，花丝基部联成管，贴生于花冠管上，稀离生。核果肉质，干燥，不开裂或不规则 3 瓣开裂，与宿存花萼完全分离或稍与其合生。

33. 紫金牛科 Myrsinaceae

灌木、乔木或攀援灌木，稀藤本或近草本。单叶互生，稀对生或近轮生。总状花序、伞房花序、伞形花序、聚伞花序及上述各式花序组成的圆锥花序或花簇生，腋生、侧生、顶生；花通常两性或杂性，稀单性，4 或 5 数，稀 6 数；花萼基部连合或近分离，或与子房合生；花冠通常仅基部连合或成管；雄蕊与花冠裂片同数，对生，着生于花冠上，分离或仅基部合生；雌蕊 1。浆果核果状，外果皮肉质、微肉质或坚脆，内果皮坚脆。全世界 32～35 属、1000 余种；中国 6 属、129 种、18 变种，主要产于长江流域以南各省区；云南 5 属、82 种。

(1)紫金牛属 *Ardisia* Swartz

小乔木、灌木或亚灌木状近草本。叶互生，稀对生或近轮生，通常具不透明腺点，全缘或具波状圆齿、锯齿或啮蚀状细齿，具边缘腺点或无。聚伞花序、伞房花序、伞形花序或由上述花序组成的圆锥花序，稀总状花序；两性花，通常为 5 数，稀 4 数；花萼通常仅基部连合，稀分离，萼片镊合状或覆瓦状排列，通常具腺点；雄蕊着生于花瓣基部或中部；雌蕊与花瓣等长或略长。浆果核果状，球形或扁球形，通常为红色，具腺点，有时具纵肋，内果皮坚脆或近骨质。

34. 海桐花科(海桐科) Pittosporaceae

常绿木本。有时具刺，茎皮有树脂道。单叶互生或近轮生。花两性，稀单性或杂性，成圆锥、总状或伞房花序；萼片、花瓣、雄蕊均为 5；雌蕊由 3～5 心皮合生而成。蒴果或浆果状；种子多数，生于黏质的果肉中。全世界 9 属、约 360 种；中国 1 属、44 种；云南 1 属、27 种及 2 变种。

(1)海桐花属(海桐属) *Pittosporum* Banks

常绿乔木或灌木。叶全缘或具波状齿。花单生或成顶生圆锥或伞房花序；花瓣先端常向外皮卷。蒴果，球形至倒卵形，三瓣裂，具 2 至多数种子，种子藏于红色黏质瓤内。

35. 八仙花科(绣球花科) Hydrangeaceae

灌木或草本，稀小乔木。单叶对生，稀互生或轮生。花两性或兼具不孕花，两型或一型；花萼裂片和花瓣均 4～5，稀 8～10。蒴果，稀浆果。全世界 16～17 属、200 多种，分布于北温带和亚热带地区；中国 11 属、145 种；云南 6 属、59 种。

1. 花一型。
    2. 萼裂片、花瓣 4(～5)；花白色，芳香。 ………………………… 1. 山梅花属 *Philadelphus*
    2. 萼裂片、花瓣 5；白色，粉红色或紫色。 ………………………………… 2. 溲疏属 *Deutzia*
1. 花二型，极少一型；不育花(或称放射花)存在或缺。 ……………… 3. 绣球(花)属 *Hydrangea*

36. 蔷薇科 Rosaceae

草本、灌木或乔木，落叶或常绿，有刺或无刺。叶互生，稀对生，单叶或复叶，有显明托叶，稀无托叶。花两性，稀单性。通常整齐；花轴上端发育成碟状、钟状、杯状、罈状或圆筒状的花托(称萼筒)，在花托边缘着生萼片、花瓣和雄蕊；萼片和花瓣同数，通常 4～5，覆瓦状排列，稀无花瓣，萼片有时具副萼；雄蕊 5 至多数，稀 1 或 2，花丝离生，稀合生；心皮 1 至多数，离生或合生，有时与花托连合；花柱与心皮同数，有时连合，顶生、侧生或基生。蓇葖果、瘦果、梨果或核果，稀蒴果。全世界约有 124 属、3300 余种；中国约 51 属、1000 余种，产于全国各地；云南 42 属、464 种及 119 亚种或变种。

1. 聚合果
    2. 聚合蓇葖果，开裂。
        3. 单叶；伞形、伞形总状、伞房或圆锥花序。 ……………………… 1. 绣线菊属 *Spiraea*
        3. 羽状复叶；圆锥花序顶。 ……………………………………… 2. 珍珠梅属 *Sorbaria*
    2. 聚合瘦果，不开裂。

4. 复叶，叶缘具锯齿。
5. 灌木；奇数羽状复叶，稀单叶；蔷薇果。 ………………………………… 3. 蔷薇属 *Rosa*
5. 多年生草本，具短根茎、匍匐茎；三出复叶；花托海绵质。……… 4. 蛇莓属 *Duchesnea*
4. 单叶，叶缘具重锯齿。……………………………………………………………… 5. 棣棠属 *Kerria*
1. 单果
6. 萼筒肉质，梨果。
7. 心皮 1；果为小核状，常具 1 种子，突出在的顶端。……… 6. 牛筋条属 *Dichotomanthus*
7. 心皮 5，或 2，稀 3～5。
8. 叶缘有齿或裂片。
9. 常具枝刺。
10. 常绿；托叶早落；复伞房花序。 ……………………… 7. 火棘属 *Pyracantha*
10. 落叶，稀半常绿；托叶宿存；伞房花序或伞形花序。 …… 8. 山楂属 *Crataegus*
9. 无刺。
11. 形成花序。
12. 果皮密被柔毛。 ………………………………………… 9. 枇杷属 *Eriobotrya*
12. 果皮光滑。
13. 伞形总状花序。 ……………………………………… 10. 苹果属 *Malus*
13. 伞形、伞房或复伞房花序顶生。 ……………… 11. 石楠属 *Photinia*
11. 花 2～5 朵，丛生。 ………………………………………… 12. 移衣属 *Docynia*
8. 叶全缘。…………………………………………………………… 13. 栒子属 *Cotoneaster*
6. 核果。
14. 腋芽单生；果皮常被蜡粉。 ……………………… 14. 李属 *Prunus*
14. 腋芽 2～3 个并生。
15. 果皮光滑。 ……………………………………… 15. 樱属 *Cerasus*
15. 果皮被毛。
16. 具顶芽。 ……………………………………… 16. 桃属 *Amygdalus*
16. 顶芽缺。 ……………………………………… 17. 杏属 *Armeniaca*

37. 含羞草科 Mimosaceae

乔木或灌木，少草本；叶为二回羽状复叶，少一回羽状复叶，叶柄及叶轴上常具腺体；花小，两性或杂性，辐射对称，排成穗状花序、总状花序或头状花序；萼管状，5 齿裂，裂片镊合状排列，很少覆瓦状排列；花瓣镊合状排列，分离或合生成一短管；雄蕊通常多数或与花冠裂片同数或为其倍数，分离或合生成管。荚果，开裂或不开裂，有时具节或横裂，直或旋卷。全世界约 56 属、2800 种；中国连引入栽培有 17 属、约 66 种，主产西南部（特别是云南）至东南部、华南热带、亚热带地区；云南 12 属、53 种及 4 变种。

1. 二回羽状复叶，小叶多呈菜刀形；花丝基部合生成管。 ……………………… 1. 合欢属 *Albizia*
1. 二回羽状复叶，小叶不为菜刀形或叶片退化，叶柄变为叶片状；花丝分离或仅基部稍连合。
……………………………………………………………………………………… 2. 金合欢属 *Acacia*

38. 苏木科 Caesalpiniaceae

木本、灌木或稀为草本。1～2 回羽复叶，稀单叶或单小叶。花两侧对称，花瓣常成上升覆瓦状排列，最上方的1花瓣最小，位于内方，为假蝶形花冠，排成总状花序或圆锥花序，稀为聚伞花序；雄蕊10枚，分离或联合。荚果各式，通常2瓣开裂，或不裂而呈核果状或翅果状；种子有时具假种皮。全世界约180属、3 000种；中国连引入栽培的有21属、约113种、4亚种及12变种，主产南部和西南部；云南连引种有18属、79种、6亚种、8变种及1变型，全省大部分地区均有分布。

1. 羽状复叶。
  2. 干和枝通常具分枝的粗刺。 …………………………………………… 1. 皂荚属 *Gleditsia*
  2. 无刺。
    3. 大型二回偶数羽状复叶，花红色。 ……………………………… 2. 凤凰木属 *Delonix*
    3. 偶数羽状复叶；叶柄和叶轴上常有腺体，花黄色。 ……………… 3. 决明属 *Cassia*
1. 单叶或2小叶。
      4. 叶先端凹缺或分裂为2裂片，有时深裂达基部而成2片离生的小叶。… 4. 羊蹄甲属 *Bauhinia*
      4. 单叶，心形，全缘或先端微凹。 ………………………………………… 5. 紫荆属 *Cercis*

39. 蝶形花科 Papilionaceae

草本、灌木或乔木，直立或攀援状；叶通常互生，复叶，很少为单叶，常有托叶；花两性，两侧对称，具蝶形花冠；常组成总状花序或圆锥花序，少为头状花序或穗状花序；萼管通常5裂，上部2裂齿常多少合生；花瓣5，覆瓦状排列，位于近轴最上、最外面的1片为旗瓣，两侧多少平行的两片为翼瓣，位于最下、最内面的两片，下侧边缘合生成龙骨瓣；雄蕊10，合生为单体或二体（通常9枚合生为一管，对着旗瓣的1枚离生而成9+1的二体，稀为5枚各自合生为相等的二体），很少为全部离生。有时1枚退化，余9枚合生为单体。荚果各种形状，不开裂或开裂为2果瓣，或由2至多个各具1种子的荚节组成。全世界约440属、12000种，遍布全世界；我国包括常见引进栽培的共有128属、1372种及183变种（变型）；云南96属、530种、58亚种或变种（变型）。

1. 羽状复叶或掌状复叶。
  2. 羽状复叶。
    3. 偶数羽状复叶。
      4. 一年生蔓性草本。 ……………………………………………………… 1. 花生属 *Arachis*
      4. 木质藤本。 ……………………………………………………………… 2. 相思子属 *Abrus*
    3. 奇数羽状复叶。
        5. 木质藤本。 ………………………………………………………… 3. 紫藤属 *Wisteria*
        5. 乔木或灌木，极少草本。
          6. 托叶有或无，少数具小托叶。 ……………………………………… 4. 槐属 *Sophora*
          6. 托叶刚毛状或刺状。 ……………………………………………… 5. 刺槐属 *Robinia*
  2. 一年生或多年生草本；掌状复叶。
            7. 小叶具锯齿，小叶3。 ……………………………………… 6. 车轴草属 *Trifolium*
            7. 小叶全缘，小叶5以上。 …………………………………… 7. 羽扇豆属 *Lupinus*
1. 羽状三出复叶或单叶。
              8. 小枝常有皮刺；小托叶呈腺体状。 ……………………… 8. 刺桐属 *Erythrin*
              8. 无刺。
                9. 草本、亚灌木或灌木。 …………………………… 9. 山蚂蝗属 *Desmodium*
                9. 木质或草质藤本。 ………………………… 10. 黎豆属（油麻藤属）*Mucuna*

40. 胡颓子科 Elaeagnaceae

灌木或乔木；全体被银白色或黄褐色盾状鳞片或星状毛；常具枝刺。单叶、互生，稀对生或轮生；全缘。花两性、单性或杂性；单生、簇生或排成短总状花序；腋生；单被花，雌花或两性花萼筒在子房顶端缢缩。坚果或瘦果，为增厚肉质的萼筒所包围，萼筒红色或黄色，呈核果状或浆果状。全世界有3属、80余种；中国2属、约60种，遍布全国各地；云南2属、28种或亚种。

(1)胡颓子属 *Elaeagnus* Linn.

落叶或常绿灌木，直立或有时攀援状，有刺或无刺，全部密被银色或淡褐色、盾状鳞片。叶互生，披针形至椭圆形或卵形，侧脉明显；花两性或杂性，单生或2～4簇生；花萼管状或钟状；雄蕊4，均与花萼裂片互生具蜜腺。坚果核果状，长圆形，包藏于花后增大的肉质萼管内。

41. 山龙眼科 Proteaceae

乔木或灌木，稀草本。单叶互生，稀对生或轮生。花两性或单性，排成总状、穗状、头状或伞形花序；花4基数，单被花；雄蕊4，与花萼对生。蓇葖果、坚果、核果或蒴果。全世界约60属、约1300种；中国有4属(其中2属为引种)、24种及2变种，分布于西南部、南部和东南部各省区；云南4属、16种，主要分布于南部和西南部，中部有引种栽培。

(1)银桦属 *Grevillea* R. Br.

乔木或灌木。叶互生，不分裂或羽状分裂。总状花序，通常再集成圆锥花序，常被紧贴的丁字毛，稀被叉状毛；花两性，花梗双生或单生；苞片小，有时仅具痕迹；花蕾时花被管细长，常偏斜，开花时花被管下半部先分裂，花被片分离，外卷；雄蕊4枚，着生于花被片檐部。蓇葖果，通常偏斜，沿腹缝线开裂，稀分裂为2果片，果皮革质或近木质。

42. 千屈菜科 Lythraceae

草本或木本。枝通常四棱形。单叶对生，稀轮生或互生，全缘，叶柄极短；花两性，辐射对称，稀两侧对称；单生、簇生或组成总状、圆锥或聚伞花序，顶生或腋生；花萼管状或钟状，常有棱，顶端4～8(16)裂，裂片间常有附属体；花瓣与萼裂片同数或无；雄蕊常为花瓣的倍数，着生于萼筒上。蒴果，常开裂。全世界约25属、550种；云南6属、18种。

1. 草本或亚灌木；花单生叶腋或组成穗状花序、总状花序或歧伞花序。
   2. 花辐射对称，萼筒直生，基部无距。 ………………………………… 1. 千屈菜属 *Lythrum*
   2. 花左右对称，萼筒斜生，基部背面有圆形的距。 ………………………… 2. 萼距花属 *Cuphea*
1. 灌木或乔木；花多数组成顶生的圆锥花序。 ……………………………… 3. 紫薇属 *Lagerstroemia*

43. 瑞香科 Thymelaeaceae

小乔木或灌木，稀为草本。纤维发达。单叶，对生或互生，全缘。花两性，排成头状、总状或穗状花序；萼筒花冠状，4～5裂，似花瓣，覆瓦状排列；花瓣缺。浆果、核果或坚果，稀为2瓣开裂的蒴果，果皮膜质、革质、木质或肉质。全世界约48属、650种以上；中国有10属、100种左右，各省均有分布，但主产于长江流域及以南地区，尤以西南及华南种类最多；云南7属、38种。

1. 花柱长，柱头圆柱状线形，其上密被疣状突起。 ……………………… 1. 结香属 *Edgeworthia*
1. 花柱及花丝极短或近无，柱头头状，较大。 …………………………………… 2. 瑞香属 *Daphne*

44. 桃金娘科 Myrtaceae

常绿乔木或灌木；具芳香油。单叶，对生或互生，全缘，具透明油腺点。花两性、整齐，单生或集生成花序；萼 4～5 裂，花瓣 4～5；雄蕊多数，分离或成簇与花瓣对生。浆果、蒴果、稀核果或坚果；种子多有棱，无胚乳。全世界约 100 属、3 000 种以上；中国原产 8 属，驯化及引入的 8 属、126 种及 8 变种，主要产于广东、广西及云南等靠近热带的地区；云南原产 4 属、引入 5 属、55 种。

1. 雄蕊绿白色，花丝基部稍连合成 5 束，花白色。………………………… 1. 白千层属 *Melaleuca*
1. 雄蕊红色或黄色，花丝分离或基部稍合生，花红色 。………………… 2. 红千层属 *Callistemon*

45. 石榴科 Punicaceae

灌木或小乔木；具枝刺。单叶，常对生，全缘。花两性，单生或簇生枝端；萼筒与子房贴生，近钟形，5～9 裂，宿存；花瓣 5～9，雄蕊多数，离生。浆果，球形，顶端有宿存萼裂片，果皮厚；种子多数，种皮外层肉质，内层骨质。全世界 1 属、2 种；中国引入栽培 1 属、1 种；云南引入栽培 1 属、1 种。

(1)石榴属 *Punica* Linn.

属特征同科。

46. 柳叶菜科 Onagraceae

一年生或多年生草本，半灌木或灌木，稀为小乔木。叶互生或对生。花两性，稀单性，辐射对称或两侧对称，单生于叶腋或排成顶生的穗状花序、总状花序或圆锥花序。花通常 4 数，稀 2 或 5 数；萼片(2～)4 或 5；花瓣(0～2～)4 或 5；雄蕊(2～)4，或 8 或 10 排成 2 轮。蒴果，室背开裂、室间开裂或不开裂，有时为浆果或坚果。全世界约 15 属、650 种；中国 7 属、68 种、8 亚种，其中分布旧大陆的 3 个属中国均产，广布于全国各地，3 属系引种并逸为野生，1 属为引种栽培；云南野生 4 属，栽培或逸生 3 属。

(1)倒挂金钟属 *Fuchsia* L.

直立或攀援灌木或半灌木，稀小乔木。叶单叶互生、对生或轮生。花两性，单生于叶腋，或排成总状或圆锥状花序；花具不同颜色，具梗，常下垂；花管由花萼、花冠与花丝之一部合生而成筒状至倒圆锥状，果时脱落；花瓣 4，稀缺；雄蕊 8，排成 2 轮。浆果，4 室，不开裂。

47. 蓝果树科 Nyssaceae

落叶乔木，稀灌木。单叶，互生，无托叶。花序头状、总状或伞形；花单性或杂性，异株或同株；花萼小，5 齿裂或不明显，花瓣 5，稀更多；花盘肉质，垫状。核果或翅果。全世界 3 属、10 余种，分布于亚洲和美洲；中国 3 属、9 种及 2 变种，南方各地均有；云南 3 属、6 种及 1 变种，分布于各地。

1. 头状花序球形，有 2～3 枚白色花瓣状的总苞；核果。……………………… 1. 珙桐属 *Davidia*
1. 头状花序近球形，苞片肉质；聚合瘦果头状，熟时橘红色。…………… 2. 喜树属 *Caimptotheca*

48. 山茱萸科 Cornaceae

落叶乔木或灌本，稀常绿或草木。单叶对生，稀互生或近于轮生，通常叶脉羽状，稀为掌状叶脉，边缘全缘或有锯齿；无托叶或托叶纤毛状。花两性或单性异株，花序为圆锥、聚伞、伞形或头状，有苞片或总苞片；花 3～5 数；花瓣 3～5，通常白色，稀黄色、绿色及紫红色。核果或浆果状；核骨质，稀木质。全世界有 15 属、约 119 种；中国有 9 属、约 60 种，除新疆外，其余各省区均有分布；云南 6 属、41 种、1 亚种及 7 变种。

1. 单性花，常 1～3 束组成圆锥花序或总状圆锥花序。…………………… 1. 桃叶珊瑚属 *Aucuba*
1. 两性花。
  2. 伞房状或圆锥状聚伞花序，无花瓣状总苞片。…………………………… 2. 梾木属 *Swida*

2. 头状花序顶生,有四枚白色花瓣状的总苞片。 ……………… 3. 四照花属 *Dendrobenthamia*

49. 卫矛科 Celastraceae

常绿或落叶,乔木、灌木或藤本。单叶,对生或互生,羽状脉,托叶小或无。花两性或单性,排成腋生或顶生聚伞花序或总状花序,或单生;花瓣 4～5;萼 4～5 裂,宿存;雄蕊 4～5,与花瓣互生,常生于花盘上。蒴果、核果、翅果或浆果;种子多少被肉质具色假种皮包围,稀无假种皮。全世界 60 属、850 种;中国 12 属、201 种,其中引进栽培有 1 属、1 种,全国各省区均有分布,主要分布于长江流域及其以南地区;云南 7 属、114 种及 1 变种,分布于全省各地。

(1)卫矛属 *Euonymus* L.

灌木或乔木,很少以小根攀附于他物上;枝常方柱形;叶对生,很少互生或轮生;花两性,淡绿或紫色在成腋生、具柄的聚伞花序;萼片和花瓣 4～5;雄蕊 4～5,花丝极短,着生于花盘上;花盘扁平,肥厚,4～5 裂。蒴果,常有浅裂或深裂或延展成翅;种子有红色的假种皮。

50. 冬青科 Aquifoliaceae

常绿或落叶,乔木或灌木。单叶,互生,稀对生。花小,整齐,单性或杂性异株;聚伞花序、伞形花序或簇生,稀单生;花萼 3～6 裂;花瓣 4～6,分离或基部合生;雄蕊 4～8。核果浆果状。全世界 4 属、400～500 种;中国 1 属、约 204 种,分布于秦岭南坡、长江流域及其以南地区,以西南地区最盛;云南 1 属、82 种、24 变种及 2 变型。

(1)冬青属 *Ilex* L.

乔木或灌木,多常绿。单叶,互生,常具锯齿或刺状齿。花单性异株,有时杂性;聚伞花序或伞形花序,或再聚成各式复花序。雄花花萼 4～6,花瓣 4～8,雄蕊 4～8;雌花花萼与花瓣均 4～8。核果(浆果状)。

51. 黄杨科 Buxaceae

常绿灌木或小乔木,稀为草本。单叶对生或互生,羽状脉或离基 3 出脉。总状、穗状花序。花小,单性,无花瓣,雌雄同株或异株,雄花萼片 4,雌花萼片 6,雄蕊 4,稀 6。蒴果或核果;种子黑色。全世界 4 属、约 100 种,生于热带和温带;中国 3 属、27 种左右,分布于西南部、西北部、中部、东南部,直至台湾省;云南 3 属、14 种、2 亚种及 4 变种。

1. 匍匐或斜上的常绿亚灌木,下部生不定根;叶互生。 ……………… 1. 板凳果属 *Pachysandra*
1. 常绿灌木或小乔木;叶对生。 ……………………………………………… 2. 黄杨属 *Buxus*

52. 大戟科 Euphorbiaceae

草本、灌木或乔木,有时成肉质植物,常含有乳汁;单叶互生,多具托叶,叶基部常有腺体。花多单性,雌雄同株,成聚伞花序,或杯状聚伞花序;萼片 3～5 片,常无花瓣,有花盘或腺体。蒴果或浆果状或核果状。全世界 317 属、5000 种,广布于全球;中国连引入栽培共约有 70 多属、约 460 种,分布于全国各地,主产西南至台湾;云南约 52 属、约 220 种,大部分分布于南部热带地区,少部分分布于云南东北部、西北部或中部。

1. 非肉质植物;圆锥花序或总状花序。
 2. 单叶;叶全缘,稀分裂;蒴果。
  3. 落叶乔木;穗状花序。 ……………………………………… 1. 乌桕属 *Sapium*
  3. 常绿灌木;总状花序。 …………………………………… 2. 变叶木属 *Codiaeum*

2. 三出复叶；小叶有锯齿；核果。 …………………………… 3. 重阳木属（秋枫属）*Bischofia*

1. 肉质植物；杯状聚伞花序。 ……………………………………………… 4. 大戟属 *Euphorbia*

53. **鼠李科** Rhamnaceae

乔木或灌木，稀藤木或草本；常有枝刺或托叶刺。单叶互生，稀对生；有托叶。花小整齐，两性或杂性，成腋生聚伞、圆锥花序，或簇生；萼 4～5 裂，裂片镊合状排列；花瓣 4～5 或无。核果、蒴果或翅状坚果。全世界 58 属、900 种以上；中国产 14 属、133 种、32 变种及 1 变型，全国各省区均有分布，以西南和华南的种类最为丰富；云南 14 属、93 种及 14 变种，全省各地均产。

(1)枳椇属 *Hovenia* Thunb.

落叶乔木，稀灌木，无刺；幼枝常被短柔毛或茸毛。单叶，互生，基生 3 出脉。聚伞花序顶生或腋生，花 5 基数。花瓣与萼片互生，生于花盘下，两侧内卷，基部具爪。核果浆果状，近球形，顶端有残存的花柱；花序轴在结果时膨大，扭曲，肉质。

54. **葡萄科** Vitaceae

藤本，稀直立灌木或小乔木。常具与叶对生的卷须。单叶或复叶互生，有托叶。聚伞、伞房或圆锥花序，常与叶对生；花小，两性或杂性。浆果。全世界 16 属、700 余种；中国有 9 属、150 余种，南北各省均产，野生种类主要集中分布于华中、华南及西南各省区，东北、华北各省区种类较少；云南 9 属、96 种及 18 变种。

(1)葡萄属 *Vitis* L.

木质藤本，有卷须。叶为单叶、掌状或羽状复叶。花 5 数，通常杂性异株，稀两性，排成聚伞圆锥花序；萼呈碟状，萼片细小；花盘明显，5 裂；雄蕊与花瓣对生。浆果；有种子 2～4 颗。

55. **无患子科** Sapindaceae

乔木或灌木，稀为草质藤本。叶常互生，羽状复叶，稀掌状复叶或单叶。花单性或杂性，整齐或不整齐，成圆锥、总状或伞房花序；萼 4～5 裂；花瓣 4～5，有时无。蒴果、核果、坚果、浆果或翅果。全世界 150 属、约 2000 种；中国有 25 属、53 种、2 亚种及 3 变种，多数分布在西南部至东南部，北部很少；云南 18 属、29 种，大部分布于东南部至西南部热带、亚热带地区。

1. 一或二回奇数羽状复叶，小叶常有锯齿或分裂，少全缘；蒴果膨胀 …… 1. 栾树属 *Koelreuteria*

1. 偶数羽状复叶，很少单叶，小叶全缘；果深裂为 3 分果片，通常仅 1 或 2 个发育 ………………
…………………………………………………………………………… 2. 无患子属 *Sapindus*

56. **七叶树科** Hippocsatanaceae

乔木，稀灌木，冬芽通常具黏液。掌状复叶，对生，小叶常 5～9 片，有锯齿或有时全缘。圆锥花序或总状花序顶生；花杂性同株，不整齐；花瓣 5 或 4，不等大，有爪，覆瓦状排列；花盘环状或偏在一边；雄蕊 5～8，着生花盘内，花丝分离。蒴果革质，平滑或有刺，3 裂。全世界 2 属、30 多种；中国 1 属、10 余种，以西南部的亚热带地区为分布中心，北达黄河流域，东达江苏和浙江，南达广东北部；云南 1 属、7 种及 1 变种。

(1)七叶树属 *Aesculus* Linn.

落叶乔木稀灌木。掌状复叶由 3～9 枚（通常 5～7 枚），小叶边缘有锯齿。聚伞圆锥花序，侧生的小花序单歧式蝎尾状聚伞花序。

57. **槭树科** Aceraceae

乔木或灌木。叶对生，单叶或复叶。花单性、杂性或两性，小而整齐；花瓣 4～5 或无。翅果，两侧或周围有翅，成熟时由中间分裂，每裂瓣有1种子。全世界2属，以中国和日本尤多；中国2属、140余种；云南2属、60种。

(1)槭树属 *Acer* Linn.

乔木或灌木，落叶或常绿。果实系2枚相连的小坚果，凸起或扁平，侧面有长翅(又叫双翅果)，张开成各种大小不同的角度。

58. 漆树科 Anacardiaceae

木本，韧皮部具树脂道。复叶或单叶，互生。花萼杯状，5裂，花瓣5；花盘杯状或环状。核果，有的花后花托肉质膨大呈棒状或梨形的假果或花托肉质下凹包于果之中下部，外果皮薄，中果皮通常厚，具树脂，内果皮坚硬，骨质或硬壳质或革质。全世界60属、600余种；中国16属、59种；云南15属、44种。

1. 总状花序或圆锥花序腋生；核果近球形，无毛。…………………………… 1. 黄连木属 *Pistacia*
1. 聚伞圆锥花序或复穗状花序顶生；核果球形，略压扁，被腺毛和具节毛或单毛。……………
…………………………………………………………………………………… 2. 盐肤木属 *Rhus*

59. 苦木科 Simaroubaceae

落叶或常绿的乔木或灌木；树皮通常有苦味。叶互生，有时对生，通常成羽状复叶，少数单叶。总状、圆锥状或聚伞花序腋生，少为穗状花序；花小，辐射对称，单性、杂性或两性；花瓣3～5，分离，少数退化；花盘环状或杯状。翅果、核果或蒴果，一般不开裂。全世界20属、120种；中国5属、11种及3变种，产长江以南各省，个别种类分布至华北及东北；云南3属、9种。

(1)臭椿属 *Ailanthus* Desf.

落叶或常绿乔木或小乔木；小枝被柔毛。叶互生，奇数羽状复叶或偶数羽状复叶；小叶纸质或薄革质，对生或近于对生，基部偏斜，先端渐尖，全缘或有锯齿，基部两侧各有1～2大锯齿，锯齿尖端的背面有腺体(又叫腺齿)。花小，杂性或单性异株，圆锥花序腋生；萼片5，覆瓦状排列；花瓣5，镊合状排列；雄蕊10，着生于花盘基部。翅果长椭圆形，种子1颗生于翅的中央，扁平，圆形、倒卵形或稍带三角形。

60. 楝科 Meliaceae

乔木或灌木，稀为草本。叶互生，稀对生，羽状复叶，很少单叶。花整齐，两性，稀单性，多为圆锥状聚伞花序；花萼4～5(3～7)裂，花瓣与萼裂片同数，分离或基部合生；花丝常合生成筒状；具花盘。蒴果、核果或浆果；种子有翅或无翅。全世界50属、1400种；中国产15属、62种及12变种，此外尚引入栽培的有3属，3种，主产华南和西南各省区，少数分布至长江以北；云南13属、42种及10变种，主产南部和东南部。

1. 落叶；一至三回羽状复叶，小叶通常有锯齿或全缘。…………………………… 1. 楝属 *Melia*
1. 常绿；羽状复叶或3小叶，极少单叶，小叶全缘，花芳香。…………………… 2. 米仔兰属 *Aglaia*

61. 芸香科 Rutaceae

乔木或灌木，罕为草本，具挥发性芳香油。叶多互生，少对生，单叶或复叶，常有透明油腺点；无托叶。花两性，稀单性，常整齐，单生或成聚伞花序、圆锥花序；萼4～5裂，花瓣4～5。柑果、蒴果、蓇葖果、核果或翅果。全世界150属、1600种；中国连引进栽培的共28属、约151种和28变种，分布于全国各地，而大部分种类集中在长江流域以南各省区；云南20属、103种、4亚种和13变种，分布于全省各地。

1. 枝有刺，新枝扁而具棱；单身复叶，冀叶通常明显；柑果。 …………………… 1. 柑橘属 *Citrus*
1. 无刺；奇数羽状复叶，稀单小叶（中国不产）；浆果。 ………………………… 2. 九里香属 *Murraya*

62. 五加科 Araliaceae

多年生草本、灌木至乔木，有时攀援状，茎有时有刺；叶互生，稀对生或轮生，单叶或羽状复叶或掌状复叶；花小，两性或单性，辐射对称，常排成伞形花序或头状花序，稀为穗状花序和总状花序；花瓣5～10，常分离，有时合生成帽状体。浆果或核果。全世界80属、900多种；中国22属、160多种，分布于全国，但主产地为西南，尤以云南为多；云南18属、111种及30变种或变型，产于全省各地。

1. 复叶。
  2. 掌状复叶。
    3. 小叶全缘。 ………………………………………………………… 1. 鹅掌柴属 *Schefflera*
    3. 小叶条状披针形，边缘有锯齿或羽状分裂。 ……… 2. 孔雀木属（假楤木属）*Dizygotheca*
  2. 2～5回羽状复叶。 ………………………………………………… 3. 幌伞枫属 *Heteropanax*
1. 单叶。
    4. 幼茎攀援状，有气根和叶分裂；成长茎直立，无气根，叶不分裂。 ……… 4. 常春藤属 *Hedera*
    4. 灌木或小乔木；叶片掌状分裂。
      5. 花瓣4～5。
        6. 子房5或10室；花柱5或10。 ………………………………… 5. 八角金盘属 *Fatsia*
        6. 子房2室；花柱2。 ……………………………………………… 6. 通脱木属 *Tetrapanax*
      5. 花瓣6～12，在花芽中镊合状排列，通常合生成帽状体，早落。 …… 7. 刺通草属 *Trevesia*

63. 马钱科 Loganiaceae

乔木、灌木、藤本或草本；根、茎、枝和叶柄通常具有内生韧皮部。单叶对生或轮生，稀互生，全缘或有锯齿；通常为羽状脉，稀3～7条基出脉；具叶柄。花通常两性，辐射对称，单生或孪生，或组成2～3歧聚伞花序，再排成圆锥花序、伞形花序或伞房花序、总状或穗状花序，有时也密集成头状花序或为无梗的花束；有苞片和小苞片；花萼4～5裂；合瓣花冠，4～5裂，少数8～16裂；雄蕊通常着生于花冠管内壁上，与花冠裂片同数，且与其互生。蒴果、浆果或核果；种子通常小而扁平或椭圆状球形，有时具翅。全世界28属、550种；中国8属、54种及9变种，分布于西南部至东部，少数西北部，分布中心在云南；云南7属、39种及7变种。

(1)灰莉属 *Fagraea* Thunb.

乔木或灌木，通常附生或半附生于其他树上，稀攀援状。叶对生，全缘或有小钝齿；羽状脉通常不明显；叶柄通常膨大；托叶合生成鞘，常在二个叶柄间开裂而成为2个腋生鳞片，并与叶柄基部完全或部分合生或分离。花通常较大，单生或少花组成顶生聚伞花序，有时花较小而多朵组成二歧聚伞花序；苞片小，2枚；花萼宽钟状，5裂；花冠漏斗状或近高脚碟状，花冠管顶部扩大。浆果肉质，通常顶端具尖喙。

64. 夹竹桃科 Apocynaceae

乔木、灌木或藤本，稀草本。具乳汁或水液。叶对生或轮生，稀互生，无托叶。花两性，辐射对称，单生或聚伞花序；萼片5裂，稀4裂；花冠5裂，稀4裂，覆瓦状排列，喉部常有副花冠或鳞片、膜质或毛状附属物。浆果、核果、蒴果或蓇葖。全世界250属、2000余种；中国46属、176种及33变种，主要分布于长江以南各省区及台湾省等沿海岛屿，少数分布于北部及西北部；云南35属、100种及10变种。

1. 能流出丰富的白色乳汁。
   2. 花鲜粉红色或黄色。 ………………………………………… 1. 巴西素馨属 *Dipladenia*
   2. 花白色或紫色。
      3. 叶通常具有透明腺体。 ………………………………………… 2. 纽子花属 *Vallaris*
      3. 叶片通常无腺体。 ………………………………………… 3. 络石属 *Trachelospermum*
1. 能流出丰富的水液。
   4. 一年生或多年生草本。 ………………………………………… 4. 长春花属 *Catharanthus*
   4. 灌木或亚灌木。
      5. 直立灌木;伞房状聚伞花序顶生。 ………………………… 5. 夹竹桃属 *Nerium*
      5. 蔓性半灌木;花单生于叶腋内,极少 2 朵。 ……………………… 6. 蔓长春花属 *Vinca*

65. 马鞭草科 Verbenaceae

灌木或乔木,稀为藤本或草本。小枝常四棱形,单叶或复叶;对生,稀轮生或互生。花两性,组成多种花序;花萼具 4~5 裂齿或截平状,宿存,有的在结果时增大;合瓣花冠 4~5 裂,唇形或辐射对称;雄蕊 4、二强或近等长。核果、蒴果或浆果状核果,外果皮薄,中果皮干或肉质,内果皮多少质硬成核。全世界 80 余属、3000 余种;中国 21 属、175 种、31 变种及 10 变型;云南 17 属、104 种。

1. 一年生、多年生草本或亚灌木,茎直立或匍匐。 ……………………… 1. 马鞭草属 *Verbena*
1. 多年生乔木、灌木或藤本。
   2. 植物体有强烈气味。
      3. 聚伞花序、伞房状或圆锥状花序顶生或腋生。 ……………… 2. 赪桐属 *Clerodendrum*
      3. 头状花序顶生或腋生。 ………………………………………… 3. 马缨丹属 *Lantana*
   2. 植物体气味不明显。
      4. 总状、穗状或圆锥花序顶生或腋生;核果几全包藏于增大宿存花萼内。 ……………… ……………………………………………… 4. 假连翘属 *Duranta*
      4. 聚伞花序腋生;核果或浆果状。 ………………………………… 5. 紫珠属 *Callicarpa*

66. 木犀科 Oleaceae

常绿或落叶灌木、乔木或藤本。单叶、三出复叶或羽状复叶,对生,稀为互生或轮生。花两性,辐射对称,成腋生或顶生总状、聚伞状圆锥花序;花被两轮;花冠合瓣,通常 4 裂,覆瓦状排列。翅果、蒴果、核果、浆果或浆果状核果。全世界 27 属、400 余种;中国产 12 属、178 种、6 亚种、25 变种及 15 变型,其中 14 种、1 亚种和 7 变型系栽培,南北各地均有分布;云南 10 属、89 种、16 变种及变型。

1. 翅果或蒴果。
   2. 复叶;翅果,果顶端有伸长的翅。 ………………………………… 1. 白蜡属 *Fraxinus*
   2. 单叶;蒴果。
      3. 枝中空或具片状髓,花黄色,花冠裂片长于花冠筒。 ………………… 2. 连翘属 *Forsythia*
      3. 枝实心,花紫、红或白色,花冠裂片短于花冠筒。 ………………… 3. 丁香属 *Syringa*
1. 核果或浆果。
   4. 核果。
      5. 花冠裂片细长,线形,仅基部联合。 ……………………………… 4. 流苏树属 *Chionanthus*

5. 花冠裂片短，有长短不等的花冠筒。
6. 花序同时兼有顶生和腋生。 …………………………… 5. 木犀榄属(油橄榄属)*Olea*
6. 花序顶生或腋生。
7. 圆锥花序或总状花序，顶生。 ………………………………… 6. 女贞属 *Ligustrum*
7. 花簇生或为短的圆锥花序，腋生。 ………………………… 7. 木犀属 *Osmanthus*
4. 浆果。 …………………………………………………………… 8. 素馨属(茉莉属)*Jasminum*

67. **紫葳科** Bignoniaceae

乔木、灌木或木质藤本，稀草本。复叶或单叶，对生、轮生、稀互生。花两性，常大而美丽；总状或圆锥花序；花萼联合，2～5裂，花冠合瓣，5裂，漏斗状或为唇形，上唇2裂，下唇3裂。蒴果，室间或室背开裂，稀为浆果，种子通常具翅或两端有束毛。全世界120属、650种；中国12属、约35种，南北均产，但大部分种类集中于南方各省区，引进栽培的有16属、19种；云南13属、36种、5变种及1变型，较常见栽培种类有6种，分属于6属。

1. 攀援木质藤本。
2. 茎无气生根；小叶2～3枚，顶生小叶常变3叉的丝状卷须。 ……… 1. 炮仗藤属 *Pyrostegia*
2. 茎具气生根；奇数1回羽状复叶。 ………………………………………… 2. 凌霄属 *Campsis*
1. 乔木。
3. 单叶；花冠钟状，二唇形。 ……………………………………………………… 3. 梓树属 *Catalpa*
3. 1～3回羽状复叶。
4. 蒴果细长，圆柱形。
5. 聚伞圆锥花序顶生或侧生，花冠漏斗状钟形或高脚碟状，檐部微呈二唇形。
……………………………………………………………………… 4. 菜豆树属 *Radermachera*
5. 总状聚伞花序顶生，花冠筒短，钟状，裂片5，近相等。 ……… 5. 猫尾木属 *Dolichandrone*
4. 蒴果扁卵圆球形，木质；种子扁平，周围具透明的翅。 ………… 6. 蓝花楹属 *Jacaranda*

68. **茜草科** Rubiaceae

乔木，灌木或草本。单叶，对生或轮生，常全缘，侧脉羽状；托叶各式，位于叶柄间或叶柄内，分离或结合，宿存或脱落。花两性，稀单性，辐射对称；聚伞花序再组成各式复花序；花冠合瓣，整齐，4～5(10)裂。浆果、蒴果或核果，或干燥而不开裂，或为分果，有时为双果片。全世界637属、10700种；中国98属、约676种，其中有5属是自国外引种的经济植物或观赏植物，主要分布在东南部、南部和西南部，少数分布西北部和东北部；云南72属、365种、12亚种、37变种及5变型，其中引入栽培的有4属、13种、1变种及1变型。

1. 草本或亚灌木。 ……………………………………………………………… 1. 五星花属 *Pentas*
1. 灌木或乔木。
2. 无毛或小枝被微柔毛；托叶与叶柄合生成一短鞘。 ………… 2. 六月雪属(白马骨属)*Serissa*
2. 无刺或很少具刺；托叶生于叶柄内，三角形，基部常合生。 ………… 3. 栀子花属 *Gardenia*

69. **忍冬科** Caprifoliaceae

灌木，稀小乔木或草本。单叶对生，通常无托叶。花两性，各种花序，或簇生或单生；花萼筒与子房合生，顶端 4～5 裂；花冠管状或轮状，4～5 裂，2 唇形或辐射对称。浆果、核果或蒴果，具 1 至多数种子。全世界 13 属、约 500 种；中国 12 属、200 余种，大多分布于华中和西南各省、区；云南 9 属、约 100 种。

1. 果实为蒴果。………………………………………………………………… 1. 锦带花属 *Weigela*
1. 果实为浆果或核果。
    2. 花冠两侧对称，花柱细长。
        3. 浆果多汁。 ……………………………………………………………… 2. 忍冬属 *Lonicera*
        3. 具 1 枚种子的瘦果状核果，外面密生刺状刚毛。 ……………………… 3. 猬实属 *Kolkwitzia*
    2. 花冠辐射对称，花柱极短。 ………………………………………………… 4. 荚蒾属 *Viburnum*

70. 棕榈科 Palmae

常绿乔木或灌木，主干不分枝。茎单生或丛生，直立或攀援，实心。叶常聚生茎端，攀援种类则散生枝上，常羽状或掌状分裂，大形；叶柄基部常扩大成具纤维的叶鞘。花小，组成圆锥状肉穗花序或肉穗花序，萼片、花瓣各 3 枚，分离或合生，镊合状或覆瓦状排列。浆果、核果或坚果。全世界约 210 属、2800 种；中国约有 28 属、100 余种（含常见栽培 10 属、13 种），产西南至东南部各省区，棕榈属也产中部至秦岭以南；云南 27 属、76 种及 21 变种（含习见栽培 12 属、22 种）。

1. 叶为掌状分裂。
    2. 丛生灌木；叶柄两侧光滑；叶裂片顶端宽而有数个细尖齿。 ………………… 1. 棕竹属 *Rhapis*
    2. 乔木或灌木；叶柄两侧有齿、刺；叶裂片顶端常尖而具 2 裂。
        3. 叶裂片边缘少有丝状纤维。
            4. 叶裂片分裂至中上部，先端深 2 裂而下垂；叶柄两侧有较大的倒钩刺。
            ………………………………………………………………………… 2. 蒲葵属 *Livistona*
            4. 叶裂片分裂至中下部，先端浅裂，常挺直或下折；叶柄两侧有极细之锯齿。
            ……………………………………………………………………… 3. 棕榈属 *Trachycarpus*
        3. 叶裂片边缘有丝状纤维。 ……………………………………………… 4. 丝葵属 *Washingtonia*

1. 叶为羽状分裂。
    5. 叶为 2～3 回羽状全裂，裂片菱形。 …………………………………… 5. 鱼尾葵属 *Caryota*
    5. 叶为 1 回羽状全裂，裂片线形、线状披针形或长方形。
        6. 叶柄宿存，无环状叶痕；叶基部裂片退化成刺状。 ……………… 6. 刺葵属 *Phoenix*
        6. 叶柄脱落，有环状叶痕。
            7. 植株矮小，很少超过 3 m，稀为藤本。 ……………… 7. 袖珍椰属 *Chamaedorea*
            7. 植株较高，一般为 3 m 以上。
                8. 中果皮为厚而松软的纤维质，内果皮骨质、坚硬。
                    9. 果大，近基部有 3 萌发孔。 ………………………………… 8. 椰子属 *Cocos*
                    9. 果小，无萌发孔。 ……………………………………………… 9. 槟榔属 *Areca*
                8. 中果皮肉质、粉质或干燥。
                    10. 内果皮无萌发孔。
                        11. 羽片中脉及边缘无刺。
                            12. 茎杆幼时基部膨大，后中部膨大；叶裂片在叶轴上排列。
                            ………………………………………………………… 10. 王棕属 *Roystonea*

12. 茎秆基部略膨大；叶裂片在叶轴上排成 2 列。
…………………………………… 11. 散尾葵属 *Chrysalidocarpus*
11. 羽片中脉及边缘具短刺。 …………………… 12. 酒瓶椰子属 *Raphia*
10. 内果皮基部或近基部有孔，有时具喙，有时具 3 条纵向的脊棱。
………………………………………………………… 13. 金山葵属 *Syagrus*

71. 禾本科 Gramineae (Poaceae)(含竹亚科)

草本，稀木本，茎通常中空，节部明显，有横隔。单叶，互生，叶鞘抱茎，一侧开口。叶片条形或带形，中脉发达，侧脉与中脉平行。小花两性或单性，称为小穗，小穗单生或再组成总状或圆锥状复花序。小穗基部具 2 至数枚颖片，小花具 1 外稃和 1 内稃，花被退化成鳞被，或称浆片。颖果，少数为坚果或浆果。全世界 700 属、近 10000 种，凡是地球上有种子植物生长的场所皆有其踪迹；中国 200 余属、1500 种以上；云南 181 属、888 种以上。

1. 一年生或多年生草本。
2. 水生或沼生草本。
3. 水生；有时具长匍匐根状茎。 ………………………………………………… 1. 菰属 *Zizania*
3. 沼生；具发达根状茎。 …………………………………………………… 2. 芦苇属 *Phragmites*
2. 旱生草本。
4. 秆丛生或匍匐；叶片先端钝圆或略尖。 ……………………………… 3. 地毯草属 *Axonopus*
4. 秆丛生，直立，或具匍匐茎和根状茎；叶片线形或狭披针形。 …… 4. 雀稗属 *Paspalum*
1. 乔木或灌木状。
5. 竿丛生或散生。
6. 竿丛生；节间圆筒形；每节分枝为数枝乃至多枝。 …………… 5. 簕竹属 *Bambusa*
6. 竿散生；节间于分枝的一侧扁平或具浅纵沟；每节分 2 枝。 … 6. 刚竹属 *Phyllostachys*
5. 竿混生。
7. 每节仅分 1 枝，枝粗壮，并常可与主竿同粗。 …………………… 7. 赤竹属 *Sasa*
7. 每节分 3～5 枝，枝短而细，常不具次级分枝。 ……… 8. 鹅毛竹属(倭竹属)*Shibataea*

附录B 植物相生、相克参考表

附表1 相生植物

A植物名称	B植物名称	A植物名称	B植物名称
葡萄	紫罗兰	黄栌	七里香
百合	玫瑰	红瑞木	白蜡槭
山茶、茶梅	红油茶、山茶	檫树	杉树
朱顶红	夜来香	山核桃属	山楂
山茶	葱兰	板栗	油松
石榴花	太阳花	芍药	牡丹
洋绣球	月季	赤松	桔梗、结缕草
一串红	豌豆花	松树	赤杨
松树、杨树	锦鸡儿	皂荚	黄栌、百里香、鞑靼槭
欧洲云杉	榛	旱金莲	柏树
黑果接骨木	云杉	苦楝 、臭椿	杨、柳、槭
七里香	皂荚		

附表 2　相克植物

A 植物名称	B 植物名称	A 植物名称	B 植物名称
胡桃	松树、苹果、西红柿	红松	樟子松、日本蕨菜
丁香	铃兰 、水仙	桃	茶树、挪威云杉
蓝桉、赤桉	所有草本植物	柑橘属	桉、花椒
刺槐、月桂、竹	所有植物	接骨木	大叶钻天杨、松树
榆树	栎、白桦、葡萄	玫瑰花	木犀草
松	云杉、桦树、栎 、栗	夹竹桃	其他植物
葡萄	小叶榆	铃兰	水仙
西伯利亚红松	西伯利亚落叶松	毋忘草	丁香、紫罗兰、郁金香
赤松	苋、狗尾草、牛膝	栎、白桦、梨	柏
臭椿	亚麻	薄荷属、艾属	豆科
蕨类	黑樱桃、枫香	油松 、马尾松 、黄山松	芍药科、玄参科、毛茛科、马鞭草科、龙胆科、凤仙花科、萝摩科、爵床科、旱金莲科
高羊茅	狗牙根		
狗牙根	早熟禾、多花黑麦草	油松	黄檗
凤眼莲	小球藻	云杉	稠李
风信子	蔷薇科	矢车菊	雏菊

拉丁名索引

参考文献

[1] 北京大学，兰州大学，南京大学，等.植物地理学[M].北京：人民教育出版社，1980.
[2] 北京林业大学园林系花卉教研组.花卉识别与栽培图册[M].合肥：安徽科学技术出版社，1995.
[3] 北京林业大学园林系花卉教研组.花卉学[M].北京：中国林业出版社，1988.
[4] 北京林业大学园林系花卉教研组.中国常见花卉图鉴[M].郑州：河南科学技术出版社，1999.
[5] 曹慧娟.植物学[M].2版.北京：中国林业出版社，1992.
[6] 陈俊愉，刘师汉.园林花卉[M].上海：上海科学技术出版社，1980.
[7] 陈俊愉.中国花卉品种分类学 [M].北京：中国林业出版社，2001.
[8] 陈心启，刘仲健，罗毅波，等.中国兰科植物鉴别手册 [M].北京：中国林业出版社，2009.
[9] 陈有民.园林树木学[M].北京：中国林业出版社，2003.
[10] 辞海编辑委员会.辞海(生物分册)[M].上海：上海辞书出版社，1981.
[11] 戴志棠.室内观叶植物级装饰[M].北京：中国林业出版社，1994.
[12] 董文珂.园林植物汉拉英名称速查手册 [M].北京：中国水利水电出版社，2013.
[13] 甘泳红，刘光华.海芋挥发性化学成分研究[J].广东农业科学，2012，24(2)：38-39.
[15] 韩伟，马丽霞.红掌组织培养技术研究进展[J].现代农业科技，2013，2(3)：172，183.
[14] 贺锋，陈辉蓉，吴振斌.植物间的相生相克效应[J].植物学通报，1999，16(1)：19-27.
[16] 胡永红，赵玉婷.建筑环境绿化的功能和意义[J].上海建设科技，2003(5)：39-41.
[17] 黄金凤，等.园林植物[M].北京：中国水利水电出版社，2011.
[18] 贾平，王广生，黄泽飞，等.观赏型保健植物在园林设计中的应用[J].中国农学通报 2009，25(12)：177-180.
[19] 居阅时.苏州古典园林植物文化涵义实例分析[J].广东园林，2005，28(2)：14-19.
[20] 昆明市政协文史学习委员会.昆明花卉史话 [M].昆明：云南美术出版社，1999.
[21] 赖尔聪.观赏树木 [M].北京：中国建筑工业出版社，2005.
[22] 赖尔聪.观赏植物百科[M].北京：中国建筑工业出版社，2016.
[23] 赖尔聪.木本观花[M].北京：中国建筑工业出版社，2004.
[24] 李端成.植物空间构成与景观设计[J].规划师，2002，18(5)：83-86.
[25] 李嘉乐.园林绿化小百科 [M].北京：中国建筑工业出版社，2004.
[26] 李树华.园林种植设计学·理论篇[M].北京：中国农业出版社，2009，11
[27] 李文敏.园林植物与应用[M].北京：中国建筑工业出版社，2011.
[28] 李修清.药用观赏植物在园林中的应用研究[J].长沙：中南林业科技大学，2008(6)：215-216.
[29] 刘仁林.园林植物学[M].北京：中国科学技术大学出版社，2003.
[30] 刘燕.园林花卉学[M].2版.北京：中国林业出版社，2008.
[31] 卢圣.图解园林植物造景与实例[M].北京：化学工业出版社，2011.6.
[32] 卢思聪，等.室内观赏植物装饰养护欣赏[M].北京：中国林业出版社，2001.
[33] 鲁涤非.花卉学[M].北京：中国农业出版社，2003.
[34] 聂影，曹灿景.景观园林植物与应用[M].北京：中国水利水电出版社，2011.

[35] 聂影，等. 园林景观植物与应用[M]. 北京：中国水利水电出版社，2010.
[36] 诺曼 K. 布思. 风景园林设计要素. [M]. 北京：中国林业出版社，1989. 7
[37] 潘洪杰，刘焱，迟晓琴，等. 园林绿化设计与植物间的相生相克. 内蒙古农业科技，2007(7)：261-263.
[38] 任全进，于金平，任建灵. 江苏药用保健地被植物及其在园林绿地中的应用[J]. 中国园林，2009(7)：24-27.
[39] 沈显圣. 植物学拉丁文[M]. 北京：中国科学技术大学出版社，2005.
[40] 史军义，等. 中国观赏竹[M]. 北京：科学出版社，2012.
[41] 苏雪痕. 植物景观规划设计[M]. 北京：中国林业出版社，2012.
[42] 孙卫邦. 观赏藤木及地被植物[M]. 北京：中国建筑工业出版社，2005.
[43] 孙筱祥. 园林艺术及园林设计[M]. 北京：中国建筑工业出版社，2011. 5.
[44] 王莲英，秦魁杰. 花卉学 [M]. 2 版. 北京：中国林业出版社，2011.
[45] 吴棣飞，叶德平，陈亮俊. 常见兰花 400 种识别图鉴[M]. 重庆：重庆大学出版社，2014.
[46] 吴晓华. 植物化感作用机理及其在园林植物配置中的应用. 山东林业科技，2010，(3)：125-129
[47] 西南林学院，云南省林业厅. 云南树木志[M]. 昆明：云南科技出版社，1988.
[48] 邢福武. 中国景观植物[M]. 武汉：华中科技大学出版社，2009.
[49] 薛聪贤. 景观植物实用图鉴(第 3 辑)：蔓性植物、椰子类 182 种[M]. 郑州：河南科学技术出版社. 2002.
[50] 余树勋，吴应祥. 花卉词典 [M]北京：农业出版社，1993.
[51] 张佳平，丁彦芬. 中国野生观赏植物资源调查、评价及园林应用研究进展[J]. 中国野生植物资源，2012，31(6)：18-23，31.
[52] 张天麟. 园林树木 1600 种[M]. 北京：中国建筑工业出版社，2009.
[53] 张长芹，李奋勇，等. 杜鹃花欣赏栽培 150 问 [M]. 北京：中国农业出版社，2011.
[54] 张志翔，张钢民，赵良成，等. 中国北方常见树木快速识别[M]. 北京：中国林业出版社，2014.
[55] 章俊华，刘玮. 园艺疗法[J]. 中国园林，2009(7)：19-23.
[56] 郑万钧. 中国树木志[M]. 北京：中国林业出版社，1983-2004.
[57] 中国科学院中国植物志编辑委员会. 中国植物志[M]. 北京：科学出版社，2010.
[58] 周道瑛. 园林种植设计 [M]. 北京：中国林业出版社，2008.